科学出版社"十三五"普通高等教育本科规划教材

高等院校医学实验教学系列教材

编审委员会主任委员　文格波

编写委员会总主编　姜志胜

分子生物学实验

主　审　姜志胜

主　编　刘录山　龙石银

副主编　马　云　王　佐　李家大

编　委（按姓氏笔画排序）

马　云	王　双	王　佐	王五洲	韦　星
文红波	尹卫东	尹铁英	尹慧勇	甘　露
龙石银	田　英	乔新惠	任　重	危当恒
刘录山	刘贻尧	刘慧婷	严丽梅	苏泽红
李亚林	李俐娟	李家大	李斌元	吴颜晖
何芳丽	何淑雅	佘美华	沈　阳	张　敏
张彩平	武　一	林国平	罗　应	胡小波
袁中华	莫中成	贾连群	唐　旻	唐朝克
唐雅玲	黄春林	曹运长	曹朝晖	

秘　书　张　敏

科学出版社

北　京

内 容 简 介

本书分为分子生物学实验技术及原理、分子生物学实验及分子生物学软件应用三篇。第二篇分子生物学实验内容包括 DNA 操作实验、RNA 操作实验、蛋白质研究相关实验、基因表达与调节实验、转基因实验、细胞研究实验。各个实验章节的编排尽量按实验目的、实验原理、实验器材/试剂、实验步骤、实验结果、注意事项和思考题统一格式。本书注重所述实验方法的常用性与先进性，同时注重语言的简洁性与条理性，以保证实验方法的可操作性。

本书适用于高等医药院校基础、临床、预防和口腔医学等专业本科生，以及生物技术、生物科学、药学、医学检验、卫生检验和护理等专业本科生。同时可以作为生物医学专业研究生和从事生物医学研究的科技工作者的分子生物学实验参考用书。

图书在版编目（CIP）数据

分子生物学实验 / 刘录山，龙石银主编. —北京：科学出版社，2017.1
ISBN 978-7-03-050983-3

Ⅰ. ①分… Ⅱ. ①刘… ②龙… Ⅲ. ①分子生物学–实验–高等学校–教材
Ⅳ. ①Q7-33

中国版本图书馆 CIP 数据核字（2016）第 296248 号

责任编辑：李国红 周 园 / 责任校对：赵桂芬
责任印制：赵 博 / 封面设计：陈 敬

科学出版社 出版
北京东黄城根北街 16 号
邮政编码：100717
http://www.sciencep.com
北京市金木堂数码科技有限公司印刷
科学出版社发行 各地新华书店经销
*
2017 年 1 月第 一 版 开本：787×1092 1/16
2025 年 1 月第六次印刷 印张：18 1/2
字数：429 000
定价：75.00 元
（如有印装质量问题，我社负责调换）

高等院校医学实验教学系列教材
编审委员会

序　一

　　近年来，教育部、卫生计生委等多部委紧密部署实施本科教学工程、专业综合改革试点、实践育人和卓越医生教育培养计划，把强化实践教学环节作为重要内容和重点要求，进一步凸显了医学实践性很强的属性，对切实加强医学实验教学提出了更高要求，指引着我国医学实验教学进入全面深化改革阶段。

　　高校牢固树立以学生为本、目标导向和持续改进的教育理念，积极创新和完善更加有利于培养学生实践能力和创新能力的实验教学体系，建设高素质实验教学队伍和高水平实验教学平台，以促进和保证实验教学水平全面提高。为此，南华大学医学院协同国内多所高校对第一版"高等院校医学实验教学系列教材"进行了修订和拓展　第二版教材涵盖了解剖学　显微形态学　医学免疫学、病原生物学、机能学、临床基本技能学、生物化学、分子生物学、医学细胞生物学、医学遗传学的实验教学内容，全书贯彻了先进的教育理念和教学指导思想，把握了各学科的总体框架和发展趋势，坚持了理论与实验结合、基础与临床结合、经典与现代结合、教学与科研结合，注重对学生探索精神、科学思维、实践能力、创新能力的全面培养，不失为一套高质量的精品教材。

　　愿"高等院校医学实验教学系列教材"的出版为推动我国医学实验教学的深化改革和持续发展发挥重要作用。

教育部高等学校基础医学类专业教学指导委员会主任委员
中国高等教育学会基础医学教育分会理事长
2015 年 12 月

序　二

　　随着本科教学工程、专业综合改革试点、实践育人和卓越医生教育培养计划的实施，高等医学院校迎来了进一步加强医学实验教学、提高医学实验教学质量的大好时机，必须积极更新医学实验教学理念，创新实验教学体系、教学模式和教学方法，整合实验教学内容，应用实验教学新技术新手段，促进医学人才知识、技能和素质全面协调发展。

　　"高等院校医学实验教学系列教材"编审委员会和编写委员会与时俱进，积极推进实验教学改革的深化，组织相关学科专业的专家教授，在第一版的基础上，吸收了南华大学等多个高校近年来在医学实验教学方面的改革新成果，强调对学生基本理论、基础知识、基本技能以及创新能力的培养，打破现行课程框架，构建以综合能力培养为目标的新型医学实验教学体系，修订并拓展了这套实验教学系列教材。第二版教材共十四本，包括：《系统解剖学实验》《局部解剖学实验》《显微形态学实验（组织与胚胎学分册）》《显微形态学实验（病理学分册）》《病原生物学实验（医学微生物学分册）》《病原生物学实验（人体寄生虫学分册）》《医学免疫学实验》《机能实验学》《临床基本技能学（诊断技能分册）》《临床基本技能学（外科基本技能分册）》《生物化学实验和技术》《分子生物学实验》《医学细胞生物学实验》《医学遗传学实验》。

　　本套教材的编写，借鉴国内外同类实验教材的编写模式，内容上依据医学实验体系进行重组和有机融合，按照医学实验教学的逻辑和规律进行编写，并注重知识的更新，反映学科的前沿动态，体现教材的思想性、科学性、启发性、先进性和实用性。

　　本套教材适用对象以本科临床医学专业为主，兼顾麻醉学、口腔医学、医学影像、护理学、预防医学、医学检验、卫生检验、药学、药物制剂、生物科学、生物技术等专业实验教学需求，各层次各专业学生可按照其专业培养特点和要求，选用相应的实验项目进行教学与学习。

　　本套教材的编写出版，得到了科学出版社和南华大学以及有关兄弟院校的大力支持，凝聚了各位主编和全体编写、编审人员的心血和智慧，在此，一并表示衷心感谢。

　　由于医学实验教学模式尚存差异，加上我们的水平有限，本套教材难免存在缺点和不当之处，敬请读者批评指正。

总主编

2015 年 12 月

前　言

　　1865 年孟德尔（Mendel）遗传因子假说的提出、1909 年约翰逊（Johannsen）基因概念的引入、1944 年艾弗里（Avery）DNA 就是遗传物质的确定、1952 年富兰克林（Franklin）DNA 晶体 X 线衍射图谱的获得，加上沃森（Watson）与克里克（Crick）天才的想象力，1953 年，DNA 双螺旋结构模型被提出，从而开启了生命科学研究的又一里程碑，揭开了分子生物学——一门从生物大分子结构和功能水平上阐述生命现象及其本质新学科的序幕。如果说 DNA 双螺旋结构的提出只是分子生物学的萌芽，那么 1958 年遗传信息传递中心法则的提出、1972 年 DNA 重组技术的建立、1983 年 PCR 技术的发明、1998 年 RNA 干扰现象的发现及技术体系的应用、2006 年诱导多能干细胞的问世等一系列重大理论与技术发现，则持续催生使其蓬勃生长成今天生命科学学科中的参天大树，并还在以旺盛的生命力不断发展。

　　纵观分子生物学发展历程，理论与技术相辅相成，相互促进，如羽之双翼、车之双轮。今日分子生物学技术已经渗透到生命科学领域的各个学科，并且已经走进我们每一个平常人的日常生活，如各种转基因食品已经摆上了我们的餐桌。就医学而言，分子生物学技术已经贯穿于医学研究和临床疾病防治的各个环节。在医学研究领域，传统的整体和细胞水平研究已全面深入到分子水平研究。这可以从诺贝尔获奖者名单中得到证实，自 20 世纪 60 年代以来，诺贝尔生理学或医学奖中约有 2/3 的获奖是因为在分子生物学理论与技术方面取得重要突破，或是利用分子生物学技术在某些生物医学领域取得重要突破。这也可以从我国各类科学研究基金申请中得到证实，历年来生物医学方面获得资助的项目已经很少不涉及应用分子生物学技术。在疾病诊断方面，以 PCR 技术为主的基因诊断技术在遗传性疾病、感染性疾病和肿瘤性疾病等方面展示出广泛的应用前景。在疾病治疗方面，目前主要以各种病毒为载体的基因治疗取得了积极进展，并将有望从根本上根除某些疾病，如糖尿病等；利用基因工程技术生产的药用蛋白如人源性白蛋白将解决传统的血液提取来源不足的瓶颈。除此之外，还有基于分子生物学技术的感染性疾病病原微生物的追踪溯源，法医学人体标本的 DNA 检测、亲子鉴定。综上所述，在掌握分子生物学理论的同时，熟悉和掌握分子生物学技术对每一个医学生和医学工作者而言都是非常有必要的。但必须指出的是，任何科学技术都有可能是一把双刃剑，在我们合理应用分子生物学技术为人类健康带来福音的同时，也必须看到和考虑到滥用分子生物学技术的安全性问题和可能带来的伦理问题。

　　目前国内有关分子生物学理论的教材很多，介绍分子生物学实验技术的也有多种，但是尚缺乏可供医学院校本科生分子生物学实验技术教学的教材。我们在总结长期分子生物学实验教学经验的基础上，参考和借鉴已有的一些实验技术教学内容与方法，在既考虑本科生的水平与能力，侧重实用性和可操作性的同时，又考虑了分子生物学本身地发展，侧重先进性和科学性，选编了部分分子生物学实验技术，组织编写了这本教材。

本教材使用对象定位于高等医药院校基础、临床、预防和口腔医学等专业本科生，以及生物技术、生物科学、药学、医学检验、卫生检验和护理等专业本科生。同时可以作为生物医学专业研究生和从事生物医学研究的科技工作者分子生物学实验参考用书。

本教材的 44 位编委来自 10 所高等院校和科研院所，他们大部分来自医学院校，也有部分来自综合性大学的生命科学学院或生物工程学院。教材的整体设计过程得到了三位副主编的鼎力相助，各位编委结合自己的分子生物学实验教学经验尽心完成每一章的编写工作，同时也引用了部分国内外公开发表的文献和专著内容，以尽量提高编写质量，在此谨对原作者表示衷心感谢。南华大学生物化学与分子生物学教研室张敏博士担任本教材的编写秘书工作，为教材的最终完成做出了很大贡献。本教材的编写得到了科学出版社、南华大学医学部、南华大学医学院、南华大学心血管疾病研究所/动脉硬化学湖南省重点实验室和南华大学生物化学与分子生物学教研室、南华大学生物化学与分子生物学实验中心的大力支持，在此谨表衷心的感谢。还有一批为本教材编写工作作出贡献的人士在此一并表示衷心的感谢。

本教材虽然在编写过程中由编委分头执笔完成初稿后，进行了互审，后又进行了主编再审和编委定稿会终审，但是由于编者水平有限，加之分子生物学技术发展迅速，难免存在不足之处，敬请使用本教材的师生和科技工作者批评指正。

刘录山　龙石银

2016 年 12 月

目　　录

第三篇　分子生物学软件应用

第一篇　分子生物学实验技术及原理

第一章　常用工具与方法

第一节　载　　体

一、载体的定义及特征

（一）载体的定义

载体（vector）是指携带外源 DNA 进入宿主细胞的工具，能够运载外源 DNA 片段（目的基因）进入受体细胞，具有自我复制能力，能使外源 DNA 片段在受体细胞中得到扩增和表达，而不被受体细胞的酶系统所破坏的一类 DNA 分子。

（二）载体的必备条件

（1）有复制起始位点，能在宿主细胞进行自我复制或整合到染色体 DNA 上与染色体 DNA 同步复制，进行基因扩增，否则可能会导致重组 DNA 丢失；对受体细胞无害，不影响受体细胞正常的生命活动。

（2）具有多种单一的核酸内切酶识别切割位点，如大肠埃希菌 pBR322 存在多个限制内切酶的单一识别位点，用于插入目的 DNA。

（3）具有选择性标记基因，使宿主细胞附加了新的性状，如抗生素敏感的宿主细胞转入含有抗生素抗性基因的载体，使其具备了抗生素抗性，并以此作为筛选标记。

（4）具有较高的外源 DNA 的载装能力，因此要求载体本身除基本元件外，尽可能小。

（5）必须安全，转入载体不能影响受体细胞正常的生命活动，且不会任意转入受体细胞以外的其他生物细胞中。

（三）选择标记及筛选原理

选择标记基因是指编码的产物能够使转化或转染的细胞在有选择剂或营养缺乏的情况下很好的生长，或者表现出其他可视特征。构建载体时，目的基因与选择标记基因在载体上的空间关系有三种。第一种，选择标记基因是独立存在于载体中，可以用于区分转化细胞与未转化细胞；第二种，载体上的选择标记基因编码区或调控区内含有多克隆位点用于插入目的基因，以此区分空载体与重组载体转化细胞；第三种，选择标记基因与目的基因置于同一个基因调控序列之下，标记基因的表达产物容易被检测且能够指示外源导入受体细胞与否及表达水平的基因，从而筛选转化子，如绿色荧光蛋白 GFP 与目的基因置于同一个启动子控制之下，报告基因与目的基因融合表达，可以监测目的蛋白的表达水平及组织细胞定位。

1. 抗生素抗性基因作为选择标记基因　最常用的报告基因是编码抗生素抗性蛋白的基因，大多数载体选择抗生素抗性基因作为选择性标记基因，包括氨苄西林抗性（Amp^r）、卡那霉素抗性（Kan^r）、四环素抗性（Tet^r）、链霉素抗性（Str^r）和氯霉素抗性（Cml^r）等。受体菌不具备抗生素抗性，不能在含有抗生素的培养基中生长；当带有抗生素抗性基因的载体进入受体菌后，受体菌带上抗生素抗性才能生长。

氨苄西林（ampicillin, Amp）干扰细菌细胞壁的合成，从而杀死细菌。细菌质粒 Amp^r 基因编码 β-内酰胺酶，特异地切割氨苄西林的 β-内酰胺环。

氯霉素（chloramphenicol, Cml）通过与 50S 核糖体亚基结合，干扰细胞蛋白质的合成并阻止肽键的形成，杀死生长的细菌。细菌抗性原理是 Cml^r 编码乙酰转移酶，特异地使氯霉素乙酰化而失活。

卡那霉素（kanamycin, Kan）与 70S 核糖体亚基结合，导致翻译错误。而 Kan^r 编码的氨基苷磷酸转移酶，阻断其与核糖体结合，从而抑制了卡那霉素的作用。

链霉素（streptomycin, Str）与 30S 核糖体亚基结合，导致翻译错误。Str^r 与 Kan^r 类似，编码一种氨基苷磷酸转移酶对链霉素进行修饰，阻断其与核糖体 30S 结合。

四环素（tetracycline, Tet）与 30S 核糖体亚基结合，阻止肽键的形成从而干扰细胞蛋白质的合成，杀死生长的细菌。Tet^r 编码特异性蛋白质，对细菌的膜结构进行修饰，阻止四环素通过细胞膜进入细菌细胞内。

2. 营养基因作为选择标记性基因　载体分子上携带有某种营养组分的合成基因，而受体细胞本身不能合成这一营养组分，将转化细胞涂布在不含此营养组分的培养基上，长出的便是转化子。大肠埃希菌的营养标记常选用色氨酸生物合成基因 trp^+，哺乳动物细胞的营养标记则常选用胸腺嘧啶核苷酸基因 tk^+。

3. β-半乳糖苷酶作为选择标记性基因　β-半乳糖苷酶由大肠埃希菌 lacZ 基因编码，可催化半乳糖苷水解，以 5-溴-4-氯-3-吲哚-β-D-半乳糖苷（X-gal）为底物，在培养基中形成蓝色菌落；以邻-硝基苯-β-D-半乳吡喃糖苷（ONPG）或者氯酚红-β-D-半乳吡喃糖苷（CPRG）为底物，可用标准的比色法检测酶活性，是最常用的检测转染效率的方法；以 4-甲基伞型基-β-D-吡喃半乳糖苷（MUG）和荧光素二半乳糖苷（FDG）为底物则可用荧光法检测其活性，灵敏度极高，可检测到单个细胞的酶活性，因此可用于流式细胞学分析。

4. 荧光蛋白作为选择标记性基因　荧光蛋白家族是从水螅纲和珊瑚类动物中发现的同源蛋白，包括绿色荧光蛋白、红色荧光蛋白及它们的一些突变体。绿色荧光蛋白（GFP）是应用最多的发光蛋白。荧光蛋白作为选择标记基因的最大优势是无需损伤细胞即可检测目的基因的表达水平。联合应用不同颜色的荧光蛋白，可以同时检测多个基因的表达。

5. 利用选择标记性基因进行重组子筛选　重组子为含有重组 DNA 分子（即插入目的基因）的转化细胞。利用选择标记性基因可以进行重组子的筛选。

（1）带双抗生素抗性标记的筛选方法：菌株为某种抗生素缺陷型，载体携带两个抗生素抗性基因，这样只有重组子才能在含该抗生素的培养基上长出。若外源基因插入其中一个抗生素抗性基因内导致其失活，就可以用两种抗生素平板筛选重组子。首先进行正选择，在不进行插入失活抗性基因的相应抗生素平板上重组子可以生长，非重组子不能生长，可将重组子直接从平板上挑出来；然后在插入失活抗性基因的相应抗生素平板上非重组子（未插入外源基因）可以生长，重组子（插入外源基因）不能生长，应与第一种抗生素板进行对照并在其上挑出重组子的菌落，即负选择。例如，pBR322 质粒含有 Tetʳ 和 Ampʳ 两种抗生素抗性基因，外源基因插入失活 Tetʳ，转化细胞会有三种不同表现的细胞，Tet 和 Amp 抗生素敏感的细胞（未转化的受体菌）、抗 Tet 和 Amp 抗生素的细胞（含空载体的转化菌落）及 Tet 抗生素敏感和抗 Amp 抗生素的菌落（含重组体的阳性菌落）。

（2）蓝白斑筛选法：pUC 系列含有 β-半乳糖苷酶基因（lacZ）的调控序列，编码 N 端 146 个氨基酸区；受体菌编码 β-半乳糖苷酶 C 端氨基酸序列，两者互补形成有功能的 β-半乳糖苷酶全酶，在生色底物 5-溴-4-氯-3-吲哚-β-D-半乳糖苷（X-gal）培养基中形成蓝色菌落。而当有外源基因插入到载体 LacZ 的编码序列中的多克隆位点，插入失活导致 lacZ 基因不表达，形成白色菌斑，通过颜色不同而区分重组子和非重组子。结合载体上的抗生素的抗性基因，筛选区分重组子。例如，pUC19 质粒含有 Ampʳ 抗生素抗性基因和 β-半乳糖苷酶 lacZ 基因，外源基因插入失活 lacZ 基因，转化细胞，在含 Amp 抗生素和 X-gal 底物的培养基中选择含有重组子的白色菌落；若不插入外源基因的空载体，lacZ 基因表达，为蓝色菌落；未转化的细胞不能生长。

（3）插入表达筛选法：载体的选择标记基因前连接一段负调控序列，插入失活负调控序列后，使其下游的筛选标记基因表达。例如，pTR262 质粒，含有 Tetʳ 抗生素抗性基因，其受含有 λ 噬菌体启动子 PR 及阻遏蛋白 cI 调控。阻遏蛋白 cI 结合到启动子 PR 上，抑制 Tetʳ 表达，对四环素 Tet 不表现抗性。cI 基因插入失活，Tetʳ 基因表达，受体细胞在含 Tet 抗生素的培养基上生长；未转化细胞及空载体转化细胞对 Tet 抗生素敏感，Tet 培养基中不能生长。

（四）载体的类型

1. 以载体应用范围分类　可分为克隆载体和表达载体。克隆载体主要用于在受体细胞中进行目的基因扩增的载体，一般为松弛型复制子，即载体的复制不受宿主细胞复制系统的影响，可存在多个拷贝。表达载体是使所载目的基因能够复制、转录和翻译的载体，一般是在克隆载体的基础上增加表达元件使目的基因在宿主细胞中得以表达的载体，如在克隆载体 pBR322 的基础上加入强启动子、终止子及 RBS 位点，多克隆位点一般位于 RBS 位点之后 5~13bp 处。

2. 以载体应用对象分类　可分为原核载体、真核载体（酵母、植物和动物）和穿梭载体。原核和真核表达系统所需的表达元件不同。例如，启动子，终止子在两种表达系统中是不一样的。如果同时拥有真核和原核两个表达系统的为穿梭载体。因此穿梭载体又称双功能载体，具有细菌质粒的复制原点和真核生物可识别的复制原点（如病毒复制原点或酵母菌自主复制序列 ARS），能在原核和真核两种生物中进行自主复制的载体。它主要用于真核生物 DNA 片段在原核生物中的扩增和真核生物中的蛋白质表达。

3. 以载体构建来源分类　可分为质粒载体、病毒或噬菌体载体、质粒 DNA 与病毒或噬菌体 DNA 组成的载体和质粒 DNA 与染色体 DNA 片段组成的载体。

（1）质粒载体：为独立于染色体 DNA 之外的可以自主复制的小型环状 DNA，经限制性核酸内切酶（restriction endonuclease，RE）切割质粒插入的外源目的基因，可以以质粒为载体转化进入宿主细胞，进行重组、筛选、扩增及表达，其装载量只有几 kb。

（2）噬菌体载体：利用噬菌体 DNA 作载体，将外来目的 DNA 替代或插入中段序列，其装载能力远远大于质粒，具有 25kb 的装载量；插入目的片段随噬菌体 DNA 一起包装成噬菌体，感染大肠埃希菌。根据 λ 噬菌体 DNA 或宿主细胞的性质，宿主细胞裂解（即溶菌状态），或直接整合到宿主细胞的染色体 DNA 上，不产生子代噬菌体颗粒，即溶原状态。DNA 重组技术一般需要 λ 噬菌体进入溶菌状态；λ-DNA 可在体外包装成噬菌体颗粒，高效转染大肠埃希菌。

（3）病毒载体：为了满足在真核细胞 DNA 重组的需要，利用病毒感染真核细胞传送基因组的特点，对病毒进行改造构建病毒载体，在病毒 DNA 的基础上加入质粒复制起始位点，保证载体在细胞中克隆和扩增，然后引入真核细胞。可利用的病毒分为逆转录病毒、慢病毒和腺病毒等。

（4）考斯质粒：λ 噬菌体 DNA 载体装载量为 25kb，但在很多情况下需要克隆更大的外源 DNA 片段。为了进一步提高噬菌体 DNA 的装载量，1978 年 Collins 和 Hohn 发明构建了考斯质粒载体，将含有 λ 噬菌体 DNA 的 cos 序列和质粒复制子组装在一起。考斯质粒具备质粒的自主复制性和噬菌体的高效感染能力的双重特点。由于不再携带包装蛋白基因，最大限度地提高了载体的装载能力（转载量为 31～45kb），但是重组 DNA 分子在细胞内不再能形成噬菌体颗粒。

（5）人造染色体载体：全基因组序列分析需要对大片段 DNA 进行克隆，即使是考斯质粒的装载量也无法达到需求，因此需要装载量更大的载体。人造染色体载体借用了细菌或酵母菌染色体上的复制区与质粒组装在一起，扩大了载体的装载量。外源 DNA 插入到人造染色体载体后，转入受体细胞，像天然染色体一样进行复制遗传给子代细胞。目前常用的人造染色体载体包括细菌人造染色体（BAC）和酵母人造染色体（YAC），它们的装载量分别为 50～300kb 和 350～400kb。

二、质　　粒

（一）质粒的基本特征

质粒是存在于细胞中，非染色体或核区 DNA 原有的能够自主复制并被稳定遗传的 DNA 分子。质粒常见于细菌和真菌中，分子质量范围为 1～200kb。天然 DNA 质粒具有 3 种构型：共价闭合环状（cccDNA）、开环（ocDNA）和线形（lDNA）构型。绝大多数的天然 DNA 质粒具有共价、封闭和环状的分子结构，即 cccDNA，它存在于许多细菌以及酵母菌等生物中，乃至于植物的线粒体等细胞器中。*Streptomycescoelicoler*（天蓝色链霉菌）等放线菌及 *Borreliahermsii*（赫氏蜱疏螺旋体）等原核生物中存在线形质粒。

1. 质粒的自主复制性　质粒能利用寄主细胞的 DNA 复制系统进行自主复制。按照复制性质，质粒可分为两大复制类型，严紧型质粒和松弛型质粒。细胞染色体复制一次时，质粒也复制一次，每个细胞内只有 1～2 个拷贝，为严紧型质粒；松弛型质粒一般相对分子质量较小，不受宿主细胞的复制系统控制，当染色体复制停止后仍然能继续复制，每一个细胞内可存在多拷贝。克隆载体一般为松弛型质粒。

2. 质粒的不相容性　含有相似复制子结构的不同质粒会互相干扰，不能同时存在于一个细胞中（其中一种质粒经过多次复制周期以后丢失），即质粒的不相容性。例如，ColE1

和 pMB1 拥有相似的复制子结构，彼此不相容。只有当复制子结构不同时，复制各自受自己的拷贝数控制系统调节，才能保证不丢失质粒，我们把能共存于一个细胞内的质粒称为亲和性质粒。

3. 质粒的可转移性　革兰阴性菌的质粒可分成两大类：接合型质粒和非接合型质粒。接合型质粒是指能在天然条件下自发地从一个细胞转移到另一个细胞发生接合作用的质粒，如 F、Col 和 R 质粒等。反之，非接合型质粒是指不能在天然条件下独立的发生接合作用的质粒，但可以在接合型质粒的存在和协助下发生 DNA 的转移。

4. 质粒的重组性　由 rec 基因控制质粒 DNA 可以整合到染色体基因组上。通常基因工程应用的是重组缺陷型（rec⁻）的质粒和菌株。

5. 携带特殊的遗传标记　质粒 DNA 上必须携带一个或多个遗传标记基因，让宿主细胞添加了一些新的性状，如抗性基因，方便对重组子进行筛选。

（二）理想质粒载体应具备的条件

天然存在的野生型质粒由于相对分子质量大、拷贝数低、单一酶切位点少、遗传标记缺乏等缺陷，因而不适合用作基因工程的载体，必须对之进行改造构建成理想的质粒载体。

（1）缩短 DNA 分子长度，尽可能地切去非必需片段，提高导入效率，增加载体装载量。

（2）改严紧型复制子为松弛型复制子，保证受体细胞中的高拷贝数。

（3）具有一个以上的选择标记基因，形成重组质粒后，至少还要有一个强的选择标记。

（4）具有允许外源 DNA 片段克隆的位点，插入外源片段不影响质粒的复制功能。

（5）能够导入寄主细胞，具备转化的功能。

（6）操作简单方便，可根据需要加装其他元件，构建不同用途的质粒载体。

三、常见载体的介绍

（一）克隆载体

1. pBR322 质粒　pBR322 是最早且应用最广泛的大肠埃希菌克隆载体之一，相对分子质量较小，大小为 4361bp，方便插入目的基因；复制子为松弛型复制子，保证了该质粒在宿主细胞中的高拷贝数，在加入蛋白质抑制剂条件下可达到 1000～3000 个；具有两种抗生素抗性基因——氨苄西林抗性基因 Amp^r 和四环素抗性基因 Ter^r，可供重组子的抗性筛选。2 个抗性基因都含有单一的酶切位点可以插入 DNA，Amp^r 基因内可被 Pst I、Pvu I、Sac I 切开，Ter^r 基因可被 BamH I、Hind III 切开，通过插入失活筛选重组子。此载体不能在自然界的宿主细胞中转移，具有很好的安全性。pBR322 质粒含有 Ter^r 和 Amp^r 两个抗生素抗性基因，外源基因可插入其中一个基因内导致其失活，用两种抗生素平板进行正负选择筛选重组子。在不进行插入失活抗性基因的相应抗生素平板上重组子可以生长，非重组子不能生长，可将重组子直接从平板上挑出来，即正选择。在插入失活抗性基因的相应抗生素平板上转化子中的非重组子（未插入外源基因）可以生长，重组子（插入外源基因）不能生长，应与第一种抗生素板进行对照并在其上挑出重组子的菌落，即负选择。

2. pUC18 质粒　pUC18 来自于 pBR322，只保留了 pBR322 载体的复制起点和 Amp^r 抗性基因，大小为 2686bp。与 pBR322 相比，目的基因不插入 Amp^r 基因序列，而插入 lacZ 基因内的多克隆位点上，通常应用于重组 DNA 分子克隆和 DNA 测序。由于 pUC18 载体带有氨苄西林抗性基因 Amp^r，因此可在氨苄西林平板上存活，即抗性筛选。pUC18 上带有 β-半乳糖苷酶基因（lacZ）的调控序列和 β-半乳糖苷酶 N 端 146 个氨基酸的编码序列，宿主细胞 DH5α 带有 β-半乳糖苷酶 C 端部分序列的编码信息，当 pUC18 空载体在正常情况下同感受态菌株融合后，互补表达有活性的 β-半乳糖苷酶，称为 α-互补现象，在呈色底物 X-gal（5-溴-4-氯-3-吲哚-β-半乳糖苷）和诱导物 IPTG（异丙基-β-D-硫代半乳糖苷）的存在下，互补产物菌落呈现蓝色。当有外源片段插入载体 lacZ 基因内的多克隆位点后，β-半乳糖苷酶 N 端序列的编码被破坏，细菌不能产生 β-半乳糖苷酶活性，不互补产物菌落呈白色，很容易鉴别，这种筛选方法称为 α-互补现象筛选，又称蓝白斑筛选。

3. λ 噬菌体载体　λ 噬菌体是感染大肠埃希菌的溶原性噬菌体，在感染宿主后可进入溶原状态，也可进入裂解循环。λ 噬菌体为双链 DNA 线形性分子，其两端的 5′端为 12 个碱基的黏性末端（又叫 cos），序列为 5′-GGGCGGCGACCT-3′，是感染大肠埃希菌所必需的。当 λ 噬菌体 DNA 进入宿主细胞后，黏性末端互补配对形成环状 DNA 分子，在宿主细胞的 DNA 连接酶和促旋酶作用下，形成封闭的环状 DNA 分子，再进行转录。此时，λ 噬菌体可选择进入溶菌状态，大量复制并组装成子代 λ 噬菌体颗粒，经过 40～45min 的生长循环，宿主细胞裂解，每个细胞约释放出 100 个感染性噬菌体颗粒，或进入溶原状态，将 λ 噬菌体基因组 DNA 通过位点专一性重组整合到宿主的染色体 DNA 中，并随宿主的繁殖传给子代细胞。因此说 λ 噬菌体具有高效的感染性。

λ 噬菌体载体属于克隆载体，主要用于构建 cDNA 文库和基因组文库并从中筛选目标基因，也可用于亚克隆大容量载体（如考斯质粒）中增殖的外源 DNA 片段。λ 噬菌体载体克隆外源 DNA 片段的原理与质粒载体的工作原理相类似，载体和外源 DNA 片段经过酶切以后，外源 DNA 片段插入到载体的适当位置，或置换载体的填充片段。这种连接后的重组 DNA 保留增殖性能，但由于相对分子质量太大，不能像重组质粒 DNA 那样可通过转化方法进入大肠埃希菌。通过提取 λ 噬菌体的蛋白质外壳，可在体外对重组噬菌体 DNA 进行包装，形成噬菌体颗粒。这样的噬菌体颗粒保留对大肠埃希菌的感染能力，可将被包装的重组噬菌体 DNA 注射到宿主菌中。通过裂解生长，可增殖重组噬菌体。在构建基因文库时，不同的重组噬菌体 DNA 经过裂解生长过程最终形成大量的噬菌斑。这些噬菌斑的集合，就构成了基因文库。因此，用 λ 噬菌体载体构建基因文库时，文库是以噬菌斑的形式存在的，而质粒载体构建的文库是以菌落的形式存在的。

（二）原核表达载体

表达载体是指携带目的基因，并使所载目的基因能够复制、转录和翻译的载体，即目的基因在宿主细胞中得以表达的载体。

1. pBAD 载体　也来自于 pBR322，只保留了 pBR322 载体的复制起点和 Amp^r 位点，大小为 4.1kb。该表达质粒含有阿拉伯糖诱导型操纵子（arabinose，araBAD）的启动子 pBAD，受正负调控子基因 araC 和 cAMP-CRP 协同调控，是具有紧密调控功能和高水平表达外源蛋白质的原核表达载体。在缺乏葡萄糖时，阿拉伯糖正向调控基因的表达，阿拉伯糖和 araC 结合，araC 以同源二聚体的形式分别结合到 araO1 和 araI 区，cAMP-CRP 结合到 CRP 位点，阿拉伯糖启动子 pBAD 高表达；当缺乏阿拉伯糖时，araC 与 araO2 操纵去和 araI 上半区结合，形成 DNA 回转结构，抑制下游基因表达（图 1-1-1）。

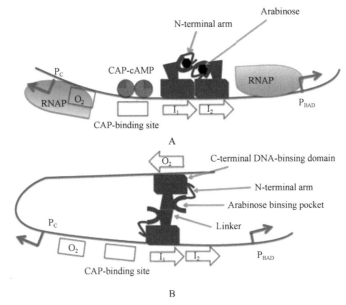

图 1-1-1　阿拉伯糖操纵子的表达调控

此外该载体带有 C 端 myc-his 蛋白标签。蛋白标签是与目的蛋白一起融合表达的多肽或者蛋白，通过蛋白标签的存在可以对目的蛋白进行检测、示踪和纯化。His6 为 6 个组氨酸残基组成的融合标签，与固态镍亲和力强，固定化金属螯合层析（IMAC）对重组蛋白进行分离纯化。Myc 为含有 10 个氨基酸的小标签，标签序列为 N-Glu-Gln-Lys-Leu-Ile-Ser-Glu-Glu-Asp-Leu-C，此融合蛋白不影响目的蛋白的结构和功能，且能被 myc 抗体识别，用于 Western Blot 检测。

因此 myc 标签可以被用在 Western-Blot 和免疫沉淀技术中，用于检测重组蛋白质在靶细胞中的表达（图 1-1-2A）。

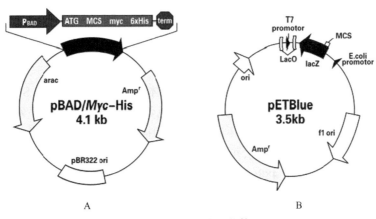

图 1-1-2　原核表达载体

2. pETBlue 载体　pET 系统采用了 T7 强启动子，保证了目的蛋白的高水平表达。T7

启动子仅能被 T7 RNA 聚合酶所识别，而天然大肠埃希菌中不合成 T7 RNA 聚合酶，在不加入 T7 RNA 聚合酶的情况下，pET 载体中的 T7 启动子关闭，目的基因不表达，不会产生由于目的蛋白对宿主细胞的潜在毒性而引起的质粒丢失的情况。因此 pET 系统是大肠埃希菌中进行蛋白质表达的首选。pET 载体表达的受体菌必须是含有编码 T7 RNA 聚合酶的基因工程菌，如受体菌 DE3，在 T7 RNA 聚合酶编码序列上游插入 lacUV5 启动子，只有加入 IPTG 才能诱导 T7 RNA 聚合酶的合成，诱导数小时后目的蛋白可超过细胞总蛋白的50%左右。pETBlue 载体作为新一代的 T7 表达载体，在具备了克隆载体的高拷贝数和表达载体的高表达的基础上，还可以进行蓝白斑筛选。目标基因以反义方向插入到 lacZ 基因编码区的多克隆位点，含有目标基因的重组子为白色菌落。同时目标基因位于 T7 启动子的下游，T7 启动子驱动目的蛋白的高表达。与标准 pET 载体一样，载体转化受体菌 DE3，受体菌染色体上的 T7 RNA 聚合酶合成被 IPTG 激活，激活 T7 启动子下游目的基因的蛋白质表达（图 1-1-2B）。

（三）真核表达载体

1. pCMV-HA 载体　该真核细胞表达载体大小为 3.8kb，含有 CMV 启动子、聚腺嘌呤和氨苄西林抗性基因。CMV 启动子是启动真核基因表达的最强有力的启动子，在大多数真核细胞内都能高水平稳定地表达外源目的基因。HA 是一个含 9 个氨基酸的小标签，序列为 YPYDVPDYA，与目的蛋白的 N 端或者 C 端融合，但不影响目的蛋白的空间结构和功能。HA 是一种红细胞凝集素表面抗原决定簇，有商业化抗体可以购买，用于 Western Blot 和 ELISA 检测（图 1-1-3A）。

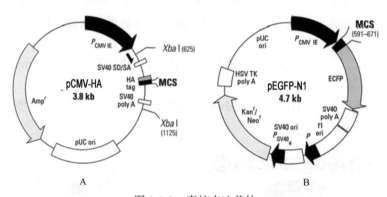

图 1-1-3　真核表达载体

2. pEGFP 载体　增强型绿色荧光蛋白表达载体(pEGFP 载体)含有 SV40 origin、CMV 启动子、Neo 和 Kan 抗性基因，除此之外含有绿色荧光蛋白 GFP 编码序列。CMV 强启动子下游一个多克隆位点和 GFP 编码序列，外源基因插入多克隆位点，CMV 驱动下游目的基因和 GFP 融合蛋白的高水平表达，可通过绿色荧光的表达量观察目的基因的表达水平及细胞内的表达情况（激发波长 488nm，发射波长 507nm）。载体中的 SV40 ori 保证载体在真核细胞内能够进行自我复制，pUC ori 能保证该载体在大肠埃希菌中的复制。利用 Neo 基因，G418 筛选，建立稳定的、高表达目的基因细胞株，而 Kan 抗性基因用于在大肠埃希菌中的进行重组子的筛选（图 1-1-3B）。

（唐　旻）

第二节　常用工具酶

分子克隆已经成为常用的实验室技术，而基因的重组与分离，涉及一系列相互关联的酶促反应。因此，了解各种酶的功能和特异性非常重要。在分子克隆中，常用的工具酶有限制性核酸内切酶、DNA 聚合酶、连接酶、核酸酶、碱性磷酸酶等。其中限制性核酸内切酶和 DNA 连接酶的发现与应用，才真正使 DNA 分子的体外切割与连接成为可能。无疑，限制性核酸内切酶和 DNA 连接酶是重组 DNA 技术的酶学基础。因此，为了比较深入地理解基因操作的基本原理，有选择性地讨论在分子克隆中常用的几种核酸酶是十分必要的。本章我们将讨论几种最常用的酶的特点和功能。

一、限制性核酸内切酶

限制性核酸内切酶（restriction endonuclease，RE）是能够识别和切割双链 DNA 内部特定核苷酸序列的一类核酸酶，简称内切酶。目前已经鉴定出三种不同类型的限制性内切核酸酶，即 Ⅰ 型、Ⅱ 型和 Ⅲ 型。三种不同类型的限制酶具有不同的特性（表1-1-1）。其中 Ⅱ 型酶的限制性内切核酸酶活性和甲基化活性是分开的，且内切作用又具有序列特异性，故在分子克隆中应用最广泛，本章所提及的限制性内切核酸酶均为此型。

表 1-1-1　限制性核酸内切酶的类型及其主要特性

特性	Ⅰ 型	Ⅱ 型	Ⅲ 型
限制和修饰活性	同时具有核酸内切酶和甲基化酶活性	分开的核酸内切酶和甲基化酶	同时具有核酸内切酶和甲基化酶活性
酶的蛋白质结构	多亚基复合体	单一多肽链，常以同源二聚体形式存在	多亚基复合体
所需的辅助因子	ATP、Mg^{2+}、SAM	Mg^{2+}	ATP、Mg^{2+}、SAM
寄主特异性位点序列	随机切割	回文结构	非对称识别序列
切割位点	在距寄主特异性位点 1000～1500bp 处随机切割	寄主特异性位点内部或附近	在距寄主特异性位点约25bp 处进行非对称切割
甲基化作用的位点	寄主特异性位点	寄主特异性位点	寄主特异性位点
识别未甲基化的序列进行切割	能	能	能
切割的序列特异性	无	有	有
在 DNA 克隆中的用处	无用	最常用	无用

限制性内切核酸酶的识别序列又称为切割位点，一般具有回文结构。表 1-1-2 是一些常用的限制性内切核酸酶及其识别序列和切割位点。根据切割位点的差异，可将限制性内切核酸酶分为平端酶和黏端酶。

1. 平端酶　切割位点位于识别序列的中心，切割双链 DNA 后产生的是平末端，也称为钝端（blunt end），如 *Sma* Ⅰ 和 *Eco*R Ⅳ等。

2. 黏端酶　切割位点不在识别序列的中心，而是靠近 3′-端或 5′-端。切割双链 DNA 时，切割部位将产生一段具有互补碱基的单链延伸末端结构，称为黏性末端(cohesive end)。它们能够通过互补碱基间的配对而重新环化。根据突出单链的方向可将黏性末端分为 3′-黏末端和 5′-黏末端。如 *Pst* Ⅰ 和 *Sac* Ⅰ 等限制性内切核酸酶切割 DNA 双链后产生 3′-黏末端；而 *BamH* I 、*EcoR* I 和 *Hind* Ⅲ等限制性内切核酸酶切割 DNA 双链后产生 5′-黏末端。

在选用限制性内切核酸酶时，除需要了解限制性内切核酸酶的识别序列外，还应清楚限制性内切核酸酶的切割位点及切割后 DNA 的末端特征，否则容易造成切割错误或影响 DNA 的连接。

表 1-1-2　常用限制性核酸内切酶的识别序列及切割位点

名称	识别序列及切割位点	名称	识别序列及切割位点
Apa I	5′GGGCC↓C 3′	*Not* I	5′GC↓GGCCGC 3′
BamH I	5′G↓GATCC 3′	*Pst* I	5′CTGCA↓G 3′
Bgl Ⅱ	5′A↓GATCT 3′	*Sac* I	5′G↓AGCTC 3′
EcoR I	5′G↓AATTC 3′	*Sal* I	5′G↓TCGAC 3′
EcoR Ⅳ	5′GAT↓ATC 3′	*Sma* I	5′CCC↓GGG 3′
Hind Ⅲ	5′A↓AGCTT 3′	*Sph* I	5′GCATG↓C 3′
Hae Ⅲ	5′GG↓CC 3′	*Xba* I	5′T↓CTAGA 3′
Hap Ⅱ	5′C↓CGG 3′	*Xho* I	5′C↓TCGAG 3′
Nco I	5′C↓CATGG 3′	*Xma* I	5′C↓CTAGG 3′

二、DNA 聚 合 酶

DNA 聚合酶催化脱氧核苷酸（dNTPs）的 5′-H_3PO_4 与已有的 3′-OH 之间形成磷酸二酯键而聚合。所有的 DNA 聚合酶都不能催化单个的 dNTPs 之间发生聚合反应。因此，DNA 聚合酶需要引物。引物是一个大约 10 个核苷酸的短 RNA 片段，该片段与 DNA 模板的 5′-端互补。引物由 RNA 聚合酶催化合成，称为引物酶。

用于分子生物学的大部分聚合酶都来源于细菌或者感染它们的病毒。我们在本节中讨论的聚合酶泛指原核生物聚合酶。表 1-1-3 列出了分子克隆中常用的 DNA 聚合酶。

表 1-1-3　分子克隆中常用的主要 DNA 聚合酶

原核生物 DNA 聚合酶	所需原料	活性	主要应用
聚合酶 I	模板	5′-3′聚合活性	DNA 复制
	引物	3′-5′外切活性（校读功能）	切开平移
	dNTPs	5′-3′外切活性	切除 3′-凸出末端
			切除引物
聚合酶 Ⅱ	模板	5′-3′聚合活性	DNA 复制
	引物	3′-5′外切活性	
	dNTPs		
聚合酶 Ⅲ	模板	5′-3′聚合活性	DNA 复制
	引物	3′-5′外切活性	
	dNTPs		
Klenow 聚合酶	模板	5′-3′聚合活性	当 3′-端外切活性不需要时的 DNA 复制
	引物	3′-5′外切活性	
	dNTPs		
T4 DNA 聚合酶	模板	5′-3′聚合活性（有 dNTPs 时）	当不需要 3′-端外切活性时的 DNA 复制
	引物	3′-5′外切活性（无 dNTPs 时）	

续表

原核生物 DNA 聚合酶	所需原料	活性	主要应用
T7 DNA 聚合酶	模板	5′-3′聚合活性	DNA 序列分析
	引物	3′-5′外切活性	
	dNTPs	硫氧还蛋白增加聚合酶与模板的亲和性能	
Taq DNA 聚合酶	模板	5′-3′聚合活性	PCR 反应中，退火温度应等于或高于一对
	MgCl₂	5′-3′外切活性	引物中，熔解温度（melting tempreture，T_m）较低的温度

（一）原核生物 DNA 聚合酶

细菌的三种 DNA 聚合酶（聚合酶Ⅰ，聚合酶Ⅱ和聚合酶Ⅲ）往往是协力完成 DNA 复制的。在引物和 dNTPs 存在的前体下，三种酶都催化 DNA 链从 5′-3′方向延长，当然三种酶的延长速率不一样。其中 DNA 聚合酶Ⅲ是负责原核生物 DNA 复制的主要酶复合体。三种酶均有 3′-5′的外切酶活性，即为校读活性，因为在复制过程中一旦有错配的碱基加入，该活性立即会被激活，并将错配碱基切除。校读活性增加了复制的保真性，同时也减慢了复制的进程。三种酶除了共有的聚合酶活性和校读活性外，DNA 聚合酶Ⅰ也有 5′-3′外切酶活性，用来从 DNA 链的 5′-端切除引物和当上游发生多聚化的时候进行切除修复。该活性还可以用来在体外进行切口平移。

（二）DNA 聚合酶Ⅰ和 Klenow 片段

天然的 DNA 聚合酶Ⅰ能切除 3′-凸出末端（在无 dNTPs 的情况下），或者填补黏性末端（在有 dNTPs 存在的情况下）。但是，聚合酶Ⅰ 5′-3′的外切活性使得该酶在某些只需要聚合活性的情况下不适用，如填补黏性末端，或双脱氧测序法中单链 DNA 的复制。幸运的是，Klenow 和他的同事 Henningsen 在 1970 年发现大肠埃希菌 DNA 聚合酶Ⅰ（109 kDa）用蛋白酶水解后产生两个片段（76kDa 和 34kDa），其中大片段即为 Klenow 片段具有 5′-3′的聚合活性和 3′-5′的外切活性，而小片段则保留 5′-3′外切酶活性。

（三）T4 DNA 聚合酶

噬菌体的 T4 聚合酶需要模板和引物，且表现出两种活性：3′-5′的外切活性（无 dNTPs 时）；5′-3′的聚合活性（有 dNTPs 时）。与大肠埃希菌的 DNA 聚合酶Ⅰ不一样的是，T4 DNA 聚合酶无 5′-3′的外切活性。因此，T4 DNA 聚合酶能代替 Klenow 片段在切口平移或者双链 DNA 的 3′-端标记中来填补 DNA 的 5′-突出末端。该酶的外切速率，双链 DNA 约为每分钟 40bp，单链 DNA 约为每分钟 4000bp；其聚合速率可达到每分钟 15 000bp。

（四）T7 DNA 聚合酶

化学修饰的噬菌体 T7 DNA 聚合酶是理想的 DNA 测序酶。该酶是两个蛋白的复合体：T7 噬菌体基因 5 的表达产物，大小为 84kDa；另一个蛋白为大肠埃希菌 trxA 基因表达产物 12kDa 的硫氧还蛋白。其中基因 5 蛋白为复合体提供催化活性，而硫氧还蛋白将 T7 的基因 5 蛋白与引物模板复合物结合，这种结合就可以促使上千个核苷酸发生聚合而不解离，从而大大增加 T7 聚合酶的聚合效率。因此，修饰的 T7 DNA 聚合酶的聚合速率可达到每秒 300 多个核苷酸，是 AMV 逆转录酶催化速度的 70 多倍。因此，该酶可用于放射性探针的准备和大片段 DNA 的扩增。

进一步的分析发现，T7 DNA 聚合酶上有个 28 个氨基酸残基（118～145）的区域对于该酶 3′-5′ 的外切活性是必需的。将该区域对应的核苷酸进行体外突变分析发现，突变后该酶的外切活性完全丧失，而聚合酶的活性增加 9 倍，自发突变率增加 14 倍。突变的 T7 聚合酶/硫氧还蛋白复合体的商业名为测序酶，由于其高效的聚合性能和结合核苷酸类似物［如用来提高 DNA 测序胶的分辨率及为避免碱基配对时导致的胶浓缩而使用的 5′-（α-巯基）-dNTPs，dc7-GTP 或 dITP］的能力。

（五）末端脱氧核苷酸转移酶

末端脱氧核苷酸转移酶（末端转移酶）催化 dNTP 掺入 DNA 的 3′-OH 末端，伴随无机磷酸的释放。该酶不需要模板，但需要二价阳离子，阳离子的种类决定了酶对 dNTP 的选择。单链 DNA 的掺入效率最高，对于双链 DNA 而言，带 3′-端的掺入效率最高，在 Co^{2+} 的存在下，该酶可在任意的 3′-端（凹端、凸端或平端）作用，尽管效率不一定一致。在 Co^{2+} 的存在下，该酶也能催化有限的核苷酸聚合。

（六）Taq 聚合酶

Taq 聚合酶于 1969 年被发现于美国黄石公园里的一种细菌内（thermophilus aquaticus，Taq），直到 8 年后才首次被纯化出来。该细菌于 70℃ 时可以生长得非常旺盛，在 80℃ 时还可以存活。Taq 聚合酶在 95℃ 时的半寿期为 40min，100℃ 时的半寿期为 5min，因此可以用于 PCR 反应。Taq 聚合酶的最适温度为 80℃，此外还需 Mg^{2+}。

Taq 聚合酶无 3′-5′ 的外切活性，因此属于低保真酶（错配率为 $2 \times 10^{-5} \sim 1 \times 10^{-4}$ bp/循环数，当然跟实验条件也有关）。但是我们应该知道，其准确率还是很高的，因为在错配发生之前已经有 45 000 个核苷酸加入了新的 DNA 链。

像其他缺乏 3′-5′ 外切活性的 DNA 聚合酶一样，Taq 聚合酶表现出脱氧核苷酸转移酶的活性，该活性负责在 PCR 产物的 3′-末端加入少数几个腺嘌呤残基。

此后，其他的热稳定 DNA 聚合酶被发现并商业化，如 Tth 聚合酶，Pfu 聚合酶，Pow 聚合酶，Vent 聚合酶等。这些聚合酶的保真性比 Taq 酶高。但是，由于人们已经习惯将 Taq 聚合酶视为热稳定 DNA 聚合酶，因此"高保真性 Taq 酶"常代替其他热稳定聚合酶被用于实验室。

三、连 接 酶

DNA 连接酶通过催化两条双链 DNA 单个断开的 3′-OH 和 5′-磷酸基团之间形成磷酸二酯键来连接 DNA 片段。活细胞内，DNA 连接酶是复制过程中连接冈崎片段所必需的酶。在分子生物学中 DNA 连接酶用来连接被限制性内切酶消化后的 DNA 片段，或将人工接头连到 DNA 分子上。

DNA 连接酶催化的反应包括三个步骤：第一步，产生连接酶-腺苷酸中间产物，该中间产物的赖氨酸残基和辅酶分子（ATP 或 NAD$^+$）一个 AMP 分子之间产生磷酰胺键；第二步，AMP 分子转移到 DNA 缺口的 5′-磷酸基团上形成 DNA-腺苷酸（AppDNA）；最后，DNA 3′-黏性末端对 AppDNA 的亲核攻击使两个核苷酸连接，并释放 AMP。

四、逆 转 录 酶

在 20 世纪 60 年代以前，人们普遍认为遗传信息只能从 DNA 流向 RNA。1970 年逆转录酶在劳斯肉瘤病毒（Rous sarcoma virus，RSV）和劳舍尔白血病病毒（Rauscher leukaemia virus，RLV）中被发现后，人们认识到 RNA 可以作为模板合成单链 DNA，而生成的单链 DNA 是 RNA 模板的互补链，因此也称为 cDNA（complementary DNA）。该酶还具有依赖 DNA 的 DNA 聚合酶活性，但是掺入 dNTPs 的速度很慢（每秒约 5 个核苷酸）。逆转录酶缺乏 3′-5′的外切活性，因此其保真性远远低于 DNA 聚合酶。例如，HIV 逆转录酶的错配率为每 1500 个核苷酸出现一个突变，而禽类和鼠科动物来源的逆转录酶的错配率分别为每 17 000～30 000 个核苷酸出现一个突变。此外，逆转录酶还能选择性地降解 RNA：DNA 杂合双链中的 RNA。表 1-1-4 列出了主要的逆转录酶的特征。

表 1-1-4　应用于分子克隆中的主要的逆转录酶

逆转录酶	所需原料	活性	主要应用
AMV/MAV 逆转录酶	RNA 模板	逆转录	从 RNA 合成 cDNA（逆转录 PCR，RT-PCR）
	引物	RNase H	
MuLV 逆转录酶	RNA 模板	逆转录	长片段转录物的 RT-PCR
	引物	RNase H	
热稳定的逆转录酶	模板	Mn^{2+}存在时逆转录	在不同的缓冲液中进行 PCR 或者 RT-PCR
Tth	引物	Mg^{2+}存在时 DNA 聚合	
	Mn^{2+}		
MonsterScript™逆转录酶	模板	逆转录	长片段转录物的 RT-PCR
	引物	无 RNase H 活性	
C.therm 的 Klenow 片段	模板	逆转录	RT-PCR
	引物		
	Mg^{2+}		

1. AMV/MAV 逆转录酶　分子生物学中最常用的逆转录酶是负责禽骨髓细胞瘤病毒（avian myeoloblastosis virus，AMV）基因组复制的酶。AMV 为 α 逆转录病毒，感染后可引起鸡骨髓细胞瘤。AMV 需要一种辅助病毒完成其基因组的复制，该辅助病毒即骨髓细胞瘤辅助病毒（myeoloblastosis associated virus，MAV），也是在 AMV 生活周期中负责复制其基因组的"真正"逆转录酶的来源。

AMV/MAV 逆转录酶由两个结构相关的亚基组成，分别为 α 亚基（65kDa）和 β 亚基（95kDa）。其中 α 亚基具有逆转录酶和 RNase H 活性。该酶广泛应用于利用 polydT 或随机引物逆转录总 mRNA。

逆转录酶在分子克隆中的应用主要在两个方面：构建 cDNA 文库和定量 PCR。

2. MuLV 逆转录酶　莫洛尼鼠白血病病毒（Moloney murine leukemia virus，M-MuLV）的 pol 基因编码的一个无 DNA 限制性内切核酸酶活性的逆转录酶，其 RNase H 活性比 AMV/MAV 逆转录酶的要低，逆转录活性也比 AMV/MAV 的低 4 倍。但是 MuLV 逆转录酶可以产生更长的逆转录产物。

五、碱性磷酸酶

碱性磷酸酶是用来移除核酸的 5′-端的磷酸，从而使 DNA（或 RNA）片段的 5′-P 末端转换成 5′-OH 末端，以防止分子克隆过程中 DNA 载体的重新环化，也叫做核酸分子的脱磷酸作用。脱磷酸作用的产物具有的 5′-OH 末端，可以在[γ-^{32}P]ATP 和 T4 多核苷酸激酶的作用下，带上放射性的标记。碱性磷酸酶的这种功能对于 DNA 分子克隆很有用处。例如，在 Maxam-Gilbert 序列分析法中，需要 5′-末端标记的 DNA 片段，为此必须在标记之前先从 DNA 分子上移除 5′-P 基团。碱性磷酸酶不水解磷酸二酯键。

尽管大源自大肠埃希菌的细菌碱性磷酸酶（bacteria alkaline phosphatase，BAP）和小牛肠碱性磷酸酶（calf intestinal alkaline phosphatase，CIAP）有不同的结构（分子质量分别为 80kDa 和 140kDa），但是两者均含锌和锰，EDTA 等螯合剂和低浓度的无机磷酸盐能使其失活。限制性内切核酸酶消化后在与碱性磷酸酶孵育前移除无机磷酸盐非常重要。此外，与 BAP 相比，CIAP 具有明显的优点，在 SDS 中加热到 68℃就可以完全失活，而 BAP 却是热抗性的酶，所以要终止其反应很困难。为了去除极微量的 BAP 活性，需要用酚/氯仿反复抽提多次，远不如用加热法就可以使 CIAP 完全失活方便。且 CIAP 的比活性比 BAP 的高 10~20 倍。因此，在分子生物学实验中，往往优先选用 CIAP。

（苏泽红）

第三节　电　泳

一、电泳的概念与分类

电泳（electrophoresis）是指带电粒子在直流电场中向着与其自身电性相反电极方向移动的现象，根据有无固体支持物分为自由电泳和区带电泳。

（一）自由电泳

自由电泳又称界面电泳（moving boundary electrophoresis），即在溶液中进行电泳。当溶液中有几个组分时，通电后，由于组分在电场中移动快慢不同而形成若干个界面。然后采用折光率测定装置对不同界面的折光率进行测定分析，分部分离收集样品。此法有较多缺点：界面形成不完全，有重叠，不易得到纯品；分离后或停电后极易扩散，不易分离收集；利用折光率的改变进行结果测定，操作烦琐，需特殊设备，已很少有人采用。

属自由电泳的还有：显微电泳，将一种大的胶体颗粒或细胞置于显微镜下的电泳池中进行电泳，可用来直接测定电泳迁移率；密度梯度和 pH 梯度并存的柱状等电聚焦电泳；等速电泳等。

（二）区带电泳

电泳（zone electrophoresis）在固相支持物上进行。此支持物将溶液包绕在其网孔中，避免了溶液中的物质自由移动的弊端，使混合物的各组分在支持物上分离为区或带，是目前应用最多的电泳方法。

区带电泳又可根据支持物的类型分为如下几种。

1. 滤纸及其他纤维薄膜（如醋酸纤维薄膜、聚氯乙烯膜、赛璐玢薄膜）电泳 适用于小量样品的分析鉴定。

2. 粉末电泳 如淀粉、纤维素粉、玻璃粉调制成平板。

3. 凝胶电泳 如琼脂胶、琼脂糖凝胶、淀粉胶、聚丙烯酰胺凝胶等为支持物的电泳。

4. 缘线电泳 如尼龙丝、人造丝电泳。

二、影响电泳的因素

对电泳的影响包括对速度的影响和效果的影响。影响电泳的因素很多，如样品颗粒本身所带电荷的种类、数量、粒子大小、形状；支持物化学性质、带电状况、有无分子筛作用；缓冲液的 pH、离子强度、缓冲容量、黏度、化学成分；电场电压、电流、热效应与水分蒸发、水的电解等。

（一）样品粒子

带电颗粒的迁移率与粒子所带电荷量成正比，与粒子的半径、介质的黏度成反比。粒子荷电量越多，r 越小，越近球形，泳动越快；反之越慢。

在相同条件下，不同种类的带电物质由于其 Q/r（球形分子即电荷/质量）各不相同而具有不同的泳动率。这种移动速度的差异就是电泳技术的基本依据。

（二）支持物因素

对支持物的一般要求是质地均匀，吸附力小，惰性，不与被分离的样品或缓冲液起化学反应，并具有一定坚韧度，不易断裂，容易保存。

在电泳支持物的选择上，应根据具体需要来选择具有不同电渗作用的支持物，如一般分离宜用电渗作用小的支持物，而对流免疫电泳则需电渗作用大的琼脂。

琼脂中的琼脂果胶（agaropectin）含有较多硫酸根，除去了琼脂果胶后的琼脂糖则电渗作用大为减弱。

电渗现象及其所造成的移动方向和距离可用不带电的有色染料或有色葡聚糖点在支持物的中心加以观察确定。

（三）介质因素

1. 缓冲液的 pH 电极缓冲液的 pH 决定了待分离物的带电性质与荷电量。对于蛋白质和氨基酸等两性电解质，pH 大于等电点，分子带负电荷，移向正极；pH 小于等电点，分子带正电荷，移向负极；pH 等于等电点，分子净电荷为 0，在电场中不泳动。

溶液 pH 偏离等电点越远，分子解离程度越大，带电量越多，电泳移动速度越快；反之则越慢。不同物质等电点不同，在同一 pH 时，分子解离程度不同，带电量不同，泳动速度也就有差异。因此，分离蛋白质类混合物时，选择一个合适的 pH，使各种蛋白质所带电净电荷量差异增大，以利于分离。

恒定的 pH 环境使被分离物带电量不变，故电泳速度不变。缓冲溶液尚有对蛋白质的保护作用，使蛋白质处于溶解状态，不致沉淀、变性。

2. 缓冲液的离子强度　离子强度是表示系统中电荷数量的一个数值，是溶液中离子产生的电场强度的量度。离子强度对电泳的影响是显著的。离子强度越高，质点泳动越慢，但区带分离度较清晰。离子强度过高，可降低胶粒（如蛋白质）的带电量（压缩双电层，降低 ζ 电位），使电泳速度减慢，甚至破坏胶体，使之不能泳动；离子强度过低，虽电位大，泳动速度加快，但缓冲液的容量小，不易维持 pH 恒定。电极缓冲液的常用离子强度为 0.02～0.2。

3. 介质中化学物质对粒子泳动的影响　若其他条件相同，电泳速度取决于粒子的 Q/r 值。如果向介质中加入某些化学试剂，设法改变粒子的带电状态，也可影响电泳的特性。例如，SDS（十二烷基硫酸钠，$[CH_3 \cdot (CH_2)_{10} \cdot CH_2—SO_3]^- Na^+$）是一种阴离子去污剂，可以与蛋白质分子成比例地结合，使蛋白质分子带有与其相对分子质量成比例的大量负电荷，消除蛋白质分子本身电荷对泳动率的影响，可以靠分子筛作用，依据分子的不同质量，用聚丙烯酰胺凝胶电泳予以分离。如有已知分子量的标准蛋白质作对照，便可测定未知蛋白质的相对分子质量。

（四）电场因素

电场因素包括电压、电流的作用及可能带来的热效应和水分的蒸发等。如电场强度越大，带电颗粒移动速度越快。但电压越高，电流也会随之增高（$I=V/R$），产生的热量也会增多。所以，在高压电泳时，常采用冷却装置，以控制温度。

三、琼脂和琼脂糖凝胶电泳

（一）琼脂与琼脂糖的化学本质及凝胶特性

天然琼脂（agar）是从名叫石花菜的一种红色海藻中提取出来多聚糖混合物，主要由琼脂糖（agarose，约占 80%）及琼脂胶（agaropectin）组成。琼脂糖是由半乳糖及其衍生物构成的中性物质，不带电荷。而琼脂胶是一种含硫酸根和羧基的强酸性多糖。由于这些基团带有电荷，在电场作用下能产生较强的电渗现象。加之硫酸根可与某些蛋白质作用而影响电泳速度及分离效果。因此，目前多用琼脂糖为电泳支持物进行平板电泳，其优点如下所示：

（1）琼脂糖凝胶电泳操作简单，电泳速度快，样品不需事先处理就可进行电泳。

（2）琼脂糖凝胶结构均匀，含水量大（占 98%～99%），近似自由电泳，样品扩散度较自由电泳小，对样品吸附极微，因此电泳图谱清晰，分辨率高，重复性好。

（3）琼脂糖透明无紫外吸收，电泳过程和结果可直接用紫外监测及定量测定。

（4）电泳后区带易染色，样品易洗脱，便于定量测定，制成干膜可长期保存。

（5）价廉，无毒性。

琼脂糖凝胶电泳常用于分离、鉴定核酸，如 DNA 鉴定，DNA 限制性内切酶图谱制作等，为 DNA 分子及其片段相对分子质量测定和 DNA 分子构象的分析提供了重要手段。由于这种方法具有操作方便，设备简单，需样品量少，分辨能力高的优点，已成为基因工程研究中常用实验方法之一。

（二）DNA 的琼脂糖凝胶电泳

琼脂糖凝胶电泳对核酸的分离作用主要依据它们的相对分子质量及分子构象，同时与凝胶的浓度也有密切关系。

1. 核酸分子大小与琼脂糖浓度的关系

（1）DNA 分子的大小：在凝胶中，较小的 DNA 片段迁移比较大的片段快。DNA 片段迁移距离（迁移率）与其相对分子质量的对数成反比。因此通过已知大小的标准物移动的距离与未知片段的移动距离进行比较，便可测出未知片段的大小。但是当 DNA 分子超过 20kb 时，普通琼脂糖凝胶就很难将它们分开。此时电泳的迁移率不再依赖于分子大小，因此，应用琼脂糖凝胶电泳分离 DNA 时，分子大小不宜超过此值。

（2）琼脂糖的浓度：一定大小的 DNA 片段在不同浓度的琼脂糖凝胶中，电泳迁移率不相同（图 1-1-4）。不同浓度的琼脂糖凝胶适宜分离 DNA 片段大小范围详见表 1-1-5。因而要有效地分离大小不同的 DNA 片段，主要是选用适当的琼脂糖凝胶浓度。

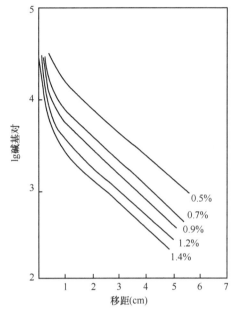

图 1-1-4 移动距离与碱基对的相应关系

缓冲液.0.5×TBE，0.5μg/ml 溴化乙锭；电泳条件。1V/cm，16h

表 1-1-5 琼脂糖凝胶浓度与分辨 DNA 大小范围的关系

琼脂糖凝胶浓度（%）	可分辨的线形 DNA 大小范围（kb）
0.3	60～5
0.6	20～1
0.7	10～0.8
0.9	7～0.5
1.2	6～0.4
1.5	4～0.2
2.0	3～0.1

2. 核酸构象与琼脂糖凝胶电泳分离的关系　不同构象的 DNA 在琼脂糖凝胶中的电泳速度差别较大。根据 Aaij 和 Borst 研究结果表明，在相对分子质量相当的情况下，不同构象的 DNA 的移动速度次序如下：共价闭环 DNA(covalently closed circular DNA，cccDNA) >直线 DNA>开环的双链环状 DNA。当琼脂糖浓度太高时，环状 DNA（一般为球形）不能进入胶中，相对迁移率为 0（$R_m = 0$），而同等大小的直线双链 DNA（刚性棒状）则可以长轴方向前进（$R_m > 0$），由此可见，这 3 种构象的相对迁移率主要取决于凝胶浓度。但同时，也受到电流强度，缓冲液离子强度等的影响。

琼脂糖凝胶电泳基本方法简要介绍如下所示。

（1）凝胶电泳类型：用于分离核酸的琼脂糖凝胶电泳也可分为垂直型及水平型（平板型）。水平型电泳时，凝胶板完全浸泡在电极缓冲液下 1~2mm，故又称为潜水式。目前更多用的是后者，因为它制胶和加样比较方便，电泳槽简单，易于制作，又可以根据需要制备不同规格的凝胶板，节约凝胶，因而受到人们的欢迎。

（2）缓冲液系统：DNA 的电泳迁移率受到电泳缓冲液的成分和离子强度的影响，当缺少离子时，电流传导很少，DNA 迁移非常慢；相反，高离子强度的缓冲液由于电流传导非常有效，导致大量热量产生，严重时，会造成胶熔化和 DNA 的变性。

常用的电泳缓冲液有 EDTA（pH8.0）和 Tris-乙酸（TAE），Tris-硼酸（TBE）或 Tris-磷酸（TPE）等，浓度约为 50mmol/L（pH 7.5~7.8），详细配制见表 1-1-6。电泳缓冲液一般都配制成浓的储备液，临用时稀释到所需倍数。

TAE 缓冲能力较低，后两者有足够高的缓冲能力，因此更常用。TBE 浓溶液储存长时间会出现沉淀，为避免此缺点，室温下储存 5× 溶液，用时稀释 10 倍。0.5× 工作溶液即能提供足够缓冲能力。

表 1-1-6　常用琼脂糖凝胶电泳缓冲液

缓冲液	工作溶液	储存液（1000ml）
Tris-乙酸（TAE）	1×：0.04mol/L Tris-乙酸 0.001mol/L EDTA	50×：242g Tris 57.1ml 冰醋酸 100ml 0.5mol/L EDTA（pH 8.0）
Tris-磷酸（TPE）	1×：0.09mol/L Tris-磷酸 0.002mol/L EDTA	10×：108g Tris 15.5ml 85%磷酸（1.679g/ml） 40ml 0.5mol/L EDTA（pH 8.0）
Tris-硼酸（TBE）	0.5×：0.045mol/L Tris—硼酸 0.001mol/L EDTA	5×：54g Tris 27.5g 硼酸 20ml 0.5mol/L EDTA（pH 8.0）

（3）琼脂糖凝胶的制备如下所示。

水平型：以稀释的工作电泳缓冲液配制所需的凝胶浓度。

垂直型：同样以稀释的电泳缓冲液配胶，然后将熔化好的胶液灌入两块垂直放置的玻板间的窄缝内。具体操作类同于聚丙烯酰胺垂直板电泳。

（4）样品配制与加样：DNA 样品用适量 Tris-EDTA 缓冲液溶解，缓冲溶解液内含有 0.25%溴酚蓝或其他指示染料与 10%~15%蔗糖或 5%~10%甘油，以增加其比重，使样品集中。为避免蔗糖或甘油可能使电泳结果产生 U 形条带，可改用 2.5% Ficoll（聚蔗糖）代替蔗糖或甘油。

（5）电泳：琼脂糖凝胶分离大分子 DNA 实验条件的研究结果表明：在低浓度、低电压条件下，分离效果好。在低电压条件下，线形 DNA 分子的电泳迁移率与所用的电压成正比。但是，在电场强度增加时，相对分子质量高的 DNA 片段迁移率的增加是有差别的。因此随着电压的增高，电泳分辨率反而下降，相对分子质量与迁移率之间就可能偏离线性关系。为了获得电泳分离 DNA 片段的最大分辨率，电场强度不宜高于 5V/cm。

电泳系统的温度对于 DNA 在琼脂糖凝胶中的电泳行为没有显著的影响。通常在室温进行电泳，只有当凝胶浓度低于 0.5%时，为增加凝胶硬度，可在 4℃，低温下进行电泳。

（6）染色：常用荧光染料溴化乙锭（EB）进行染色以观察琼脂糖凝胶内的 DNA 条带。核酸染色法一般可将凝胶先用三氯乙酸、甲酸-乙酸混合液、氯化高汞、乙酸、乙酸镧等固定，或者将有关染料与上述溶液配在一起，同时固定与染色。有的染色液可同时染 DNA 及 RNA，如 Stains-all、溴化乙锭荧光染料等，也有 RNA、DNA 各自特殊的染色法。

1）RNA 染色法

A. 焦宁 Y（pyronine Y）：此染料对 RNA 染色效果好，灵敏度高。TMV-RNA 在 2.5% 聚丙烯酰胺凝胶（PAAG），直径为 0.5cm 的凝胶柱中检出的灵敏度为 0.3～0.5μg；若选择更合适的 PAAG 浓度，检出灵敏度可提高到 0.01μg；脱色后凝胶本底颜色浅而 RNA 色带稳定，抗光且不易褪色。此染料最适浓度为 0.5%。低于 0.5%则 RNA 色带较浅；高于 0.5%也并不能增加对 RNA 染色效果。此外，焦宁（pyronine G）也可用于 RNA 染色。

B. 甲苯胺蓝 O（toluidine blue O）：其最适浓度为 0.7%，染色效果较焦宁 Y 稍差些，因凝胶本底脱色不完全，较浅的 RNA 色带不易检出。

C. 次甲基蓝（methylene blue）：染色效果不如焦宁 Y 和甲苯胺蓝 O，检出灵敏度较差，一般在 5μg 以上；染色后 RNA 条带宽，且不稳定，时间长，易褪色。但次甲基蓝易得到，溶解性能好，所以较常用。

D. 吖啶橙（acridine orange）：染色效果不太理想，本底颜色深，不易脱掉；与焦宁 Y 相比，RNA 色带较浅，甚至有些带检不出。但却是常用的染料，因为它能区别单链或双链核酸（RNA，DNA），对双链核酸显绿色荧光（530nm），对单链核酸显红色荧光（640nm）。

E. 荧光染料溴化乙锭（ethidium bromide，EB）：可用于观察琼脂糖电泳中的 RNA、DNA 带。EB 能插入核酸分子中碱基对之间，导致 EB 与核酸结合。超螺旋 DNA 与 EB 结合能力小于双链闭环 DNA，而双链闭环 DNA 与 EB 结合能力又小于线形 DNA，可在紫外分析灯（253nm）下观察荧光。如将已染色的凝胶浸泡在 1mmol/L MgSO₄ 溶液中 1h，可以降低未结合的 EB 引起的背景荧光，对检测极少量的 DNA 有利。EB 染料具有下列优点：操作简单，凝胶可用 1～0.5μg/ml 的 EB 染色，染色时间取决于凝胶浓度，低于 1%琼脂糖的凝胶，染色 15min 即可；多余的 EB 不干扰在紫外灯下检测荧光；染色后不会使核酸断裂，而其他染料做不到这点，因此可将染料直接加到核酸样品中，以便随时用紫外灯追踪检查；灵敏度高，对 1ng RNA、DNA 均可显色。EB 染料是一种强烈的诱变剂，操作时应注意防护，应戴上聚乙烯手套。

溴乙锭

2）DNA 染色法：除了用 EB 染色外，还有以下几种方法。

A. 甲基绿（methyl green）：一般将 0.25%甲基绿溶于 0.2mol/L pH 4.1 的乙酸缓冲液中，用氯仿抽提至无紫色，将含 DNA 的凝胶浸入，室温下染色 1h 即可显色，此法适用于测天然 DNA。

B. 二苯胺（diphenylamine）：DNA 中的 α-脱氧核糖在酸性环境中与二苯胺试剂染色 1h，再在沸水浴中加热 10min 即可显示蓝色区带。此法可区别 DNA 和 RNA。

C. 孚尔根反应（feulgen reaction）：用此法染色前，应将凝胶用 1mol/L HCL 固定，然后用 Schiff 试剂在室温下染色，这是组织化学中鉴定 DNA 的方法。

此外还可以用甲烯蓝、哌咯宁 B 等其他染料染色，或用 2%焦宁 Y-1%乙酸镧-15%乙酸的混合溶液浸泡含 DNA 的凝胶，染色过夜。RNA，DNA 的染色法详见表 1-1-7。

表 1-1-7　核酸的染色法

染色法	染色对象	固定与染色方法	脱色
孚尔根反应	DNA	1mol/L 冷 HCl 中浸 30min，1mol/L 60℃CHCl 中浸 12min，Schiff 试剂中染色 1h（室温）	
甲基绿	天然 DNA	0.25%甲基绿溶于 0.2mol/L 乙酸盐缓冲液（pH 4.1）中，用氯仿反复抽提至无紫色，染色 1h（室温）	
梧花青-铬钒	核酸（磷酸根）	15%乙酸-1%乙酸镧中固定，0.3%梧花青水液和等体积 5%铬矾混合液（pH1.6）中染色过夜	15%乙酸
二苯胺	区分 DNA 和 RNA	1%二苯胺-10%硫酸 10∶1（V/V）染色 1h，再沸水中 10min	
焦宁 Y	RNA	0.5%焦宁 Y 溶于乙酸-甲醇-水 1∶1∶8（V/V/V）和 1%乙酸镧的混合液中染色 16h（室温）	乙酸-甲醇-水 0.5∶1∶8∶5
次甲基蓝	RNA	1mol/L 乙酸中固定 10～15min，2%次甲基溶于 1mol/L 乙酸中，染色 2～4h（室温）	1mol/L 乙酸
吖啶橙	RNA	1%吖啶橙溶于 15%乙酸和 2%乙酸镧混合液中染色 4h（室温）	7%乙酸
甲苯胺蓝 O	RNA	0.05%甲苯胺蓝溶于 15%乙酸中，染色 1～2h	7.5%乙酸

（苏泽红）

第二章　核酸操作技术

第一节　DNA 的定性和定量分析

一、DNA 的 提 取

DNA 作为遗传信息的载体，为了研究 DNA 的结构与生物学功能，常常需要从不同的生物材料中提取 DNA。作为 DNA 提取的生物材料有：病毒、培养的原核或真核细胞、真菌、血液样品、生物组织、石蜡包埋组织等，含有各类微生物的土壤、水等也可作为 DNA 提取的材料。针对不同的提取材料，应采取相应不同的 DNA 提取方法。生物体的复杂性和基因组的大小决定了 DNA 提取的难易程度。例如，病毒结构较简单，其 DNA 相对分子质量也较小，从病毒中提取 DNA 相对容易，提取时易保持其结构完整性。原核细菌基因组 DNA 相对分子质量较大，一般达几百万个碱基对，提取 DNA 难度大一些。真核生物细胞结构更复杂，染色体 DNA 相对分子质量更大，提取时 DNA 易被机械剪切力打断，因此 DNA 的提取较为困难。

DNA 为白色类似石棉样的纤维状物，是极性化合物，含有可解离基团，如碱基、核糖中的羟基、磷酸基上的羟基都可解离，由于磷酸基的解离，使 DNA 具有较强的酸性。DNA 易溶于水，不溶于苯酚、乙醇、异丙醇、氯仿等有机溶剂。同时，它们的钠盐比游离酸易溶于水，DNA 在纯水中的溶解度约为 10g/L，而在高浓度氯化钠溶液中的溶解度可达 20g/L。DNA 在酸性溶液中易水解，其糖苷键和磷酸酯键都能被水解，而在中性或弱碱性溶液中较稳定。真核生物中的染色体 DNA 都是和组蛋白结合在一起，以脱氧核糖核蛋白（DNP）形式存在于细胞核中。要从细胞中提取 DNA 时，首先需把 DNP 分离出来，再去除蛋白质，以及细胞中的 RNA、糖类、脂类、无机离子等其他杂质。DNP 在低浓度盐溶液中，几乎不溶解，如在 0.14mol/L 的氯化钠溶解度最低，仅为在水中溶解的 1%，随着盐浓度的增加溶解度也增加，至 1mol/L 氯化钠中的溶解度很大，比纯水高 2 倍，而核糖核蛋白（RNP）在盐溶液中的溶解度受盐浓度的影响较小，在 0.14mol/L 氯化钠中溶解度较大。因此，利用这一性质，可将细胞破碎后用浓盐溶液提取，然后用水稀释至 0.14mol/L 盐溶液，使 DNP 沉淀出来。

提取 DNA 总的原则是：①提取过程中防止和抑制细胞中 DNase 对 DNA 的降解；②保证核酸一级结构的完整性；③核酸样品中不应存在对酶有抑制作用的有机溶剂和过高浓度的金属离子；④尽量去除蛋白质、糖、脂等其他生物大分子的污染；⑤去除其他核酸分子如 RNA 的污染。

DNA 提取的第一步是破坏细胞，使细胞中的 DNA 释放出来，得到 DNA 粗提液。细菌和植物细胞有坚硬的细胞壁，因此首先还需要破坏细胞的细胞壁。破坏细胞的方法主要有以下三种。

机械法：超声波法、匀浆法、玻璃珠法、研磨法、反复冻融法。

化学试剂法：十六烷基三甲基溴化铵（hexadecyltrimethyl-ammoniumbromide，CTAB）

法、碱裂解法、SDS 裂解法。CTAB 法常用于从植物组织中提取 DNA。CTAB，是一种阳离子去污剂，能溶解细胞膜，并具有从低离子强度溶液中沉淀核酸与酸性多聚糖的特性，与核酸结合，使核酸便于分离。而在高离子强度的溶液中（＞0.7mol/L NaCl 溶液），由于溶解度差异，CTAB 与多糖形成复合物沉淀，但核酸仍可溶。碱裂解法常用于从细菌中提取质粒 DNA。在强碱性条件下，细胞膜的主要组分磷脂类物质中的酯键发生断裂，导致磷脂水解，从而使细胞膜破坏，同时碱可使细菌基因组 DNA 和质粒 DNA 发生变性，当用酸中和后，变性的质粒 DNA 可以复性而细菌基因组 DNA 不复性而使两者分离。SDS 裂解法是 SDS 能解聚和溶解细胞膜上的脂类和蛋白质，因而溶解膜蛋白而破坏细胞膜，同时 SDS 还能使与染色质 DNA 结合的核蛋白发生变性而解离，高浓度的 SDS 能与胞质中的蛋白质结合成为复合物，使蛋白质发生变性而沉淀下来。

　　酶解法：具有细胞壁的提取材料加入溶菌酶后可使细胞壁破碎。溶菌酶是一种糖苷水解酶，它能水解菌体细胞壁的主要化学成分肽聚糖中的 β-1，4 糖苷键，有助于细胞壁破裂。而无细胞壁的细胞一般采用蛋白酶 K 消化，蛋白酶 K 能使细胞破碎，并使核蛋白、胞质蛋白发生变性和降解。

　　高等动物组织 DNA 主要存在于细胞核与线粒体中，提取时存在两个困难。一是细胞破碎难。动物组织特别是肌肉组织很难破碎，即使是较易破碎的肝肾等组织也往往使用机械匀浆器，但易造成 DNA 断裂。同时，从处死动物分离组织器官到破碎细胞耗时长，在此期间 DNA 可能会被细胞内的 DNase 降解，因此常采用液氮研磨或在低温下操作。二是相对分子质量大，一般比细菌的大 2～3 个数量级，比病毒的大 4～5 个数量级，因此在提取过程中要特别注意机械剪切力易对 DNA 造成的断裂。

　　DNA 提取的第二步是要去除 DNA 粗提液中各种杂质的污染，主要是去除蛋白质。对不同生物材料，要根据具体情况选择适当的分离提取方法。DNA 的提取主要有以下三种方法。

　　（1）浓盐法：利用 RNP 和 DNP 在盐溶液中溶解度不同，将两者分离。常用的方法是用浓盐溶液如 1mol/L 氯化钠溶液提取，得到溶解有 DNP 的粗提液，用氯仿-异戊醇与 DNP 溶液振荡，得到乳浊液，冷冻离心，此时离心管中的混合液出现分层，变性的蛋白质停留在上层水相及下层氯仿相的中间界面，而 DNA 溶解于上层水相中，用 2 倍体积无水乙醇即可将 DNA 钠盐沉淀下来。在提取过程中为抑制细胞中的 DNase 对 DNA 的降解作用，在氯化钠溶液中加入柠檬酸钠作为金属离子的络合剂，或加入金属离子螯合剂 EDTA。

　　（2）阴离子去污剂法：较高浓度的 SDS 或二甲苯酸钠等阴离子去污剂不但能使膜蛋白溶解、变性，使细胞破裂，而且能使与 DNA 结合的蛋白质及胞质蛋白发生变性，DNP 中的 DNA 与蛋白质之间主要借静电引力或配位键结合，而阴离子去污剂能够破坏这种价键。同时阴离子去污剂还能破坏蛋白质分子中的非共价键，使蛋白质分子发生变性。因此阴离子去污剂法是提取 DNA 的常用方法，也可与其他方法结合使用。

　　（3）苯酚-氯仿抽提法：苯酚是很强的蛋白质变性剂，同时又可使细胞中的 DNase 发生变性，从而抑制 DNase 的降解作用。当有机溶液存在时，蛋白质的胶体稳定性遭到破坏，同时变性的蛋白质易于沉淀。当用苯酚-氯仿与 DNP 一起振荡，离心后 DNA 位于上层水相中，有机溶剂在试管底层（有机相），变性蛋白质则沉淀于两相之间。氯仿的作用是有助于水相与有机相分离和除去 DNA 溶液中残留的微量酚和蛋白质杂质。

　　DNA 提取的最后一步是将 DNA 从已去除各种杂质后的提取液中沉淀，得到 DNA 纯品。利用 DNA 易溶于水，不溶于乙醇、异丙醇等有机溶剂的特性，可以将 DNA 从提取液中沉淀下来。常用的方法有以下几种。

（1）无水乙醇沉淀法。往去除了蛋白质等杂质的提取液中加入预冷的 2 倍体积的无水乙醇或 95%乙醇溶液，此时 DNA 的溶解度急剧下降，继而沉淀下来，可通过离心得到 DNA 沉淀，由于沉淀下来的 DNA 结合有大量的钠盐，因此还需将 DNA 沉淀用 70%的乙醇溶液洗涤数次，去除结合的钠盐以避免对后续实验操作的影响。

（2）玻璃棒缠绕法：当提取基因组 DNA 时，要求得到的 DNA 保持较好的完整性。提取液在去除蛋白质等杂质后，加入 2 倍体积的无水乙醇，此时呈纤维状的基因组 DNA 由于相对分子质量大，DNA 变为十分黏稠的物质，可用玻璃棒或牙签慢慢将基因组 DNA 沉淀绕成一团取出。此法的特点是使提取的 DNA 保持天然状态，保持较好的完整性，DNA 长度可达 80~150kb。

（3）异丙醇沉淀法：基本同（1）法，仅用 0.6~1 倍体积异丙醇替代乙醇，在-20℃放置 30min~1h 沉淀效果较好。

二、聚合酶链式反应技术

聚合酶链反应（polymerase chain reaction，PCR）技术是 1985 年由美国 Cetus 公司技术员 Kary B. Mullis 发明的一种使用 DNA 聚合酶在体外扩增目的 DNA 的技术，是近三十年来发展和普及最迅速的分子生物学新技术之一。PCR 技术的基本原理是用一对寡聚 DNA 作为引物，通过加温变性、退火、延伸这一步骤的多次循环，使这对引物之间的目的 DNA 片段以指数形式得到扩增，经 25~30 个循环后扩增倍数可达上百万倍。如再结合其他方法（如 Southern 杂交或套式 PCR），便可检测出样品中单一拷贝的目的片段。

鉴于它具有强大的 DNA 体外扩增能力，如与其他分子生物学方法，如 DNA 重组技术、核酸杂交技术、DNA 芯片技术等相结合应用，其特异性和灵敏度得到大大增强，因而广泛地应用于生命科学研究与应用的各个领域，包括基因的克隆、重组、改建、遗传修饰、cDNA 文库构建、生物进化分析、物种起源、法医学鉴定、传染病遗传病肿瘤的诊断、流行病学调查等。由于 PCR 对世界生物医学研究的巨大推动作用，其发明者 K.B. Mullis 因而获得 1993 年诺贝尔化学奖。

PCR 技术问世后，不仅在生物医学领域迅速得到广泛应用，而且不断衍生出许多新的技术，使其应用范围不断扩大，特异性和灵敏度也不断提高。例如，逆转录 PCR（RT-PCR）是以 mRNA 为模板，通过逆转录反应合成 cDNA，再进行 PCR 扩增，因而可检测特异的 mRNA 或得到其 cDNA 克隆；如果仅有很少的序列资料，可通过锚式 PCR（anchored PCR）对 mRNA 进行分析；差异显示 PCR（differential display PCR）可以鉴定和分离在不同条件下（如机体或细胞受某种刺激或疾病时）发生特异性表达的某些基因，无需预先得知其确切的序列资料；免疫 PCR 是将 PCR 的强大扩增效力应用于免疫学检测中；PCR-ELISA 则是将 RCR 与核酸杂交、ELISA 技术连为一体，用 ELISA 鉴定 PCR 产物等。PCR 技术的原理扼要介绍如下。

PCR 是在体外模拟 DNA 聚合酶存在下的 DNA 复制的过程。这一过程要求以下几个条件：①要有单链模板 DNA 与寡核苷酸引物形成的模板-引物复合物。②dNTPs 为酶反应底物（合成 DNA 新链的原料）。③适当 pH 的缓冲液，尤其是 Mg^{2+}。④DNA 聚合酶。

　　扩增 DNA 片段的长度及特异性是由 2 个寡核苷酸引物的序列决定的，即后者分别与待扩增的 DNA 片段两条链的两端序列分别互补。PCR 就是反复进行包括变性、退火、引物延伸三步骤的循环过程（图 1-2-1）。

　　（1）变性：模板 DNA 在 94℃下加热 30s～1min，双螺旋结构被热变性解链为两股单链。

　　（2）退火：将反应混合物降温至 55～65℃，引物与上述单链 DNA（或从 mRNA 逆转录而来的 cDNA）上互补的序列杂交在一起，即退火形成模板-引物复合物。

　　（3）延伸：提高反应混合物温度至 72℃，保温 30s～2min。在 Taq DNA 聚合酶的催化下，以 dNTPs 为原料，从引物的 3'-端开始，沿着 5'至 3'方向，按照模板链序列的指导，合成一条新 DNA 子链，其序列与模板序列互补。

　　可见经过上述变性、退火、引物延伸这样一轮循环，双链 DNA 拷贝数增加一倍。在以后连续进行的循环过程中，新合成的 DNA 链又可以作为下一轮 PCR 循环的模板。因此每经过一个循环，DNA 拷贝数便增加一倍。需要注意的是，目的 DNA 片段只有在第三轮 PCR 循环后才被扩增出来。如进行 n 次循环，拷贝数将增加 2^{n-2} 倍。如进行 25～30 个循环，拷贝数即扩增上百万倍。并且扩增的长度基本上都限定在 5'-端内。在凝胶电泳上显示为一条特定长度的 DNA 区带。

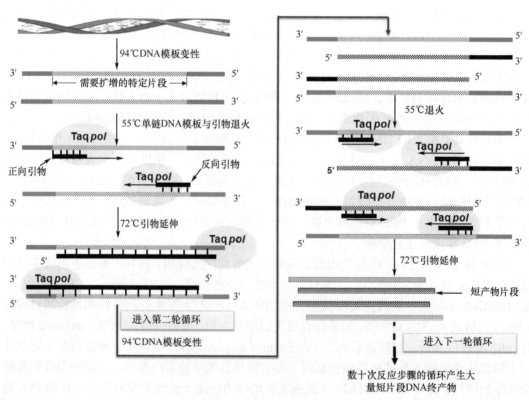

图 1-2-1　PCR 扩增过程

　　如果引物 5'-端有几个与模板 DNA 不配对的碱基，仍能与模板 DNA 退火、延伸，对 PCR 效率影响不大。这一特点可使 PCR 产物两端引入限制性内切酶位点，或可在 PCR 产物中引入碱基的缺失、插入、替换等突变，大大增大了 PCR 技术的应用范围。

　　早期关于 PCR 的工作都是用大肠埃希菌 DNA 聚合酶 I 大片段进行的。此酶对热是不稳定的，因而热变性使之失活，每次热变性后都要补加新鲜的酶。不但费酶，而且操作烦琐，费时，而且由于酶反应的温度较低，DNA 分子会产生二级结构或引物非特异退火，使反应效率低，且易出现非特异性产物。后来，从耐热菌株 *Thermus aquaticus* 分离纯化出耐热的 DNA 聚合酶——Taq DNA 聚合酶，其具有极好的热稳定性，在 95℃以下几十分钟，活力仅有少部分下降。因此只需加入一次酶，即可进行 30～40 次循环，不必追加，大大简化加快了操作过程，并实现了 PCR 过程的全自动化。人们只需在开始时设定好变性、退火及延伸的温度及时间，以及进行的总循环数，机器便会按要求自动进行 PCR 过程，到完成所指定循环数后自动停止。此外，由于该酶的最适合温度高达 70～75℃，故退火及延伸温度高，大大限制了非特异性扩增产物的出现，提高了 PCR 的特异性。

　　应该指出，扩增产物的指数式的增加不是无限制地进行的。可以想象得到，当 PCR 进行到模板拷贝数相当多的时候，引物及 dNTPs 的量被消耗得已很多，其剩余量可能逐渐不足以在很短的时间（30～60s）内与所有模板都形成模板-引物复合物；或者酶活力不足以在规定的延伸时间内彻底完成如此大量的模扳-引物复合物的延伸反应，以及退火时模板互补链之间的复性逐渐增加等，因此扩增产物的增加逐渐由指数形式变为线性形式。但即使如此，进行 25～30 个循环，实际扩增倍数通常可达 10^6。

三、DNA 序列测定

（一）DNA 双脱氧链末端终止法

　　该法由英国科学家 F. Sanger 于 1977 年发明，又称酶法。这种方法虽然经过改进，但至今仍然是众多实验室中最为常用的 DNA 序列分析方法。其基本原理是：根据 DNA 在细胞内复制的原理，使待测 DNA 解链成为单链模板，加入 DNA 引物、4 种底物 dNTP、DNA 聚合酶在体外进行子链的聚合，同时在反应体系中再加入 2′，3′-双脱氧核苷三磷酸（ddNTP）。这些 ddNTP 会随机地代替 dNTP 参加反应。一旦 ddNTP 加入新合成的 DNA 子链，由于其 3′ 位的羟基脱掉了氧变成了氢，所以不能继续延伸使链延伸终止。如果不是 ddNTP 而是 dNTP 掺入子链中，则子链的延伸得以继续。这样，会合成一系列大小不等的 DNA 片段。再通过变性聚丙烯酰胺凝胶电泳分离这些片段，放射自显影即可得到测序图谱。基本步骤如下：

　　将待测 DNA 变性解链为单链 DNA 模板，然后与测序引物在适当的反应缓冲液中进行退火。样品分成 4 等份，分别进行 4 个反应。每个反应体系均含 DNA 聚合酶和 4 种 dNTP 底物，其中一种 dATP 为 ^{32}P 标记物，以便能用放射自显影法读序（也可对测序引物进行标记，但其成本较高）。在每个反应中除上述成分外，分别加入一种 ddNTP（即 ddATP，ddCTP，ddGTP，ddTTP）。在第一个反应中，ddATP 会随机地代替 dATP 参加反应。一旦 ddATP 加入新合成的 DNA 链，由于其 3′ 位的羟基脱掉了氧变成了氢，所以不能继续延伸使链延伸终止。第一个反应中所产生的 DNA 链都是到 A 就终止了；同理，第二个反应产生的都是以 C 结尾的，第三个反应的都以 G 结尾，第四个反应的都以 T 结尾。将 4 管反应物分别加在高分辨凝胶上电泳，DNA 片段则因其长度不同被分离，短的走在前端，长的泳动在后面。每管所在的泳道则分别为以 A、G、C 或 T 结尾的不同长度 DNA 片段。

放射自显影后即可得到测序图谱，从下往上即可读出合成的子链 DNA 序列，而待测 DNA（模板链）序列则为它的互补序列（图 1-2-2）。

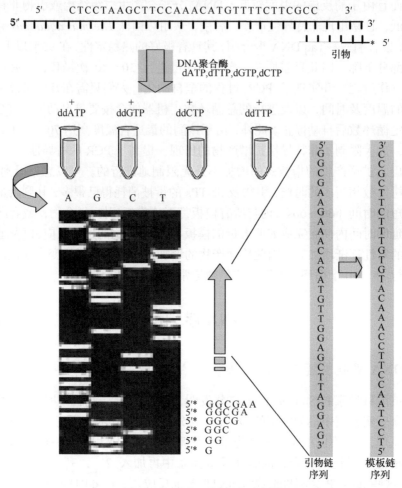

图 1-2-2　Sanger 测序法示意图

1987 年，在 Sanger 双脱氧测序法的基础上，将双脱氧法、荧光标记法和激光检测法三者结合而发明了全自动激光荧光 DNA 测序技术（又称为第一代测序技术），实现了制胶、进样、电泳、检测、数据分析等整个 DNA 测序流程全自动化，目前其应用已十分普遍。

（二）DNA 化学降解测序法

DNA 化学降解法由美国哈佛大学的 A. Maxam 和 W. Gilbert 于 1977 年发明。其基本原理是采用特异的化学试剂作用于 DNA 分子中不同碱基，然后用哌啶切断反应碱基所参与形成的磷酸二酯键。用 4 组不同的特异反应，就可以使末端标记的 DNA 分子切割成不同长度的片段，其末端都是该特异的碱基。经变性聚丙烯酰胺凝胶电泳和放射自显影即可得到测序图。基本步骤是：将单侧末端标记待测 DNA 样品分成 4 等份，分别进行下列 4 组特异反应。

（1）G 反应：用硫酸二甲酯使鸟嘌呤上的 N7 原子甲基化，然后经哌啶处理。哌啶能取代甲基化的鸟嘌呤，导致修饰碱基从脱氧核糖上脱落，进一步导致 3′，5′-磷酸二酯键断裂。

（2）G+A 反应：用甲酸处理 DNA，可使 A 和 G 嘌呤环上的 N 原子质子化，导致糖苷键不稳定，再用哌啶处理后使磷酸二酯键断裂。

（3）T+C 反应：用肼处理 DNA，可使 C 和 T 的嘧啶环断开，再用哌啶处理后使磷酸二酯键断裂。

（4）C 反应：如果肼处理 DNA 是在高盐浓度下进行，则只有 C 与肼反应，哌啶处理后使键断裂。

上述样品分别进行变性聚丙烯酰胺凝胶电泳，放射自显影得到测序图谱，从下往上即可读出待测 DNA 序列（图 1-2-3）。

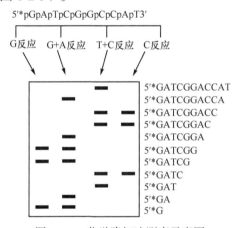

图 1-2-3　化学降解法测序示意图

（三）循环芯片测序技术

循环芯片测序又称第二代测序技术，该方法采用了大规模矩阵结构的芯片分析技术，阵列上的 DNA 样本可以被同时并行测序分析。其基本原理就是对布满 DNA 样品的芯片重复进行基于 DNA 的聚合酶反应（模板变性、引物退火杂交及延伸）及荧光序列读取反应。第二代测序技术优点是：①可实现大规模并行化分析；②不需电泳设备易于微型化；③样本和试剂的消耗量降低，大大降低了测序成本。但第二代测序技术的最大缺点是其可靠的序列阅读长度短，通常为 30～450bp。

第二代测序技术的基本流程如下：①将基因组 DNA 随机切割成为小片段 DNA；②在所获小片段 DNA 分子的末端连上接头然后变性得到单链模板文库；③将带接头的单链小片段 DNA 文库固定于固体表面；④对固定片段进行克隆扩增从而制成 polony 芯片；⑤针对芯片上的 DNA，利用聚合酶或连接酶进行一系列循环反应，通过读取碱基连接到 DNA 链过程中释放出的光学信号而间接确定碱基序列。然后，对产生的阵列图像进行时序分析，便可获得 DNA 片段的序列。最后，按照一定的计算机算法将这些片段组装成更长的重叠群。

目前常用的第二代测序技术平台有 454 测序、Solexa 测序（又称 Illumina 测序）、SOLiD 测序等。

（四）单分子测序技术

单分子测序技术又称为第三代测序技术，是针对单分子进行的序列分析，无需扩增。目前第三代测序技术主要有三种策略：①通过掺入并检测荧光标记的核苷酸来实现单分子测序如单分子实时技术（single molecule real time technology，SMRT）、基于荧光供体和受体之间荧光共振能量转移的测序技术（fluorescence resonance energy transfer，FRET）；②利用 DNA 聚合酶在 DNA 合成时的天然化学方式来实现单分子测序；③直接读取单分子DNA 序列信息，如非光学显微镜成像测序技术，纳米孔测序技术等。以上技术中，SMRT技术是目前较为成熟的第三代测序技术。

四、Southern 技术

根据核酸杂交检测靶分子的不同，可分为：DNA 转移杂交、DNA 斑点杂交、RNA 转移杂交、RNA 斑点杂交、菌落和噬菌斑原位杂交、原位杂交等（表 1-2-1）。

表 1-2-1　核酸杂交分类表

杂交方法	适用范围
Southern 印迹	检测经凝胶电泳分开的 DNA 分子，需转印到膜上
Northern 印迹	检测经凝胶电泳分开的 RNA 分子，需转印到膜上
斑点杂交	检测未经分离的、固定在膜上的 DNA 或 RNA 分子
菌落杂交和噬斑杂交	检测固定在膜上的、经裂解后从细菌和噬菌体中释放的 DNA 分子
原位杂交	检测细胞或组织中的 DNA 或 RNA 分子

进行核酸分子杂交时，必须先将杂交的 DNA 或 RNA 样品固定在适当的支持物上。常用的支持物有硝酸纤维素（nitrocellulose filter membrance，NC）膜、尼龙膜和化学激活的膜 3 种。膜的选择以具体实验为依据。NC 膜和尼龙膜能有效地结合 DNA 和 RNA（约 $80\mu g/cm^2$），但当核酸分子长度小于 500bp 时，这种结合就非常低。通常认为变性的 DNA 或 RNA 吸附到 NC 膜上是一种非共价结合，这种结合本身是一种可逆的过程。NC 膜较尼龙膜易折易破，不能用一系列探针与固定在 NC 膜上的 DNA 或 RNA 杂交，难以耐受多轮杂交和洗膜操作。用带正电荷的尼龙膜替代 NC 膜，可弥补上述不足。尼龙膜能耐受多轮杂交而放射性信号并不减弱，而且尼龙膜可以抗许多化学处理如 100%甲酰胺、2mol/L 氢氧化钠、4mol/L 盐酸、二甲基亚砜等，尤其适用于 RNA 样品的 Northern 杂交实验。然而尼龙膜也有其缺点，大多数型号的尼龙膜其杂交背景都较 NC 膜高。但大多数情况下，对 Southern 和 Northern 杂交而言，两种膜在核酸结合方面无明显差异。

NC 膜和尼龙膜均可经化学处理而成为化学激活膜，但此时核酸结合率显著下降（1～2μg/cm²），经化学激活的膜一般不用于 Southern 印渍、Northern 印渍和斑点杂交，它的主要用途是富集特异的 RNA 序列。

（一）印渍（迹）技术

将琼脂糖电泳分离的 DNA 片段在胶中变性成为单链，将一张 NC 膜放在胶上，再利用吸水纸巾的毛细作用使胶中的 DNA 片段转移到 NC 膜或尼龙膜上，使之成为固相化分子。在杂交液中固相化分子的 DNA 片段与另一种 DNA 或 RNA（即标记探针）进行杂交，具有互补序列的 RNA 或 DNA 结合到存在于 NC 膜或尼龙膜的 DNA 分子上，经放射自显影或其他检测技术可显现出杂交分子的区带（图 1-2-4）。

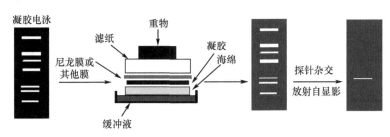

图 1-2-4　印渍（印迹）技术

　　这种技术类似于用吸墨纸吸收纸张上的墨迹，故称为印渍技术（blot）。其为是将存在于凝胶中的生物大分子转移（印渍）于固定化介质上并加以检测分析的技术，广泛用于 DNA、RNA、蛋白质的检测。电转移印渍和真空吸引转移印渍可大大缩短转移所需时间。

（二）DNA 印渍（印迹）技术

　　DNA 印渍技术又称为 Southern blot。它的程序一般如下：限制性内切酶消化 DNA→琼脂糖凝胶电泳分离 DNA 片段→转印到 NC 膜或尼龙膜上→变性、中和→预杂交和杂交→放射自显影或显色→读片结果分析。

　　例如，人体基因组 DNA 用一种或多种限制性内切酶消化后，通过琼脂糖凝胶电泳分离得到大小不同的 DNA 片段，将含有 DNA 区带的凝胶放入变性溶液中原位变性后，将NC 膜或尼龙膜放在胶上，利用 Whatman 滤纸将转移缓冲液吸收，使胶中的 DNA 分子带转移到 NC 膜或尼龙膜上，加热固定，DNA 转移到固相支持载体的过程中各个 DNA 片段的位置保持不变。再用标记探针进行杂交反应，经显影或显色可检出杂交分子的区带。

　　1. 变性和中和　变性液为 1.5mol/L NaCl 和 0.5mol/L NaOH，室温变性约 30min 后，再用 1.0mol/L Tris-HCl（pH 8.0），1.5mol/L NaCl 中和，室温约 1h 后，晾干凝胶备用。

　　2. 转移　转移缓冲液为 10×SSC（1×SSC：0.88% NaCl，0.44%柠檬酸钠，pH 7.0）。转移过程中吸水滤纸需及时更换，以免缓冲液的逆流。转移的速度取决于 DNA 片段的大小和凝胶中 DNA 片段的浓度。小片段的 DNA（<1kb）在 1h 内就可以从 0.7%的琼脂糖凝胶上几乎完全转移，而较大 DNA 片段的转移速度慢而且效率低，如 DNA 大于 1.5kb 则转移至少需 18h 而且转移不完全。一般实验时选择的转移时间为 12～24h。如果凝胶中的DNA 先用弱酸处理（引起部分脱嘌呤作用，然后用强碱水解脱嘌呤部位的磷酸二酯键），产生的 DNA 片段随后可高效地从凝胶上转移。转移结束后取出薄膜浸入 6×SSC 溶液中，稍漂洗后转移到 Whatman 滤纸上吸干，最后将薄膜夹在两层滤纸间，于 80℃烤箱干烤 2h使 DNA 与薄膜牢固结合。

　　DNA 印渍技术主要用于基因组 DNA 分析，如特异基因的定位及检测等，以及重组质粒和噬菌体的分析。

（三）Southern 薄膜杂交

1. 预杂交　预杂交和杂交均在特定的塑料袋中进行，杂交袋可用质地较好的塑料薄膜自行制备。取适当大小（如 6cm×18cm）塑料薄膜两张，用热封口机封固塑料薄膜的三边，留一侧用于加 NC 膜和杂交液。

将 NC 滤膜在 2×SSC 中湿润后用镊子小心放进杂交袋，再加入预杂交液，预杂交液的组成是 6×SSC、0.5% SDS、5×Denhardt's 液、100μg/ml 变性的鲑鱼精子 DNA。50×Denhardt's 为 5g 聚蔗糖、5g 聚乙烯吡咯烷酮、5g 牛血清白蛋白加到总体积 500ml。

预杂交反应一般在 68℃水浴中保温 4～12h。预杂交液中的变性鲑鱼精子 DNA 又称覆盖 DNA，除了杂交受体 DNA 外它可吸附到 NC 膜的表面，使整个背景覆盖一层，杂交时由于探针 DNA 和鲑鱼精子 DNA 无任何同源关系，所以凡是有鲑鱼精子 DNA 的地方，探针就不会吸附。而杂交受体 DNA 带上缺乏鲑鱼精子 DNA，只要受体片段与探针有同源性，便能发生杂交反应。鲑鱼精子 DNA 的利用，使得 X 线片上的杂交显带背景清晰。

2. 杂交　杂交缓冲液的组成一般为 6×SSC、5×Denhardt's 液、0.5% SDS、100μg/ml 变性的鲑鱼精子 DNA，^{32}P 标记的变性 DNA 探针。预杂交结束后，取出杂交袋，在一角剪开一个缺口，倒出杂交液按 50μl/cm^2 膜加入杂交溶液，排除气泡，封口，浸入 68℃水浴中，轻微振摇。典型的杂交条件见表 1-2-2。

表 1-2-2　Southern blot 的杂交条件

受体 DNA	探针比活（cpm/μg）	探针用量（cpm）	杂交时间（h）
克隆 DNA 片段（～100ng/片段）	10^7	10^5～10^6（0.01～10μg）	3～4
真核 DNA（10μg）	10^8	$1×10^7$～$5×10^7$（0.1～0.5μg）	12～16

3. 洗膜　杂交完毕后，必须洗涤 NC 薄膜，按先高盐后低盐溶液进行漂洗。将杂交袋从水浴中取出后，用剪刀剪去 3 边，倾去杂交溶液，将薄膜在 2×SSC，0.1% SDS 中室温洗膜 2 次，每次 15min，略加轻微摇动，再于 68℃在 0.2×SSC，0.1% SDS 中洗膜 1～2 次，每次 10min。洗膜的目的在于洗去未结合的、游离的放射性探针，以及可能非特异性结合的 DNA，使特定的杂交带能在 X 线片上清晰地显示出来，洗涤的好坏与 X 线片的清晰明亮程度有极大的关系。

4. 杂交信号的检测　放射自显影取出杂交薄膜在 Whatman 滤纸上晾干，用保鲜膜包好杂交薄膜，在暗室置于 X 线片上加增感屏，用 Kodax 盒固定，黑纸包扎好，置于-20℃或-70℃冰箱中曝光 1～7 日，曝光时间视同位素信号的强弱而定。薄膜上杂交带的放射线使 X 线片感光曝光，结束后将 X 线片在暗室显影、定影、冲洗、晾干，即可在 X 线片上见清晰的杂交带。

（曹运长）

第二节　RNA 的定性和定量分析

基因表达产物的分析包括在 RNA 水平和蛋白质水平的检测。对于 RNA 水平分析基因的表达，必须了解从基因转录产生 RNA 的结构、数量、水平、大小及合成速率等。常用于 RNA 定性和（或）定量的方法主要包括 RT-PCR、荧光定量 RT-PCR、Northern 印迹技术（Northern blot）等，其中 RT-PCR 是最基础、最常用的方法，荧光定量 RT-PCR 是定量分析基因表达最灵敏和准确的方法。

（一）RNA 的提取

RNA 是基因表达的中间产物，存在于细胞质与细胞核中。RNA 主要包括 mRNA（占总 RNA 的 1%～5%）、tRNA（占 15%）、rRNA（占 85% 左右）和 snRNA（占 10%～15%）。真核细胞总 RNA 分离提取的目的是要获得高纯度、具有充足长度的 RNA 分子。得到纯度高、完整的 RNA 分子是进行分子克隆实验和对基因表达分析的基础。RNA 提取质量的高低往往决定了许多分子生物学实验如 Northern 杂交、cDNA 合成及荧光定量 RT-PCR 等实验的成败。细胞内大部分 RNA 均与蛋白质结合以复合物的形式存在，通常在提取 RNA 过程中需要采用高剂量的蛋白质变性剂及蛋白酶抑制剂处理细胞，快速破坏细胞结构，使蛋白与 RNA 分离，并利用离心的方法，去除蛋白等细胞其他组分，最终得到纯度高的总 RNA。

1. 影响 RNA 提取质量的主要因素　是 RNA 酶的降解作用。RNA 酶（RNase）活性高而稳定，可耐受多种处理因素如煮沸、高温高压等处理而不被灭活，且分布广泛。RNase 催化的化学反应通常不需要激活剂，RNA 的提取与分析试验中只要 RNA 试剂中存在微量的 RNase 即可引起 RNA 降解。因此，RNA 提取过程中要抑制内源和外源性 RNase 活性，保护 RNA 分子不被降解。各种组织和细胞中含有大量内源性 RNase。外源性 RNase 的来源主要有：实验操作人员的唾液或汗液中存在的 RNase；实验室的灰尘中出现的 RNase；被 RNase 污染的手术器械、玻璃器皿、塑料离心管、电泳槽和各种使用过的分子生物学试剂等。

2. 常用的 RNA 酶抑制剂　异硫氰酸胍，目前被认为是最有效的 RNase 抑制剂。异硫氰酸胍不仅能有效破坏细胞结构使核蛋白解聚从而释放出 RNA，还能强烈抑制 RNase 活性；焦碳酸二乙酯（DEPC）是一种有效但抑制 RNase 活性不完全的抑制剂，它同时也是一种 RNase 的化学基团修饰剂。DEPC 抑制 RNase 活性的机制：通过与 RNase 的功能基团组氨酸残基的咪唑基结合而使 RNase 变性失活。由于 DEPC 与氨水接触后易产生致癌物，因此使用过程中需要特别小心；蛋白类抑制剂（RNasin）是一种 RNase 的非竞争性抑制剂，可与几种 RNase 结合而使它们失活。RNasin 是从鼠肝或人胎盘中提取的酸性糖蛋白；钒氧核苷酸复合物是一种强烈的 RNase 抑制剂，由钒离子的氧化型与核苷酸结合而形成。其他如 SDS、尿素、硅藻土等对 RNase 也有一定抑制作用。

3. 防止 RNA 酶污染的措施

（1）尽可能在实验室专门设立 RNA 操作区。RNA 操作区应保持清洁、干净，并定期除菌。

（2）离心机、微量移液器、试剂等均应专用。

（3）实验过程中，操作人员需自始至终均戴一次性口罩和手套，并注意时常换新的口罩和手套，这样可避免操作人员身体上的微生物及自身产生的 RNase 污染实验用具或实验试剂。

（4）最好使用一次性离心管、枪头等塑料用具以防交叉污染。对于一次性塑料制品，建议使用厂家供应的出厂前已经灭菌的制品，买来后不需清洗、灭菌，可直接用于 RNA 提取实验。因为用 DEPC 等处理的重复使用的塑料制品往往由于多次 RNase 污染而使 RNA

提取结果不理想。

（5）用高温、高压对所有清洗好并干燥的玻璃器皿进行灭菌，灭菌时间至少在 6h 以上。不能用 DEPC 浸泡处理的实验器具，可采用氯仿多次冲洗或擦拭以灭活 RNase。不能高温高压灭菌的塑料制品需用 0.1% DEPC 浸泡过夜或反复用氯仿冲洗数次。

（6）制胶模具、电泳槽等有机玻璃器具需先用洗涤剂清洗，ddH$_2$O 冲洗干净，无水乙醇干燥，再用 3% H$_2$O$_2$ 溶液室温下浸泡 10min，最后用 0.1% DEPC 水冲洗数次，自然晾干。

（7）配制试剂用的乙醇、异丙醇、Tris 等应采用未开封的新瓶装试剂。配制试剂所需用水应含有 0.1% 的 DEPC。配置好的试剂需先在 37℃放置至少 12h，接着再用高温高压去除残留在试剂中的 DEPC。不能高温高压灭菌的实验试剂要先用 DEPC 处理的无菌双蒸水配制，再用 0.22μm 微孔滤膜过滤除菌。

4. 总 RNA 提取的方法　细胞内总 RNA 制备方法很多，如异硫氰酸胍热苯酚法、酚/SDS 法等。此外，许多试剂公司提供总 RNA 提取试剂盒，可快速有效地提取到高质量的总 RNA，具有操作简单快捷、提取质量高的优点。Trizol 法实验流程如下所示。

植物或动物组织用液氮研磨
↓
加1mL Trozol,充分振荡混匀,室温静置5min
↓
加0.2ml氯仿,充振荡,室温静置5min
↓ 12 000r/m离心15min
将上层水相转移至-EP管
↓
加0.5ml异丙醇,颠倒混匀,室温静置10min
↓ 4℃,12 000r/m离心10min
弃上清。沉淀即为总RNA
↓
加1ml75%乙醇溶液,轻轻洗涤沉淀(必要时4℃,10 000r/m离心5min)
↓
乙醇挥发干净后,加入15μl无RNase水溶解RNA,吸光度法测定总RNA纯度和浓度

5. RNA 的检测分析

（1）利用紫外分光光度计检测 RNA 纯度和浓度：RNA 在 260nm 波长处有最大的吸收峰，根据 260nm 处的吸光度可确定 RNA 浓度。实验中常以 OD$_{260}$=1.0 相当于 40μg/ml RNA 作为计算依据。如果采用 1cm 光径，用双蒸水稀释 RNA 样品数倍并以双蒸水做空白对照，那么根据读出的 OD$_{260}$ 值即可计算出样品稀释前的浓度：

$$RNA（μg/ml）= 40×OD_{260}×稀释倍数（n）$$

根据 OD$_{260}$/OD$_{280}$ 的值还可判断 RNA 的纯度，RNA 纯品的 OD$_{260}$/OD$_{280}$ 的值为 1.8～2.0。如果 OD$_{260}$/OD$_{280}$ 值偏低，说明提取的 RNA 样品中有蛋白质残留；比值过高则提示样品中可能有 RNA 降解或有异戊醇/乙醇残留（羟基具有吸光度）。

（2）琼脂糖凝胶甲醛变性电泳检测：真核 RNA 样品电泳后，可见 28S、18S 及 5S（某些试剂盒提取的 RNA 看不到 5S 条带）RNA 条带。28S rRNA 的位置一般在 Marker 的 1000～2000bp 条带之间，18S rRNA 的位置一般在 750～1 000bp 条带之间，5S 一般在 100bp 位置。RNA 电泳条带清楚无拖尾现象且 28S 条带的亮度大约是 18S 条带亮度的两倍，说明提取的 RNA 结构完整，无降解发生。相反则提示 RNA 样品有较多的降解。如果在 28S 后边还

有条带,表明RNA中有基因组DNA污染,可用DNase
处理后再进行纯化（图1-2-5）。

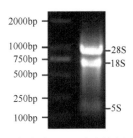

图 1-2-5 真核总 RNA 琼脂糖凝胶电泳图

（二）RT-PCR 技术

RT-PCR：以细胞总 RNA 或 mRNA 为模板，先
在逆转录酶的催化下，以随机引物或 Oligo（dT）做
引物，利用逆转录方式合成 cDNA，再用 cDNA 做
PCR 的模板进行特定基因扩增,从而获得目的基因在
转录水平的表达情况。RT-PCR 的优点是使基因转录水平的检测灵敏度大大提高，使一些
表达量极低基因的表达检测分析成为可能。这一技术主要用于构建 RNA 高效转录系统、
获取目的基因、合成 cDNA 探针、分析基因转录水平表达等。

采用 RT-PCR 进行基因表达的定量分析时需要设立对比参照。一般采用管家基因作为
其内参照或外参照，即在进行特定基因的 RT-PCR 时，同时加入管家基因的引物（内参照）
或同时设定另一个管家基因的 RT-PCR 反应体系（外参照），根据管家基因的表达水平作
为定量标准，确定目的基因的表达水平。

1. 逆转录酶

（1）鼠白血病病毒（MMLV）逆转录酶：MMLV 逆转录酶的聚合酶活性远强于 RNase
H 的活性。该酶催化作用的最适温度是 37℃。在长时间的逆转录过程中，不会造成模板降
解，获得 cDNA 的概率大，适用于较长的 cDNA 链的合成。

（2）禽类成髓细胞瘤病毒（AMV）逆转录酶：AMV 逆转录酶的聚合酶活性和 RNase
H 活性均很强。该酶催化作用的最适温度是 42℃。

（3）嗜热微生物（如 *Thermusthermophilus*、*Thermusflavus* 等）的热稳定性逆转录酶：
该逆转录酶可在高温下逆转录 RNA（有 Mn^{2+} 存在），高温可消除模板 RNA 局部的二级
结构。

（4）MMLV 逆转录酶的 RNaseH-突变体（Superscript I 和 SuperScript II）：该逆转录
酶的优点是能将更多的 RNA 如含二级结构、低温逆转录难以进行的 mRNA 逆转录成
cDNA。

2. 引物选择

（1）随机六聚体引物：反应体系中所存在的 RNA 分子全部充当 cDNA 第一链的模板。
一般用该引物合成的 cDNA 产物中约有 95%是来源于 rRNA。

（2）Oligo（dT）：以 mRNA 做逆转录模板常采用的引物。由于 Oligo（dT）只能与
真核细胞 mRNA 3′-端 Poly（A）尾配对，所以只有 mRNA 能被逆转录。mRNA 只占细胞
总 RNA 的 1%～5%，Oligo（dT）引物合成的 cDNA 在数量和结构复杂性方面均小于随机
六聚体引物合成的 cDNA。

（3）特异性引物：用含目的 RNA 的互补序列的寡核苷酸片段作为引物。该引物的优
点是可产生特异性好的 PCR 扩增，PCR 扩增中只产生目的 cDNA。

3. 内参设定　目的是确保实验结果的准确和可靠,避免 RNA 定量、试剂加样及各 PCR
反应体系的扩增效率不均一、各孔间的温度差等造成的误差。在 PCR 扩增目的基因的反
应体系中可加入一对内参基因的上、下游引物，扩增目的基因同时扩增内参基因以作为参
比对照。常用的内参基因有 GAPDH（3-磷酸甘油醛脱氢酶）、β-actin（β-肌动蛋白）、

18S rRNA 等管家基因。

4. 基本步骤

（1）采用 TaKaRa Prime Script RT reagent kit 进行 cDNA 第一链合成：按下面的组分配制 RT 反应液。

5 × Prime Scrip Buffer	2μl
Prime Script RT Enzyme Mix	0.5μl
Oligo dT Primer（50μmol/L）	0.5μl
Random 6 mers（100μmol/L）	0.5μl
RNase free H_2O	1.5μl
Total RNA	5μl
总体积	10μl

逆转录反应条件设置如下。

逆转录反应	37℃	15min
逆转录酶失活反应	85℃	5s

注：逆转录步骤在 PCR 仪中进行

（2）PCR 反应体系：取 1 只 0.2ml PCR 反应管，按下述顺序分别加入各试剂。

cDNA 第一链	2μl
Perfect Shot Taq	10μl
上游引物（10μmol/L）	1μl
下游引物（10μmol/L）	1μl
RNase Free H_2O	11μl
总体积	25μl

（3）PCR 参数设置：94℃预变性 4～5min 后开始以下循环，①94℃ 30s；②55℃ 30s；③72℃ 30s。进行 30 次循环，最后 72℃延伸 10min，4℃保温。

（4）琼脂糖凝胶电泳检测 PCR 产物。

（三）荧光定量 PCR 技术

实时荧光定量 RT-PCR 技术是目前在 mRNA 水平上定量分析基因表达最灵敏的方法。该技术诞生于 20 世纪 90 年代，由于实现了 PCR 从定性到定量的快速发展，能对 PCR 反应的整个过程进行实时监控，并且自动化程度高，因此该技术已成为分子生物学研究中至关重要的技术，广泛用于科研及临床检验领域。

实时荧光定量 PCR 技术是一项利用实时监测特定荧光信号的变化来反映 PCR 扩增中每一轮循环扩增产物量的变化，并通过 C_T（cycle threshold）值与标准曲线的关系对初始 DNA 模板进行定量分析的技术。该技术弥补了常规 RT-PCR 技术仅对 PCR 扩增的终产物进行定性、定量分析，不能准确定量起始模板，不能实时监测扩增反应的不足。起始 DNA 量是"天然"的量，更有意义。终点 DNA 量是经 PCR"加工"的量，存在部分"失真"。起点定量重现性好，终点定量误差大。

1. 荧光定量 PCR 技术的原理

（1）荧光定量 PCR 常用的几个概念如下所示。

基线（Baseline）：PCR 扩增反应的最初几个循环中由于荧光信号变化不大，荧光强度接近一条直线，该直线即为基线。

　　荧光阈值（threshold）的设定：通常将前 15 个循环的 PCR 反应的荧光信号作为荧光本底信号，荧光域值是 3～15 个 PCR 循环荧光信号标准差的 10 倍。荧光域值设定在 PCR 扩增的指数期。

　　C_T 值：PCR 反应中，各样品扩增产物的荧光信号达到设定的荧光阈值时所需要的 PCR 扩增循环数（图 1-2-6）。C_T 值的特点：相同 DNA 模板进行 96 次 PCR 扩增，终产物量不恒定，而 C_T 值却极具重现性。

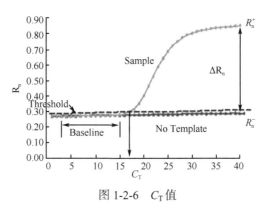

图 1-2-6　C_T 值

　　扩增曲线：PCR 反应过程中，以 PCR 循环次数做横坐标，以反应过程中实时荧光强度为纵坐标所绘制的曲线即为扩增曲线。扩增曲线图一般有两种形式，如图 1-2-7 所示，左图直观但指数期短，反映的是荧光信号随 PCR 反应的变化情况；右图简单明了且指数期很明显，反映的是荧光信号变量的对数与 PCR 反应循环数的关系。很多 PCR 软件都采用右图形式。这两种实时扩增曲线可根据实验的需要选择。判断好的扩增曲线的标准：曲线拐点清楚，尤其是低浓度样本扩增曲线指数期明显；曲线整体平行性良好，基线平而无明显的上扬现象；扩增曲线指数期的斜率与扩增效率成正比，斜率越大，扩增效率越高。

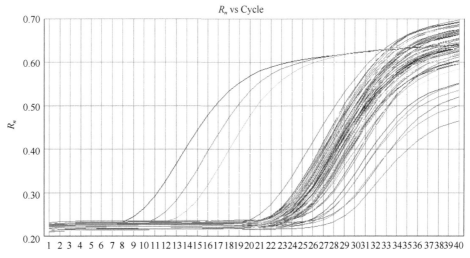

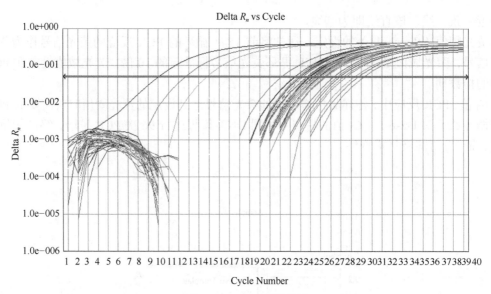

图 1-2-7　PCR 扩增曲线

熔解曲线：随着温度升高，PCR 扩增产物双链解链引起荧光信号强度逐渐降低，当达到某一温度值时导致大量 PCR 产物解链而使荧光强度迅速下降。不同 PCR 产物的 T_m 值不同，引起荧光强度发生较大改变的温度也各不相同。利用这一特点可鉴别 PCR 的特异性。

（2）荧光定量 PCR 的数学原理：常规 PCR 反应，$X_n = X_0 \times (1+E)^n$（n 为扩增循环次数，X_0 为目的基因的初始模板量，X_n 为目的基因 PCR 产物的量，E 为 PCR 的反应效率，$0 \leqslant E \leqslant 1$）。

荧光定量 PCR 反应，反应体系中荧光物质发出的信号强度与 PCR 扩增的产物量成正比，可用荧光强度反映 PCR 的产物量，得出：

$R_n = R_B + X_0 (1+E) R_S$（$R_n$ 为第 n 个循环时的总信号，R_B 为荧光本底信号，R_S 为单位信号强度，X_0 为目的基因的初始模板量，E 为 PCR 的反应效率）。当循环数 $n = C_T$ 值时，表示所有样品的荧光强度都达到阈值，各荧光强度变量的对数一致。

$$R_T = R_B + X_0(1+E) R_S$$
$$\lg (R_T - R_B) = \lg X_0 + C_r \lg (1+E) + \lg R_S$$
$$C_T \lg (1+E) = \lg (R_T - R_B) - \lg X_0 - \lg R_S$$

此时，PCR 反应处于指数期，所有样品的反应效率稳定而且大致相等；$\lg (R_T - R_B)$、$\lg R_S$ 也都相同，只有 C_T 值和 $-\lg X_0$ 为变量，且这两个变量之间成一次性方程，即所有样品的 $\lg X_0$ 与达到荧光阈值时所需的 PCR 循环次数（即 C_T 值）呈良好的线性关系。根据这一线性关系，利用样品扩增达到阈值的循环数即 C_T 值便可计算出样品起始模板量。

起始模板 DNA 量越多，荧光达到阈值所需循环数越少，即 C_T 值越小。log 模板起始浓度与 C_T 值呈线性关系即与 PCR 循环数呈线性关系。因此，利用已知起始模板量的标准品做出标准曲线，根据待测样品的 C_T 值，即可在标准曲线上读出待测样品的初始模板量（图 1-2-8）。

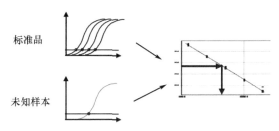

图 1-2-8 C_T 值与 DNA 模板起始浓度的关系

（3）荧光定量 PCR 的化学原理：目前常用的有以下几种荧光物质。

TaqMan 探针类：探针的 5′-端标记荧光基团，3′-端标记猝灭基团。当探针结构完整时，有猝灭基团存在不会产生荧光信号。而探针断裂，荧光基团失去猝灭基团的束缚，在激发光的作用下产生荧光。探针核苷酸序列与目的基因的序列互补且特异性高，退火后探针与目的基因互补结合。随着 PCR 反应的进行，在 TaqDNA 聚合酶 5′→3′核酸外切酶的作用下，探针逐步水解，荧光基团被激发产生荧光信号（图 1-2-9）。由于探针与 DNA 模板是特异性结合，因此荧光信号的强弱就代表了模板数量的多少。

图 1-2-9 TaqMan 探针

TaqMan 探针法作用机制：荧光定量 PCR 体系中存在一对 PCR 引物和一条探针。该探针只特异性结合 DNA 模板，其结合部位介于两条 PCR 引物结合的部位之间。探针 5′-端标记荧光报告基团（reporter，R），3′-端标记猝灭基团（quencher，Q）。当探针完整时，报告基团激发的荧光能量被猝灭基团吸收，仪器无法检测荧光信号。随着 PCR 反应进行，TaqDNA 聚合酶在 PCR 延伸过程中遇到与模板结合的探针时，其 5′→3′ 外切酶活性会水解探针，报告基团远离猝灭基团，其发出的能量不被吸收即可产生荧光信号（图 1-2-10）。每经过一轮 PCR 循环，荧光信号与目的 DNA 一致有同步指数增长的过程。因此，荧光信号强度可反映模板 DNA 量。

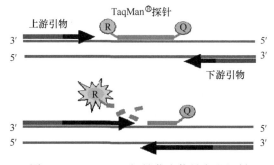

图 1-2-10 TaqMan 探针荧光信号产生机制

另一种是荧光染料类。目前常用的荧光染料为 SYBR Green Ⅰ、SYBR Green Ⅱ、SYTO9、HRM 等。它们共同特点是可结合于双链 DNA 表面的小沟处，与双链 DNA 结合后受激发产生荧光。变性条件下 DNA 双链分开，荧光消失。SYBR Green Ⅰ 是一种常用的荧光染料。当它与 DNA 双链结合时发出荧光信号；从 DNA 链上脱落下来时，荧光信号显著降低。在

PCR 反应体系中 SYBR Green Ⅰ的荧光信号强度即可反映双链 DNA 的数量。SYBR Green Ⅰ荧光染料法的缺点是对 DNA 模板缺乏选择性，特异性差。但其成本低廉，如果要采用该法其前提条件是需要高特异性的 PCR 引物及高质量 PCR 反应。

SYBR Green 荧光染料法定量 PCR 的基本过程是：DNA 热变性时，SYBR Green 染料释放出来，荧光信号显著下降；引物退火并产生 PCR 产物时，SYBR Green 染料与 DNA 双链结合而发出荧光信号，在 PCR 延伸过程中，检测系统检测到荧光信号的净值增大（图 1-2-11）。

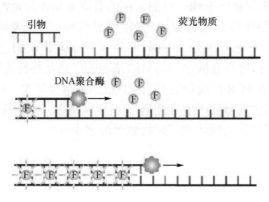

图 1-2-11　SYBR Green 染料法作用机制

2. 荧光定量 PCR 的应用

（1）绝对定量：分析用于确定未知样本中某个核酸序列的绝对量值，即通常所说的拷贝数。由于 Log（起始 DNA 模板量）与 PCR 循环数呈线性关系，利用已知起始模板量的标准品可做出标准曲线，即得到这一扩增反应存在的线性关系。根据样品 C_T 值，就可得出样品 DNA 起始模板量（图 1-2-12）。

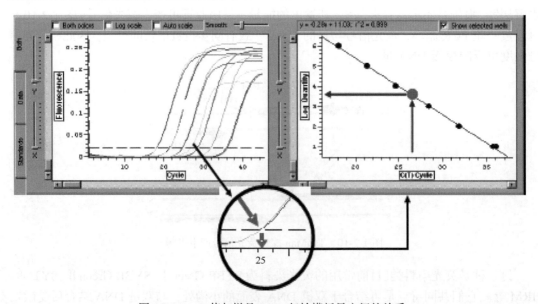

图 1-2-12　C_T 值与样品 DNA 起始模板量之间的关系

（2）相对定量：研究基因表达时，通常只需了解某基因在不同生理状态的变化趋势，并不需要清楚该基因表达的绝对量。因为在实验过程中存在诸多客观因素，如无法保证样品的细胞个数完全相同、RNA 提取的得率不一致、RNA 逆转录为 cDNA 的效率不同、用于定量分析的初始样品浓度不同等因素影响基因表达的绝对量。因此在进行基因表达研究时均会使用内参基因来标准化，以校正各种因素造成的差异。常用的内参基因多为管家基因，包括 GAPDH 基因、β-actin 基因，18S rRNA 基因等。

相对定量分析——两种常用的分析方法

1）双标准曲线法：同时对每个样品的内参基因和目的基因均做绝对定量，计算出每个样品中内参基因和目的基因的绝对数量，再根据相对定量的基本公式来求出目的基因的表达差异。双标准曲线法的优点：充分考虑基因扩增效率存在的差异，采用标准曲线校正扩增效率，有效避免了误差；不需对实验条件反复优化；思路清晰、操作简便、应用灵活。其缺点是每次实验都必须同时对目的基因和管家基因做标准曲线。这一方法适合样品量大，但分析目的基因数量少的实验。

2）$2^{-\triangle\triangle CT}$ 法：采用 $2^{-\triangle\triangle CT}$ 法的前提条件为目的基因和内参基因的扩增效率相同且都为 1。在实验开始前必须分别对目的基因和内参基因做标准曲线，看两者扩增效率是否存在差异。如果两者扩增效率之间的差异小于 0.1，即可用这种方法分析。该方法的优点是不需反复做标准曲线，但要求严格的重复，因为微小的 C_T 值差异将导致测定结果出现较大偏差。这一方法适用于样品量不大，但检测基因种类多的实验。

$$F=2-[（对照组目的基因平均 C_T 值-对照组管家基因 C_T 值）-（待测样品目的基因平均 C_T 值-待测样品管家基因平均 C_T 值）]$$

（四）RNA 印渍（印迹）技术

RNA 印渍技术又称为 Northern blot。RNA 分子较小，在转移前不需进行限制性内切酶切割，而且变性 RNA 转移效率比较满意。与 Southern blot 的主要区别是需要变性剂的存在，以琼脂糖凝胶电泳分离 RNA。变性剂的作用是防止 RNA 分子形成二级结构——发夹环，维持 RNA 的单链线形状态。电泳分离后，将凝胶上的 RNA 带转移到 NC 膜上，用 DNA 或 RNA 探针杂交。RNA 电泳有如下 3 种方式。

1. 乙二醛变性电泳　按下述比例制备变性溶液，6mol/L 乙二醛：二甲基亚砜：0.1mol/L NaH$_2$PO$_4$（pH 7.0）按 2.7：8.0：1.6，经高压灭菌后取 12.3μl，加 RNA 样品 3.7μl（20μg），保温 50℃，变性 60min，冷却到 20℃即为电泳样品。

2. 甲醛变性电泳　溶解 RNA（20μg）于 4.5μl 水中，在 2μl 10 倍电泳缓冲液、3.5μl 甲醛、10μl 甲酰胺混合液中，加热 65℃，变性 5min，冷却到室温。再加 2μl 上样缓冲液，点样在 0.8%～1.5%琼脂糖凝胶上，凝胶需用电泳缓冲液和 2.2mol/L 甲醛制备。电泳缓冲液为 0.2mol/L 吗啡丙烯基磺酸（pH 7.0），50mmol/L 乙酸钠，1mol/L EDTA（pH 8.0）。

3. 甲基氢氧化汞变性电泳　将 RNA 溶液加到等体积 2×样品缓冲液（甲基氢氧化汞 20μl，4×电泳缓冲液 500μl，甘油 200μl，溴酚蓝 0.2%，加水 275μl）中，琼脂糖浓度 1.0%～1.5%，以 50mmol/L 硼酸，5mmol/L 硼酸钠，10mmol/L 硫酸钠为电泳缓冲液，1.5V/cm，电泳 12～16h。用上述任何一种电泳方法得到的琼脂糖凝胶，用和 Southern blot 相同的方法将 RNA 带转移到 NC 薄膜上，预杂交和杂交实验同 Southern 转印杂交。RNA 经乙二醛、氢氧化钾基汞或甲醛变性处理后牢固地结合于 NC 薄膜上，可与放射性标记的探针发生高效杂交。一般认为含甲醛的凝胶必须用经 DEPC 处理的水淋洗数次，除去甲醛。另外如果琼脂糖浓度大于 1%或者凝胶厚度大于 0.5cm 或待分析的 RNA 大于 2.5kb，需先用 0.05mol/L 氢氧化钠液浸泡 20min，以部分水解 RNA，并提高转移效率，浸泡后用无 RNA 酶的水淋洗凝胶，并用 20 倍的 SSC 浸泡凝胶 45min。再在凝胶上放置 NC 膜或尼龙膜、滤纸、吸水纸、重物，RNA 即随向上迁移的缓冲液转移到固相支持物 NC 膜或尼龙膜上。

RNA 印渍（迹）技术主要用于检测某一组织或细胞中已知的特异 mRNA 的表达水平，以及比较不同组织和细胞同一基因的表达情况。检测时，可用合成的寡核苷酸片段，克隆或提取的 DNA 片段标记后作为探针。RNA 印渍技术检测 mRNA 表达水平的敏感性较 PCR 法低，但专一性好，假阳性率低，仍为一个可靠的分析方法。

（曹朝晖 沈 阳）

第三节　DNA 重组技术

1970 年开创的 DNA 重组技术是分子生物学发展中的一项极其重大的成果。它的意义可与 20 世纪 50 年代初期 Watson-Crick 建立 DNA 双螺旋结构模型的意义相提并论。DNA 重组技术是指在体外对 DNA 分子按照既定的目的和方案，对 DNA 进行剪切和重新连接，然后把它导入宿主细胞，从而能够扩增有关 DNA 片段，表达有关基因产物，进行 DNA 序列分析、基因治疗，研究基因表达的调节因子，以及研究基因的功能等。重组 DNA 技术又称为 DNA 克隆、基因克隆或基因工程等。重组 DNA 技术作为分子生物学发展的一个重要领域，不但为生命科学的理论研究提供了崭新的技术手段，还为工农业的生产和医学领域的发展开辟了广阔的前景。

一、工 具 酶

1. 限制性核酸内切酶是重组 DNA 技术中最重要的工具酶　主要从原核细胞中提取。它是一种核酸内切酶，能从双链 DNA 内部特异位点识别并且裂解磷酸二酯键。

（1）限制性核酸内切酶的分类：根据酶的基因、蛋白质结构、依赖的辅助因子及与 DNA 结合和裂解的特性，可将限制性内切酶分为三型：Ⅰ型酶具有限制和 DNA 修饰作用；Ⅲ型酶与Ⅰ型酶一样，具有限制与修饰活性，能在识别位点附近切割 DNA，切割位点很难预测；Ⅱ型酶能在 DNA 分子内部的特异位点，识别和切割双链 DNA，其切割位点的序列可知、固定，在分子生物学和 DNA 重组技术中得到广泛应用。

（2）限制性内切酶的识别和切割位点通常是 4～6 个碱基对、具有回文序列的 DNA 片段，大多数酶是错位切割双链 DNA，产生 5′-或 3′-黏性末端，如 EcoR Ⅰ；还有一些酶沿对称轴切断 DNA，产生平端或末端，如 Sma Ⅰ；有些限制性内切酶识别序列为 8 个或 8 个以上碱基对，如 Not Ⅰ。对一段特定的 DNA 而言，识别序列碱基对少的，则切点数多，产生的片段小；而识别序列碱基对多的，则切点数少，产生的片段大。常用限制性内切酶的识别和切割位点序列见表 1-2-3。

表 1-2-3　限制性内切核酸酶

名称	识别序列及切割位点
切割后产生 5′突出末端：	
Bam H I	5′...G▼GATCC...3′
Bgt II	5′...A▼GATCT...3′
Eoo R I	5′...G▼AATTC...3′
Hind III	5′...A▼AGCTT...3′
Hpa II	5′...C▼CGG...3′
Mbo I	5′...▼GATC...3′
Nde I	5′...CA▼TATG...3′
切割后产生 3′突出末端：	
Apa I	5′...GGGCC▼C...3′
Hae II	5′...PuGCGC▼Py...3′
Kpn I	5′...GGTAC▼C...3′
Pst I	5′...CTGCA▼G...3′
Sph I	5′...GCATG▼C...3′
切割后产生平末端：	
Alu I	5′...AG▼CT...3′
Eco R V	5′...GAT▼ATC...3′
Hae III	5′...GG▼CC...3′
Pvu II	5′...CAG▼CTG...3′
Sma I	5′...CCC▼GGG...3′

（3）同工异源酶：来源不同的酶，但能识别和切割同一位点。同工异源酶可以互相代用。

（4）同尾酶：有些限制性内切酶识别序列不同，但是产生相同的黏性末端，由此产生的 DNA 片段可借黏性末端相互连接，使 DNA 重组，在操作上具有更大的灵活性。

2. 其他常用的修饰酶

（1）DNA 聚合酶 I：它能以 DNA 为模板，以 4 种脱氧核苷酸为原料以及在 Mg^{2+} 的参与下，在引物的 3′-OH 或缺口的 3′-端上合成 DNA，方向是 5′-3′。此酶除有聚合酶活性外，尚有 3′-5′及 5′-3′核酸外切酶活性。由于具有 5′-3′核酸外切酶活性，当用缺口平移法标记 DNA 探针时，常用 DNA 聚合酶 I。

（2）DNA 聚合酶 I 大片段：也称 Klenow 片段，为 DNA 聚合酶 I 用枯草杆菌蛋白酶裂解后产生的大片段，它保留 5′-3′聚合酶活性及 3′-5′外切酶活性，失去了 5′-3′外切酶活性。具有的 3′-5′外切酶活性能保证 DNA 复制的准确性,把 DNA 合成过程中错误配对的碱基去除，再把正确的核苷酸接上去。

（3）逆转录酶是一种 RNA 依赖的 DNA 聚合酶，即以 RNA 为模板合成 DNA，广泛用于以 mRNA 为模板合成 cDNA，够建 cDNA 文库。

（4）T4DNA 连接酶：催化双链 DNA 一端 3′-OH 与另一双链 DNA 底端磷酸根形成 3′-5′磷酸二酯键，使具有相同黏性末端或平末端的 DNA 两端连接起来。

（5）碱性磷酸酶：能去除 DNA 或 RNA5′-端的磷酸根。制备载体时，用碱性磷酸酶处理后，可防止载体自身连接，提高重组效率。

（6）末端脱氧核苷酸转移酶简称末端转移酶。它的作用是将脱氧核苷酸加到 DNA 的 3′-OH 上，主要用于探针标记；或者在载体和待克隆的片段上形成同聚尾物，以便于进行连接。

此外，还有 TaqDNA 聚合酶、RNA 聚合酶、核酸酶、T4 多聚核苷酸激酶等。

重组 DNA 技术中常用工具酶见表 1-2-4。

表 1-2-4　重组 DNA 技术中常用工具酶

工具酶	功能
限制性核酸内切酶	识别特异序列，切割 DNA
DNA 连接酶	催化 DNA 中相邻的 5′磷酸基和 3′羟基末端之间形成磷酸二酯键，使 DNA 切口封合或使两个 DNA 分子或片段连接
DNA 聚合酶 I	①合成双链 cDNA 的第二条链；②缺口平移制作高比活探针；③DNA 序列分析；④填补 3′-末端
逆转录酶	①合成 cDNA；②替代 DNA 聚合酶 I 进行填补，标记或 DNA 序列分析
多聚核苷酸激酶	催化多聚核苷酸 5′羟基末端磷酸化，或标记探针
末端转移酶	在 3′羟基末端进行同质多聚物加尾
碱性磷酸酶	切除末端磷酸基

二、常用克隆载体

外源 DNA 片段要进入受体细胞，并在其中进行复制与表达，必须有一个适当的运载工具将其带入细胞内并载着外源 DNA 一起进行复制与表达。这种运载工具称为载体。载体必须具备下列条件：①在受体细胞中，载体可以独立地进行复制；②易于鉴定与筛选；③易于引入受体细胞。可充当克隆载体的 DNA 分子有质粒 DNA、噬菌体 DNA 和病毒 DNA，它们经适当改造后仍具有自我复制能力，和兼有表达外源基因的能力。

（一）质粒

质粒广泛存在于多种微生物中，在宿主细胞的染色体外以稳定的方式遗传。作为克隆载体的质粒应具备下列特点：①相对分子质量相对较小，能在细胞内稳定存在，有较高的拷贝数；②具有一个以上的遗传标志，便于对宿主细胞进行选择；③具有多个限制性内切酶的单一切点，便于外源基因的插入。

目前最常用的质粒是 pBR322，长度为 4.3kb，含有氨苄西林和四环素的抗性基因。在氨苄西林和四环素的抗性基因中间有限制性内切酶位点，便于外源基因的和筛选（图 1-2-13-A）。

另一类使用广泛的质粒是 pUC 系列，全长 2.6kb，由 pBR322 的氨苄西林抗性基因和复制子及大肠埃希菌 lacZ 基因片段构成，lacZ 基因片段包括 β-半乳糖苷酶基因的调控序列和头 146 个氨基酸的编码序列。在 lacZ 基因中加入了多克隆位点，供外源基因的插入，可以进行颜色筛选（图 1-2-13-B）。pUC 系列不同成员的区别在于多克隆位点的核苷酸序列不同，以便供不同的限制性内切酶切割和外源基因的插入。

此外，还有 pSP 系列，含 SP6 启动子，或者 SP6 和 T7 两个启动子，可进行体外转录。

有些质粒可以在细菌或真核细胞中表达外源基因产物。

质粒一般只能容纳小于 10kb 的外源 DNA 片段，主要用作亚克隆载体。一般来说，外源 DNA 片段越长，越难插入，越不稳定，转化效率越低。

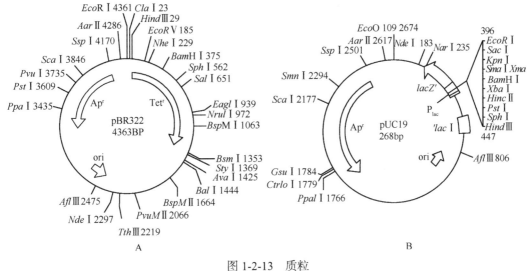

图 1-2-13 质粒

A. DNApBR322；B. pUC19

（二）噬菌体

噬菌体为感染细菌的病毒,常用作克隆载体的噬菌体 DNA 有 λ 噬菌体和 M13 噬菌体。它们的基因结构与生物学性状各不一样，用途也不相同。

1. λ 噬菌体　是一种研究得十分透彻的噬菌体，野生型 λ 噬菌体 DNA 全长 48.5kb，是双链线形 DNA 分子，两端有单链黏性末端，由 12 个核苷酸组成。它含有 60 多个基因，大多数基因的编码框架已经确定。其基因组可划分为三个区域：左侧区包括了使噬菌体成熟为有包壳的病毒颗粒所需要的全部基因；中间区域不是病毒生活必需区，但此区域却包含了与重组基因有关的基因及使噬菌体 DNA 整合到大肠埃希菌染色体中和把原噬菌体 DNA 从宿主染色体上切割下来的那些基因；右侧区域包括了所有的主要调控成分。一旦进入宿主细胞后，λDNA 的两端的黏性末端结合，形成环状分子，也可以整合进入宿主细胞基因组中。野生型 λ 噬菌体经过改造，以衍生出 100 多种克隆载体，目前应用较广的是 λgt 系列（插入型载体，适用于 cDNA 的克隆），EMBL 系列（置换型载体，适用于基因组 DNA 克隆）和 Charon 系列等。

2. M13 噬菌体　是一种大肠埃希菌雄性特异丝状噬菌体，全长约 6.5kb。M13 感染细菌后，经过复制转变为双链的复制型。复制型 M13 可用作克隆载体。当每个细菌体内的复制型 M13 拷贝数积累到 100～200 后，M13 的合成就变得不对称，只有其中一条链进行复制，产生大量的单链 DNA，只与被克隆的互补双链中的一条同源，因此可用该单链作模板进行 DNA 序列分析。另外，利用单链 M13 克隆可制备成单链 DNA 探针用于杂交分析，检测 DNA 或 RNA，或者作为体外诱变的材料。

为了便于克隆外源 DNA 片段，在野生型噬菌体 DNA 的基因和基因之间，插入了一段

LacDNA。它包含 Lac 启动基因-操纵基因序列及编码 β-半乳糖苷酶头 145 个氨基酸的核苷酸序列，而且在 LacDNA 中还插入了不同的多个单一限制性内切酶位点（多克隆位点）的序列（图 1-2-14），根据这些位点的不同，构成 M13mp 系列，如 M13mp、M13mp10、M13mp18、M13mp19 等。

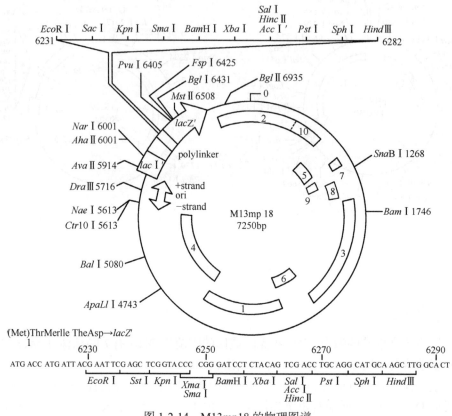

图 1-2-14　M13mp18 的物理图谱

（佘美华）

第四节　核酸文库构建

一、真核生物基因组文库的构建

基因文库（gene library）是指某种特定生物体基因克隆的集合，根据构建方法的不同分为基因组文库（genomic library）、cDNA 文库和特殊序列文库。基因组文库是含有某种生物体全部基因的随机片段的重组 DNA 克隆，是储存有基因组全部序列的信息库。真核生物的 DNA 是相当复杂的，如人类的基因组含有大约 3×10^9bp，假设一个目的基因的长度约为 3kb，那么它只占整个基因组的百万分之一。与之相似的是，一种拷贝数极低的 mRNA 可能也只占带多聚腺苷酸尾的总 mRNA 的十万分之一或百万分之一。因此，从基因组 DNA 构建一个有实用价值的重组 DNA 文库,其主要问题在所构建的文库中必须有足够的克隆数，以确保基因组 DNA 克隆中的每一个序列至少有一个拷贝存在于重组的 DNA

文库中。

真核生物 DNA 经机械剪切或酶法剪切后,可得到大小不一的 DNA 片段,通过离心或凝胶电泳分级分离后,插入合适的载体构建成重组体,感染宿主菌后,即可获得含有不同 DNA 片段的重组克隆颗粒。

建立基因组文库的基本步骤如下所示。

(1)真核生物基因组 DNA 的提取。基因组 DNA 分离纯化后,可经机械剪切法或酶法分离成特定大小 DNA 片段。

(2)载体 DNA 的制备。选择适当的载体,用限制性内切酶进行酶切。

(3)供体 DNA 片段与载体 DNA 连接。要提高重组频率,应注意连接反应体系中的总 DNA 浓度和两种 DNA 分子的物质的量比率。

(4)检测重组 DNA 文库的滴度,筛选、扩增、分装和保管基因组文库。

(5)利用转化或感染方法将重组 DNA 分子导入宿主细胞,让其自主复制,重组 DNA 分子被扩增,检测文库滴度,筛选目的克隆,扩增、分装和保管基因组文库。具体见图 1-2-15。

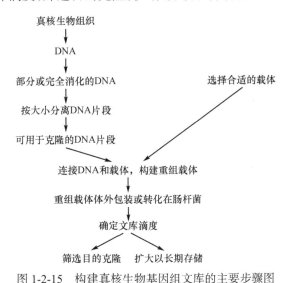

图 1-2-15 构建真核生物基因组文库的主要步骤图

(一)基因组 DNA 文库载体

由于真核生物的基因组巨大,调控序列复杂,许多性状都是由紧密连锁的多个基因组成的基因簇联合控制的。因此,在构建真核生物基因组文库时需根据需要选择合适的载体,以保证产生足够数量的重组 DNA 克隆。

克隆载体作为基因组文库构建的重要媒介,提高其容纳量一直是重要发展方向之一。λ 噬菌体载体或黏粒载体克隆效率高,同时容量较大,常常被用于构建基因组 DNA 文库。大部分用于基因组 DNA 文库的噬菌体载体可容纳 10~20kb 的插入片段,而黏粒载体一般可容纳 30~40kb 的插入片段。因为噬菌体文库相对容易操作,当目的片段不超过 20kb 时,常选择 λ 噬菌体载体。

1. λ 噬菌体载体 是目前最常用的构建基因组文库的载体,通常具有两个基本特征:能接受几种限制性内切酶消化产生的片段;可用生化和(或)遗传选择去除所谓的"填充序列"（这些序列在原始载体中保持λ的最小长度，可有引入DNA插入片段所替代）。

2. 黏粒载体　任何一种含λ噬菌体cos位点的质粒载体都可用作黏粒。针对特殊用途而设计的许多黏粒载体还会包含其他的结构元件，降低了载体的克隆容量，应尽量避免使用这类载体。

（二）基因组文库质量的评价

一个文库构建完成后，需要对文库进行评价，评价基因组文库质量高低的主要标准有文库克隆的数量、平均插入片段大小、文库对基因组的覆盖率、克隆的空载率、克隆的稳定性以及细胞器DNA的污染等。

1. 基因组文库的大小　由完全随机片段组成的基因组文库DNA大小，必须能保证足以代表某基因组中任何一个特定基因序列，它取决于克隆片段的大小和基因组大小。

随机挑取一些转化子或重组子，提取重组DNA，电泳测定插入片段大小，然后根据以下函数公式可计算文库大小。

$$N = \frac{\ln (1-p)}{\ln (1-f)}$$

式中，N为基因组文库的待筛选的克隆总数，p为某一特定序列的概率，f为插入片段的平均大小（bp）与靶基因组的大小（bp）之比。如果插入片段为17kb，人类染色体的长度为3×10^9bp，p为99%，则

$$N = \frac{\ln (1-0.99)}{\ln \left(1 - \frac{1.7 \times 10^4}{3.0 \times 10^9}\right)} = 8.1 \times 10^5$$

即从8.1×10^5个病毒颗粒中得到长度为17kb的DNA的概率是0.99。一般而言，要使分离一个目的基因的可能性达到99%，待筛选的克隆数中所有插入片段的碱基总数相当于基因组碱基总数的4.6倍以上，噬菌体的滴度必须大于10^6pfu/ml，形成的基因组文库才较为完整和有代表性。假如目的片段可以被纯化，那么基因组DNA文库的克隆数就可以不同程度地减少。文库的克隆数可用$N \approx 3 \times 1/p$来估计。其中，p（得到特定片段的概率）=1/文库中片段的总数目。

2. 重组频率　频率越高，质量越高，可大大减轻后续筛选基因工作量。

3. 控制污染　在构建基因组文库时，必须保证载体与靶DNA不被外源DNA序列污染。因此，实验者要有基本的实验常识，即操作要细心，器具绝对干净，如有可能，整个实验过程中尽量使用一次性材料。

cDNA文库是以mRNA为模板，经逆转录酶催化，在体外逆转录成cDNA，与适当的载体（常用噬菌体或质粒载体）连接后转化受体菌，则每个细菌含有一段cDNA，并能繁殖扩增，这样包含着细胞全部mRNA信息的cDNA克隆集合。cDNA文库包括了某一特定类型、某一组织、某一发育时期的表达序列。

由于mRNA来源制剂含有某种细胞的各种RNA分子，因而以此为模板合成的cDNA产物将是各种mRNA拷贝的群体，将其与载体DNA重组并转化到宿主细菌或包装成噬菌体颗粒，将得到系列克隆群体。由于每个克隆含有一种mRNA的信息，足够数目克隆的总和则包含细胞的全部mRNA的信息，这样的克隆群体就是cDNA文库。cDNA不像基因

组 DNA 含有内含子，因而便于克隆和大量表达，因此可以从 cDNA 文库中筛选到所需的目的基因，并直接用于该目的基因的表达。自 cDNA 克隆技术问世以来，构建 cDNA 文库已成为研究功能基因组学的基本手段之一。通过构建 cDNA 表达文库不仅可保护濒危珍惜生物资源，而且可以提供构建分子标记连锁图谱所用的探针，更重要的是可以用于分离全长基因进而开展基因功能研究。因此，cDNA 在研究具体某类特定细胞中基因组的表达状态及表达基因的功能鉴定方便具有特殊的优势，从而使其在个体发育、细胞分化、细胞周期调控、细胞衰老和死亡调控等生命现象的研究中具有更为广泛的应用价值，是研究工作中最常使用到的基因文库。

cDNA 文库可分为表达型和非表达型两类。表达型 cDNA 文库采用的是表达型载体，插入的 cDNA 片段可以表达产生融合蛋白，具有生物活性或抗原性。非表达型 cDNA 文库适于采用核苷酸探针进行杂交筛选的基因。另外根据载体的不同，还可以将 cDNA 文库分为质粒 cDNA 文库和噬菌体 cDNA 文库，前者包含的 cDNA 克隆数较少，适于高丰度的 mRNA；后者包含的 cDNA 克隆数目较多，适于低丰度的 mRNA。

（龙石银　吴颜晖）

二、cDNA 文库的构建

（一）cDNA 文库的特点

1. 基因特异性　常来自结构基因，因此仅代表某种生物的一小部分遗传信息，且只代表那些正在表达的基因的遗传信息：1%～5% mRNA，80%～85% rRNA，10%～15% tRNA。

2. 器官特异性　不同器官或组织的功能不一样，因而有的结构基因的表达就具有器官特异性，故由不同器官提取的 mRNA 所组建的 cDNA 文库也就不同。

3. 代谢或发育特异性　处于不同代谢（或发育）阶段的结构基因表达亦不相同。

4. 不均匀性　在同一个 cDNA 文库中，不同类型的 cDNA 分子的数目是大不相同的，尽管它们都是由单拷贝基因转录而来的。与基因组文库中的单拷贝基因均具有相同的克隆数相较，这是两种文库的另一差别。

5. 各 cDNA 均可获得表达（一般选用的载体都是表达型的）。

（二）建立 cDNA 文库的一般程序

首先是 RNA 的分离与纯化。要构建一个高质量的 cDNA 文库，获得高质量的 mRNA 是至关重要的，所以处理 mRNA 样品时必须仔细小心。由于 RNA 酶存在所有的生物中，并且能抵抗诸如煮沸这样的物理环境，因此建立一个无 RNA 酶的环境对于制备优质 RNA 很重要。在获得高质量的 mRNA 后，通过逆转录酶在 Oligo（dT）引导下合成 cDNA 第一链；合成 cDNA 第二链（用 RNA 酶 H 和大肠埃希菌 DNA 聚合酶 I，同时包括使用 T4 噬菌体多核苷酸酶和大肠埃希菌 DNA 连接酶进行的修复反应）；合成接头的加入，将双链 DNA 克隆到载体中去，分析 cDNA 插入片段；扩增 cDNA 文库，对建立的 cDNA 文库进行鉴定（图 1-2-16）。

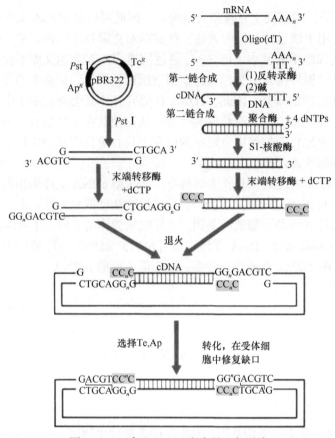

图 1-2-16　建立 cDNA 文库的一般程序

1. 制备用于 cDNA 克隆的 mRNA

（1）mRNA 的来源：mRNA 原始材料中目的序列的含量越高，分离相关 cDNA 克隆就越容易，因此要选择含有最为丰富的 mRNA 的材料。例如，可以采用免疫共沉淀法测定从不同细胞系或组织提取的 mRNA 在无细胞体系中合成目的蛋白的含量，或者通过药物来选择超量表达特定蛋白的细胞系，以增加相关 mRNA 的浓度的方法。如有可能，应对原始材料中目的 mRNA 的出现频率进行估计，因为该频率不但决定着所需构建的 cDNA 文库的大小，而且还可能影响用于筛选的方法。

目的 mRNA 在细胞中的含量占细胞质总 mRNA 量的 50%～90% 为"高丰度"mRNA，该类 mRNA 在合成和克隆 cDNA 之前不需进一步纯化特定 mRNA。含量低于细胞总 mRNA 量 0.5% 的 mRNA 为"低丰度"或"稀有"mRNA，分离这类 mRNA 的 cDNA 克隆时存在两个主要问题，一是构建 cDNA 文库时库存量要足够大才能确保目的克隆在库内存在；二是鉴定和分离目的克隆。

（2）mRNA 的完整性：cDNA 文库来源于 mRNA，但其质量不可能优于 mRNA 制品的质量，因此在合成 cDNA 第一链前要对作为模板的 mRNA 制品的完整性进行检查。通常应用的检测方法如下所示。

mRNA 在无细胞翻译体系指导合成高相对分子质量蛋白质的能力。无细胞翻译系统（cell-free translation system），又叫体外转录-翻译的偶联系统，因为该系统需要制备无细胞提取物，还有人称之为"溶胞粗制品翻译系统"。例如，兔网织红细胞系统，网织红细胞无细胞核，其合成的蛋白质90%以上为珠蛋白。

mRNA 在无细胞体系中指导合成目的多肽的能力。可利用免疫共沉淀和 SDS-聚丙烯酰胺凝胶电泳对总 RNA 翻译产物进行分析，估计出目的 mRNA 的相对浓度。

mRNA 分子的大小可通过凝胶电泳分离 mRNA 并用溴化乙锭进行染色，哺乳动物 mRNA 长度为 0.5～8kp，无明显区带，但大部分 mRNA 位于 1.5～2kb，即着色较强。

总 mRNA 指导合成 cDNA 第一链长分子的能力利用哺乳动物细胞提取 mRNA 合成的 cDNA 应为 0.5～5kb，其中大部分为 1.5～2kb。

2. cDNA 第一链的合成　逆转录酶的发现和应用使得 mRNA 可在体外逆转录成 DNA。所有合成 cDNA 第一链的方法都要以 poly（A）+RNA（或 mRNA）为模板、oligo（dT）或随机寡核苷酸为引物，在依赖于 RNA 的 DNA 聚合酶（逆转录酶）的催化完成。同时，逆转录酶也是 cDNA 第一链合成中除 mRNA 之外的另一个关键因素。

目前商品化的逆转录酶有两种：一种是来源于禽成髓细胞性白血病病毒（avian myeloblastosis virus，AMV）；另一种是来源于莫洛尼鼠白血病病毒（Moloney murine leukemia virus，M-MLV），从表达克隆化鼠白血病莫洛尼病毒逆转录酶基因的大肠埃希菌中分离获得。AMV 逆转录酶包括两个具有若干酶活性的不同多肽亚基，这些酶活性包括 RNA 依赖的 DNA 合成及逆转录活性、DNA 内切活性及对 DNA-RNA 杂合体中 RNA 成分进行降解的内切与外切酶活性（RNA 酶，RNaseH）。MLV 逆转录酶只有为单个多肽亚基，同时具有 RNA 依赖和 DNA 依赖的 DNA 合成活性，但是降解 DNA-RNA 杂合体中的 RNA 的能力较弱，且对热的稳定性较 AMV 逆转录酶差。MLV 逆转录酶能合成较长的 cDNA（如大于 2～3kb）。AMV 逆转录酶和 MLV 逆转录酶利用 RNA 模板合成 cDNA 时的最适 pH、最适盐浓度和最适温室各不相同，所以合成第一链时相应调整条件是非常重要。AMV 逆转录酶和 MLV 逆转录酶都必须有引物来起始 DNA 的合成。cDNA 合成最常用的引物是与真核细胞 mRNA 分子 3'-端 poly（A）结合的 12～18 核苷酸长的 oligo（dT）。

一般的 AMV 逆转录酶都是用于 cDNA 文库的常规构建。但因为 AMV 逆转录酶具有高水平的 RNaseH 活性，对 cDNA 的产量、cDNA 合成的长度都有抑制作用。反应开始时该酶活性即可对模板 mRNA 和引物组成的杂合体进行降解，同时可使 DNA-RNA 杂合体中 RNA 分子降解成小片段，继而作为引物或被逆转录成小片段 DNA，以致干扰全长 cDNA 的合成。另外 RNaseH 活性还可使 mRNA 分子末端的 poly（A）序列降解，当使用 oligo（dT）做引物时，使分离出来的 mRNA 成为无效模板，从而降低 cDNA 的产量。总之，逆转录酶的 RNaseH 活性在 cDNA 第一链合成中起具有副作用，应尽量去除其活性。

在逆转录酶的作用下，第一链的合成起始于与 mRNA 杂交的引物。常见的引物有两种：一种是 oligo（dT），长 12～18 核苷酸，可与真核细胞 mRNA 分子 3'-端 poly（A）进行结合，形成非常有效的引物。另一种为六聚体寡核苷酸随机引物，当特定 mRNA 由于含有使逆转录酶终止的序列而难于拷贝其全长序列时，可采用随机六聚体引物这一不特异的引物来拷贝全长 mRNA。

3. cDNA 第二链的合成　cDNA 第一链的合成反应完成后，得到 DNA-RNA 杂合体，进一步在 DNA 聚合酶催化下，将以第一链为模板合成 cDNA 第二链。

cDNA 第二链的合成方法有以下两种。

（1）自身引导法：通过变性降解法除去 DNA-RNA 杂合体中的 RNA 成分，单链 cDNA 的 3'-端能够形成发夹状的结构作为引物，在大肠埃希菌聚合酶 I Klenow 片段或逆转录酶的作用下，合成 cDNA 的第二链（图 1-2-17）。最后用对单链特异性的 S1 核酸酶消化该环，即可进一步克隆。此种方法较难控制反应，在以 S1 核酸酶切割 cDNA 的发夹状结构时，会导致对应于 mRNA 5′-端的地方的序列出现缺失和重排，即因发夹结构的降解，常会使得这部分序列丢失。S1 核酸酶的纯度不够时，会偶尔破坏合成的双链 cDNA 分子。

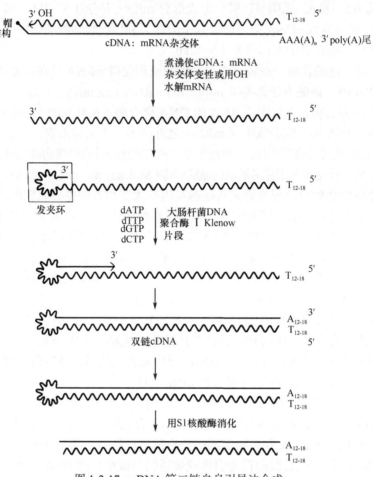

图 1-2-17　cDNA 第二链自身引导法合成

（2）置换合成法：此种方法以第一链合成产物 DNA-RNA 杂交体作为切口平移的模板，RNAH 酶使 DNA-RNA 杂交分子中的 RNA 分子水解为一系列小片段，作为 RNA 引物，在大肠埃希菌 DNA 聚合酶Ⅰ的作用下合成 cDNA 的第二链的片段（图 1-2-18）。这些片段在加入大肠埃希菌 DNA 连接酶后将连接成为完整的 DNA 分子。最终在 T4DNA 聚合酶的作用下，双链 DNA 成为平头末端。该反应有 3 个主要优点：①非常有效；②直接利用第一链反应产物，无须进一步处理和纯化；③不必使用 S1 核酸酶来切割双链 cDNA 中的单链发夹环。目前合成 cDNA 常采用该方法。

4. cDNA 与载体的连接　已经制备好的双链 cDNA 和一般 DNA 一样，可以插入到质粒或噬菌体中。为此，首先必须连接上接头（Linker），接头可以是限制性内切酶识别位点片段，如在上述平头末端的双链 DNA 两边加上 EcoRⅠ连接子，再经 EcoRⅠ酶切消化，产生两个能与载体连接的 EcoRⅠ黏性末端。也可以利用末端转移酶在载体和双链 cDNA

的末端接上一段寡聚 dG 和 dC 或 dT 和 dA 尾巴，退火后形成重组质粒，并转化到宿主菌中进行扩增。合成的 cDNA 也可以经 PCR 扩增后再克隆入适当载体。

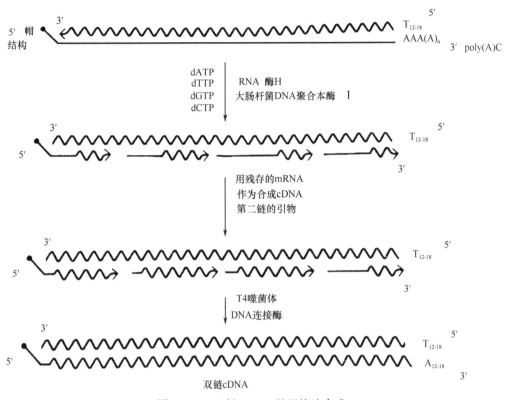

图 1-2-18　双链 cDNA 的置换法合成

常规用于 cDNA 文库构建的 λ 噬菌体载体有 λgt10、λgt11。这两种载体都有供外源 cDNA 片段插入的 *EcoR* I 位点。λgt10 用于构建只用核酸探针筛选的文库；λgt11 为表达载体，用它构建的文库可用免疫学探针进行筛选，一边奋力出编码特定抗原的 DNA 序列。

cDNA 片段与连接子连接后，经过凝胶电泳或柱层析分离，过量的未被连接的连接子及小的 cDNA 片段可被去除。

5. 噬菌体的包装、转染及质粒 DNA 的转化　如果载体为质粒 DNA，那么 cDNA 与载体连接后可直接转染宿主细胞，建立 cDNA 文库。

如果采用噬菌体作为载体，则须经过体外包装，形成噬菌体颗粒，感染宿主菌。包装蛋白来自大肠埃希菌 BHB2690 和 BHB2688 抽提液。对于 λgt10 选用 *E.coli* BNN102 宿主菌，没有外源基因插入的载体在此菌中不能生长。而对于 λgt11 载体则选用 *E.coli* Y1090 作为宿主菌，通过蓝白斑可确定有无外源性基因的插入。

包转后续进行噬菌体效价的测定，只有达到一定的效价才能进行大规模的包转、转染，一旦 cDNA 文库建立，应进行效价测定并扩增。扩增后的 cDNA 文库可长期保存并多次筛选。

（佘美华）

第三章　蛋白质研究技术

第一节　蛋白质分离与纯化

蛋白质是一类最重要的生物大分子,在生物体内占有重要的地位,是生物功能的载体。在生命科学研究中,蛋白质分离与纯化是一项重要技术。蛋白质广泛存在于动植物体系中,大多数的蛋白质在动植物细胞内的含量极低。欲将蛋白质从生物体系中提取分离出来,同时保证蛋白质组成成分、结构性质和生物活性均不变,目前还存在较大的难度。本节将介绍蛋白质分离纯化的基本原则和各种蛋白质分离纯化技术的原理。

一、生物样品的预处理

要进行蛋白质的分离纯化,首先要采取恰当的方法将组织和细胞破碎,将蛋白质从中释放出来,并保持其活性和原本的天然状态。

1. 机械破碎法　采用高速组织捣碎机、匀浆器、研钵等,使用机械剪切力,磨碎和破裂细胞。

2. 渗透破碎法　将细胞处于低渗溶液中,利用渗透压使细胞胀裂。

3. 反复冻融法　通过冷冻和融化组织细胞,使得胞内液体冻结膨胀,从而胀破细胞。此法简单易行,但对温度变化敏感的蛋白质不适合使用这种方法。

4. 超声波破碎法　将组织细胞放入超声波破碎仪中,在超声波的作用下,细胞膜上不同部位所受张力不均匀,从而使细胞破裂,释放出其中的蛋白质。与其他方法相比,不仅使蛋白质的提取效率大幅提高,而且减小了溶剂对提取蛋白的影响。

5. 酶法　利用生物酶破坏细胞壁结构,使细胞内成分溶解于溶剂中。常用的生物酶有溶菌酶、脂酶、蛋白酶、糖苷酶等。

二、蛋白质的抽提

经过预处理的生物样品,还要采用适当的抽提液把蛋白质提取出来。根据所提蛋白质性质,合理选用缓冲液的离子强度、pH、组成成分等。例如,抽提膜蛋白时,要在缓冲液中加入表面活性剂,如十二烷基磺酸钠(sodium dodecyl sulfonate,SDS)、tritonX-100 等,破坏细胞膜结构,使蛋白质从细胞膜上分离出来。整个抽提不能剧烈搅拌,以免温度过高使蛋白质发生变性。

三、蛋白质粗制品的获得与纯化

每种蛋白质的大小、溶解度、电荷、疏水性等生物学特性均不相同,利用这些差异可将蛋白从混合物中提取出来。常用的有以下几种方法。

（一）根据分子大小差异进行分离纯化

不同蛋白质的分子大小不同，因此可以利用一些较简单的方法使蛋白质和小分子物质分开，并使蛋白质混合物也得到分离。根据蛋白质分子大小不同进行分离的方法主要有透析、超滤、离心和凝胶层析等。

1. 透析　利用小分子经过半透膜扩散到水（或缓冲液）的原理，使用透析袋，将生物大分子和无机盐等小分子分开的一种分离纯化技术。

2. 超滤法　使用一定孔径的特制薄膜，加上一定离心力或压力，大分子物质被膜阻止留在膜内，而水和小分子物质则透过滤膜，从而使大分子物质得到部分的纯化。以上两种方法均能分离蛋白质大分子和以无机盐为主的小分子，并经常和盐溶、盐析联合使用。

3. 离心　也是一种常用的分离蛋白质方法，它常与其他蛋白质分离方法联合运用。当蛋白质和混合液中其他物质的密度不同时，可以利用离心使之分离。常用的有差速离心法和密度梯度离心法。差速离心法其原理是采用不同的离心速度和离心时间进行多次离心，利用大小不同的颗粒沉降速度差异，进行蛋白质分离。差速离心一般用于分离沉降系数相差较大的颗粒。密度梯度离心法又称为区带离心法，此法可以使样品中几个或全部组分分离，具有良好的分辨率。

4. 凝胶层析　根据分子大小分离蛋白混合物的最有效的方法之一。其原理是不同类型凝胶的筛孔的大小不同，当蛋白混合物加到凝胶层析柱上时，由于混合物中各物质的分子形状和大小差异，比凝胶筛孔孔径小的物质进入凝胶网孔，而比凝胶筛孔孔径大的物质则不能进入凝胶网孔，用大量的蒸馏水或其他稀溶液洗柱时，大分子物质沿凝胶颗粒间的空隙最先流出柱外，而小分子物质流下速度缓慢，使其最后流出柱外，从而分离蛋白质。整个过程和过滤类似，故又名凝胶过滤、凝胶渗透过滤、分子筛过滤等。

（二）根据溶解度差异进行分离纯化

不同蛋白质分子结构不相同，溶解度也不同，pH、温度、离子强度、溶剂类型等因素都能影响蛋白质溶解度。根据蛋白质分子结构的特点，适当地改变外部因素，就能有选择地控制蛋白质混合物中某一成分的溶解度，达到分离纯化蛋白质的目的。常用的方法有等电点沉淀和 pH 调节，盐溶和盐析，有机溶剂沉淀法，双水相萃取、反胶团萃取和浊点萃取法等。

1. 等电点沉淀和 pH 调节　是最常用的方法之一。不同蛋白质等电点不同，且在等电点时蛋白质溶解度最低，等电点沉淀法是利用这一特性进行蛋白质分离的方法。蛋白质在pH 在高于或低于等电点时，蛋白质溶解度均增大，pH 调节就是利用这一特性，通过调节溶液 pH 进行蛋白质分离的方法。

2. 盐溶和盐析　许多蛋白质在纯水或低盐溶液中溶解度较低，若稍加一些无机盐则溶解度增加，该现象称为盐溶；而当盐浓度继续增加时，蛋白质又会自动析出，该现象称为盐析。盐溶和盐析是中性盐显著影响球状蛋白质溶解度的现象。提取血液免疫球蛋白常用盐析法，如硫酸铵盐析、多聚磷酸钠絮凝法，其中硫酸铵盐析已广泛应用于大规模生产。上述两种方法分离纯化蛋白质后，都要采用透析或凝胶过滤除去中性盐。

3. 有机溶剂沉淀法　利用甲醇、乙醇等与水互溶的有机溶剂，使某些蛋白质溶解度显著降低，使其沉淀析出。在一定温度、pH 和离子强度下，引起蛋白质沉淀的有机溶剂的浓度不同，因此，控制有机溶剂的浓度可以分离纯化蛋白质。在室温下，有机溶剂不但能引起蛋白质的沉淀，而且能导致蛋白质变性失活。为解决这一问题，加入有机溶剂时，要不断搅拌，以免溶液局部浓度过高，并将有机溶剂冷却。析出的沉淀应立即用水或者缓冲液溶解，从而降低有机溶剂浓度。

4. 双水相萃取、反胶团萃取和浊点萃取法　双水相萃取法是利用物质在互不相溶的两水相之间分配系数的差异来进行萃取的方法。将两种不同水溶性聚合物的水溶液混合时，由于高聚物之间的不相溶性，相互无法渗透，不能形成均一相，自然分成互不相溶的两相。与传统有机萃取技术相比，双水相萃取法具有萃取操作条件比较温和、蛋白质活性损失少、保持了蛋白质构象、无有机溶剂残留、操作简单、处理量大等优点。常用的双水相体系有高聚物/高聚物体系、高聚物/无机盐体系等。此法受成相聚合物的相对分子质量和浓度、体系 pH、体系中盐的种类和浓度及体系温度的影响。双水相萃取法主要用于胞内酶的提取和精制。

反胶团萃取是指表面活性剂在非极性的有机相中超过临界胶团浓度而聚集形成反胶团，表面活性剂的非极性尾向外，极性头向内，在有机相中形成分散的亲水微环境，可溶解蛋白质等生物分子，因此反胶团萃取可用于蛋白质的分离纯化。要形成胶团所需的表面活性剂的最低浓度称为临界胶团浓度，低于此浓度则不能形成胶团。该技术具有成本低、选择性高、操作简单、萃取速度快、萃取和反萃取率都很高、处理量大、能有效防止生物大分子变性失活等优点。其影响因素既包括表面活性剂和溶剂的种类和浓度、助表面活性剂的种类和浓度，也包括温度、压力、水相 pH、离子种类和强度，还包括蛋白质的大小、浓度、等电点等。

浊点萃取法是近几年来出现的一种新型的液-液萃取技术，它不使用挥发性有机溶剂，不影响环境。

（三）根据电荷差异进行分离纯化

根据蛋白质电荷即酸碱性质不同分离蛋白质的方法有电泳和离子交换层析两类。荷电颗粒（如不处于等电点状态的蛋白质分子）在电场的作用下，向着与其电性相反的电极移动，称为电泳。电泳技术作为分离纯化蛋白质的手段之一，与其他蛋白质分离与纯化方法相比较，具有电泳时操作温和、较高的特异性、高分辨率的优点。电泳可分为变性电泳、常规电泳、等电聚焦电泳和毛细管电泳等。

1. 聚丙烯酰胺电泳　主要以聚丙烯酰胺为介质的区带电泳，目前广泛应用于分离蛋白质。其原理为两方面，一是基于蛋白质的电荷密度，即在恒定缓冲系统中不同蛋白质的同性电荷差异；一是分子筛选效应，即与蛋白质分子大小和形状有关。它的优点是设备简单、操作方便、能获得较高纯度的蛋白质组分。

2. 等电聚焦　一种利用具有 pH 梯度的支持介质分离等电点不同的蛋白质混合物的电泳技术，也称为聚焦电泳。在电泳介质中加入载体两性电解质，在外电场作用下，两性电解质形成一个由阳极到阴极逐步增加的 pH 梯度，不同蛋白质将移动到或聚焦于其相应的等电点位置，形成一个狭窄的区带。等电聚焦具有分辨率高、重复性好、电泳区带相当狭窄等优点，但不适用于在等电点不溶或发生变性的蛋白质。

3. 毛细管电泳　将电泳技术和色谱技术相结合，荷电颗粒以高压直流电为分离动力，在毛细管中按淌度和（或）分配系数不同而实现不同物质快速分离的一类液相分离技术。

电泳淌度也称淌度，指单位电场下的电泳速度，也称为迁移时间，淌度不同是电泳分离的基础。毛细管电泳根据分离机制不同，可分为毛细管区带电泳、毛细管胶束电动色谱、毛细管凝胶电泳、毛细管等电聚焦、毛细管等速电泳、毛细管电色谱。与传统电泳相比，它是在散热效率极高的毛细管内进行，能承受高电场，具有高效、快速、高灵敏度、样品用量极小、经济、自动化程度高、污染小等优点。

4. 离子交换层析　以离子交换剂为固定相，在中性条件下，利用它与流动相中的某种离子进行可逆的交换，依据交换时结合力的大小来分离混合物的一种层析方法。依据的是物质所带电荷的不同。电荷不同的物质对管柱上的离子交换剂有不同的亲和力，洗柱后，带电荷量少、亲和力小的先被洗脱下来，带电荷量多、亲和力大的后被洗脱下来，以此来分离蛋白质。

（四）利用对配体的特异亲和力进行分离纯化

亲和层析是利用蛋白质分子与其特异性配体之间的可逆性结合与解离而建立的层析方法。相互作用力包括静电作用、氢键、疏水性相互作用、配位键、弱共价键等。当混合物通过层析柱时，其中可与固定相分子特异亲和的物质才能被吸附剂结合，其他未结合的无关成分则可随流动相流出，从而将吸附蛋白与其他蛋白质分开，而后改变流动组分将目标蛋白洗脱下来。根据配体与生物大分子相互作用体系差异把亲和层析分为生物亲和层析、免疫亲和层析、金属离子亲和层析、拟生物亲和层析等。亲和层析具有上样量大、过程简单高效、产物纯度高、能保持蛋白质活性等优点，在基因工程亚单位疫苗的分离纯化中应用相当广泛。

（五）根据选择性吸附差异进行分离纯化

1. 疏水层析　是根据蛋白质表面的疏水性差别发展起来的一种纯化技术，利用固定相载体上偶联的疏水性配基与流动相中的一些疏水分子发生可逆性结合的特性进行分离。不同蛋白质分子表面有不同的疏水和亲水结构区域，当将蛋白质混合液加入含有高盐缓冲液的层析柱时，蛋白质表面疏水区暴露增多，与层析柱上的疏水基团相互作用而被吸附到柱上，而未被吸附的则流出层析柱，从而使蛋白质初步分离。蛋白质吸附的强弱取决于蛋白质本身的疏水性质和盐离子强度。该法具有高选择性、层析柱能反复使用等优点，但有使蛋白质变性、仅适合部分蛋白质等缺点。

2. 羟磷灰石层析　吸附剂羟磷灰石可用于分离蛋白质与核酸，它的钙离子能吸附带负电荷的物质，而磷酸根能吸附带正电荷的物质，蛋白质中带负电荷的基团与其表面的钙离子结合，而带正电荷的基团与磷酸根结合，根据蛋白质分子与吸附剂羟磷灰石之间的结合与解离性质的不同而达到蛋白质分离的目的。其优点是具有高再生能力、高分辨率、高化学稳定性、层析柱寿命长等。

（六）高效液相色谱法

高效液相色谱法（high performance liquid chromatography，HPLC）是以液体为流动相，采用高压输液系统，溶于流动相中的各组分经过固定相时，与固定相发生作用，依据其作用力强弱不同，在固定相中滞留时间不同，从而达到分离目的。其具有柱效高、高选择性、色谱柱可反复使用、分析速度快、可在线检测、灵敏度高、应用范围广等特点，在分离和制备蛋白及多肽上有独特的优越性，已成为蛋白质快速分离纯化和分析的强有力手段。

1. 正相高效液相色谱（normal-phase high-performance chromatography，NP-HPLC） 固定相极性大于流动相极性的分配色谱法称为正向色谱法。流动相为正己烷、环己烷等相对非极性的疏水性溶剂，采用聚乙二醇等极性固定相，加入乙醇、三氯甲烷调节组分滞留时间。此法常用于分离中等极性和极性较强的化合物。

2. 反相高效液相色谱（reversed-phase high-performance chromatography，RP-HPLC） 流动相极性大于固定相极性的分配色谱法称为反相分配色谱法。采用非极性的反相介质为固定相，甲醇、乙腈、丙酮、异丙醇等极性有机溶剂或水溶液作流动相，根据流动相中被分离溶质极性（疏水性）的差别产生不同结合作用，从而进行分离纯化。疏水性较弱的大分子物质和固定相的结合较弱，因而流出快，反之则流出慢，具有柱效高、重复性好、使用寿命长、使用广泛等特点。

根据蛋白质的生物学特性及实验要求等，可采用不同方法来分离目标蛋白。但在实际应用中，现在还很难使用某一种方法对蛋白质进行分离纯化，通常需利用几种方法综合起来才有望得到纯度较高的蛋白质。

（任 重）

第二节 蛋白质定量

蛋白质是机体组织成分的物质基础，构成影响机体生理的多种活性物质，并为人体提供能量。它维持正常的血浆渗透压和酸碱平衡，运输氧气和营养物质，与细胞结构、物质运输、营养代谢、遗传进化都紧密相关。因此，蛋白质的定量分析涉及与生命有关的各个行业，是医学临床诊断、实验室检验、生物学实验、食品药物检验中的常规检测方法。

蛋白质的直接定量分析技术目前只能测定出样品中的总蛋白含量，尚无法直接分析蛋白质样品中某种单一蛋白成分的含量，只能将蛋白质高度纯化或利用间接方法测定。因此，本节所讲的蛋白质定量均为测定样品中的总蛋白含量。目前蛋白质定量分析技术的方法有多种，自 19 世纪末发明的凯氏定氮法到目前为止，科学家已探索出多达几十种的测定蛋白质含量的方法。每种分析技术不断更新完善，具有各自的特性，在应用方面亦各有其局限性（表 1-3-1）。

表 1-3-1 各种蛋白定量法的比较

方法名称	最小测定体积	定量范围*
凯氏定氮法	无特别限制	0.3～3.0μg
Lowry 法	0.1ml	100～1500μg/ml
考马斯亮蓝法	0.1ml	25～250μg/ml
BCA 法	0.1ml	20～2000μg/ml
紫外光谱吸收法（280nm）	0.1ml	20～500μg/ml
紫外光谱吸收法（215～225nm）	0.1ml	10～100μg/ml

*此范围指原液样品浓度，不包含各种试剂的稀释

蛋白质定量分析技术主要归纳为三大类，如下所示。

（1）根据蛋白质组成元素的特性来进行分析的方法，如凯氏定氮法。

（2）根据蛋白质化学呈色反应的特性来进行分析的各种比色法，如 Lowry 法、双缩脲法、Folin-酚试剂法、考马斯亮蓝法、BCA 法等。

（3）根据蛋白质光吸收的特性来进行分析的方法，如紫外光谱吸收法。

本节介绍几种在实验课程中常用的蛋白质定量分析技术。

一、凯氏定氮法

凯氏定氮法是 J.Kjeldahl 于 1883 年建立的，已有百余年的历史，经过不断改进，目前仍是测定蛋白质含量的标准方法，是测定样品中总有机氮最准确和重现性最好的方法之一。凯氏定氮法有半微量法、微量法及全量法。该法适用范围广泛，被作为法定的标准检验方法，但因其操作过程复杂，需要试剂量大，在实验室常规的溶液蛋白质定量分析中有被其他简便方法代替的趋势。

1. 凯氏定氮法基本原理　众所周知，蛋白质的含氮量一般为 14%～19%，平均为 16%，凯氏定氮法正是根据这个原理建立起来的，并因此而得名。

2. 凯氏定氮法基本操作　将样品加入浓硫酸中，在催化剂存在的条件下加热消化，可以将蛋白质分解转化为 CO_2 和 H_2O，此时所测样品蛋白中由有机氮转化成的氨（NH_3）可结合硫酸（H_2SO_4）而转化为硫酸铵，然后在碱性环境中蒸馏，使硫酸铵中的氨蒸出，用硼酸吸收，再通过盐酸（HCl）或硫酸（H_2SO_4）标准溶液进行滴定，可得出所测样品蛋白的含氮值，最后通过换算系数来计算，即可得知所测样品中蛋白质含量。

3. 凯氏定氮法利弊之处　凯氏定氮法最主要的优点是可以测定所有形态的样品，在液态和固态的样品中均可以测定出准确的蛋白质含量。

凯氏定氮法存在的缺点有：①如果样品中含有非蛋白态的氮时，其测定结果将会出现误差；②如果构成样品中蛋白质的氨基酸出现偏差的时候，测出的含氮量会高于理论含氮量，其测定结果亦会出现误差；③该法与其他方法相比，操作烦琐，耗时较长，对实验者的操作熟练程度要求相对较高。

4. 凯氏定氮法前景用途　凯氏定氮法自问世就得到众多实验者进行改进，改进环节主要是加快简化其消化过程，简化其蒸馏过程，重复利用吸收氨的溶液，均取得了不错的效果。2008 年不法商家被披露在奶粉中添加三聚氰胺后，中国质检部门再次确定了凯氏定氮法为蛋白质含量测定的金标准。目前在食品、农副产品加工业中，在食品质检部门中，凯氏定氮法仍是测定动植物和食品蛋白质含量的主要方法。

二、Lowry　法

Lowry 法是 O.Lowry 于 1951 年建立的，由于该法结合了双缩脲反应与 Folin 酚试剂法中酚试剂反应的特点，在两者的基础上改良得来的，故亦被称为 Lowry 改良法。该法自问世后至上世纪末一直是蛋白质定量分析技术的主要方法。

1. Lowry 法基本原理　与凯氏定氮法不同，Lowry 法属于众多比色法中应用最广泛的一种。参与 Lowry 法的共有两级化学反应，即双缩脲反应和酚试剂反应。双缩脲反应指的是，双缩脲（$H_2NOC-NH-CONH_2$）于碱性条件下（即碱性铜试剂）能与 Cu^{2+} 发生反应，生成的络合物呈紫色，而蛋白质分子结构中的多个肽键与双缩脲在结构上相似，所以其亦

能于碱性条件下与 Cu^{2+} 发生反应，生成紫色络合物。酚试剂反应指的是，酚试剂中磷钼酸和磷钨酸在碱性条件下化学性质不稳定，酚类化学物质可以将磷钼酸盐-磷钨酸盐还原成钼蓝和钨蓝的混合物，此还原反应为显色反应，而蛋白质中的部分氨基酸（如酪氨酸与色氨酸）含有带酚的羟基，就可发生此类还原显色反应。所以紫色络合物中部分含有带酚羟基的氨基酸可以与酚试剂中的磷钼酸和磷钨酸发生还原显色反应，生成深蓝色化合物。

在一定条件下，蛋白质浓度与蓝色化合物颜色的深浅呈线性关系，已知浓度的标准蛋白溶液与样品蛋白溶液经过同样处理后再比色，即可求出样品蛋白溶液中的蛋白含量。另外，可以根据预先绘制的标准曲线求出待测样品中蛋白质的含量。

2. Lowry 法基本操作　蛋白质定量分析技术的比色法是一种相对定量分析方法，需要将样品的颜色反应与已知标准蛋白的颜色反应相比较，才可以计算出样品的蛋白含量。因此，首先需绘制出标准曲线，即用一系列倍比稀释的已知标准蛋白绘制出一个颜色深浅程度与蛋白含量的关系曲线。然后根据样品的颜色反应强度在标准曲线上计算出其相对应的蛋白质含量。

Lowry 法测定蛋白质含量时，可在样品蛋白溶液中分别加入上述的碱性铜试剂和酚试剂后，用分光光度计测定其吸光度值，通过绘制好的标准曲线计算出样品中的蛋白质含量。

3. Lowry 法利弊之处　Lowry 法的优点主要有：①酚试剂反应提高了实验的灵敏度，可媲美微量凯氏定氮法，但无需复杂的操作和熟练的技术；②酚试剂反应仅限于含酪氨酸和色氨酸的蛋白质含量测定，结合采用双缩脲反应可避免此类误差，提高了实验的精确度；③作为比色法，操作方法简便，可同时对多个样品进行分析。

Lowry 法的缺点主要有：①实验过程中容易受多种物质干扰，酚类、柠檬酸、硫酸铵、Tris 缓冲液、甘氨酸、糖类、甘油、还原剂（二硫代苏糖醇、巯基乙醇）、EDTA 和尿素等均会干扰反应；②酚试剂不仅配制烦琐，且在碱性环境下稳定性差，可导致实验误差；③所测样品蛋白的溶解度要好，其显色后才能达到比色法需要的光学透明度。

4. Lowry 法注意事项

（1）每次的蛋白质含量测定实验都需要同时用已知标准蛋白绘制出标准曲线，而不能沿用既往实验的标准曲线，这是由实验试剂和反应环境在不同次的实验中均会有所不同造成的。

（2）已知标准蛋白需为高纯度蛋白，常用的有牛血清白蛋白，且已知标准蛋白浓度应与颜色深浅程度有较好的线性关系，浓度太高和太低均不能准确反映出其所含的蛋白含量。

（3）所测样品蛋白应完全溶解，达到必需的光学透明度，且需根据其测定值是否在标准曲线范围内，来调整好所测样品蛋白浓度，避免产生较大误差。

（4）一般在加入酚试剂后 30min 进行比色分析，因为时间小于 15min 则反应不完全，而时间大于 60min 则会褪去颜色，均会影响实验的精确度。

（5）Lowry 法最大的缺陷就是干扰物太多，因此必须从各个环节避免干扰。例如，避免所用试剂发生干扰，充分估计样品蛋白是否含有干扰物，已知标准蛋白溶剂与待测样品蛋白溶剂使用同一种溶剂等。

三、考马斯亮蓝法

考马斯亮蓝法属于众多染料结合法中常用的一种，此法于 1976 年由 Bradford 根据蛋白质与染料相结合的原理所设计建立。在酸性环境中，蛋白质中部分氨基酸残基通过静电的方式与染料发生结合，结合生成的复合物具有可溶性，其中芳香族氨基酸和碱性氨基酸中的残基起主要作用。蛋白质浓度在一定条件下与蛋白-染料结合量呈线性关系，考马斯亮蓝法正是通过此原理测得蛋白质含量。常用的染料有：考马斯亮蓝（ coomassie brilliant blue，CBB ）G-250 或 R-250、丽春红 S（ ponceau S ）、氨基黑（ amido black ）、溴甲酚绿（ bromcresol green，BCG ）和溴甲酚紫（ bromcresol purple，BCP ）等。考马斯亮蓝法因其操作过程非常简单，耗时亦短，因而正在得到广泛的应用，在某些实验设计中逐步取代了常用的 Lowry 法。这一方法是目前灵敏度最高的蛋白质含量测定方法之一。

1. 考马斯亮蓝法基本原理　考马斯亮蓝 G-250 溶解于一定浓度的乙醇溶液后，在酸性溶液中呈红色，其最大光吸收峰（ A_{max} ）为 465nm。此溶液在考马斯亮蓝 G-250 与蛋白质结合后由红色变为蓝色，其 A_{max} 可从 465nm 处移到 595nm 处。在 595nm 波长处，该染料蛋白质结合物具有较高的光吸收系数，在一定条件下，样品中蛋白质浓度与吸光度值成正比，据此可测定蛋白质含量。

2. 考马斯亮蓝法基本操作　首先需配制好染料溶液，其配制方法是将 100mg 的考马斯亮蓝 G-250 溶于 50mL 95%乙醇溶液中，再加入 100ml 85%磷酸，最后用蒸馏水定容至 1000ml，混匀后常温下保存，有效期一个月。将样品蛋白溶液加入配制好的染料溶液中，混匀后静置 5min，即可在分光光度计上于 595nm 波长处测定其吸光度值，通过绘制好的标准曲线计算出样品中的蛋白质含量。

3. 考马斯亮蓝法利弊之处　考马斯亮蓝法优点主要有：①操作方法简单，测定过程快速，完成一个样品的测定，只需要 5min 左右，适合大量样本同时测定；②蛋白质与染料的反应很快，2~3min 即可完成结合，生成的复合物在 60min 内能稳定显色，其显色最稳定的时间在 5~20min；③由于蛋白质-染料复合物的颜色较反应前的颜色变化大，其消光系数更高，故随着蛋白质浓度的变化，其光吸收值的变化更大，即灵敏度高，可比 Lowry 法高出四倍左右，据报道该法可检测的最低蛋白质含量仅为 1μg；④抗干扰强，不受酚类、游离氨基酸和缓冲剂、络合剂的影响。

考马斯亮蓝法存在的缺点有：①芳香族氨基酸和碱性氨基酸在不同种类的蛋白质中含量不同，故不同种类蛋白质测定时，即使是等量的情况下，也会偏差较大；②干扰物虽少，但实验中应避免以下干扰物质：去污剂、TritonX-100、十二烷基硫酸钠（ SDS ）和 0.1mmol/L 的 NaOH；③标准曲线仍有少许非线性，计算时不用 Beer 定律，而是用标准曲线来查出样品溶液中的蛋白质含量。

4. 考马斯亮蓝法注意事项

（1）反应后的容器着色稳固，难于清洗，尽量使用塑料或玻璃器材而不用石英器材，并且实验完毕后及时用 95%乙醇溶液清洗，注意塑料器材勿浸泡乙醇溶液时间过长。或者采用一次性的容器使用，减少大量样本测定时的工作量。

（2）在样品蛋白质浓度太高的实验中，若反应时间超过 10min 则容易出现沉淀物，此种情况应将测定时间控制在 10min 内，从而避免误差。

四、BCA 法

二喹啉甲酸法(bicichoninic acid assay, BCA 法)近年来广为应用,其原理类似于 Lowry 法,是目前已知的最灵敏的蛋白质定量分析技术之一。

1. BCA 法基本原理 在碱性条件下,蛋白质中的肽键将 Cu^{2+} 还原成 Cu^+ (双缩脲反应), BCA 试剂在碱性环境中与 Cu^+ 结合形成稳定的蓝紫色复合物,其在 562nm 处具有最大吸收峰,此复合物的吸光度值与蛋白质浓度在一定条件下呈线性关系,据此可测定蛋白质含量。

2. BCA 法基本操作 与 Lowry 法相似,首先需用已知标准蛋白绘制出标准曲线,然后在样品蛋白溶液中加入 BCA 试剂,在分光光度计上于 562nm 波长处测定其吸光度值,通过绘制好的标准曲线计算出样品中的蛋白质含量。

3. BCA 法利弊之处 BCA 法的优点主要有:①灵敏度高,检测浓度下限达到25μg/ml,最小检测蛋白量达到0.5μg,待测样品体积为 1~20μl;②此法所用的 BCA 试剂及生成的蓝紫色复合物在碱性条件下稳定性高,优于 Lowry 法;③抗干扰强,不受绝大部分样品中的去污剂、变性剂等化学物质的影响;④操作方法简单,整个过程仅需发生一步反应;⑤检测不同样品蛋白质的变异系数远小于考马斯亮蓝法。

BCA 法的缺点主要是受螯合剂和还原剂的影响,使其测定结果出现误差。

4. BCA 法注意事项

(1)加热至 60℃ 孵育或适当延长孵育时间可提高蛋白质测定的灵敏度。

(2)螯合剂因会与 Cu^+ 发生反应,从而干扰测定结果,因此实验配制的溶液中 EDTA 浓度不应超过 10mmol/L。

(3)某些脂类物质和还原剂也会影响测定结果,因此实验配制的溶液中二硫苏糖醇应小于 1mmol/L,巯基乙醇应小于 1mmol/L。

五、紫外光谱吸收法

紫外光谱吸收法(ultraviolet spectrometry)属于蛋白质定量分析技术中的物理测定方法,是基于物质对不同波长光的选择性吸收而建立起来的一种分析方法。该法是所有蛋白质定量分析技术中最快的方法,主要用于蛋白质含量的快速检测和蛋白质的制备工艺中。

1. 紫外光谱吸收法基本原理 众所周知蛋白质有吸收紫外光的物理特性,且吸收峰在 280nm 处。蛋白质在 280nm 处的最大吸光率主要取决于芳香族氨基酸中酪氨酸和色氨酸的残基,其中色氨酸的紫外光吸收最强,酪氨酸稍次。光吸收值与蛋白质含量呈线性关系,由于芳香族氨基酸在多种蛋白质中含量相差不大的缘故,我们通过比较已知浓度的标准蛋白溶液与样品蛋白溶液的光吸收值,即可求出样品蛋白溶液中的蛋白含量。同理,利用蛋白质在 238nm 处的光吸收值与其含有的肽键亦呈线性关系,也可据此进行蛋白质含量的测定。

2. 紫外光谱吸收法基本操作 紫外光谱吸收法无需配制其他溶液,直接加入蒸馏水后,即可在分光光度计上测定其吸光度值,通过绘制好的标准曲线计算出样品中的蛋白质含量。下面介绍四种紫外光谱吸收法。

（1）280nm 的光吸收法：蛋白质的众多氨基酸分子中，决定其吸收峰在 280nm 处的为酪氨酸、色氨酸和苯丙氨酸三种，由于这些氨基酸在不同种类的蛋白质中含量相差不大，因此于 280nm 处测定蛋白溶液光吸收值的方法是紫外光谱吸收法中最常用的一种。

（2）肽键测定法：利用蛋白质在 238nm 处的光吸收值与其含有的肽键呈线性关系的原理，也可进行蛋白质含量的测定。通过测得已知浓度的标准蛋白溶液于 238nm 处的光吸收值，绘制出标准曲线，即可求出样品蛋白溶液中的蛋白含量。

（3）280nm 和 260nm 的吸收差法：核酸类物质包括嘌呤和嘧啶等，对 280nm 光吸收法检测蛋白质可造成较大的干扰。核酸的光吸收值特点是 260nm 处大于 280nm 处，其吸收峰在 260nm 处，光吸收比值 A_{280}/A_{260} 约为 0.5；而蛋白质的光吸收值特点是 280nm 处大于 260nm 处，其吸收峰在 280nm 处，光吸收比值 A_{280}/A_{260} 约为 1.8。因此在有核酸干扰的情况下，可先测定出蛋白溶液的 A_{280} 和 A_{260} 值，然后根据公式：蛋白质浓度=$1.45 \times A_{280}-0.74 \times A_{260}$（mg/ml），即可计算出样品蛋白含量。

（4）215nm 与 225nm 的吸收差法：蛋白质中肽键于 200nm 至 250nm 处有较强的光吸收值，在一定条件下，其光吸收值大小与蛋白质浓度呈线性关系。经验表明，选择 215nm 处测定吸光度值可以减少干扰和光散射，而与单一波长测定相比较，利用 215 nm 和 225nm 两处的光吸收值之差可减少非蛋白质成分的干扰。因此，测定稀溶液中蛋白质浓度不宜采用 280nm 的光吸收法，而改用 215nm 和 225nm 的吸收差法。用已知浓度标准蛋白溶液的吸收差（$d = A_{215}-A_{225}$）作为纵坐标绘制标准曲线，再测出样品蛋白溶液的吸收差，即可计算出样品蛋白含量。

3. 紫外光谱吸收法利弊之处　紫外光谱吸收法的优点有：①方法简单快速，只需在紫外分光光度计上读取吸光度值即可；②灵敏度高；③在测定蛋白质含量时，样本不会遭到损害，可回收利用。

紫外光谱吸收法的缺点主要是精确度不够，这是由于干扰物质较多，如核酸及缓冲液部分成分。另外，由于不同蛋白质中酪氨酸和色氨酸含量存在着一定的差异，用 280nm 测量的蛋白质含量结果有一定的误差，导致精确度不够。因此，该法更适用于与标准蛋白质氨基酸组成相似的蛋白质含量的测定。

4. 紫外光谱吸收法注意事项

（1）需尽可能防止溶剂的紫外光吸收率干扰样品蛋白质的紫外光吸收率，从而出现误差，所以要求调零的液体与已知标准蛋白溶剂、待测样品蛋白溶剂为同一种溶剂。

（2）由于蛋白质吸收高峰常因 pH 的改变而会发生变化，因此要注意溶液的 pH，测定样品时的 pH 要与测定标准曲线的 pH 相一致。

（唐雅玲　王　双）

第三节　蛋白质免疫印迹

蛋白质免疫印迹（immunoblotting）又称蛋白质印迹（Western blot），是根据抗原抗体的特异性结合的原理，从而对靶蛋白进行特异性检测的一种方法，常用于鉴定某种蛋白质，并能对蛋白质进行定性和半定量分析。蛋白质印迹是在凝胶电泳和固相免疫测定技术基础上发展起来的一种免疫生化技术，目前认为其发明者为美国斯坦福大学的乔治·斯塔克（George Stark），1981 年，尼尔·伯奈特（Neal Burnette）首次称蛋白质印迹为 Western blot。

Western Blot 是通过电泳将细胞或组织总蛋白质进行分离，然后从凝胶转移到固相支持物上，如硝酸纤维素膜（nitrocellulose filter membrane，NC 膜）或聚偏二氟乙烯膜（polyvinylidene fluoride membrane，PVDF 膜）等，再用特异性抗体检测某特定抗原的一种蛋白质检测技术，它具有凝胶电泳的高分辨力和固相免疫测定的高特异性和敏感性，再以化学发光作为显示结果的方法，可以同时比较不同样品中相同蛋白的表达差异，从而成为蛋白分析的一种常规技术，被广泛应用于基因在蛋白水平的表达研究、抗体活性检测和疾病早期诊断等多个方面。

Western Blot 的基本原理是将混合蛋白质样品在凝胶板上进行单向电泳分离，然后将固相支持物（印迹膜）与凝胶相贴，在印迹膜的自然吸附力、电场力或其他外力作用下，使凝胶中的单一蛋白组分转移到印迹膜上，并且固相化，经封闭后再用抗待检蛋白质的抗体作为探针与之结合，再将印迹膜与二级试剂，即标记后的抗免疫球蛋白抗体结合，最后通过放射自显影或原位酶反应来确定抗原抗体复合物在印迹膜上的位置和丰度。

蛋白免疫印迹一般由 SDS-聚丙烯酰胺凝胶电泳（polyacrylamide gelelectrophoresis，SDS-PAGE）、样品的印迹和免疫学检测三个部分组成，下面分别介绍各部分的实验原理。

一、SDS-PAGE 电泳

1. 蛋白样品处理的原理　蛋白样品处理，一般指在样品中加入含有十二烷基磺酸钠（SDS）和 β-巯基乙醇的上样缓冲液。SDS 是一种阴离子表面活性剂，它通过破坏分子间的氢键而破坏蛋白质分子的二级和三级结构；而 β-巯基乙醇则是强还原剂，能断开半胱氨酸残基之间的二硫键。因此，在蛋白质溶液里加入 SDS 和巯基乙醇后，形成蛋白质-SDS复合物。蛋白质样品经含有 SDS 和 β-巯基乙醇的上样缓冲液处理后，再加以高温煮沸，使样品中蛋白质与缓冲液中的 SDS 充分结合，蛋白质则会完全变性和解聚，同时带上负电荷。此外，为监控电泳过程，蛋白样品在处理时一般还需要加入一些染料作为指示剂，如溴酚蓝；为增大蛋白样品溶液的密度使其在加样后能快速沉入凝胶的样品孔内，样品处理时还应加入适量的蔗糖或甘油。

2. 聚丙烯酰胺凝胶聚合原理　聚丙烯酰胺凝胶主要由丙烯酰胺单体和甲叉双丙烯酰胺交联剂按一定比例混合，在催化剂（如过硫酸铵）作用下产生聚合，聚合时丙烯酰胺分子通过加成反应形成长链，双体的作用是在长链之间形成交联，成为具有三维网状结构的凝胶，并具有分子筛效应，可以通过改变单体溶液浓度或增减双体比例的办法制备不同孔径的凝胶，常用做层析介质、电泳分离支持材料等。

3. SDS-PAGE 电泳原理　SDS-PAGE 凝胶电泳在聚丙烯酰胺凝胶系统中引进 SDS，经 SDS 和强还原剂处理过的蛋白样品，即带负电荷的 SDS-蛋白质复合物，由于结合大量的 SDS，蛋白质不再保留原有的电荷状态，而仅维持原有分子大小，并带有的负离子，这样可以降低或消除各种蛋白质分子之间天然的电荷差异。此外，由于 SDS 与蛋白质是按重量成比例结合的，因此在进行电泳时，蛋白质分子的迁移速度仅取决于分子大小。

蛋白免疫印迹所用的聚丙烯酰胺凝胶多用不连续电泳，即使用不同孔径和不同缓冲系统的电泳，常由上层的浓缩胶（pH 6.8）和下层的分离胶（pH 8.8）所组成。样品在浓缩胶中电泳时，先浓缩在一起，逐渐聚拢形成一条窄带，在进入一定浓度的分离胶中后，再将其中的蛋白组分进行分离。

在缓冲系统中的弱酸，如甘氨酸，在 pH 6.8 时很少解离，其有效泳动速率很低，而氯离子却有很高的泳动速率，蛋白质的泳动速率介于两者之间。在浓缩胶中，由于胶交联度小，孔径大，蛋白质样品受阻小，因此不同的蛋白质就浓缩聚积到至分离胶附近，使全部蛋白质分子堆积形成一条狭窄的区带，从而起浓缩效应。而当蛋白质进入分离胶时，凝胶的 pH 明显增加（pH 8.8），氯离子完全电离而很快到达正极，而甘氨酸也大量解离，其有效泳动速率明显增加，超越蛋白分子，直接在氯离子后移动，很快到达正极，而只留下蛋白质分子在分离胶中缓慢的移动。而蛋白质样品经处理后带负电，并且不同的蛋白质其单位质量所带的电荷数不同，因而在电泳过程中，受溶液中离子浓度的变化和 pH 变化的影响，带负电荷多者迁移快，反之则慢，这就现了电荷效应。由于分离胶的孔径小，又是一个整体的筛状结构，对大分子蛋白质形成的阻力大，对小分子蛋白质形成的阻力小，从而形成分子筛效应。因此，在分离胶中，不同的蛋白质组分由于分子筛效应和电荷效应而产生不同的迁移率，最终通过电泳彼此分开而完成分离的。

电泳是在 SDS-PAGE 凝胶上通过电转移仪器完成的，SDS 聚丙烯酰胺凝胶的分离范围如表 1-3-2 所示。

表 1-3-2　不同浓度 SDS-PAGE 分离胶的最佳分离范围

聚丙烯酰胺浓度（%）	最佳分离范围（kD）
6	50～150
8	30～90
10	20～80
12	12～60
15	10～40

二、蛋白质转移印迹

蛋白的转移是指蛋白质从凝胶转移到固体支持物上，常用的方法是电泳洗脱，即将有孔的塑料和有机玻璃板将凝胶和固体支持物夹成"三明治"状结构，其中固相支持物面对阳极、凝胶面对阴极，外面两侧均用 Whatman 3MM 滤纸结合，电泳后蛋白质即离开凝胶结合在固体支持物上。蛋白印迹中固相材料有 NC 膜、DBM、DDT、尼龙膜、PVDF 膜 等。目前常用的有 2 种，即 NC 膜和 PVDF 膜。NC 膜应用较广泛，它是蛋白印迹实验常用的标准固相支持物之一。由于膜的孔径与蛋白质结合膜的亲和力有关，随着膜孔径的不断减小，膜对低分子量蛋白的结合就越牢固。因此，不同相对分子质量的靶蛋白分子的转移，需要选择不同孔径的 NC 膜。常用的 NC 膜有 0.45μm 和 0.2μm 两种规格，分子质量超过 20kD 的靶蛋白转移可用 0.45μm 的膜，而分子质量小于 20kD 的靶蛋白转移则用 0.2μm 的膜。PVDF 膜为聚偏二氟乙烯膜，它的灵敏度、分辨率和蛋白亲和力比常规的膜要高，比较适合低相对分子质量蛋白的检测，但 PVDF 膜在使用之前必须用纯甲醇浸泡饱和 1～5s。

蛋白质转移常用的方法主要有槽式湿转和半干转移两种，其中半干式转膜速度快，而槽式湿转成功率高且特别适合用于分子质量大于 100kD 的蛋白。转膜时，海绵纸、胶、膜和滤纸等均需要按一定的顺序组装成"三明治"结构，如槽式湿转"三明治"排列顺序为"海绵/纸/胶/膜/纸/海绵"，半干式转膜中"三明治"的排列为"滤纸/胶/膜/滤纸"，用电转缓冲液浸湿后，直接置于电转仪的正负极之间。"三明治"中所有组分需紧密排列，特别是胶和膜之间不能留有气泡，以免影响转移效果，因气泡阻碍转移并可在印迹膜上产生非转移区，亦称之为"秃斑"。"三明治"组装完毕后置于仪器中电泳，其放置方向为：胶于负极而膜置于正极。

三、免疫学检测

蛋白质通过电泳技术从凝胶转移到固体支持物上后，接着进行免疫学检测。印迹膜首先用蛋白溶液处理以封闭膜上剩余的疏水结合位点，常用的有 10%的 BSA 或 5%脱脂奶粉。经封闭后的膜再用待测蛋白质上抗原决定簇特异性的抗体（即第一抗体）为探针进行处理。印迹膜中只有待测蛋白质与第一抗体结合，而其他蛋白质不与第一抗体结合，再通过清洗去除未结合的第一抗体后，印迹中就只有待测蛋白质的位置上结合了第一抗体。接下来，采用经适当标记的第二抗体与第一抗体进行免疫反应，这种第二抗体就是第一抗体的抗体，如第一抗体是兔源性的，则第二抗体应为抗兔的 IgG 抗体。由于第二抗体带有标记物，因此处理后，第一抗体与带有标记的第二抗体特异性结合，从而显示第一抗体的位置，这样也就显示了待测蛋白质的位置，从而实现对待测蛋白的定位。

随着分子生物学试剂的发展，目前大多数含有各种标记物的第二抗体可直接从试剂公司购买，最常用的第二抗体是酶联的第二抗体，当蛋白印迹膜用酶联的第二抗体处理后，再经适当的显色底物溶液处理，酶与显色底物会发生反应而生成有颜色的产物，这样在印迹膜上就会产生可见的区带，从而显示待测蛋白质的位置。碱性磷酸酶和辣根过氧化物酶是常用于标记第二抗体的 2 种酶，其中碱性磷酸酶以 5-溴-4-氯吲哚磷酸盐（BCIP）为底物，其产物显示为蓝色，而辣根过氧化物酶则在 H_2O_2 存在的情况下，将 3-氨基-9-乙基咔唑氧化成褐色产物或将 4-氯萘酚氧化成蓝色产物。此外，还有一种增强化学发光法，即辣根过氧化物酶在 H_2O_2 存在的前提下，将化学发光物质鲁米诺（luminol）氧化并使其发光，在化学增强剂的作用下，其光强度可以增大 1000 倍，最后将印迹膜放在照相底片上感光就可以检测辣根过氧化物酶的存在，从而也可以显示出待测蛋白的存在。

Western blot 最终步骤为显色，常用的显色方法主要有：放射自显影、底物电化学发光（electrochemiluminescence，ECL）、底物荧光显色、底物二氨基联苯胺（DAB）显色法等。现常用的有底物电化学发光的 ECL 和 DAB 显色法。

（莫中成　唐朝克）

第四节　流式细胞分析技术

分析细胞学技术从定量的角度对细胞的各种形态学参数、生物学特征、细胞生化成分的组成及含量，以及细胞的各种功能等进行研究，将以往各种细胞学技术从定性、定位进一步发展到定量的研究，获得定量的测量数据，以更客观地揭示生命活动的规律。分析细胞学技术的发展有两个主要领域——固定式细胞分析和流动式细胞分析。固定式细胞分析是指将细胞样本固定在载玻片或培养皿上，通过显微镜，由成像系统获取图像，定量分析细胞的形态学参数和细胞内一些生化成分的含量。常用仪器有显微分光光度计、图像分析系统和激光共聚焦等。流式细胞分析要求将细胞样本悬浮在液体中，这些细胞样本悬液加入仪器后，高速地流过仪器的检测区，仪器检测悬液中每一个细胞，并进行分析测定，记录每一个细胞众多的生物学参数，并可根据预选的条件将其中特殊的细胞亚群分选纯化出来，以供进一步的深入研究，这类仪器统称为流式细胞仪。以下主要对流式细胞分析技术作简要介绍。

流式细胞分析技术

流式细胞仪（flow cytometer，FCM）从原理上讲是一种在计算机技术支持下的高度自动化的细胞显微荧光脉冲分光光度仪。FCM 的诞生和发展是与近年来激光技术、电子物理技术、光电测量技术、数字计算机技术，以及荧光细胞化学技术、单克隆抗体技术等的发展密切相关的。

流式细胞仪的一般结构可分为三个部分（图 1-3-1）：细胞流动室和液流驱动系统；激发光源及其光束成形系统；细胞信号检测和分析系统。这三部分在仪器中一般按三个互为垂直的轴线安置，即 X 轴方向的激发光轴线、Y 轴方向的细胞荧光信号检测轴线和 Z 轴方向的细胞流轴线。此三个轴线的交点即为仪器的细胞信号检测区。样本中的每一个细胞必须按顺序依次以相同的速度和轨迹通过此检测区。每一细胞流经该检测区时，受到激发光相同的光照。细胞受光照时产生细胞的散射光信号与荧光信号，这些细胞信号由仪器的检测器收集、分析、处理和记录。这就是流式细胞分析。

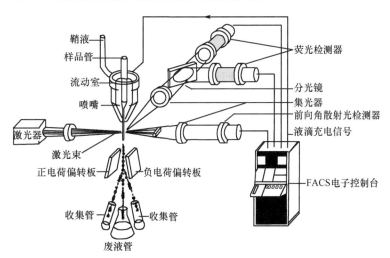

图 1-3-1 流式细胞仪工作原理示意图

流动室是流式细胞仪的核心部件。被检样本的细胞悬液流经流动室时，采用液体动力学分层鞘流技术，因为细胞液流和鞘液流有不同的流速。层流技术保证了样本中的每一细胞都沿流动室的中心轴运动，实现了每一细胞以相同的速度、相同方向、相同的轨迹流经仪器检测区，同时层流技术的应用还消除了以往用毛细管准直细胞流易堵塞的缺点。流动室中的细胞一个一个排列成单行，逐个依次通过检测区，流动室也可称为单细胞流发生器，流动室在实际应用中分为空气中检测和室内检测的流动室。激光是一种单色性、方向性、相干性好的高强度光源，它能提供单波长高强度的光照，这是细胞微弱荧光快速分析的理想光源。FCM 的激发光源通常采用氩离子气体激光器，氩离子（Ar^+）激光器有多条可调谐的输出谱线，能与多种荧光染料激发谱匹配。通过多通道光电倍增管接收检测信号，经数字显示器和示波器实时显示各种信号波形及数据参数，结果由计算机分析处理。

FCM 可在高速分析细胞的同时，根据细胞多种生物学特性，将细胞群体中特殊的细胞亚群物理地分选、纯化出来，进行进一步形态学、细胞功能及分子生物学等的研究，或继续培养。这是 FCM 技术的重要功能之一。FCM 分选装置一般由超生振动器、液滴充电电路、静电高压偏转场和自动克隆器等组成。细胞分选是在细胞分析的基础上进行的。经确认需要分选的细胞，在该细胞到达液流断离端的即刻，由液滴充电电路发出一个充电脉冲，保证该包含有要分选的细胞的液滴断离后带有净电荷。带电液滴向下运动经过高压偏转电场时，在静电力的作用下偏离原运动轨迹。带正电荷的液滴偏向负电板，带负电荷的液滴偏向正电板。静电高压值一般是固定的，调节充电脉冲幅度，改变液滴荷电多少，可改变充电液滴的偏转角和偏转距离。分选所得的细胞可以用试管进行收集，结合分选后的细胞培养、细胞形态学观察、细胞图像分析等结果，可以综合单个细胞的更多信息，这是其他细胞学技术难以实现的。

FCM 被测样本中的细胞流经仪器检测区时受到激发光的照射，激发光与细胞相互作用后可产生荧光和散射光信号。散射光信号是指激发光与细胞相遇作用后反射、折射、衍射等综合的结果，细胞散射光信号分为前向角散射信号（forwardscatter，FSC）和侧向角散射光信号（sidescatter，SSC）。前向角散射信号与被测细胞的大小及活力密切相关，侧向角散射信号对细胞膜、胞质、核膜的折射更敏感，包含有细胞内部结构形态学信息，特别是细胞质中的颗粒性成分。前向角散射信号与侧向角散射信号组成细胞双参数散点图是目前 FCM 细胞多参数分析中一种常用的测量和显示方式。它能反映细胞群和不同亚群形态学的信息，并不依赖细胞样本的荧光染色过程。实际工作中常以此来鉴别细胞碎片和细胞团块，并通过设门加以排除。也常用前向角和侧向角散射信号双参数测量来识别样本中的不同细胞亚群，如在外周血白细胞中区分淋巴细胞、单核细胞和粒细胞，或在全血样本中设门找出血小板群体等。检测细胞凋亡时常见其侧向角散射信号变大，同时前向角散射信号因细胞脱水而减少。

FCM 检测分析的细胞荧光信号主要是指经特异荧光染色后细胞受照发射的荧光信号。针对细胞内不同的生化成分或特异抗原可以设计不同的特异荧光染色方法。每种荧光染色法必须有一种或多种的荧光染料。因为每种荧光分子的结构是不同的，在荧光激发与荧光发射的接受方面要注意选择合适的滤色片与分束片。这几年来荧光素化学技术发展较快，现在已有研究实验用一束 488nm 激光的激发散多种染料而得到各自波长不同的荧光，这已可满足目前大部分实验研究的需要。但要注意选择荧光素时必须考虑它的激发谱的峰值应与所用 FCM 激发光源相匹配适应。

FCM 为了保证获得准确的测试分析结果必须进行必要的质量控制。选用标准荧光微球和戊二醛固定的鸡血细胞是最常用的仪器参考标准。荧光染色时通常选取内插的生物标准用于检查荧光试剂和染色过程，监视整个 FCM 分析过程中仪器和染色过程两个方面的稳定性。FCM 检测细胞 DNA 倍体的标准，分离纯化的正常人外周血淋巴细胞是最常用的

DNA 分析和 DNA 异倍体（DNAaneuploid，DA）检测的对照物。免疫荧光定量分析时，一般采用已知阳性细胞或阴性细胞作对照，先用同型免疫球蛋白（isotype）替代特异抗体，测得阴性对照非特异荧光值，再作样本测试并计算出阳性表达率。

因此，流式细胞仪不仅可以定量检测细胞中 DNA、RNA 或特异蛋白的含量及不同的细胞的数量，重要的是它还可以从数以万计的细胞群体中将某一特异染色的细胞分离出来，并将 DNA 含量不同的中期染色体分离出来，所以现在流式细胞仪的应用越来越广泛。

细胞群体分散后需要对特异染色待测的成分，在流式细胞仪中以 1000 万细胞/小时的速度将悬液中的细胞一个个地通过，此时检测器便可检测记录每个细胞中待测成分的含量，并分离出成分含量不同的细胞。如果染色过程不影响细胞活性，那么分离出来的细胞还可以继续培养。

（刘慧婷）

第五节　免疫共沉淀

免疫共沉淀（co-immunoprecipitation，co-IP）是研究蛋白质相互作用的经典方法，属于免疫沉淀技术的一类。它以抗体和抗原之间的专一性作用为基础，主要用来确定两种蛋白质在完整细胞内是否有生理性相互作用。它是以抗原和抗体特异性结合、细菌蛋白 A/G 特异地与免疫蛋白 FC 片段特异性结合为基础开发出来的方法。

一、基 本 原 理

在非变性条件下裂解细胞时，保留下来了完整细胞内存在的许多蛋白质-蛋白质间的相互作用。如果细胞内有 XY 蛋白复合物，再用蛋白质 X 的抗体免疫沉淀 X，与 X 在体内结合的蛋白质 Y 也能被沉淀下来。在加入蛋白质 X 的抗体后，还会加入蛋白 A/G-琼脂糖珠，蛋白 A/G 会特异性地结合到蛋白质 X 抗体的 FC 片段上，沉淀后收获抗原抗体复合物。如果蛋白质 X 与蛋白质 Y 结合，那么蛋白质 Y 也会出现在抗原抗体复合物中，一起被沉淀下来，形成"Y 蛋白-X 蛋白-X 蛋白抗体-蛋白 A/G"复合物。经 SDS-PAGE 后，复合物可被分离，再经抗 Y 蛋白的抗体免疫印迹或质谱鉴定出 Y 蛋白（图 1-3-2）。这种方法常用于测定两种蛋白质是否在体内结合，常使用针对这两种蛋白质的抗体分别进行 co-IP，以相互印证，相互对照。若与质谱技术联合应用，也可确定一种特定蛋白质的新的未知结合蛋白。

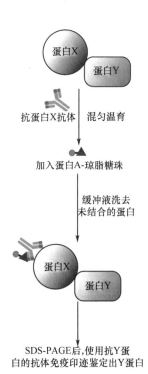

图 1-3-2　免疫共沉淀原理图

二、免疫共沉淀技术的优缺点

优点是：①检测到的蛋白相互作用是在自然状态下存在的，避免了人为的干扰；②检测到的相互作用的蛋白质都是经翻译后修饰的，这些蛋白是处于天然状态的；③在实验体系中，分离得到的是天然状态的相互作用蛋白复合物。

缺点是：①尽管实验结果检测到了两种蛋白质的结合，但是这种结合可能不是直接结合，而有可能第三者在中间起连接作用；②对于低亲和力的或者瞬间的蛋白质-蛋白质相互作用可能检测不到；③在选择最后使用何种抗体进行检测时，必须在实验前预测是何种目的蛋白，一旦预测不正确，就得不到实验结果，免疫共沉淀方法本身具有冒险性；④在免疫共沉淀实验中，如果不注意抗体、洗脱等问题，会产生较强的背景，主要原因包括：a. 抗体的专一性不强，同一个或多个蛋白之间有交叉反应，导致最终得到的复合物中可能不但含有交叉反应蛋白本身，还含有这（些）交叉反应蛋白的结合复合物，最终得到大量无关蛋白，使实验达不到预期效果；b. 抗体可能同目的蛋白的蛋白结合结构域结合，会干扰其同结合伙伴的结合；c. 抗体可能只能同一种被检测蛋白的一种形式作用，而该蛋白翻译后修饰的形式有可能不被结合；d. 用于免疫共沉淀的抗体在洗脱期间会从支撑基质上脱下，脱下免疫球蛋白较多，在质谱分析时容易"遮盖"真正的低丰度的靶蛋白结合伙伴。如果用交联的方法将抗体固定在琼脂糖珠子上，这种处理又可能会使抗体部分或完全失活。

在研究蛋白复合物过程中，免疫共沉淀方法暴露出的许多不足，限制了其在纯化相互作用的蛋白质中的应用，但是，对于检测其他方法捕获的相互作用蛋白质，本方法却有着非常好的应用前景。

三、几种特殊的免疫共沉淀技术

（一）染色体免疫共沉淀

染色体免疫共沉淀（chromatinimmunoprecipitation，ChIP）用于分析蛋白质-DNA 的相互作用，它是基于体内蛋白质-DNA 相互作用分析发展起来的方法。它可以用来定位蛋白的 DNA 作用位点，可以研究单个启动子的改变，也可以在整个基因组水平分析转录因子的分布图谱。经过不断地发展和完善，如果与 DNA 芯片和分子克隆技术相结合，还可以用于高通量的筛选已知蛋白因子的未知 DNA 靶点，能够研究反式作用因子在整个基因组中的分布。

由于真核生物的基因组 DNA 是以染色质的形式存在，通过研究蛋白质与 DNA 在染色质环境下的相互作用，可以阐明真核生物基因表达的机制。染色体免疫共沉淀通过与其他方法的结合，其应用范围会进一步扩大。ChIP-chip 方法是由 ChIP 与基因芯片技术相结合建立的方法，目前已广泛用于特定反式因子靶基因的高通量筛选，研究染色质修饰机制在基因组中的调控、转录因子在整个基因组中的信号网络、基因的转录与核运输、DNA 的复制、DNA 修复以及修饰等。将 ChIP 与测序技术相结合发展的方法是 ChIP-seq，可以在全基因组范围内高通量检测 DNA 的组蛋白修饰，能够应用到多种基因组序列的物种，能够确切得到每一个片段的序列信息。

ChIP 的原理是：生理状态下，把细胞内的 DNA 与蛋白质交联在一起，再通过超声或酶，将染色质切为小片段（200～1000bp，400～800bp 最佳），使用目的蛋白特异性抗体把该复合物沉淀下来，相应的，目的蛋白相结合的 DNA 片段也会沉淀下来。纯化和检测目的片段就能够获得蛋白质与 DNA 相互作用的信息。一般情况下，多使用甲醛处理蛋白质与 DNA、RNA、蛋白质之间的交联，最适浓度为 1%。

ChIP 的基本步骤是：①先用甲醛处理细胞，使蛋白与 DNA 交联；②超声破碎收集的细胞；③把目的蛋白的抗体加入，使之与靶蛋白-DNA 复合物结合；④加入 ProteinA，结合抗体-靶蛋白-DNA 复合物，沉淀；⑤清洗沉淀下来的复合物，除去非特异性结合；⑥洗脱，得到富集的靶蛋白-DNA 复合物；⑦解交联，纯化富集的 DNA 的片段；⑧PCR 或基因芯片分析富集的 DNA 片段。

染色体免疫共沉淀是基于体内分析发展起来的方法，它已经成为了表观遗传信息研究的主要方法。该技术能够帮助研究者判断在细胞核中基因组的某一特定位置会出现何种组蛋白修饰。染色体免疫共沉淀不仅可以检测体内反式因子与 DNA 的动态作用，还可以用来研究组蛋白的各种共价修饰与基因表达的关系。近年来，通过不断地发展和完善该技术，已广泛用于分析癌症、心血管疾病及中枢神经系统功能紊乱等疾病的信号通路。

（二）RNA 结合蛋白免疫共沉淀

RNA 结合蛋白免疫共沉淀（RNA binding protein immunoprecipitation，RIP）技术是了解转录后调控网络动态过程的有力工具，是用来研究细胞内 RNA 与蛋白结合的技术。RNA 是一种不稳定的生物大分子，绝大多数都需要与特定的结合蛋白质结合形成 RNA-蛋白复合物才能稳定存在于细胞中，不仅如此，RNA 与结合蛋白之间的动态关联贯穿和伴随了 RNA 的转录合成、加工和修饰、胞内运输和定位、功能发挥及降解的整个循环。鉴于此，利用结合蛋白分离或发现 RNA 分子是研究领域中一个不可或缺的方法。

RIP 是先使用目标蛋白的抗体把对应的 RNA-蛋白复合物沉淀下来，再经过分离纯化，最后对结合在复合物上的 RNA 进行分析。分离得到的 RNA 可以通过末端标记和变性胶电泳对 RNA 分子的大小进行鉴定，也可以利用高通量测序方法对序列进行分析等等。RIP 技术下游结合微阵列技术被称为 RIP-Chip，帮助我们更高通量地了解癌症及其他疾病整体水平的 RNA 变化。

RIP 可以看成是普遍使用的染色质免疫沉淀 ChIP 技术的类似应用，但由于研究对象是 RNA-蛋白复合物而不是 DNA-蛋白复合物，RIP 实验的优化条件与 ChIP 实验不太相同（如复合物不需要固定，RIP 反应体系中的试剂和抗体绝对不能含有 RNA 酶，抗体需经 RIP 实验验证等）。

RIP 的基本实验流程包括：①用抗体或表位标记物捕获细胞核内或细胞质中内源性的 RNA 结合蛋白；②防止非特异性 RNA 的结合；③免疫沉淀把 RNA 结合蛋白及其结合的 RNA 一起分离出来；④结合的 RNA 序列通过 RIP-Chip、定量 RT-PCR 或高通量测序（RIP-Seq）等方法来鉴定。

（三）二次免疫共沉淀

二次免疫共沉淀（IP-re-IP）与常规 co-IP 的不同是使用了 2 种特异性抗体，可用于分析 3 种蛋白质分子在细胞内是否以复合物存在。如要证明蛋白质 X、Y、Z 在细胞内可形成复合物，在细胞裂解液中加入抗蛋白质 X 的抗体，免疫沉淀获得抗原抗体复合物，经过非变性洗脱，向此复合物溶液中再加入抗蛋白质 Y 的抗体，再收集免疫复合物，进行 SDS-PAGE 及蛋白质印迹分析或者干胶后放射自显影。两次免疫沉淀提高了判断蛋白质 X、Y、Z 复合物的准确性，尤其是配合放射性核素标记时，检测敏感度很高。另外，可以利用标签抗体来检测已知蛋白质间是否存在相互作用。

四、注意的问题

（1）免疫共沉淀在裂解细胞时，要尽量采用温和的裂解条件，使所有蛋白质-蛋白质相互作用得以保留，常使用非离子变性剂（NP40 或 Triton X-100）。由于每种细胞的裂解条件是不一样的，可以通过预实验确定。实验中不要使用高浓度的变性剂（0.2% SDS），细胞裂解液中还要加各种酶抑制剂，如商品化的 cocktailer。

（2）一定要使用对照抗体做对照。对于单克隆抗体，可使用正常小鼠的 IgG 或另一类单抗做对照；而对于兔多克隆抗体则可使用正常兔 IgG 做对照。

（3）使用明确的抗体，也可以将几种抗体共同使用。

（4）要保证实验结果的真实性还应注意：①确保抗体的特异性，即在不表达抗原的细胞溶解物中添加抗体后不会引起共沉淀；②确保共沉淀的蛋白是由所加入的抗体沉淀得到的，而并非外源性非特异蛋白，使用单克隆抗体有助于避免污染的发生；③确保系统中蛋白间的相互作用是发生在细胞中的，不是由于细胞的溶解才发生，这往往需要通过蛋白质的定位来确定。

（袁中华）

第四章　基因功能研究相关技术

第一节　基因表达与调节

一、基因表达调控的基本概念

基因表达（gene expression）是指储存遗传信息的基因经过转录、翻译合成特定蛋白质，进而发挥其生物功能的整个过程，即基因转录及翻译的过程。对这个过程的调节就称为调控（gene regulation）。但并非所有基因表达过程都产生蛋白质。rRNA、tRNA 编码基因转录合成 RNA 的过程也属于基因表达。

（一）基因表达的特点

1. 时间特异性　按功能需要，某一特定基因的表达严格按特定的时间顺序发生，称之为基因表达的时间特异性（temporal specificity）。多细胞生物从受精卵到组织器官形成经历不同发育阶段。在各个发育阶段，相应基因严格按一定时间顺序开启和关闭，表现为与分化、发育阶段一致的时间性。因此，多细胞生物基因表达的时间特异性又称阶段特异性（stage specificity）。

2. 空间特异性　在多细胞生物中，同一基因产物在同一发育阶段的不同组织器官的表达水平可能不同；在发育、分化的特定时期内，不同基因在同一组织细胞内表达水平也不一样，即基因在不同组织空间表达不同，这就是基因表达的空间特异性（spatial specificity）。基因表达伴随时间或阶段顺序所表现出的这种空间分布差异，实际上是由细胞在器官的分布所决定的，因此基因表达的空间特异性又称细胞特异性（cell specificity）或组织特异性（tissue specificity）。

（二）基因表达的方式

1. 基因的组成性表达（基本表达）　某些基因在一个个体的几乎所有细胞中持续表达，通常被称为管家基因（house-keeping gene）。管家基因较少受环境因素影响，在个体各个生长阶段的大多数或几乎全部组织中持续表达，或变化很小。区别于其他基因，这类基因表达被视为组成性基因表达（constitutive gene expression）。

2. 基因的诱导和阻遏表达　与管家基因不同，有些基因的表达容易受环境变化的影响。随外环境信号的变化，这类基因表达水平可以出现升高或降低现象，称为基因表达的诱导或阻遏。

在特定环境信号刺激下，相应的基因被激活，基因表达产物增加，这种基因称为可诱导基因（inducible gene）。可诱导基因在特定环境中表达增强的过程，称为诱导（induction）。

如果基因对环境信号应答是被抑制，这种基因是可阻遏基因（repressible gene）。可阻遏基因表达产物水平降低的过程称为阻遏（repression）。

3. 生物体内不同基因表达受到协调调节 生物体内一个代谢途径通常是由一系列化学反应组成，需要多种酶参与。在一定机制控制下，功能上相关的一组基因，无论其为何种表达方式，均需协调一致、共同表达，即为协调表达（coordinate expression），这种调节称为协调调节（coordinate regulation）。

二、基因表达调控的基本原理

（一）基因表达调控呈现多层次和复杂性

基因表达调控在 DNA 水平表现为基因的激活、基因的拷贝数、基因的重排、基因甲基化程度等；在 RNA 水平表现为转录起始调控、转录后加工、mRNA 降解等；在蛋白质水平则表现为蛋白质翻译的调控、翻译后加工修饰、蛋白质降解等。一般认为有最重要并有广泛意义的调控是转录起始调控。

（二）转录激活调控的基本原理

1. 特异 DNA 序列决定基因转录活性 如原核生物的启动序列、操纵序列等；真核生物的顺式作用元件等。

顺式作用元件：真核生物基因中可影响自身基因表达活性的 DNA 序列。

2. 转录调节蛋白可以增强或抑制转录活性 如原核生物的阻遏蛋白；真核生物的反式作用因子等。

反式作用因子：其他基因表达的蛋白对另外一个基因转录起调节作用称为反式调节作用，这个调节蛋白称为反式作用因子；而自身基因表达产物对自身基因转录起调节作用称为顺式调节作用，这个调节蛋白称为顺式作用因子。

3. 转录调节蛋白通过与 DNA 或与其他调节蛋白质相互作用，而对转录起始起调节作用 原核生物如分解代谢物基因激活蛋白（CAP）激活 RNA 聚合酶；真核生物增强子与相关调节蛋白的结合激活 RNA 聚合酶活性。

4. RNA 聚合酶活性对转录活性的影响 启动子的核苷酸序列会影响其与 RNA 聚合酶的亲和力，而亲和力大小则直接影响转录起始的频率。调节蛋白的浓度与分布将直接影响转录因子相关基因的表达，而这些转录因子决定了 RNA 聚合酶 II 的活性，从而影响转录的效率。

三、基因表达调控的生物学意义

1. 适应环境、维持生长和增殖 通过一定的程序调控基因的表达，可使生物体表达出合适的蛋白质分子，以便更好地适应环境，维持其生长和增殖。

2. 维持细胞分化与个体发育 在多细胞个体生长、发育的不同阶段，或同一生长发育阶段，不同组织器官内蛋白质分子分布、种类和含量存在很大差异，这些差异是调节细胞表型的关键。

四、原核生物的基因表达调控

（一）原核生物基因表达调控的特点

（1）以转录起始为主要调控点。

（2）操纵子是大多数基因簇的调控方式，主要以代谢酶类作为受调控对象。

（3）以负调控居主要优势，由诱导物解除阻遏。

（4）转录产物为多顺反子。

（5）相当多基因属于组成型表达，即在整个生活过程中以恒定而适当的速率表达。

（二）原核生物基因表达调控的类型

1. 基因的诱导表达

（1）负调控：正常情况下调控蛋白关闭基因；有诱导物存在时调控蛋白失活，基因开放。

（2）正调控：正常情况下基因不表达或低表达；有诱导物存在时调控蛋白激活，基因开放。

2. 基因的阻遏表达

（1）负调控：正常情况下基因表达；有辅阻遏物存在时，调控蛋白激活，基因关闭。

（2）正调控：正常情况下调控蛋白激活，基因表达；有辅阻遏物存在时调节蛋白失活，基因关闭。

（三）原核生物基因表达调控的典型例子

1. 转录水平的调控

（1）转录起始调控——乳糖操纵子（lacoperon）（基因诱导表达实例）

1）乳糖操纵子的结构：乳糖操纵子的结构基因有 Z、Y、A（分别是 β-半乳糖苷酶基因、通透酶基因和乙酰基转运酶基因）。调控基因有：P 序列（启动子）、O 序列（操纵基因），在基因的上游还有 CAP 结合位点，与该基因的高效表达有密切关系（图 1-4-1）。

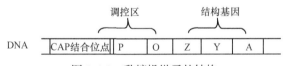

图 1-4-1　乳糖操纵子的结构

2）阻遏蛋白对乳糖操纵子的负性调控：在没有乳糖存在时，I 基因产物乳糖操纵子阻遏蛋白与 O 序列结合，阻碍 RNA 聚合酶与 P 序列结合，抑制转录启动。当有乳糖存在时，乳糖被 β-半乳糖苷酶转化为半乳糖。半乳糖是乳糖阻遏蛋白的变构抑制剂，与乳糖阻遏蛋白结合后抑制了乳糖阻遏蛋白活性，乳糖阻遏蛋白不能与 O 序列结合，RNA 激活酶能与 P 序列结合并通过 O 序列。具备了乳糖操纵子激活的初步条件。但仅仅解除阻遏蛋白的对基因的抑制作用还不足以使该基因具有高表达活性，该基因高表达还需依赖 CAP 的正性调控。

3）CAP 的正性调控：CAP（分解代谢物基因激活蛋白）的变构激活剂为 cAMP。在没有 cAMP 存在时，CAP 不能与 CAP 位点结合。当环境缺乏葡萄糖导致细胞内能量代谢障碍时，细胞内应答产生大量的 cAMP。cAMP 与 CAP 结合而激活 CAP，此时 CAP 能结合 CAP 位点。CAP 与 CAP 位点结合后，能使已与 P、O 序列结合的 RNA 聚合酶活性显著提高，乳糖操纵子处于高表达状态。

4）协同调节：乳糖阻遏蛋白负性调节与 CAP 正性调节两种机制协调合作，相互制约。当乳糖阻遏蛋白封闭转录时，CAP 对该系统不能发挥作用；但是如果没有 CAP 存在来加强转录活性，即使阻遏蛋白从操纵序列上解聚仍几无转录活性。因为野生型启动子作用很弱，故 CAP 必不可少。乳糖操纵子协同调节机制如图 1-4-2 所示。

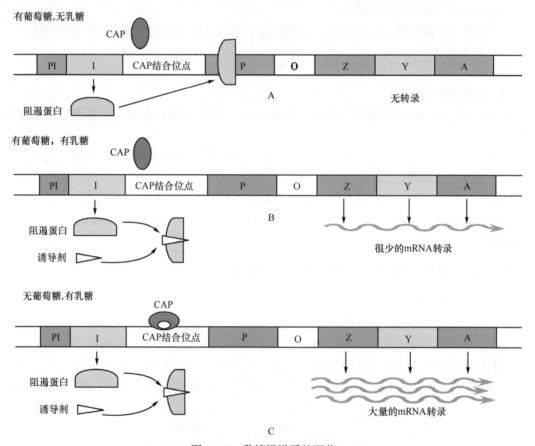

图 1-4-2　乳糖操纵子的调节

A. 当葡萄糖存在，没有乳糖存在时，阻遏蛋白封闭转录，CAP 不能发挥作用；B. 当乳糖存在时，去阻遏；但因有葡萄糖存在，CAP 不能发挥作用；C. 当葡萄糖不存在，乳糖存在时，即去阻遏，CAP 又能发挥作用，对乳糖操纵子有强的诱导调节

（2）转录终止调控——色氨酸操纵子（trpoperon）（基因阻遏表达实例）

1）色氨酸操纵子的结构：色氨酸操纵子内具有 L、E、D、C、B、A 等五个结构基因，其中 E、D、C、B、A 基因的产物为细菌合成色氨酸所需的五种酶，L 基因的产物为前导肽。调控基因为 P 序列（启动子）和 O 序列（操纵基因）。在环境有丰富色氨酸时，L 基因转录产物可以形成衰减子结构，导致 RNA 聚合酶转录终止，L 基因后续五个基因的转录亦被同时终止。

2）阻遏蛋白对色氨酸操纵子的调控作用：色氨酸操纵子阻遏蛋白没有活性，其变构激活剂为色氨酸。当环境缺乏色氨酸时，阻遏蛋白没有活性，不能与 O 序列结合，RNA

聚合酶可以顺利通过 P 序列、O 序列完成结构基因的转录。当环境有大量色氨酸存在时，阻遏蛋白与色氨酸结合而变构激活，能与 O 序列结合，阻止了 RNA 聚合酶的结合而抑制色氨酸操纵子的转录功能。一旦阻遏蛋白的阻遏作用失效，色氨酸操纵子还可以进一步通过衰减子作用阻遏该基因的表达。

2. 衰减作用对色氨酸操纵子的调控作用　衰减子结构位于 L 基因转录产物的内部。L 基因转录产物内有 4 段核酸序列，按顺序可以形成序列 1 与序列 2、序列 2 与序列 3、序列 3 与序列 4 等三种形式的局部双螺旋结构，其中序列 3 与序列 4 形成的双螺旋结构即为衰减子结构，该结构实质为非依赖 ρ 因子的转录终止结构，能使 RNA 聚合酶终止转录，从 DNA 模板脱落，则后续的结构基因无法表达。在缺乏色氨酸时，L 基因的转录产物翻译的前导肽至序列 1 时由于缺乏色氨酸而使翻译暂时停止，此时序列 2 与序列 3 形成了局部双螺旋结构，不能形成衰减子结构；在高浓度色氨酸存在时，前导肽的翻译可以顺利通过序列 1，到达序列 2，最终完成翻译。由于序列 2 被核蛋白体结合，序列 2 与序列 3 无法形成双螺旋结构，序列 3 转而与序列 4 形成了双螺旋结构即形成了衰减子结构终止后续结构基因的转录。

色氨酸操纵子的调控：色氨酸操纵子为阻遏调控基因，当环境缺乏色氨酸时，该基因高表达；当环境色氨酸具有高浓度时，一方面阻遏蛋白可以变构激活关闭基因；另一方面如果阻遏蛋白作用失效，则形成衰减子结构保证该基因的及时关闭。色氨酸操纵子的结构及其关闭机制如图 1-4-3 所示。

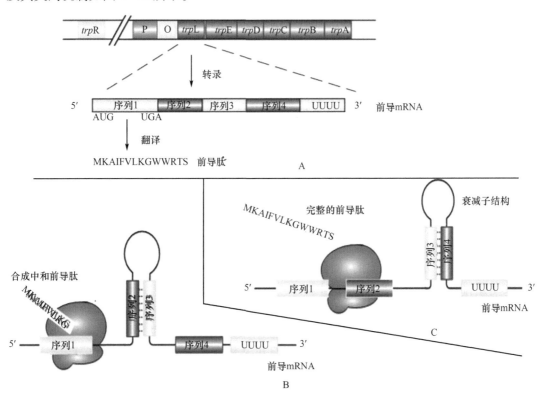

图 1-4-3　色氨酸操纵子的结构及其关闭机制

A. 前导序列的结构特征；B. 在 *Trp* 低浓度时，核糖体停滞在序列 1 上，2/3 发卡结构形成，转录继续进行；C. 在 *Trp* 高浓度时，3/4 发卡结构和多聚 U 序列使得转录提前终止

五、真核生物的基因表达调控

（一）真核生物基因表达调控的特点

（1）染色质的结构影响真核细胞基因的表达。

（2）正性调节是主要形式，这使得每个真核细胞基因需要活化才能被转录。

（3）真核细胞有种类更多，结构更复杂的调节蛋白。

（4）单一启动子可以被分散在 DNA 分子上，数量近乎无限的调节序列所控制。

（5）转录与翻译分隔进行，转录后修饰、加工更加复杂。

（二）真核生物基因调控类型

1. 瞬时调控　通过基因迅速地打开或关闭，以对环境条件的改变或细胞和组织的生理条件改变作出应答。

2. 发育调控　是真核基因调控的精髓部分，能控制真核细胞生长、分化和发育的全部进程。它按照特定的程序，对不同时空环境中的基因进行活化或阻遏，它是多层次的调控。

（三）染色体重排的调控

如酵母结合型的转变、珠蛋白基因族的不等交换现象等。

（四）染色质水平的调控

核小体在 DNA 上的组装过程会干扰 DNA 复制，妨碍转录因子、RNA 聚合酶与 DNA 的结合，从而抑制基因的表达；染色质结构的一系列变化，使顺式作用元件及其邻近区域得以暴露，则有利于转录因子的结合和转录的起始；组蛋白的修饰（磷酸化、乙酰化、甲基化，以及 ADP 核糖基化等）与复制和转录时染色质的结构变化密切关联。

（五）DNA 水平的调控

1. 基因的丢失、扩增与重排

（1）丢失：如某些原生动物、昆虫的个体发育过程中，许多体细胞常会丢失整条或部分染色体，只有分化为生殖细胞的那些细胞才保留着整套染色体。

（2）扩增：细胞中某些基因的拷贝数专一性地大量增加，并产生大量的基因产物满足生长发育的需要，如非洲瓜蟾的 rRNA 基因。

（3）重排：如免疫球蛋白相关基因。

2. DNA 的甲基化与去甲基化　DNA 甲基化可使基因失活，去甲基化又可使基因恢复活性。甲基化位点在动物细胞是 5'-CG-3'二核苷酸；在植物细胞为 5'-CG-3'和 5'-CNG-3'两种核苷酸。甲基化的形式为上述核苷酸中的 C 甲基化成 5-甲基胞嘧啶（5-mC）。

（六）转录水平的调控

1. 顺式作用元件

（1）启动子：如 TATA、CAAT、GC、八聚体等。

（2）控制元件：如增强子、沉默子、绝缘子、应答元件等。

2.反式作用因子　识别顺式作用元件中的特异性序列,对基因表达的调控有激活或阻遏作用的蛋白质。反式作用因子的基本特点如下所示。

（1）一种反式因子能与一种或多种顺式元件结合。

（2）一种顺式元件能与一种或多种反式因子结合。

（3）某些反式因子以二聚体或多聚体形式与顺式元件作用。

（4）某些反式因子的活性通过不同的 RNA 剪接和翻译后修饰而受到调节。

（5）某些反式因子之间的相互作用对其功能的发挥是必需的。

3.反式作用因子的结构　反式作用因子一般都含有 DNA 结合域和转录激活域。

（1）DNA 结合域:蛋白质分子中的一个肽段,可以识别双螺旋 DNA 的碱基序列,并与靶序列特异性结合。如螺旋-转角-螺旋、锌指结构、亮氨酸拉链、螺旋-环-螺旋等。

（2）转录激活域:除了 DNA 结合域外,蛋白质中还含有能与其他转录因子相互作用的结构成分,这个结构域可控制转录起始复合物的组装和转录起始,具有转录控制作用,称为转录激活域,如酸性激活域、富含谷氨酰胺激活域、富含脯氨酸激活域等。

（七）翻译水平调控

1.5′非翻译区的结构与翻译的起始调控　5′端帽子结构、5′非编码区和前导序列的二级结构影响翻译过程。

2.蛋白因子磷酸化与翻译起始调控　起始因子 eIF4 等的磷酸化可以提高蛋白质合成的速度;起始因子 eIF-2α 等的磷酸化可阻遏翻译的起始。

3.3′非翻译区的结构与 mRNA 稳定性调控　Poly（A）尾可以增加 mRNA 的稳定性,对翻译效率的影响与其长度成正比。3′非翻译区的核苷酸序列及其结合蛋白能调节 mRNA 的稳定性,如某些蛋白和 microRNA 与富含 AU 区域结合后促进 mRNA 的降解。

真核生物基因表达的调控过程要比原核生物复杂许多（图 1-4-4）。该过程包括了染色质激活、转录起始、转录后修饰、转录产物的细胞内转运、翻译起始、翻译后修饰等多个步骤。在上述过程的每一个环节都可以进行干预,从而使基因表达呈现出多层次性和综合协调性。

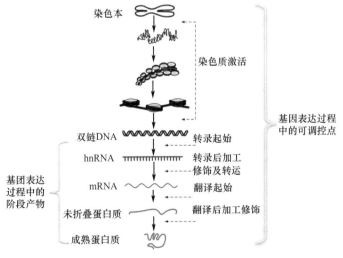

图 1-4-4　真核生物基因表达的多层次复杂调控

（罗　应）

第二节　转基因技术

将人工分离和修饰过的基因导入到生物体基因组中，由于导入基因的表达，引起生物体性状可遗传的修饰，这一技术称之为转基因技术（transgene technology）。基因的来源可以是提取特定生物体基因组中所需要的目的基因，也可以是人工合成指定序列的 DNA 片段，使 DNA 片段转入特定生物中，与其本身的基因组进行重组，然后再从重组体中进行数代的人工选育，从而获得具有稳定表现特定的遗传性状的个体。转基因技术，包括外源基因的克隆、表达载体的选择、受体细胞及转基因途径等，外源基因的人工合成技术、基因调控网络的人工设计发展，导致了 21 世纪的转基因技术将走向转基因系统生物技术-合成生物学时代。该技术可以使重组生物增加人们所期望的新性状，培育出新品种；还可以可以改变动植物性状，也可以利用其他生物体培育出人类所需要的生物制品，用于医药、食品等方面。

一、转基因技术的基本方法

1. 分离目的基因　从生物有机体复杂的基因组中，分离出带有目的基因的 DNA 片段人工合成目的基因，或者从基因文库中提取相应的基因片段，利用 PCR 技术进行目的基因的扩增。

2. 将目的基因与运载体结合　在细胞外，将带有目的基因的 DNA 片段通过剪切、黏合连接到能够自我复制并具有多个选择性标记的运输载体分子（通常有质粒、T4 噬菌体、动植物病毒等）上，形成重组 DNA 分子。

3. 将目的基因导入受体细胞　将重组 DNA 分子注入受体细胞（亦称宿主细胞或寄主细胞），将带有重组体的细胞扩增，获得大量携带外源基因的细胞。

4. 目的基因的筛选　从大量携带外源基因的细胞中，通过相应的试剂筛选出具有正确重组 DNA 分子的重组细胞。

5. 目的基因的表达　将得到的正确重组细胞，进行大量的增殖，得到相应表达的功能蛋白，表现出预想的特性，达到人们的要求。

二、转基因技术的分类

转基因按照途径可分为人工转基因和自然转基因，按照对象可分为植物转基因技术、动物转基因技术和微生物基因重组技术。

1. 人工转基因　人们常说的"遗传工程"、"基因工程"、"遗传转化"均为转基因的同义词。如今，改变动植物性状的人工技术往往被称为转基因技术（狭义），而对微生物的操作则一般被称为遗传工程技术（狭义）。经转基因技术修饰的生物体常被称为"遗传修饰过的生物体"（genetically modified organism，GMO）。

（1）植物转基因：转基因植物是基因组中含有外源基因的植物。它可通过原生质体融合、细胞重组、遗传物质转移、染色体工程技术获得，有可能改变植物的某些遗传特性，培育高产、优质、抗病毒、抗虫、抗寒、抗旱、抗涝、抗盐碱、抗除草剂等的作物新品种。

而且可用转基因植物或离体培养的细胞，来生产外源基因的表达产物，如人的生长激素、胰岛素、干扰素、白介素 2、表皮生长因子、乙型肝炎疫苗等基因已在转基因植物中得到表达。

（2）动物转基因：转基因动物就是基因组中含有外源基因的动物。它是按照预先的设计，通过细胞融合、细胞重组、遗传物质转移、染色体工程和基因工程技术将外源基因导入精子、卵细胞或受精卵，再以生殖工程技术，有可能育成转基因动物。但由于转基因动物受遗传镶嵌性和杂合性的影响，其有性生殖后代变异较大，难以形成稳定遗传的转基因品系。因而，尝试将外源基因导入线粒体，再送入受精卵中，由于线粒体的细胞质遗传，其有性后代可能全都是转基因个体，从而解决这一问题。

（3）微生物基因重组：在所有转基因技术中，以微生物基因重组技术应用最为宽泛和常见。与动植物不同的是，微生物重组技术通常需要用到专门的重组基因载体——质粒。质粒是一种细胞质遗传因子，因此具有不稳定的遗传特性。但相比于动植物，微生物重组技术具有周期短、效果显著、控制性强的特点，因而广泛应用于生物医药和酶制剂行业。经过多年的理论奠基，现已在微生物领域中开发出酵母表达系统、大肠埃希菌表达系统和丝状真菌表达系统，具有表达效率高（外源蛋白占细胞总蛋白的 10%～40%）、生产成本低的特点。

2. 自然转基因　不是人为导向的，自然界里动物、植物或微生物自主形成的转基因现象，如慢病毒载体里的乙型肝炎病毒 DNA 整合到人精子细胞染色体上、噬菌体将自己 DNA 插入到溶原细胞 DNA 上等。

三、转基因技术的原理和方法

人工转基因技术就是把一个生物体的基因转移到另一个生物体 DNA 中的生物技术，具有不确定性。常用的方法和工具包括显微注射、基因枪、电破法、脂质体等。转基因最初用于研究基因的功能，即把外源基因导入受体生物体基因组内，观察生物体表现出的性状，达到揭示基因功能的目的。

转基因植物是基因组中含有外源基因的植物。通过原生质体融合、细胞重组、遗传物质转移、染色体工程技术获得，改变植物的某些遗传特性，培育优质新品种，或生产外源基因的表达产物，如胰岛素等。

研究转基因植物的主要目的是提高多肽或工业用酶的产量，改善食品质量，提高农作物对虫害及病原体的抵抗力。常规的药用蛋白大部分是利用生化的方法提取或微生物发酵获得的，这类活性物质一般在活细胞中含量甚微，且提取过程复杂，成本高，远远满足不了社会的需要。应用转基因植物来生产这些药用蛋白，包括疫苗、抗体、干扰素等细胞因子，可以利用植物大田栽种的方式大量生产，大幅度降低生产成本，提高产量，还可以获得常规手段无法获得的药物。

利用植物来生产疫苗的最大优点是可以作为食品直接口服。通过各种植物转基因技术将多肽疫苗基因转入植物，从而得到表达多肽疫苗的转基因植物。自抗体基因工程能将抗体基因（从小的活性单位到完整抗体的重、轻链基因）从单抗杂交瘤中分离出来之后，人们就开始想办法利用转基因植物来表达这些抗体。

1989 年 Hiatt 将鼠杂交瘤细胞产生的抗体基因转入烟草细胞获得了植物抗体，并且发现植物抗体具有杂交瘤来源抗体同样的抗原结合能力，即有功能性。在这之后，全长抗体、单域抗体和单链抗体在转基因植物中均获得成功表达。用植物抗体进行局部免疫治疗将是一个引人瞩目的领域，应用高亲和性抗体进行局部治疗可以治愈龋齿及其他一些常见病。植物转基因可获得更多的新品种，蔬菜，水果，花卉都能够在保留其优良品质的情况下优化。

转基因动物就是基因组中含有外源基因的动物。它是按照预先的设计，融合重组细胞、遗传物质转移、染色体工程和基因工程技术将外源基因导入精子、卵细胞或受精卵，再以生殖工程技术，有可能育成转基因动物。

通过生长素基因、多产基因、促卵素基因、高泌乳量基因、瘦肉精基因、角蛋白基因、抗寄生虫基因、抗病毒基因等基因转移，可能育成优良的可养殖品种。

转基因动物是指用实验导入的方法将外源基因在染色体基因内稳定整合并能稳定表达的一类动物。1974 年，Jaenisch 应用显微注射法，在世界上首次成功地获得了 SV40DNA 转基因小鼠。其后，Costantini 将兔 β-珠蛋白基因注入小鼠的受精卵，使受精卵发育成小鼠，表达出了兔 β-珠蛋白；Palmiter 等把大鼠的生长激素基因导入小鼠受精卵内，获得"超级"小鼠；Church 获得了首例转基因牛。到目前为止，人们已经成功地获得了转基因鼠、鸡、山羊、猪、绵羊、牛、蛙及多种转基因鱼。

转基因动物还可作为生物工厂（biofactories），如乳腺生物反应器和输卵管生物反应器等。借此以转基因小鼠生产凝血因子Ⅸ、组织型血纤维溶酶原激活因子（t-PA）、白细胞介素 2、α_1-抗胰蛋白酶，以转基因绵羊生产人的 α_1-抗胰蛋白酶，以转基因山羊、奶牛生产 LAt-PA，以转基因猪生产人血红蛋白等。这些基因产品具有高效、优质、廉价，与相应的人体蛋白具有同样的生物活性，且多随乳汁分泌，便于分离纯化等优点。基于系统生物学的发展，转基因系统生物技术-合成生物学成为不仅单基因而且多基因乃至基因组设计、合成与转基因的新一代生物技术。

但由于转基因动物受遗传镶嵌性和杂合性的影响，其有性生殖后代变异较大，难以形成稳定遗传的转基因品系。因而，科学家尝试从受体动物细胞中分离出线粒体，以外源基因对其进行离体转化，再将转基因线粒体导入受精卵，所发育成的转基因动物，雌性个体外培养的卵细胞与任一雄性个体交配或体外人工授精，由于线粒体的细胞质遗传，其有性后代可能全都是转基因个体。

1. 遗传转化方法　遗传转化的方法按其是否需要通过组织培养、再生植株通常可分成两大类，第一类需要通过组织培养再生植株，常用的方法有农杆菌介导转化法、基因枪法；另一类方法不需要通过组织培养，比较成熟的主要有花粉管通道法，花粉管通道法是中国科学家提出的。

2. 农杆菌介导转化　农杆菌是普遍存在于土壤中的一种革兰阴性细菌，它能在自然条件下趋化性地感染大多数双子叶植物的受伤部位，并诱导产生冠瘿瘤或发状根。根癌农杆菌和发根农杆菌中细胞中分别含有 Ti 质粒和 Ri 质粒，其上有一段 T-DNA，农杆菌通过侵染植物伤口进入细胞后，可将 T-DNA 插入到植物基因组中。

因此，农杆菌是一种天然的植物遗传转化体系。人们将目的基因插入到经过改造的 T-DNA 区，借助农杆菌的感染实现外源基因向植物细胞的转移与整合，然后通过细胞和组织培养技术，再生出转基因植株。

3. 花粉管通道法　在授粉后向子房注射含目的基因的 DNA 溶液，利用植物在开花、受精过程中形成的花粉管通道，将外源 DNA 导入受精卵细胞，并进一步地被整合到受体细胞的基因组中，随着受精卵的发育而成为带转基因的新个体。该法的最大优点是不依赖组织培养人工再生植株，技术简单，不需要装备精良的实验室，常规育种工作者易于掌握。

4. 核显微注射法　是动物转基因技术中最常用的方法。它是在显微镜下将外源基因注射到受精卵细胞的原核内，注射的外源基因与胚胎基因组融合，然后进行体外培养，最后移植到受体母畜子宫内发育，这样分娩的动物体内的每一个细胞都含有新的 DNA 片段。这种方法的缺点是效率低、位置效应（外源基因插入位点随机性）造成的表达结果的不确定性、动物利用率低等，在反刍动物还存在着繁殖周期长，有较强的时间限制、需要大量的供体和受体动物等特点。

5. 基因枪法　利用火药爆炸或高压气体加速（这一加速设备被称为基因枪），将包裹了带目的基因的 DNA 溶液的高速微弹直接送入完整的植物组织和细胞中，然后通过细胞和组织培养技术，再生出植株，选出其中转基因阳性植株即为转基因植株。与农杆菌转化相比，基因枪法转化的一个主要优点是不受受体植物范围的限制。而且其载体质粒的构建也相对简单，因此也是转基因研究中应用较为广泛的一种方法。

6. 精子介导法　精子介导的基因转移是把精子作适当处理后，使其具有携带外源基因的能力。然后，用携带有外源基因的精子给发情母畜授精。在母畜所生的后代中，就有一定比例的动物是整合外源基因的转基因动物。

同显微注射方法相比，精子介导的基因转移有两个优点：首先是它的成本很低，只有显微注射法成本的 1/10，其次，由于它不涉及对动物进行处理，因此，可以用生产牛群或羊群进行实验，以保证每次实验都能够获得成功。

7. 核移植转基因法　体细胞核移植是一种转基因技术。该方法是先把外源基因与供体细胞在培养基中培养，使外源基因整合到供体细胞上，然后将供体细胞细胞核移植到受体细胞——去核卵母细胞，构成重建胚，再把其移植到假孕母体，待其妊娠、分娩，便可得到转基因的克隆动物。

8. 体细胞核移植法　先在体外培养的体细胞中进行基因导入，筛选获得带转基因的细胞。然后，将带转基因体细胞核移植到去掉细胞核的卵细胞中，生产重构胚胎。重构胚胎经移植到母体中，产生的仔畜百分之百是转基因动物。

（林国平）

第三节　基因敲除

随着越来越多生物的全基因组测序工作的完成，功能基因组学成为当今研究的热点。研究基因功能的方法有两种思路，其一是通过过表达该基因，获得该基因产物来进行功能研究；其二是通过敲除或沉默该基因，终止该基因的表达，进而推测该基因的功能。基因敲除（gene knock-out）能为基因的功能研究提供直接证据，经过不断地发展和完善，自20 世纪 80 年代末以来逐渐发展为一种新型分子生物学技术。2007 年诺贝尔生理学或医学奖获奖成果就是关于利用"基因靶向"技术 让小鼠体内的特定基因失去活性，培养出研究价值极高的"基因敲除"小鼠。这个奖项的颁发，使基因敲除这项高新技术更加全面展现在世人面前。

一、基因敲除的概述

基因敲除属于基因打靶技术的一种，是在 DNA 同源重组技术及胚胎干细胞技术的基础上逐步发展起来的。通常意义上的基因敲除主要是应用 DNA 同源重组原理，用设计的同源片段替代靶基因片段，从而达到基因敲除的目的。随着基因敲除技术的发展，除了同源重组外，新的原理和技术也逐渐被应用，比较成功的有基因的插入突变和 RNAi 技术，它们同样可以达到基因敲除的目的。

二、基因敲除的原理

20 世纪 80 年代初，胚胎干细胞（embryonic stem cells，ES 细胞）分离和体外培养的成功奠定了基因敲除的技术基础，而此前哺乳动物细胞中同源重组的发现为基因敲除奠定了理论基础。之后，建立了基因敲除的 ES 细胞小鼠模型。至今，通过基因同源重组进行基因打靶仍然是构建基因敲除动物模型中最常见的方法。

同源重组（homorogous recombination）是发生在姐妹染色单体之间或同一染色体上同源序列的 DNA 分子之间或分子内部的重新组合。在制作基因敲除小鼠的过程中，需要针对靶基因两端特异性片段构建带有同源片段的重组载体，将重组载体导入到胚胎干细胞后，外源的重组载体与胚胎干细胞中相同的片段便会发生同源重组。

为了便于基因敲除之后的细胞的筛选，用于取代靶基因的外源 DNA 中通常带有一个报告基因（reporter gene），常是抗生素的抗性基因。

三、基因敲除的基本步骤

基因敲除技术已从最初的完全基因敲除发展到条件敲除阶段，完全基因敲除是通过同源重组直接将靶基因在细胞或生物个体中的活性全部消除；而条件基因敲除则是将某个基因的敲除限制在特定类型的细胞或发育的特定阶段，即通过位点特异的重组系统来实现有条件的基因敲除。

（一）完全基因敲除法

1. 打靶载体的构建　目的基因和与细胞内靶基因特异片段同源的 DNA 分子都连接在带有标记基因的载体上，成为打靶载体。因基因敲除的目的不同，打靶载体可分为替换性载体和插入性载体两种。若是把外源基因引入染色体 DNA 的某一位点，这种情况下应设计选择插入型载体，主要包括外源基因、同源基因片段及标记基因等部分。如基因敲除是为了使某一基因失去其生理功能，这时应选择替换型载体，应包括含有靶基因的启动子和第一外显子的 DNA 片段及标记基因等成分。

2. ES 细胞的获得　基因敲除一般采用的是 ES 细胞，ES 细胞能在体外培养，具有高度的全能性，即潜在的可分化为所有其他类型细胞的能力，形成包括生殖细胞在内的所有组织。从动物的角度来讲，最常用的模式动物是小鼠，因为小鼠的基因组组成与人类基因组组成相似。常用的小鼠的种系是 129 及其杂合体，其具有自发突变形成畸胎瘤和畸胎肉瘤的倾向，是基因敲除的理想实验模型。而其他遗传背景的胚胎干细胞系也逐渐被发展应用，如 C57BL/6 小鼠种系也已经应用于免疫学，神经学，癌症等研究领域。

3. 同源重组　将重组载体通过一定的方式（电穿孔法或显微注射）导入同源的胚胎干细胞中，使外源 DNA 与胚胎干细胞基因组中相应部分发生同源重组，将重组载体中的 DNA 序列整合到内源基因组中，从而得以表达。一般而言，显微注射命中率较高，但技术难度较大，电穿孔命中率比显微注射低，但简单容易操作，而经常被使用。

4. 选择筛选已击中的细胞　由于基因转移的同源重组发生率极低，因此筛选鉴定阳性细胞很重要。目前常用的方法是正负筛选法（PNS 法），标记基因的特异位点表达法及 PCR 法。抽提正确插入了打靶载体的 ES 细胞的基因组 DNA，用 Southern Blot 进一步鉴定，将 Southern Blot 鉴定后的基因敲除 ES 细胞扩大培养并液氮保存。

5. ES 细胞囊胚注射得到嵌合体小鼠　对经鉴定插入或置换片段位置正确的 ES 细胞进行扩增，以显微注射法将一定数量的 ES 细胞注射入特定品系小鼠囊胚中，然后将囊胚移植到假孕母鼠的子宫中。待后代小鼠出生后，通过小鼠的毛色中来源于 ES 细胞毛色的比例来判断嵌合程度的高低。

6. 由嵌合体小鼠繁殖出生殖遗传系基因敲除小鼠　将嵌合体小鼠与适当品系的小鼠交配，后代小鼠出生后，通过 PCR 方式检测小鼠是否含有打靶序列。如有，则该小鼠为具备生殖遗传能力的基因敲除小鼠（F1 代鼠），其为已经被基因敲除的杂合子小鼠。因为同源重组常常发生在某一条染色体上，要得到稳定遗传的纯合体基因敲除模型，至少需要两代以上的杂交。将具备生殖遗传能力的基因敲除 F1 代小鼠互交，筛选得到基因敲除的纯合体小鼠（F2 代鼠）。

7. 表型研究　通过观察基因敲除纯合体小鼠的生物学形状，进而了解目的基因变化前后对小鼠的生物学形状的改变，达到研究目的基因功能的目的。

（二）条件性基因敲除法

条件性基因敲除法是将某个基因的修饰限制于小鼠某些特定类型的细胞或发育的某一特定阶段，而建立的一种特殊的基因敲除方法。它实际上是在常规的基因敲除的基础上，利用重组酶 Cre 介导的位点特异性重组技术，在对小鼠基因修饰的时空范围上设置一个可调控的"按钮"，从而使对小鼠基因组的修饰的范围和时间处于一种可控状态。所以，条件性基因敲除鼠适用范围为：①该基因完全敲除有胚胎致死性；②用于研究该基因在特定的组织或细胞中的生物学功能。

条件性基因敲除小鼠的设计利用了 Cre/LoxP 原理。Cre/loxP 系统来源于噬菌体，它们是位点特异性重组酶系统，可介导位点特异的 DNA 重组。该系统有两个组成成分：一个是一段长 34bp 的 DNA 序列（LoxP 序列），含有两个 13bp 的反向重复序列和一个 8bp 的核心序列，LoxP 序列是 Cre 重组酶识别的位点；另一个是 Cre 重组酶，是由噬菌体编码的含 343 个氨基酸的蛋白。Cre 重组酶可以介导两个 LoxP 位点的重组，从而引起两个 LoxP 之间 DNA 序列的缺失。如果将 Cre 重组酶 cDNA 通过基因工程的手段置于组织或细胞特异性启动子之下，可以得到 Cre 组织/细胞特异性表达的 Cre 小鼠，叫做 Cre 工具小鼠。

若在待敲除的一段目标 DNA 序列的两侧各放一个 loxP 序列，这段序列称之为 flox 序列（flanked by LoxP）。将 flox 小鼠与 Cre 工具小鼠交配，以介导两个 LoxP 位点序列的重组，从而敲除两个 LoxP 之间的序列，即条件性基因敲除小鼠（图 1-4-5）。此外，若与控制 Cre 表达的其他诱导系统（如 CreERT2）相结合，还可以对某一基因同时实现时空两方面的调控。

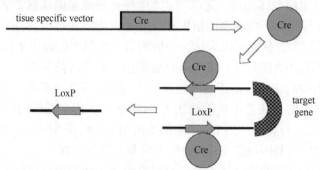

LoxP site ATAACTTCGTATAGCATACATTATACGAAGTTAT Cre recombinse
FRT Site GAAGTTCCTATTCTCTAGAAAGTATAGGAACTTC Flp recombinse

图 1-4-5　条件型基因敲除小鼠的构建

如何设计条件性基因敲除小鼠呢？一般情况下，不要在第一个外显子前面放置 LoxP 序列。因为第一个外显子前面一般是启动子，放置 LoxP 序列会破坏或改变启动子活性。条件性敲除一般是敲除最早引起移码突变的外显子，所以，最好不要敲除有起始密码子 AUG 的外显子。在选择要敲除的外显子的时候（各放一个 LoxP 在一个外显子的两侧），该外显子的碱基数目不能是 $3N$，否则不能产生移码突变。如果一个外显子的碱基数目是 $3N+1$ 或 $3N+2$，敲除这个外显子后便会产生移码突变，从而达到基因敲除的目的。筛选要敲除 Flox 的外显子时，一般从最上游的外显子开始来筛选适合敲除的外显子。用 DNA 分析软件来确定内含子和外显子的边界时需要认真核对。基因敲除小鼠研发是一个时间比较长的过程，每一步骤都需特别小心。

四、基因敲除的不足

（1）操作复杂，实验周期长，要求高，费用偏高。

（2）在敲除过程中，被破坏的常常只是靶基因的部分外显子而并非整个编码区，残留的编码序列有可能组合出新的未知的功能，从而干扰对表型的分析。

（3）某些必需基因，被敲除后会造成细胞死亡或胚胎死亡，就无法研究这些必需基因的功能。

（4）由于基因功能上的冗余，敲掉一个基因也许并不能造成容易发现的表型，因为基因家族的其他成员也可以提供同样的功能。

（5）同一个打靶载体在不同遗传背景下进行基因敲除，获得的表型差异很大。

（胡小波　武　一）

第四节　基因沉默

生物体基因功能的研究已成为现在研究热门课题。基因功能的研究主要是通过减弱或沉默某一基因的表达，观察生物体整体功能的变化，从而推测该基因的功能，并将基因与生物整体功能相关联从而深入探究，为最终确定基因的功能提供依据。随着功能基因组学研究的深入，相关研究技术也不断被发展与完善，其中最为快速而简便的抑制或沉默基因表达的即是 RNA 干扰技术。

一、基因沉默的概述

基因沉默是指生物体中特定基因由于种种原因不表达或者减少表达的现象。基因沉默通常发生在两种水平上，一种是由于 DNA 甲基化、异染色质化及位置效应等引起的转录水平上的基因沉默（transcriptional gene silencing，TGS），另一种是转录后基因沉默（post-transcriptional gene silencing，PTGS），即在基因转录后通过对目标 mRNA 进行特异性降解而使基因失活。基因沉默现象首先在转基因植物中发现，接着在线虫、真菌、昆虫、原生动物及小鼠中陆续发现。研究表明，环境因子、DNA 修饰、发育因子、组蛋白乙酰化程度、基因拷贝数、生物的保护性限制修饰等都与基因沉默有关。

小干扰 RNA（small interfering RNA，siRNA）能沉默基因的表达而引发的 RNA 干扰（RNAi）是当前研究的热点。RNAi 技术在 2006 年获得诺贝尔生理学或医学奖，作为一种在细胞水平的基因沉默工具，RNAi 正在功能基因组学领域掀起一场革命。在本章我们将介绍 RNAi 的相关理论。

二、RNA 干扰的原理

RNAi 的作用机制如下：各种 dsRNA 通过转染转入细胞内，被 dsRNA 特异性核酸内切酶（dsRNA specific endonuclease，Dicer）切割产生 21～23nt 的 siRNA，siRNA 两条单链末端为 5′-磷酸和 3′-羟基，且 3′-端都有 2～3 个突出的核苷酸。核酸内切酶、核酸外切酶、ATP、解旋酶等蛋白相连进而与 siRNA 一起形成 RNA 诱导的沉默复合体（RNA-induced silencing complex，RISC），RISC 介导与 siRNA 同源的 mRNA 的降解。RISC 中的解旋酶消耗 ATP 解开 siRNA 双链，释放正义 RNA 链，而反义 RNA 链互补结合到靶向的 mRNA 上，RISC 中的核酸酶继而降解 mRNA，从而目的基因沉默。siRNA 也能与 RISC 和 mRNA 联系在一起，在解开 siRNA 的双链后，反义 RNA 链能作为双链 RNA 合成的一个引物，以 mRNA 为模板，在 RNA 依赖性 RNA 聚合酶（RNA dependent RNA polymerase，RdRP）的作用下进行扩增，再被 Dicer 酶裂解成 siRNA，作用于另外的靶向 mRNA。这种不断放大的作用周而复始，形成大量新的 siRNA，使 siRNA 在短时间内迅速并有效地抑制 mRNA 翻译成蛋白质或多肽，从而有效地沉默靶基因的表达。

三、RNA 干扰的实验步骤

（一）siRNA 的设计

首先检索感兴趣的核苷酸序列，并了解各个片段的功能。通常靶序列被锁定在 mRNA 起始密码子下游第 50～100 个碱基后面。在设计 siRNA 时往往选择 AA（N19）TT（N 表示任意碱基）的这样一段 23bp 的序列，再从中筛选 G/C 含量为 40%～50% 的序列，作为潜在的 siRNA 靶位点。为保证满意的干扰效果，一般设计 2 条以上不同序列的 siRNA。设计 RNAi 实验时，可以在以下网站进行目标序列的筛选。

http：//www.genesil.com/business/products/order2.htm

http：//www.ambion.com/techlib/misc/siRNA_finder.ht mL

http：//design.dharmacon.com/rnadesign/default.aspx?SID=45358710

另外，需要注意以下几点。①靶点内部具有 4 个碱基的 T 或 A 的连续结构的序列不适用于使用 Pol Ⅲ 启动子的表达载体。②在设计 siRNA 时不要针对 5′-端和 3′-端的非编码区（untranslated regions，UTRs），因为这些区域是调控蛋白结合区域，而这些 UTR 结合蛋白或者翻译起始复合物会影响 siRNA 核酸内切酶复合物结合 mRNA，从而影响 RNAi 的效果。③具有 4 个以上的 G 或 C 碱基的连续结构（即 GGGG 或 CCCC），容易形成复杂的立体结构，尽量避免。④为了特异性好，将潜在的序列和相应的基因组数据库（人、小鼠或大鼠等）进行比较，避免那些和其他编码序列/EST 同源的序列，最好用 BLAST 程序进行同源性比对。

另外，一个完整的 siRNA 实验还应该设有阴性对照，作为阴性对照的 siRNA 和选中的 siRNA 序列碱基组成相同，但碱基排列顺序被打乱，所以和 mRNA 没有互补结合能力，但同样要检查以保证它和目的靶细胞中其他基因没有同源性。

（二）siRNA 的制备

1. 化学合成法　目前使用较多的是 siRNA 双链复合体。siRNA 双链复合体是根据靶 mRNA 序列设计的 21 个核苷酸的双链，由一条正义链和一条反义链组成，正义链 19 个核苷酸序列与靶序列相同，3′-端有 2 个碱基突出，一般为 UU 或 dTdT，反义链 19 个核苷酸序列与正义链互补，3′-端也有 2 个碱基突出，一般为 dTdT 或 UU，3′-端 dTdT 结构使 siRNA 双链复合体很稳定，而 UU 结构利于 siRNA 引起的基因沉默。

2. 体外转录法　设计针对靶序列的正义链和反义链，分别在其上游接上 T7 启动子，进行体外转录获得单链 RNA，杂交后形成 dsRNA，之后 RNA 酶消化，从而获得 siRNA。这样制备的 siRNA，成本比较低，是一种性价比高的制备 siRNAs 的方法。

3. 用 RNase Ⅲ 消化长片段双链 RNA 制备 siRNA　获得目的基因的 200～1000 个碱基的模板，用体外转录的方法制备针对此序列的长片段双链 dsRNA，然后用 RNase Ⅲ 在体外消化，获得一组 siRNAs 混合物。除去未被消化的 dsRNA 后，该 siRNA 混合物便可以直接用来转染细胞。其优点在于可以跳过设计和筛选有效 siRNA 序列的步骤，节约时间，缺点是可能会引发非特异的基因沉默。

4. 质粒介导的细胞内表达 siRNA 法　质粒常用的启动子有 T7、U5、U6 等。这些表达载体是通过添加一串（3～6 个）T 来终止转录的。转染至哺乳动物细胞后，可将插入序列设计成含目的基因的反向重复序列，它在体内转录后形成小发卡 RNA（small hairpin RNAs，shRNA）。shRNA 继而被加工成 siRNA 分子，使得目的基因被沉默。若使用该方法，通常要合成二段编码短发夹 RNA 序列的 DNA 单链，退火为双链，克隆到相应载体的 pol Ⅲ 启动子下游。这种方法产生的 siRNA 能长时间地抑制目的基因的表达，至今该方法多限于体外细胞系研究，其优点是以直接高效率感染细胞从而进行基因沉默的研究。最适用于已知一个有效的 siRNA 序列，需要维持较长时间的基因沉默，或者需要用抗生素筛选能表达 siRNA 的细胞和长期研究。缺点是需要多个克隆和测序等较为费时、烦琐的工作。

（三）siRNA 的转染

1. 磷酸钙共沉淀法 将氯化钙、RNA 和磷酸缓冲液混合，沉淀中有 RNA 且不溶的磷酸钙颗粒。磷酸钙-RNA 复合物黏附到细胞膜并通过胞饮作用进入目的细胞。沉淀物的大小和质量对于磷酸钙转染的成功很重要。在实验中每种试剂都必须小心配制，即使偏离最优条件 1/10 个 pH 都会导致磷酸钙转染的失败。

2. 电穿孔法 电穿孔是通过将细胞暴露在短暂的高场强电脉冲中转导分子。将细胞悬浮液置于电场中会诱导沿细胞膜的电压差异，这种电压差异会导致细胞膜暂时穿孔。电脉冲和场强的优化对于成功的转染非常重要，过高的场强和过长的电脉冲时间会不可逆地伤害细胞膜而裂解细胞。一般而言，成功的电穿孔都有较大的毒性。

3. DEAE-葡聚糖法 带正电的 DEAE-葡聚糖和带负电的 DNA 分子使 DNA 可以结合在细胞表面。通过使用 DMSO 或甘油而获得的渗透休克使 DNA 复合体导入细胞。

4. 机械法 显微注射和基因枪都是机械的方法。显微注射使用一根细针头将 RNA 直接转入细胞质或细胞核。基因枪则使用高压将大分子导入细胞。

5. 阳离子脂质体 优化条件下将阳离子脂质体试剂加入水中时，可形成微小的单层脂质体。这些脂质体带正电，可以靠静电作用结合到 RNA 的磷酸骨架上以及带负电的细胞膜表面。

四、RNAi 的优点及应用

1. 比起同源重组法更简便，周期缩短，节约研究经费。

2. 由于 RNAi 能高效特异地阻断基因的表达，它已成为研究信号传导通路的良好工具。

3. 对哺乳动物来说，如对于一些敲除后小鼠在胚胎时就会死亡的基因，可以在体外培养的细胞中利用 RNAi 技术研究它的功能。

4. RNAi 研究在发育过程中起作用的基因，如可用 RNAi 来阻断某些基因的表达，研究它们是否在胚胎干细胞的增殖和分化过程中其起重要作用。

（胡小波）

第五章　细胞研究技术

第一节　细胞培养

细胞培养是指在体外条件下，将均一的单个细胞置于适宜的培养基质中，模拟体内生理环境等特定的体内条件，使其生长增殖的技术，因此，也称之为细胞培养技术。细胞培养就是一个生物克隆技术，且是大规模的细胞克隆，目前市场上流通的生物产品绝大部分都是从细胞得来。细胞培养是最基础、最核心的生物技术，绝大部分生物工程技术相关研究的开展都离不开细胞培养技术。要实现细胞离体培养，就必须从多细胞生物中分离所需要细胞和扩增获得的细胞及对细胞进行体外改造、观察。然而，同微生物细胞培养相比，细胞培养的困难在于自多细胞生物获取单细胞，特别是动物细胞的培养。在解决这些技术难题后，细胞培养已广泛应用于生物学、医学、新药研发等各个领域，成为最重要的基础科学之一。

一、细胞培养基本条件

（一）培养基质

维持细胞生长的营养基质称为培养基。培养基可分为液体培养基和固体培养基。液体培养基具有可进行通气培养、振荡培养的优点。根据培养基成分又将液体培养基分为基础培养基和完全培养基，基础培养基只能维持细胞生存，要想使细胞生长和繁殖，还需添加天然培养基，常用的是牛血清，牛血清不仅含有促进细胞增殖的各种生长因子和其他多种有利于细胞生存的物质，而且可用于大规模的工业生产及生理代谢等基本理论的研究工作。固体培养基是在液体培养基中加入一定的凝固剂（如琼脂）或固体培养物（如麸皮、大米等）得到的。固体培养基为细胞的生长提供了一个营养及通气的表面，在这样一个营养表面上生产的细胞可形成单个克隆。因此，固体培养基在细胞的分离、鉴定、计数等方面起着相当重要的作用。

（二）细胞培养模拟的生理环境

要想成功地在体外进行均一的单个细胞培养，就必须模拟一个相对稳定的生理环境，给予细胞存活，生长必要的条件。研究者们通过长期的研究探索，总结出离体细胞培养需要如下基本条件。

1. 温度　不同生物体体内的酶和蛋白质对温度的敏感性不一样，温度过低或过高对细胞生长都不利。温度过低，细胞生长缓慢甚至不生长。哺乳动物和人的细胞最适温度为37℃，其他细胞的最适温度都不尽相同。温度过高，细胞内多数生物大分子空间结构改变、失活，细胞因无法正常代谢，细胞膜破裂，细胞死亡。实验室通常利用恒温培养箱（图 1-5-1）来维持细胞培养所需要的温度。细胞冻存就是利用低温使细胞保留原有分裂分化能力的基础上处于近似休眠状态。极耐高温和极耐低温的细胞自然界都存在，对此类细胞温度耐性的机制研究在生物进化、环保及发酵工业等领域有重大意义。

　　2. pH　细胞所处环境过酸或过碱使得相关蛋白质变性及细胞膜结构受损，进而导致细胞死亡。不同细胞的最适 pH 不同，自然界也存在耐酸耐碱的细胞，但绝大多数细胞的最适 pH 为 7.2～7.4。

　　3. 渗透压　两侧水溶物质浓度不同的半透膜，为了阻止水过度地从低浓度一侧向高浓度一侧渗透，而在高浓度一侧施加一个最小额外压力，该压力称为渗透压。细胞膜就是一种半透膜，细胞膜两侧可溶于水的物质种类和比例决定细胞内所受渗透压的大小。细胞膜调节渗透压的能力十分有限，当细胞外极溶于水的物质种类和比例过大时，可能导致细胞干瘪死亡，反之，若细胞内这类物质过多时，可能导致细胞过量吸水膨胀而破裂。

图 1-5-1　恒温细胞培养箱

　　4. 营养物　营养物溶于水形成培养基，也称之为培养液。培养基中含有细胞生长增殖必要的物质，也为细胞离体培养提供所需的 pH、渗透压、营养物及调节物质等，形成一个稳定的生存环境。因此，细胞培养基的设计对细胞离体培养十分关键。培养基中需包含的营养物有：N 源、C 源，提供能量；无机盐和生长因子，参与代谢调节控制。根据细胞离体培养的要求，培养基中还需添加一些特殊的营养物，如在干细胞分化研究与应用中，培养基中需要添加一种使干细胞特异性物质，才会使得细胞定向分化。如果研制出由相同人体干细胞分化成不同组织器官的不同培养基，将彻底改变等待移植器官资源严重不足的现状。同样，在植物细胞的组织培养技术，也因各种不同组织培养基的研制成功而得到不断完善。培育出各种稀有、濒危物种，为生物多样性做出巨大贡献。

　　5. 水　是细胞需要量最大的物质。不同物种，同一生物不同部位和不同生长期的细胞需水量差别很大。水的需求量随细胞培养基给予。

　　6. 无菌条件　是细胞离体培养最基本的条件。所有与细胞有直接接触的物质，如培养基和药物，都必须进行严格的灭菌处理，保证完全的无菌。另外，在进行细胞处理以及培养过程中，必须保证一个无菌的环境以及严格的无菌操作。超净工作台（图1-5-2）给细胞处理提供了一个相对无菌的环境。

图 1-5-2　超净工作台

　　7. 光　绝大多数植物细胞和极少数细菌含有叶绿体，需要进行光合作用，因此，在培养过程中应提供一定的光照。

　　8. 气体　动物细胞培养过程中需要供给比例适宜的空气和二氧化碳，一般为 95%：5%，氧气提供细胞正常代谢需求，二氧化碳将培养基 pH 稳定为 7.0~7.4，另外，二氧化碳在 DNA 合成中也发挥着重要作用。植物细胞培养中，二氧化碳的主要作用是参与代谢，如光合作用。

二、细胞培养条件

（一）动物细胞培养

动物细胞培养是细胞离体培养中最难以实现的。它需要一系列的特殊培养条件。

1. 血清　动物细胞培养通常需要血清，最常用的是牛血清。血清含有细胞生长所必需的因子，如激素、微量元素和脂肪等。正因为血清中许多必需因子的种类和数量难以配比，研究者一直很难配制出跟血清作用一致的物质来替代它的作用。在离体培养过程中，血清近似于动物细胞离体培养的天然营养液。

2. 支持物　按照生长是否依赖支持物，细胞可分为贴壁细胞和悬浮细胞两大类。贴壁细胞的离体培养常需要以玻璃、塑料等作为支持物。

3. 气体交换　细胞培养过程中，二氧化碳和空气的比例需不断进行调节，维持细胞最佳生长所需要的气体条件。一般动物细胞培养二氧化碳与空气的比例为 5%∶95%。

（二）植物细胞培养

除上述动物细胞培养所需的特殊条件外，植物细胞培养还需光照和植物激素等条件。

1. 光照　离体培养的植物细胞需要一定剂量的光照，虽然细胞生长所需要的物质并不需要光合作用供给而是来源于培养基，但光照同样参与细胞分化。例如，光周期可对性细胞分化和开花起调控作用，因此以获得植株为目的的植物细胞早期培养，光照条件特别重要。

2. 激素　植物细胞的分裂和生长过程都需要植物激素的调节，促进生长的生长素和促进细胞分裂的分裂素是植物细胞立体培养需要添加的最基本的激素。植物细胞的分裂、生长、分化和个体生长周期都有相应的激素参与调节。植物细胞离体培养的激素给定比例，应用技术已经成熟，应用领域十分广泛。

（三）微生物细胞培养

微生物多为单细胞生物，其野生生存条件并不苛刻，培养条件也比动植物细胞简单，给培养减少大量工作。培养过程最重要的就是严格控制杂菌污染及氧浓度的控制。厌氧微生物的培养需要运用二氧化碳等非氧的惰性气体来严格维持厌氧环境。通过控制搅拌速度和通气量来严格控制好氧微生物的需氧量。微生物培养基的配制较动植物细胞简单，玉米浆、蛋白胨等天然培养基就能很好地给微生物提供所需的营养。对于某些特殊微生物只需在此培养条件上加入所需的条件即可。微生物的培养广泛用于工业、医药等领域，如啤酒生产、某些微生物的次级代谢产物-抗生素等，我们日常生活中也广泛存在对微生物培养的利用，如豆豉，腐乳的制作。

三、细胞培养前的准备工作注意事项

1. 超净工作台和培养室的紫外消毒 无菌操作实验前,无菌室、无菌操作台及所有的高温高压灭菌后的器材,进行紫外灯照射至少 30min,以杀灭物体表面细菌,紫外灯照射完毕后,开启鼓风机,吹台 10min,以减少紫外照射后有害气体对人体的伤害,穿戴无菌手套及衣帽,先将无菌操作台面用沾有 75%乙醇溶液的脱脂棉擦拭,然后开始实验操作。每次操作只进行一种细胞处理,不能多种细胞同时操作,不共享培养基,以避免细胞间污染。实验完毕后,将实验物品带出工作台,用 75%乙醇溶液擦拭台面及用具。操作间隔 10min以上,才能再进行下一种细胞的操作。

2. 细胞培养所用器皿消毒 无菌室应达到相应无菌条件,通风温控设备保持正常运转。无菌操作台应保持清洁及宽敞,除每次实验必要物品仪器,如试管架、移液器或吸管盒等可以暂时放置,其他实验用品用完即应移出,以利于操作顺畅及气体流通。实验用品表面应用 70%乙醇溶液擦拭后才能放入无菌操作台。操作过程应在台中央无菌区。

3. 实验过程中的无菌操作 小心从无菌器皿中取实验物品,随取随盖,避免造成污染。使用移液器时,勿碰触吸管尖部或容器瓶口。整个操作手或仪器不要在打开的容器上方经过。容器打开后,紧握瓶身,倾斜约 45°打开瓶盖,勿将盖口朝上放置。

4. 实验过程中的安全防护措施 在实验过程中,实验者应注意自身安全,穿戴好实验衣帽、口罩及手套。对于来自人类或病毒感染细胞株应特别小心,实验完毕后的废物废液应经过正规处理后再倾倒。操作过程中,应避免引起有毒气体溢出,使用毒性药品时,如DMSO,避免尖锐针头刺伤。

5. 定期检测下列项目 CO_2 钢瓶气压检测及氧压计中无菌水的定期更换;培养箱 CO_2浓度、湿度及温度监控,培养箱中水盆中定期更换灭菌水,可添加消毒剂(Zephrin1∶750);无菌操作台内气流压监控;定期更换紫外灯管、HEPA 过滤膜及预滤网。

6. 培养基的无菌保存时间 粉末培养基配制好后,过滤除菌,分装密封 4℃保存,加入血清后,使用周期尽量不要超过 1 个月,−20℃存放也不要超过 3~4 个月。存放时间过长的培养基,虽然对永生化的细胞株生长影响不大,但对原代细胞或一些培养条件苛刻的细胞,培养基放置时间过长会严重影响起生长。

7. 细胞培养时所需物品地准备 为避免培养基及试剂在接触细胞时不对细胞造成伤害,实验前我们需将试剂预热置适宜细胞生长的 37℃。实验者可在紫外照操作台期间,将培养基、消化酶、细胞润洗缓冲液从冰箱拿到室外,使其自然升温。如果使用 37℃水浴锅预热,一定要注意水浴锅的清洁,应每隔一个星期至半个月更换水箱中的水,避免水箱滋生、吸附大量细菌。试剂瓶从水浴锅拿出后,用干净清洁的毛巾擦干试剂瓶表面的水,擦拭过乙醇溶液后方可置于操作台中。

第二节 细胞凋亡的检测

细胞凋亡(apoptosis)指基因调控的细胞程序性的死亡,是细胞为维持内环境稳定而进行的。与细胞坏死不同,细胞凋亡是一种主动死亡过程,涉及凋亡相关基因的激活及调控的作用,它是为更好地适应生存环境而呈现的一种程序性死亡过程。

细胞凋亡是一种基本的细胞生物学现象，在多细胞生物去除不需要的或异常的细胞中起着必要的作用。它在生物体的进化、内环境的稳定及多个系统的发育中起着重要的作用。细胞凋亡不仅是一种特殊的细胞死亡类型，而且具有重要的生物学意义及复杂的分子生物学机制。

一、早期检测

1. 磷脂酰丝氨酸（phosphatidylserine，PS）在细胞外膜上的检测　PS 正常位于细胞膜内侧，但在细胞凋亡早期，PS 可从细胞膜内侧翻转到细胞膜表面，暴露在细胞外环境中。PS 的转位发生在凋亡早期阶段，先于细胞核的改变、DNA 断裂、细胞膜起泡。体内的吞噬细胞可通过识别 PS 来清除凋亡细胞。Annexin-V（green）是一种分子质量为 35～36kDa 的 Ca^{2+} 依赖性磷脂结合蛋白，能与 PS 高亲和力特异性结合，细胞处于凋亡或坏死时，Annexin-V 可为阳性（早期坏死细胞可能为阴性），是检测细胞早期凋亡的灵敏指标。将 Annexin-V 进行荧光素（FITC、PE）或 biotin 标记，以标记了的 Annexin-V 作为荧光探针，利用流式细胞仪或荧光显微镜可检测细胞凋亡的发生。

2. 碘化丙啶（propidineiodide，PI）和 Annexin-V 双标　PI 是一种核酸染料，它不能透过完整的细胞膜，但在凋亡中晚期的细胞和死细胞，PI 能够透过细胞膜而使细胞核红染。因此将 Annexin-V 与 PI 匹配使用，就可以将凋亡早晚期的细胞及死细胞区分开来。细胞凋亡时其 DNA 可染性降低被认为是凋亡细胞标志之一，但这种 DNA 可染性降低也可能是因为 DNA 含量的降低，或者是因为 DNA 结构的改变使其与染料结合的能力发生改变所致。在分析结果时应该注意。

活细胞不能被 AnnexinV-FITC 或 PI 染色（图 1-5-3 左下象限）。早期凋亡细胞因 PS 的暴露及具有完整细胞膜，故呈 AnnexinV-FITC 染色阳性及 PI 染色阴性（图 1-5-3 右下象限）。坏死或晚期凋亡的细胞呈 AnnexinV-FITC 及 PI 染色双阳性（图 1-5-3 右上象限）。需要指出的是，常规培养细胞的过程中也有一小部分的细胞发生凋亡。

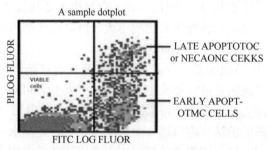

图 1-5-3　AnnexinV-FITC-PI 染色

3. 细胞内氧化还原状态改变的检测　正常状态下，谷光苷肽（GSH）作为细胞的一种重要的氧化还原缓冲剂。细胞内氧化物通过被 GSH 还原而定期去除，氧化型的 GSH 又可被 GSH 还原酶迅速还原。这一反应在线粒体中尤为重要，许多呼吸作用中副产物的氧化损伤将由此被去除。当细胞内 GSH 的排除非常活跃时，细胞溶液就由还原环境转为氧化环境，这可能导致了凋亡早期细胞线粒体膜电位的降低，从而使细胞色素 C（三羧酸循环中的重要组分）从线粒体内转移到细胞溶液中，启动凋亡效应酶 Caspases

的级联反应。

4. 线粒体膜电位变化的检测 线粒体跨膜电位下降,被认为是细胞凋亡级联反应过程中最早发生的事件,它发生在细胞核凋亡特征(染色质浓缩、DNA 断裂)出现之前,一旦线粒体 DYmt 崩溃,则细胞凋亡不可逆转。线粒体跨膜电位的存在,使一些亲脂性阳离子荧光染料(表 1-5-1)可结合到线粒体基质,其荧光的增强或减弱说明线粒体内膜电负性的增高或降低。进行线粒体膜电位变化检测时,有两点需要注意:①始终保持平衡染液中 pH 的一致性,因为 pH 的变化将影响膜电位;②与染料达到平衡的细胞悬液中如果含有蛋白,它们将与部分染料结合,降低染料的浓度,引起假去极化。

表 1-5-1 常见线粒体膜电位变化检测染料

名称	检测原理
3, 3′-dihexyloxacarbocyanineiodide(DiOC6)	一种有细胞通透性及电压敏感性的亲脂性阳离子荧光染料,用作膜电位探针,能选择性地染线粒体及内质网
3, 3′-dihexyloxadicarbocyanineiodide	一种有细胞通透性及电压敏感性的亲脂性阳离子荧光染料,能识别发卡四重结构。也用作端粒酶抑制剂及抗癌试剂,能在活细胞特异地染色线粒体,用于线粒体定位及鉴定其氧化能力
Rhoda mine123	一种能活细胞线粒体的有膜通透性的荧光染料,广泛用于测定线粒体膜电位,能用于检测耐药的肿瘤细胞的 P-糖蛋白的流出活性
JC-1	一种阳离子染料,用作线粒体膜电位的指示剂

二、晚 期 检 测

晚期的细胞凋亡中,核小体之间 DNA 被核酸内切酶剪切,产生长度为 180～200bp 的 DNA 片段。细胞凋亡的晚期检测通常有以下方法。

1. TUNEL(末端脱氧核苷酸转移酶介导的 dUTP 缺口末端标记) 细胞凋亡中,被核酸内切酶剪切的染色体 DNA 呈双链断裂或单链断裂状,产生大量 3′-OH 突出的黏性末端,脱氧核糖核苷酸末端转移酶(TdT)催化脱氧核糖核苷酸和过氧化物酶、碱性磷酸酶、荧光素或生物素形成的衍生物标记到 DNA 的 3′-OH 末端,从而进行凋亡细胞的检测,这类方法称为脱氧核糖核苷酸末端转移酶介导的缺口末端标记法(terminal-deoxynucleotidyl transferase mediated nickend labeling,TUNEL)。由于正常的细胞几乎没有 DNA 的断裂,因而没有 3′-OH 形成,不会被染色。TUNEL 是形态学与分子生物学相结合的研究方法,并能对单个凋亡细胞核或凋亡小体进行原位染色,准确地反应细胞凋亡典型的形态和生物化学特征,还可用于培养的细胞、从组织中分离的细胞、石蜡包埋组织切片和冷冻组织切片的细胞形态测定,极少量的凋亡细胞也可被检测出,因而在细胞凋亡的研究中被广泛采用。

2. LM-PCR Ladder(连接介导的 PCR 检测) 当凋亡细胞比例较小及检测样品量很少(如活体组织切片)时,可通过连上特异性接头,LM-PCR 专一性地扩增梯度片段,灵敏地检测 DNA 产生梯度片段。此外,LM-PCR 检测是半定量的,因此相同凋亡程度的不同样品可进行比较。当细胞量很少时,还可在分离提纯 DNA 后,用 ^{32}P-ATP 和脱氧核糖核苷酸末端转移酶(TdT)标记 DNA,再进行电泳和放射自显影,观察凋亡细胞中 DNA ladder 的形成。

上述两种方法都针对细胞凋亡晚期核 DNA 断裂这一特征,但细胞受到其他损伤(如机械损伤，紫外线等）也会产生这一现象，因此它对细胞凋亡的检测会受到其他原因的干扰，需结合其他的方法来检测细胞凋亡。

3. Telemerase Detection（端粒酶检测） 端粒酶是由 RNA 和蛋白组成，它以自身 RNA 为模板逆转录生成端粒区重复序列，使细胞获得"永生化"。正常体细胞是没有端粒酶活性的，每分裂一次，染色体的端粒会缩短，这可能作为有丝分裂的一种时钟，表明细胞年龄、复制衰老或细胞凋亡的信号。研究发现，90%以上的癌细胞或凋亡细胞都具有端粒酶的活性。

利用体外的端粒酶以其自身 RNA 为模板，可以在一定的寡核苷酸链的末端添加 6 个碱基的重复序列的特性，采用 PCR 方法扩增这 6 个碱基的重复序列，并通过聚丙烯酰胺（PAGE）凝胶电泳显示具有差异的 6 个碱基的梯带。在 1994 年，Kim 建立了 TRAP 法。其主要原理为：先合成一个 18 寡核苷酸的 TS 作为上游引物，结合 TS 末端的 GTT 的端粒酶合成 AGGGTTAG，然后每经过一次转位合成一个 GGTTAG 的 6 个碱基重复序列，端粒酶灭活后，加入 CX 做下游引物，经过多次变性-退火-延伸，扩增端粒酶延伸产物。利用银染技术检测可观察到在凝胶电泳上显示相隔 6bp 的梯状条带，条带的多、寡、深或浅表示端粒酶活性的大小。

（张彩平）

第二篇　分子生物学实验

第六章　DNA 操作实验

实验一　质粒 DNA 的微量快速提取

【实验目的】

（1）了解质粒作为载体在基因工程中的应用。

（2）掌握提取质粒的基本原理，学习提取过程和方法。

【实验原理】　本实验从大肠埃希菌中提取和纯化质粒，以备进一步研究之用。提取和纯化质粒三个主要步骤是：培养细菌、收集细菌和裂解细菌、分离和纯化质粒。

1. 细菌的培养　在培养基中挑选单个菌落接种培养。通常以细菌培养基的 OD600nm 值来判断细菌的生长状况，当 OD600nm＝0.4 时，细菌处于对数生长期；OD600nm＝0.6 时，细菌处于对数生长后期。

2. 细菌收集与裂解　离心去除培养基，将细菌用缓冲液漂洗 1 次以进一步去除残留的培养基，然后裂解细菌。裂解细菌的有 SDS 法、煮沸法等。大部分实验室采用 SDS（碱裂解法）。其基本原理是：在碱性条件下，细菌的细胞壁、细胞膜被 SDS 破坏，细菌染色体 DNA、质粒及蛋白质在高 pH 条件下均发生变性，以备下一步的 DNA 分离与纯化。

3. 质粒的分离与纯化　在上述第 2 步溶液中加入酸性溶液，裂解液的 pH 转为中性，使质粒 DNA 易于分离：由于质粒 DNA 分子较小并恢复原型，而染色体 DNA 分子很大仍处于变性状态，并与蛋白质结合，因此很容易通过离心将染色体 DNA 与细胞碎片一起沉淀去除。然后，再用酚、氯仿等抽提法去除残余蛋白质；同时 RNA 被 RNase 去除，得到质粒。如果需要进一步纯化质粒，可用超离心、电泳、离子交换柱层析等方法。

【实验器材】　仪器：高压消毒锅、恒温摇床、离心机、可调式移液器、1.5ml 离心管、涡旋振荡器。

材料：含有重组质粒（pUC18/GAPDH）的 DH5α菌株、质粒纯化柱、废液收集管。

【实验试剂】

（1）LB 培养基：10g Trypone，5g Yeastextract，5g NaCl，pH 7.4，ddH$_2$O 定容至 1L。高温灭菌 20min。

（2）溶液 I：50mmol/L 葡萄糖，10mmol/L EDTA，25mmol/L Tris-HCl，pH 8.0。

（3）溶液 II：0.4mol/L NaOH，2%SDS 等体积混匀，用时现配。

（4）溶液 III：5mol/L KAc 60ml，乙酸 11.5ml，ddH$_2$O 28.5ml，pH 4.8。

（5）饱和酚（pH 8.0）、氯仿：1∶1 混匀。

（6）TE 缓冲液：10mmol/L Tris-HCl，1mmol/L EDTA，pH 8.0。

（7）溶液Ⅳ（洗涤液）无水乙醇溶液。

（8）溶液Ⅴ（洗脱液）70%乙醇溶液。

（9）RNase 液：用 TE 缓冲液配制至 20μg/ml，−20℃保存。

（10）双蒸水。

【实验步骤】

（1）取过夜菌 1.5ml，5000g 离心 1min 收集细菌沉淀，弃上清液。再重复一次，每管共收集 3ml 过夜菌沉淀。通常大肠埃希菌宜用 LB 培养过夜。

（2）加入 250μl 溶液Ⅰ，vortex 振荡混均。确保沉淀完全散开，无可见细菌团块。确认溶液Ⅰ中要已添加了 RNaseA。

（3）加入 250μl 溶液Ⅱ，轻柔的颠倒离心管 6 次，这样细菌会完全裂解，溶液透明。千万不要 vortex！剧烈操作会导致基因组 DNA 的断裂，容易使最终所得质粒会被基因组的 DNA 污染。颠倒 6 次后，溶液应将会变得透明，没有团块或者絮状物。如果颠倒 6 次后还有少量团块或絮状物的情况，可以增加颠倒次数 3～5 次，再在室温下静置 2～3min，时间不能超过 5min。

（4）每管加入 350μl 溶液Ⅲ，将离心管颠倒 6 次混匀，可以见到白色絮状物产生。不要 vortex！颠倒次数也不能过多，否则容易使最终所得质粒的质量下降。

（5）室温高速（13 000g 左右）离心 10min。离心后会有白色沉淀。

（6）将上一步骤离心后的上清液吸入至质粒纯化柱内。最高速离心 60s，丢弃收集管内液体后，收集管继续保留使用。

（7）在质粒纯化柱内加入 750μl 溶液Ⅳ，直接离心，最高速离心 30～60s，丢弃收集管内的液体，收集管需保留继续使用。可重复这一步。

（8）高速（13 000g 左右）再离心 1min。

注意：这一步的再离心能彻底去除少量的溶液Ⅳ。这样才不会影响质粒的质量。

（9）把质粒纯化柱放置在 1.5ml 离心管上，在管内柱面上加入 50μl 溶液Ⅴ，静置 1min。溶液Ⅴ需要直接加在管内柱面中央，使纯化柱将液体吸收。如果溶液Ⅴ有些黏在管壁上，需使液体滑落到管底完全被纯化柱吸收。

（10）高速 13 000g 离心 1min，高纯度质粒就是所得液体。一般所得质粒浓度大概为 0.1～0.3mg/ml。

【注意事项】

（1）当 OD600nm＝0.4 时，并不是所有菌株都处于对数生长期。所以，对于未明菌株应预先测定 OD600nm 值与细菌生长时期或细胞浓度的关系。

（2）第一次在使用前加入全部提供的 RNaseA 到溶液Ⅰ（悬浮液）中，混匀，做好标后 4℃存放。

（3）第一次在使用溶液Ⅳ（洗涤液）前要确认每瓶溶液Ⅳ（洗涤液）已加入 54ml 无水乙醇，并且要在瓶上做好标记。

（4）温度较低时，溶液Ⅱ和溶液Ⅲ可能会有沉淀产生。如果发现有沉淀，在 37℃水浴加热溶解，充分混匀后再使用。溶液Ⅱ请不要剧烈混匀，否则会有大量气泡产生。溶液Ⅱ使用完后，为了防止被空气中二氧化碳酸化一定要盖紧瓶盖。

（5）废液收集管在一次抽提中需要多次使用，请不要中途将废液收集管丢弃。

【思考题】 影响质粒提取的因素有哪些?

(严丽梅)

实验二 外周血白细胞 DNA 的微量快速提取(离心柱法)

【实验目的】
(1)掌握白细胞 DNA 提取的基本原理。
(2)掌握离心柱法提取 DNA 的基本步骤。

【实验原理】 哺乳动物全血 DNA 存在于白细胞的细胞核中,细胞裂解液裂解细胞,离心得细胞核沉淀,十二烷基硫酸钠(SDS)和蛋白酶 K 等物质破碎核膜、解离结合于 DNA 上蛋白质,同时抑制 DNase 的活性。在高盐低 pH 状态下,离心吸附柱中硅基质膜高效、专一吸附 DNA。一系列的漂洗-离心,可最大限度去除杂蛋白、细胞中其他有机物和过多的盐分。最后,在低盐高 pH 状态下,用洗脱缓冲液将高纯度的 DNA 从硅基质膜上洗脱。

100μl~1ml 哺乳动物全血,可提取得到 3~30μg DNA。提取的 DNA 可用于酶切、PCR、文库构建和 Southern 杂交等实验。

【实验器材】 Eppendorf 离心机、微量加样器、1.5ml 离心管、硅基质吸附柱、收集管、振荡混匀器、水浴箱、冰箱、高温高压灭菌锅、电泳仪和电泳槽等。

【实验试剂】
(1)血液基因组 DNA 提取试剂盒(50 次)

细胞裂解液 CL	60ml
缓冲液 GS	15ml
蛋白酶 K	1ml
缓冲液 GB	15ml
缓冲液 GD(临用时加入所需体积的无水乙醇)	13ml
漂洗液 PW(临用时加入所需体积的无水乙醇)	15ml
洗脱缓冲液 TB	15ml

(2)饱和 EDTA-2Na 溶液:56g EDTA-2Na 溶解于 500ml 生理盐水中,高温高压灭菌。
(3)RNaseA:100mg/ml。
(4)琼脂糖。
(5)6×上样 buffer:0.25%溴酚蓝,40%(w/v)蔗糖水溶液。
(6)50×TAE:242g Tris 碱,57.1ml 冰醋酸,100ml EDTA-2Na(0.5mol/L,pH 8.0)。
(7)溴化乙锭:10mg/ml。

【实验步骤】
(1)家兔耳缘静脉取血 10ml 于锥形瓶中(预先加入 200μl EDTA-2Na)。
(2)取 0.4ml 全血置于 1.5ml EP 管中,加入 1.0ml 的细胞裂解液 CL,充分颠倒混匀,10 000g 离心 1min,弃上清液,留沉淀(如需要可重复以上步骤一次),向沉淀中加入 200μl 缓冲液 GS,振荡至彻底混匀。
(3)加入 4μl RNaseA,振荡 15s,室温放置 5min。

（4）加入 20μl 蛋白酶 K，混匀。

（5）加入 200μl GB 缓冲液，充分颠倒混匀，56℃水浴下放置 10min，期间颠倒混匀数次，溶液应变清亮（若无，请适当延长水浴时间直至清亮）。

（6）加入 200μl 无水乙醇，温和颠倒数次混匀。

（7）将上述溶液全部加入一个吸附柱中（吸附柱放入收集管中），12 000g 离心 30s，弃去收集管中的废液，将吸附柱置于收集管中。

（8）向吸附柱中加入 500μl 缓冲液 GD，12 000g 离心 30s，弃去收集管中的废液，将吸附柱置于收集管中。

（9）向吸附柱中加入 600μl 缓冲液 PW，12 000g 离心 30s，弃去收集管中的废液，将吸附柱置于收集管中。

（10）重复步骤 9 一次。

（11）12 000g 离心 2min，将吸附柱打开盖子置于滤纸上晾干数分钟，以彻底除去残余的乙醇。

（12）将吸附柱置于 1.5ml 离心管中，向吸附柱膜中间位置悬空加入 100μl 缓冲液 TB（或双蒸水），室温放置 5min，12 000g 离心 2min，收集的溶液即为提取的 DNA。

（13）称取 0.5g 琼脂糖置于 50ml 1×TAE 缓冲液中，微波炉加热溶解。

（14）待溶液冷却至不烫手时，加入 2μl 溴化乙锭，混匀。

（15）将温热的琼脂糖溶液迅速倒入放置梳子的制胶盒，注意梳子齿下或齿间不要存有气泡。待凝胶完全凝固后，小心移去梳子。

（16）将盛有凝胶的托盘置于电泳槽中（加样孔位于负极端），加入恰好没过胶面 1mm 深体积的 1×TAE 电泳缓冲液。

（17）取 5μl DNA 样品和 1μl 6×上样 buffer 混匀，用微量加样器点入加样孔中（一排加样孔需留一孔点约 5μl DNAMarker 做对照）。

（18）接通电泳，110V，电泳 30min 左右（观察溴酚蓝的迁移距离）。

（19）电泳结束后，将凝胶置于紫外透射仪中观察摄影。

【注意事项】
（1）接触溴化乙锭时应戴手套。
（2）电泳应在实验室的固定区域进行，不要扩大溴化乙锭的污染区域。
（3）含溴化乙锭的电泳凝胶不能随意丢弃，应回收集中处理。

【思考题】 外周血白细胞 DNA 的提取还有哪些其他方法？请比较其异同？

（王五洲）

实验三　质粒 DNA 的酶切与鉴定

【实验目的】
（1）了解限制性内切酶在基因工程中的应用。
（2）学会使用限制性内切酶切割质粒的方法。
（3）掌握琼脂糖凝胶电泳的基本原理和操作。

【实验原理】 分子生物学实验中可以利用琼脂糖凝胶电泳分析判定质粒大小和限制

性酶切位点位置以用于质粒鉴定。具体做法是：①选用一种或两种限制性内切酶切割质粒；②进行琼脂糖凝胶电泳；③根据质粒的电泳迁移率分析酶切图谱对质粒进行鉴定。

限制性内切酶是一类能够识别双链 DNA 分子中的某一类特定核苷酸序列，并在其内部或附近切割 DNA 双链结构的特殊核酸内切酶。

琼脂糖凝胶电泳用于 DNA 片段的分离和纯化。其分辨率和分离范围取决于凝胶的浓度：浓度越高，凝胶的孔径越小，其分辨率越高，但能够分离的 DNA 相对分子质量越小；反之，浓度越低，孔径就越大，其分辨率随之降低，而适于分离的 DNA 相对分子质量越大。例如，2%琼脂糖凝胶适于分辨 700bp 以下的 DNA 双链分子，而对于大片段的 DNA 分子，则要用低浓度（0.3%～1.0%）的琼脂糖凝胶。

带负电荷的核酸分子，在电场中向正极移动。在一定电场强度下，DNA 分子迁移率的大小取决于其本身的大小和构型。相对分子质量较小或空间结构较致密的 DNA 分子比相对分子质量较大或空间结构较疏松的 DNA 分子更容易通过凝胶介质，故其迁移率较大。

【实验器材】 仪器：Eppendorf 管、可调式移液器、电泳仪、水平式电泳槽、手提式紫外灯、振荡混匀器、掌上离心机、恒温水浴箱、高压灭菌锅。

材料：重组质粒（pUC18/GAPDH）。

【实验试剂】

（1）限制性核酸内切酶（根据插入片段情况及酶切位点选用）。

（2）琼脂糖。

（3）电泳缓冲液 20×TAE（200ml）：Tris 碱 19.36g；冰醋酸 4.568ml；EDTA-2Na 22.976g。

（4）上样缓冲液（6×）：50%甘油，1×TAE，1%溴酚蓝。

（5）EB：0.5mg/ml。

（6）质粒 DNA（50～100ng/μl，实验一中制备）。

【实验步骤】

（1）酶切：20μl 酶切体系操作见表 2-6-1，单位：μl。

表 2-6-1　20μl 酶切体系操作表

加入物（μl）	质粒 DNA	10×酶缓冲液	限制性内切酶	双蒸水
实验组	6	2	1	11
对照组	6	2	—	12

混匀，37℃水浴 1～2h。

（2）加缓冲液向上述各反应管中，分别加入 4μl 6×上样缓冲液。

（3）电泳

1）将溶化的 1%琼脂糖凝胶（含 0.5μg/ml EB）铺于水平电泳槽上，并插上梳子。

2）待凝胶凝固，将梳子拔出。往电泳槽注入 1×TAE 缓冲液直至刚没过凝胶。

3）按表 2-6-2 顺序上样。

表 2-6-2　电泳上样顺序表

1 道	2 道	3 道
DNA 相对分子质量标准（Marker）	对照组样品（未酶切质粒）5～10μl	实验组样品（酶切过的质粒）5～10μl

4）将加样一端接上负极，另一端接上正极，电场强度为 5V/cm（距离是指电极之间的距离），待溴酚蓝移动到接近正极一端停止电泳。

5）用凝胶成像系统观察电泳结果。

【注意事项】

（1）EB 见光易分解，故应装在棕色瓶中，并于 4℃条件下保存。

（2）EB 为较强的致突变剂，操作应戴手套。

（3）溴酚蓝为常用电泳指示剂，呈蓝紫色。在 1%、1.4%、2%的琼脂糖凝胶电泳中，溴酚蓝的迁移率分别与 600bp、200bp、150bp 的双链线形 DNA 片段大致相同。

（4）限制性内切酶从冰箱中取出后，应放置在冰中。

（5）一般凝胶电泳的电场强度不超过 5V/cm。因为随着电压的增大，凝胶的有效分离范围减小。

【思考题】

（1）试分析质粒 DNA 切割不完全的原因。

（2）试分析酶切后没有观察到质粒 DNA 的原因。

（文红波）

实验四　聚合酶链反应技术（PCR）

【实验目的】

（1）掌握聚合酶链反应技术的基本原理，学会基本操作。

（2）了解 PCR 的应用。

【实验原理】　聚合酶链反应（polymersase chain reaction，PCR）是利用两个已知序列的寡核苷酸作为上、下游引物，在耐热 DNA 聚合酶（如 Taq 酶）作用下将位于模板 DNA 上两引物间特定 DNA 片段进行指数级扩增的复制过程。PCR 反应体系由模板 DNA、引物、耐热 DNA 聚合酶、底物（四种 dNTP）、缓冲液和 Mg^{2+}等组成。其操作过程为变性、退火、延伸等三个步骤循环往复进行。每次循环扩增产物又可作为下一循环的模板，因此，理论上每经过一轮变性、退火、延伸三个步骤，特定 DNA 片段的分子数目增加一倍。

本实验以绿色荧光蛋白（GFP）基因中一段 700bp 的 DNA 序列为模板，进行扩增，两个引物的 5′-末端引入 DraI 的酶切位点，为 DNA 重组实验做准备。

【实验器材】　仪器：基因扩增仪（PCR 仪）、台式冷冻离心机、电泳仪、电泳槽、紫外检测仪、可调式移液器。

材料：引物、重组质粒（pUC18/GFP）、DNA 相对分子质量标准。

【实验试剂】

（1）10×四种 dNTP 混合液（10mmol/L）。

（2）Taq DNA 聚合酶（5U/μl）。

（3）10×Taq DNA 酶缓冲液。

（4）10mg/ml 溴化乙锭（EB）。

（5）5×TBE 电泳缓冲液：54g Tris，27.5g 硼酸，20ml 0.5mol/L EDTA（pH 8.0）。

（6）6×上样缓冲液：0.25%溴酚蓝，0.25%二甲苯青 FF，40%（W/V）蔗糖水溶液。

（7）琼脂糖。

【实验步骤】

1. PCR 反应

（1）取 2 支 0.5ml Eppendorf 管分别按表 2-6-3 加入试剂（25μl 体系）。

表 2-6-3　25μl PCR 反应体系操作表

`	实验管（μl）	对照管（μl）
10×taq 酶缓冲液	2.5	2.5
10×dNTP 混合液（10mmol/L）	0.5	0.5
引物 1（10μmol/L）	1	1
引物 2（10μmol/L）	1	1
模板 DNA	2	—
TaqDNA 聚合酶（5U/μl）	0.13	0.13
双蒸水	补至 25	补至 25

（2）试剂加毕混匀，短暂离心后，将离心管移入 PCR 仪，设置 PCR 反应参数如下所示。

94℃初变性 3min；94℃ 30s，55℃ 30s，72℃ 1min，进行 30 次循环；最后 72℃延伸 5min。

2. PCR 产物鉴定　制备含 1μg/ml EB 的 1.0%琼脂糖凝胶。取 5μl PCR 产物，同时以 DNA 相对分子质量标准为对照，分别加入 6×上样缓冲液 2μl 混匀。上样后在 0.5×TBE 电泳缓冲液中以 110V 电压电泳 30min，用紫外检测仪检查，与 DNA 分子量标准对照分析。

【注意事项】

（1）常用的 PCR 引物设计软件有 IDEAS、SEQNCE、PRIMERS、PCRDESNA 等，程序分析结果可同时给出参考的 PCR 操作参数。

（2）进行 PCR 的模板 DNA 量应根据实验确定。

（3）PCR 对照组样品电泳后不应有 DNA 条带出现，否则说明出现了靶 DNA 序列污染。

【思考题】

（1）PCR 技术的基本原理是什么？参与的体系有哪些？

（2）从哪些方面可预防 PCR 出现假阳性结果？

（何芳丽　李斌元）

实验五　DNA 序列测定（双脱氧测序银染法）

【实验目的】

（1）掌握双脱氧测序法进行 DNA 序列测定的原理。

（2）学会双脱氧测序银染法进行序列测定的基本操作。

（3）了解 DNA 序列测定的临床意义。

【实验原理】　在分子生物学研究中，DNA 序列分析是对目的基因进一步研究和改造的基础。目前用于实验室手工进行的 DNA 测序技术主要有 F. Sanger 发明的双脱氧链终止法（chain termination method）又称 Sanger 法。Sanger 法根据核苷酸在某一固定的点开始，随机在某一个特定的碱基处终止，产生以 A、T、C、G 结束的四组不同长度的一系列核苷酸序列，通过尿素变性的聚丙烯酰胺凝胶电泳进行检测，获得可见的 DNA 碱基序列片段。

本实验运用 Taq DNA 聚合酶来延伸结合在待定序列模板上的引物，直到掺入一种链终止核苷酸——双脱氧核苷三磷酸（ddNTP）为止。每一次序列测定均由四个单独的反应体系组成，每个反应均含有四种脱氧核苷酸三磷酸（dNTP）及一种指定的限定量的 ddNTP。ddNTP 缺乏延伸所需要的 3'-OH 基团，因此延长的寡聚核苷酸选择性地在 G、A、T 或 C 处终止。对每一种 dNTPs 和 ddNTPs 的相对浓度可进行调整，从而使反应得到一系列长几十至几千碱基的 DNA 片段，这些片段均具有共同的起始点，但终止在不同的核苷酸上，可通过高分辨率的变性凝胶电泳进行分离。本实验采用一种无放射性的序列分析系统，通过灵敏的银染方法检测凝胶中的条带，避免放射性或荧光法检测带来的污染，并且操作更加快速，价格更加实惠。

【实验器材】

1. 实验仪器　高压电泳仪、测序用电泳槽、制胶设备、PCR 仪、掌上离心机、振荡器、凝胶成像系统、可调式移液器。

2. 实验材料　待测已提纯的 DNA，可为单链也可为双链。本实验用 pGEM-3Zf（＋）DNA（1g/L）。

【实验试剂】

（1）SILVER SEQUENCETM DNA 测序试剂盒。

（2）丙烯酰胺和甲叉双丙烯酰胺储备液 Acr & Bis（38%丙烯酰胺，2%甲叉双丙烯酰胺）：称取 95g 丙烯酰胺，5g 甲叉双丙烯酰胺溶于 140ml 双蒸水中，再定容至 250ml，0.45mm 过滤器过滤后，存放于棕瓶中，置于 4℃冰箱可保存 2 周。

（3）10%过硫酸铵：0.5g 过硫酸铵先溶于 4ml 双蒸水中，再定容至 5ml，需新鲜配制。

（4）10×TBE 缓冲液（1mol/L Tris，0.83mol/L 硼酸，10mmol/L EDTA）：121.1g Tris，51.35g 硼酸，3.72g EDTA-2Na·2H$_2$O，溶于双蒸水中定容至 1L，置于 4℃下可保存 2 周，其 pH 为 8.3 左右。

（5）TBE 电极缓冲液：10×TBE 缓冲液稀释至 1×TBE 备用。

（6）TEMED。

（7）固定溶液：10%冰醋酸。

（8）染色溶液：硝酸银 2g，甲醛 3ml，溶于 2L 灭菌双蒸水中备用。

（9）显影溶液：60g 碳酸钠（Na$_2$CO$_3$）溶于 2L 灭菌双蒸水中，临用前加 3ml 37%甲醛和 40ml 硫代硫酸钠溶液（10mg/ml）。

（10）95%乙醇溶液。

（11）0.5%冰醋酸。

（12）Sigmacote。

【实验步骤】

1. 测序反应　在编号 A、C、G、T 四个 0.2ml 离心管中分别加入相应的 d/ddNTP 混合物 2μl，纯化后模板 2μl，pUC/M13 正向引物 4.5pmol，5×测序缓冲液 1.25μl，测序级 Taq DNA 聚合酶（5U/μl）0.3μl（加入后用移液器轻轻混匀几下），灭菌双蒸水补至终体积 12μl。在掌上离心机中稍微离心一下，使所有的溶液位于离心管底部，各加入 1 滴矿物油，操作均在冰上进行。将反应管放入已预热至 95℃的 PCR 仪中变性 2min，再按 95℃　30s →50℃　30s→72℃　1min 反应 60 个循环。热循环程序完成后，在每个小管内加入 3μl DNA 测序终止溶液，在掌上离心机中稍微离心，终止反应，置于 4℃保存备用。

2. 测序凝胶板的制备　银染测序的玻璃板必须非常清洁，先用温水和去污剂洗涤，再用去离子水冲洗玻璃板，除去残留的去污剂，最后用乙醇清洗玻璃板，自然干燥玻璃板。玻璃板上遗留的去污剂微膜可导致凝胶染色时背景偏高（棕色）。短玻璃板经黏合溶液处理后，可将凝胶交联于玻璃板上，该步骤对于在银染操作过程中防止凝胶撕裂至关重要。对玻璃板处理的具体操作如下所示。

（1）短玻璃板的处理

1）在 1ml 95%乙醇溶液，0.5%冰醋酸中加入 5ml 黏合硅烷（bind silane），配好新鲜的黏合溶液。

2）清洗干燥过的玻璃板用新配的黏合溶液浸透的吸水棉纸擦拭，整个板面都必须擦拭。

3）4～5min 后，用 95%乙醇溶液单向擦玻璃板，然后略用力沿垂直方向擦拭。重复三次该清洗过程，每次均须换用干净的纸，除去多余的黏合溶液。

（2）长玻璃板的处理

1）用浸透 Sigmacote 溶液的棉纸擦拭清洗干燥过的长玻璃板。

2）5～10min 后用吸水棉纸擦拭玻璃板以去除多余的 Sigmacote 溶液。

（3）凝胶的制备

1）玻璃板经黏合硅胶及 Sigmacote 处理后，即可固定玻璃板。将 0.2mm 或 0.4mm 厚的边条置于玻璃板左右两侧，将另一块玻璃板压于其上。在长玻璃板的一侧插入鲨鱼齿梳平的一面，用夹子固定住。

2）根据所需要的凝胶浓度，按表 2-6-4 制备测序凝胶，本实验采用 6%的胶浓度。

表 2-6-4　凝胶浓度配方表

凝胶终浓度（%）	3	6	8	12	16	18
尿素（ml）	42	42	42	42	42	42
Acr & Bis（ml）	7.5	14.5	20.0	30.0	40.0	50.0
10×TBE 缓冲液（ml）	10	10	10	10	10	10
双蒸水（ml）	47.5	40.5	35.0	25.0	15.0	5.0
10%过硫酸铵（ml）	0.8	0.8	0.8	0.8	0.7	0.7
TEMED（μl）	87	80	80	70	47	40

3）胶配制好后，即可灌制胶板。通常在玻璃板处理后的 30min 内灌制凝胶。一般是将凝胶沿着压条边缘缓慢地加入玻璃板的槽中，防止产生气泡。加完后，静止放置直至凝胶聚合完全。

3. 电泳

（1）预电泳

1）当凝胶聚合完全后，拔出鲨鱼齿梳，将该梳子有齿的一头插入凝胶中，形成加样孔。

2）立即将胶板固定在测序凝胶槽中，加入 TBE 缓冲液。

3）稀释 10×TBE 缓冲液至 1×TBE，将该缓冲液加入上下两个电泳槽中，去除产生的气泡，接上电源，按电压 2200V，预电泳 1h，使胶温升至 55℃左右（高温电泳可防止 GC 丰富区形成的发夹状结构，而影响测序的结果）。

（2）上样及电泳

1）预电泳时，小心吸取上述 PCR 反应后管中矿物油下的蓝色样品，在沸水浴中加热 1～3min，立即置于冰上。

2）关闭电泳仪，用移液枪吸取缓冲液清洗样品孔，去除在预电泳时扩散出来的尿素，然后立即用毛细管进样器吸取样品加入样品孔中，上样顺序一般为 G、A、T、C。

3）加样完毕后，开始电泳。先可用 30V/cm 进行电泳，5min 后提高至 40～60V/cm，并保持恒压状态。电泳时间依具体情况而定，通常一个 55cm 长，0.2mm 厚的凝胶板，在 2500V 恒压状态下电泳 2h 即可走到底部。

4. 测序凝胶的银染　染色过程要求凝胶完全浸于塑料盘中，因此需准备两个大小与玻璃板类似的盘子，在盘中加入新鲜溶液之前须用灭菌双蒸水先进行洗涤。具体步骤如下所示。

（1）电泳完毕后用一个塑料插片小心地分开两板，凝胶应该牢固地附着在短玻璃板上。

（2）固定凝胶：将连着玻璃板的凝胶放入塑料盘，用固定溶液浸没，充分振荡 20min 或直至样品中的染料完全消失，胶可在固定溶液中过夜保存（不振荡）。保留固定溶液，用于终止显影反应。

（3）漂洗：用灭菌双蒸水振荡洗胶 3 次，每次 2min。每次从水中取出时，拿着胶板边沿静止 10～20s，使水流尽。

（4）凝胶浸染：把凝胶移至染色溶液充分晃动 30min。

（5）漂洗：用装有灭菌双蒸水的容器过洗凝胶约 5s，不超过 10s。

（6）凝胶显影

1）临用前，在显影溶液中加入甲醛（3ml）和硫代硫酸钠溶液（400μl），完成显影液的配制。

2）将凝胶立即转移至 1L 预冷的显影液中充分振荡直至模板带开始显现，再将凝胶移入剩余的 1L 显影液中继续显影 2～3min，或直至所有条带出现。

（7）固定凝胶：在显影液中加入等体积的固定溶液。

（8）在灭菌双蒸水中浸洗凝胶 2 次，每次 2min，注意在本操作中需戴手套拿胶板边缘，避免在凝胶上留下指纹。

（9）将凝胶置于室温环境干燥或用抽气加热法进行干燥。

（10）将凝胶置于可见光灯箱或亮白、黄色的背景上进行观察，记录测序结果。如需长久保存记录，则可转化为 EDF 胶片。

【注意事项】

（1）测序所用模板 DNA 的量一般按表 2-6-5 要求加入。

表 2-6-5 测序所用模板 DNA 的量

长度/模板种类	模板量
200bp（PCR 产物）	16ng（120fmol）
3000~5000bp（超螺旋质粒 DNA）	4mg（2pmol）
48 000bp（λ，黏粒 DNA）	1mg（31fmol）

由于超螺旋质粒产生的信号比松弛的线形双链 DNA 弱，因此使用超螺旋质粒作为模板时其用量要比其他模板的大一些。

（2）计算与 4.5pmol 相当量的引物纳克数可用以下公式：

4.5pmol = 1.5ng × n，其中 n 为引物碱基数

计算与 1pmol 相当量的引物微克数可用以下公式：

dsDNA：1pmol=（6.6×10^{-4}mg）× n，其中 n 为模板碱基对数

ssDNA：1pmol=（3.3×10^{-4}mg）× n，其中 n 为模板碱基数

（3）进行玻璃板黏合处理时需注意如下几点。

1）用 95%乙醇溶液单向擦玻璃板时，用力过度会带走过多的黏合硅烷，致使凝胶与玻璃板黏附不牢固。

2）准备长玻璃板之前需要更换手套，以防止沾染上黏合硅烷，因为黏合溶液沾染在长玻璃板上将导致凝胶撕裂。

3）用过的凝胶可在水中浸泡后用剃须刀片或塑料刮刀轻轻刮去，若结合太紧可用 10% NaOH 溶液将凝胶浸泡后再除去。

4）为防止交叉污染，用于清洗短玻璃板与清洗长玻璃板的工具必须分开，如果出现交叉污染，以后制备的凝胶可能撕裂或变得松弛。

（4）测序产物银染方法的成败受以下几个因素的影响。

1）染色是否成功对水的质量要求极高，超纯水或灭菌双蒸水均可获得较好的效果，若水中有杂质，则低相对分子质量条带可能无法显现。

2）碳酸钠等试剂均需使用新鲜配制的。

3）染色后的洗涤步骤也非常关键，如果凝胶洗涤时间过长，银颗粒会脱离 DNA，影响序列信号的产生。若洗涤过度，可重新进行染色。

4）如果凝胶厚度超过 0.4mm 或丙烯酰胺浓度高于 6%，则需要延长固定和染色的时间。如果凝胶比 0.4mm 薄，则染色反应后的洗涤必须缩短，不超过 5s。

5）显影溶液必须预冷至 10~12℃以减小背景杂色。

6）临用前在显影溶液中加入甲醛和硫代硫酸钠，每次均需使用新配制的染色及显影溶液。

【知识扩展】 银染测序是不使用放射性同位素的一种测序方法，它是使用较为敏感的银染色检测法来检测序列胶中的 DNA 条带。由于银染法灵敏度低于放射性同位素和荧光染料，因此它需要的 DNA 量也较多。其基本原理是通过高灵敏度的银盐显色步骤来检测末端终止法完成的测序凝胶条带。银染测序系统利用线性扩增，热循环等步骤获得银染检测所需的足够 DNA 量，在一日内完成序列反应，电泳分离，并获得数据。该方法可以在电泳结束后 1.5h 内得出结果，同时也省去了放射性同位素操作过程中的特殊防护措施。与荧光染料标记方法比较，银染色测序法使用普通的寡核苷酸引物，无需在引物 5'-OH 末

端或底物进行任何修饰，也不需要昂贵的仪器设备来检测结果，可以在显色后的胶上直接读序。该法快速、安全、费用低，而成为酶法测序分析中的重要测序系统。

【思考题】

（1）Sanger 法进行 DNA 序列测定的基本原理是什么？还有哪些方法也是基于此原理？

（2）DNA 序列测定的临床意义有哪些？

（李俐娟）

实验六　DNA 印迹杂交技术（Southern 印迹法）

【实验目的】

（1）掌握 DNA 分子杂交的基本原理，学会基本操作。

（2）学会利用核酸杂交技术鉴定重组克隆中的目的基因。

【实验原理】　DNA 印迹杂交技术（Southern 印迹法）是将待测的 DNA 片段结合到某种固体支持物上，然后通过一定的方法来检测其与存在于液相中的标记核酸探针间的杂交。DNA 印迹杂交分析一般包括 DNA 酶切电泳、印迹、固定、杂交和检测五个步骤。

首先利用琼脂糖凝胶电泳将经适当限制性内切酶切割的 DNA 片段按相对分子质量大小加以分离。然后将琼脂糖凝胶中的 DNA 片段变性，并将其中的单链 DNA 片段转移到 NC 膜或其他的固相支持物上，而转移后的各 DNA 片段的相对位置保持不变。再用标记的核酸探针与固相支持物上的 DNA 片段进行杂交。最后洗去未杂交的游离探针分子，通过放射性自显影或显色反应等方法来检测杂交情况。

【实验器材】

1. 仪器　电泳仪、水平式电泳槽、恒温水浴箱、封口机、电转移装置、可调式移液器、杂交袋、NC 膜。

2. 材料　GAPDH PCR 片段、pUC18/GAPDH、pUC18。

【实验试剂】

（1）5 × TBE

Tris	5.40g
硼酸	2.75g
0.5mol/L EDTA（pH 8.0）	2 ml
ddH₂O	定容至 100ml

（2）20 × SSC

NaCl	17.53g
柠檬酸钠	8.82g
用 10mol/L NaOH	调 pH 至 7.0
ddH₂O	定容至 100 ml

（3）10% SDS

SDS（十二烷基磺酸钠）	10g
ddH₂O	定容至 100ml

（4）10%十二烷基肌氨酸钠（*N*-lauroyl sarcosine）

| 十二烷基肌氨酸钠 | 10g |
| ddH$_2$O | 定容至 100ml |

（5）变性液

| 5mol/L NaOH | 4ml |
| 1mol/L Tris-Cl（pH 7.6） | 15ml |

（6）中和液：1.5mol/L NaCl，1mol/L Tris-HCl（pH 7.4）。

（7）TS 溶液

1mol/L Tris-HCl（pH 7.6）	10ml
5mol/L NaCl	3ml
ddH$_2$O	定容至 100ml

（8）1×blocking solution（1%封闭液）

| 封闭剂 | 2g |
| TS 溶液 | 200ml |

临用前 50～70℃预热 1h 助溶

（9）TSM 缓冲液

1mol/L Tris-HCl（pH 9.5）	10ml
5mol/L NaCl	2ml
1mol/L MgCl$_2$	5ml
ddH$_2$O	定容至 100ml

（10）预杂交液

20×SSC	25ml
10% SDS	0.2ml
10%十二烷基肌氨酸钠	1ml
封闭剂	1g
TS 溶液	20ml
ddH$_2$O	定容至 100 mL

（11）杂交液（临用前配制）

| 预杂交液 | 50ml |
| 变性探针 | 50μl |

（12）显色液

NBT	135 l
BCIP	105μl
TSM	30ml

（13）抗地高辛标记酶联抗体（抗体-Dig-Ap）。

（14）6×上样缓冲液。

（15）琼脂糖。

（16）限制性内切酶：*Eco*R I，*Bam*H I。

【实验步骤】

1. DNA 酶切

| pUC18/GAPDH | 10μg |

10 × Multi-core 缓冲液	2μl
*Eco*R I	1μl
*Bam*HI	1μl

ddH₂O 定容至 20μl

37℃，2～3h。

2. 琼脂糖电泳

（1）制胶

琼脂糖	1g
0.5 × TBE	100ml

置微波炉中熔化，冷却至 50～60℃。

10mg/ml EB	3μl

混匀，灌胶。

（2）按表 2-6-6 顺序上样。

表 2-6-6　上样顺序

	二道	三道	四道	五道
Marker	PUC18	PUC18/GAPDH（酶切）	PCR 产物	PCR 产物
2μl	3μl	15μl	15μl	15μl

（3）电泳：60 V 电泳 1～2h。

3. 印迹转移

（1）剪取一张比电泳凝胶稍大的 NC 膜。剪去一角以确定位置，浸泡于 0.5 × TBE 中 15min。同时剪取十张与 NC 膜等大的滤纸浸泡于 0.5 × TBE 中。

（2）将 3～5 张浸泡过的滤纸平铺于石墨电极下板（阳极）上，用玻璃管滚动驱除气泡，使滤纸接触完全，平整。

（3）按同样的方法，将浸泡后的 NC 膜铺在滤纸上，使 NC 膜的光面朝上（若为进口膜，则两面都可用）。

（4）将琼脂糖凝胶电泳切去一角作为标记，小心地转移到 NC 膜上，凝胶去角的一侧与 NC 膜去角的一侧对齐，并使点样孔朝上。然后在凝胶上逐层铺盖 3～5 张浸湿的厚滤纸，驱除气泡。

（5）盖上电极板（阴极），下板接正极，上板接负极，15V 恒压（电流约 0.8mA/cm² 胶），电转移 2h 左右。

4. 变性固定

（1）取出电转移后的 NC 膜，用紫外灯检查转移的情况，若 NC 膜上可见 EB 荧光，而凝胶中无荧光，说明转移较完全。用铅笔在 NC 膜背面（无 DNA 条带的一面）作一记号，并标明加样孔的位置。

（2）用滤纸吸干 NC 膜。将两只一次性塑料手套铺于台面上，一只手套上点上 1ml 变性液，另一只手套上间隔点两个 1ml 中和液（也可将变性液和中和液分别点在滤纸上）。

（3）将 NC 膜正面朝上平铺于变性液上。注意不要让变性液流到 NC 膜的光面上，变性 5～10min。

（4）用同样方法将 NC 膜平铺在中和液上，中和两次，每次 5min。

（5）将膜夹在两张干燥的双层滤纸中间，80℃烘干 1～2h 或放于紫外交联仪中，正面朝上，照射 5s 左右。

5. 探针标记（由教师制备）

模板 DNA	1μl
ddH$_2$O	14μl

沸水浴加热 5min；冰浴迅速冷却 5min，加入：

六联体随机引物	2μl
dNTP 混合液（含 dig–11–dUTP）	2μl
Klenow 酶	1μl

混匀，离心数秒，37℃水浴 4～20h 后，加入：

0.2mol/L EDTA	1μl

立即混匀，再加入：

4mol/L LiCl	2.5μl
无水乙醇（–20℃预冷）	75μl

混匀，–20℃放置 1～2h 后，4℃，12 000*g* 离心 10min，弃上清液。沉淀晾干 20 min，然后加入 50μl TE 溶解，–20℃保存。用前 95～100℃变性 5min，置冰浴 5min。

6. 预杂交（30cm^2 NC 膜）：

（1）将膜浸入 5×SSC 中 2min，然后将膜放入干净的塑料袋中，各边至少保留 0.5cm 的空间，用热压机压封，留一边加液体。

（2）将预杂交液事先 50℃预热，然后将 110ml 预杂交液加入杂交袋中，尽量排除袋中的空气，用封口机封口。

（3）50℃预杂交 1h 以上，不时摇动。

7. 杂交（30cm^2 NC 膜）

（1）取出杂交袋，剪去一角去除预杂交液或换用新的杂交袋，然后加入 5ml 杂交液（含 5μl 变性探针），排除气泡后封口。

（2）将杂交袋放入 58℃水浴中杂交过夜（至少 6h）。

8. 洗膜

2×SSC，0.1%SDS，50ml，室温，5min×2 次。

0.1×SSC，0.1%SDS，50ml，55℃，10min×2 次。

9. 免疫酶联检测

（1）偶联反应

1）用 TS buffer 室温洗膜 2min。

2）用 1×blocking 50ml，洗膜 30min，轻摇。

3）用 TS buffer 按 1∶10 000 稀释抗体–Dig–Ap 至 75mU/ml，将膜封入杂交袋中，加入 5ml 稀释抗体，轻摇 50min。

4）用 TS buffer 50ml 室温洗膜 2min。

（2）显色反应

1）用 TSM buffer 20ml 平衡膜 2min。

2）将膜装入杂交袋中，加入 5ml 显色液，排除气泡后封口，避光 30min 左右

（5min～16h）。

3）取出膜，用 50ml TE 洗膜 5min，终止反应。

4）80℃烤干或紫外交联仪烘干保存。

【注意事项】

（1）选择适当的限制性内切酶酶切，使目的片段为 0.5～10kb 较理想。过大的片段则印迹转移效果差，杂交时间长；片段过小，则 DNA 易扩散而使杂交带模糊，且 300bp 以下的片段与 NC 膜结合效率差。若需要分离大片段进行杂交时，可在电泳分离后再经 HCl 脱嘌呤，碱降解成小片段后再进行转移。

（2）预杂交时，预杂交液要充足；水浴保温时，塑料袋要拉平，否则影响杂交本底。

（3）避免直接加入浓缩的 DNA 探针，以防局部背景过深。

（4）洗膜液的量要充足，洗膜时间可根据经验适当延长或缩短。

（5）操作过程中应尽量防止气泡。若印迹过程中凝胶与 NC 膜间有气泡，气泡所在部位会产生高阻抗点而产生低效印迹区；若杂交带中有气泡，气泡部位的杂交反应和显示反应均会受到影响。

（6）国产 NC 膜外观洁白均匀，湿膜正面呈光泽，标有红色 NC 记号。

（7）烤膜的温度不要超过 90℃，温度过高会导致膜变脆。

（8）杂交液中也可加入去离子甲酰胺至 50%，但封闭剂的浓度也应相应增加至 5%，增加温度为 42℃。

（9）封闭剂难以快速溶解，应提前 1h 配制且加热至 50～70℃助溶。

（10）显色反应中应避光，且一旦加入显色反应液就应使之尽快浸泡均匀，平放静置不动，绝不能振摇或搅拌，以免杂交带或点发生显色位移。此外，每张膜最好单独显色，防止膜重叠而导致膜间带或点的相互污染。

【思考题】

（1）DNA 分子杂交技术是利用核酸分子杂交而发展起来的一项技术，还有哪些技术利用了此原理？

（2）应用 DNA 分子杂交技术可以做哪些方面的工作？

（李俐娟　尹卫东）

实验七　DNA 重组与鉴定

【实验目的】

（1）掌握 DNA 重组技术的基本概念及原理。

（2）学会筛选、鉴定重组 DNA 的方法。

【实验原理】　DNA 重组是通过酶学方法将不同来源的 DNA 在体外进行特异切割、重新连接组成新的 DNA 杂合分子。

DNA 重组的基本过程可分为五个步骤：①"分"即目的 DNA 片段和载体的分离纯化；②"切"即用适当限制性核酸内切酶对目的 DNA 和载体进行切割，以产生匹配末端；③"接"指目的 DNA 和载体在 DNA 连接酶作用下形成重组子；④"转"指将连接后的产物导入适当的宿主菌中使之扩增；⑤"筛"指对转化后的宿主菌进行筛选，获得含有所需 DNA 重组子的菌落。

【实验器材】

1. 仪器　高压消毒锅、超净工作台、台式冷冻离心机、恒温培养箱、紫外分光光度计、电泳仪、微型水平电泳槽、紫外灯箱、可调式移液器、Eppendorf 管。

2. 材料　GAPDH（三磷酸甘油醛脱氢酶基因片段，PCR 实验中获得）、载体 pUC18、菌株 JM109。

【实验试剂】

（1）LB 培养基：1%胰蛋白胨，0.5%酵母提取物，1% NaCl（高压灭菌）。

（2）LB 固体培养基：LB 培养基，1.5%琼脂（高压灭菌）。

（3）LA 培养基：LB 培养基，100μg/ml 氨苄西林。

（4）0.1mol/L CaCl$_2$（转化液）。

（5）T$_4$ DNA 连接酶。

（6）*Eco*R I ，*Bam*H I 。

（7）100μg/ml 氨苄西林。

（8）3mol/L 乙酸钠（pH 5.2）。

（9）酚/氯仿（1：1）。

（10）无水乙醇。

（11）75%乙醇溶液。

（12）5×TBE。

（13）6×上样缓冲液：0.25%溴酚蓝、0.25%二甲苯青 FF、30%甘油水溶液。

（14）溴化乙锭（EB）。

（15）琼脂糖。

（16）IPTG，浓度为 400mmol/L。

（17）X-gal，浓度为 50mg/ml。

【实验步骤】

1. 载体与目的 DNA 的制备

（1）载体的酶切与纯化

1）酶切

pUC18（0.8μg/μl）	6μl
10×Multi-core 缓冲液	2μl
*Bam*H I	1μl
*Eco*R I	1μl
ddH$_2$O	10μl

混匀，37℃水浴 2～3h。

2）纯化：① 酚/氯仿抽提，目的是终止核酸内切酶的活性和去除蛋白质。加入等体积酚/氯仿，振荡混匀 5min，4℃ 12000g 离心 10min。② 取上清液，加 1/10 体积的 3mol/L 乙酸钠（pH 5.2）、2 倍无水乙醇，混匀后室温放置 10min 或20℃放置 30min，4℃ 12 000g 离心 10min。75%乙醇溶液洗涤一次。③ DNA 干燥后，加 20μl 灭菌的双蒸水溶解。

（2）目的 DNA 的酶切与纯化

1）酶切

目的 DNA	10μl
10×Multi-core 缓冲液	2μl
*Bam*H Ⅰ	1μl
*Eco*R Ⅰ	1μl
ddH$_2$O	6μl

混匀，37℃水浴 2～3h。

2）纯化：步骤同前，最后 DNA 沉淀溶于 10μl 灭菌的双蒸水。

2. 连接反应　取两支 Eppendorf 管，分别标记连接管和对照管，按如下加入试剂。

	连接管	对照管
DNA 载体	2μl	2μl
目的 DNA	2μl	—
10×T$_4$ DNA 连接酶缓冲液	2μl	2μl
T$_4$ DNA 连接酶	1μl	1μl
双蒸水	13μl	15μl

混匀，16℃反应 5h。

3. 转化

（1）制备感受态细胞

1）将冻存的 JM109 菌株按照 1%浓度接种于 LB 培养基中，37℃振荡培养 12h 左右。

2）取 0.5ml 菌液加到 50ml LB 培养基中，37℃振荡培养 4～6h，直到细菌对数生长期（OD$_{600}$＝0.4～0.6）。

注：以上操作均在无菌条件下进行。

3）取 1.5ml 菌液置 Eppendorf 管中，冰浴 10min。（每组做四管）。

4）4℃，4000 g 离心 10min，弃上清液。

5）向沉淀中加入 0.2ml 预冷的转化液，指弹混悬后，冰浴 15min。

6）4℃，4 000g 离心 10min，弃上清液。

7）向沉淀中加入 0.2ml 预冷的转化液，指弹混悬后，置于 4℃冰箱或冰浴 1～2h，待用。

（2）转化大肠埃希菌

1）向 1 号管中加入 10μl 连接产物，向 2 号管中加入 10μl 对照产物，向 3 号管中加入 2μl pUC18 质粒，向 4 号管中加入 5μl 重组质粒（阳性对照，教师制备）混匀，冰浴 30min。

2）42℃热休克 90s。

3）迅速冰浴 2min。

4）向四支 Eppendorf 管中，分别加入 1ml LB 培养基，置于 37℃温箱中培养 1h。

5）取四个含氨苄西林的琼脂培养皿（LA 培养皿），然后分别将 25μl IPTG 和 20μl X-gal 涂布于培养基表面，37℃放置半小时左右以待两者吸收。或者分别将 12μl IPTG 和 20μl X-gal 加入到转化后的细菌培养基中，混匀后连同细菌一起涂布于培养基的表面。

6）分别取上述四管菌液 100～200μl 铺板，置于室温或 37℃温箱中 20～30min，待菌液被琼脂吸收后，倒置平皿于 37℃培养 24h。

4. 重组子的筛选与鉴定　本实验采用蓝-白筛选法即 β-半乳糖苷酶系统筛选法。

含有重组质粒的细菌形成白色菌落；而含有非重组质粒的细菌则形成蓝色菌落。所以，根据菌落的颜色即可初步筛选出含重组质粒的菌落。以后，可根据质粒的酶切图谱做进一步鉴定。

【注意事项】

（1）DNA 连接反应的温度和时间可根据具体情况加以调整。

（2）制备感受态细胞的最后一步即第七步，可将细胞在 4℃放置 12～24h，这样可使转化率增高 4～6 倍；如放置 24h 以上，转化率又降到原来水平。

（3）细菌转化进行热休克时，时间要准确，勿摇动细菌。

（4）在铺板时，抗氨苄西林的转化菌不宜铺得过多，否则容易产生卫星菌落，妨碍筛选。

（5）注意无菌操作。

（6）一般情况下，有 β-半乳糖苷酶活性的细菌比无此酶活性的细菌生长得慢，所以，过夜培养后，可见白色菌落比蓝色菌落大。

【思考题】

（1）转化菌中为什么会出现假阳性克隆背景？可采取哪些措施降低背景？

（2）如果平皿中没有或只有极少的转化菌落，请分析可能的原因。

（3）如何判断目的基因与载体是否连接成功？

（黄春林　田　英）

实验八　克隆化 DNA 的定点突变实验

【实验目的】

（1）研究蛋白质相互作用位点的结构、改造酶的不同活性或者动力学特性。

（2）改造启动子或者 DNA 作用元件。

（3）提高蛋白的抗原性或者是稳定性、活性，研究蛋白的晶体结构，以及药物研发、基因治疗等方面。

【实验原理】　通过设计引物，并利用 PCR 将人 eNOS 启动子全长序列扩增出来，然后利用 PCR 添加的末端酶切位点进行双酶切，插入到表达载体 pGL2 中，构建人 eNOS 启动子全长报告基因载体 pGL2-eNOS，再以 pGL2-eNOS 为模板利用 PCR 对分别对 SP-1 和 AP-1 元件进行点突变，在 PCR 产物上就已经把 SP-2 和 AP-1 元件位点进行突变，然后再转化，筛选阳性克隆，再测序确定所需序列。

通过聚合酶链式反应（PCR）等方法向目的 DNA 片段（可以是基因组，也可以是质粒）中引入所需变化（通常是表征有利方向的变化），包括碱基的添加、删除、点突变等；而其中定点突变，是目前最常用的一种。

【实验试剂】

（1）Pfu DNA Polymerase 高保真 DNA 聚合酶。

（2）Reaction Buffer（10×）。

（3）dNTP Mix（2.5 mmol/L each）。

（4）*Dpn* I 甲基化酶。

（5）Nuclease-Free Water。

（6）DH5α 甘油菌。

（7）LB 培养基：1%胰蛋白胨，0.5%酵母提取物，1%NaCl（高压灭菌）。

（8）LB 固体培养基：LB 培养基，1.5%琼脂（高压灭菌）。

（9）LA 培养基：LB 培养基，100μg/ml 氨苄西林。

【实验器材】　仪器：高压消毒锅、超净工作台、恒温培养箱、紫外分光光度计、PCR 仪、0.2ml PCR 管、1.5ml EP 管、振荡器、掌上离心机、可调式移液器、Eppendorf 管。

材料：引物、pGL2 质粒载体（Biovector NTCC Inc 产品）。

【实验步骤】

1. 人 eNOS 启动子全长报告基因载体 pGL2-eNOS 的构建　从基因库调取人血管内皮细胞启动子区域序列 1～1600bp，基因库序号：AF387340，设计含有酶切位点的引物，进行 PCR 扩增。引物序列：上游，5'-gaagatatctatctgatgctgcctgtcacc-ttgaccctg-3'，含有 Bgl Ⅱ 酶切位点；下游，5'-attaagctttgcctgctccagcagagccctggccttttc-3'，含有 Hind Ⅲ 酶切位点。

分别对 PCR 产物和 pGL2 质粒载体进行 Bgl Ⅱ 和 Hind Ⅲ 双酶切，然后利用 T₄ DNA 连接酶进行链接；将重组质粒 DNA 转入 DH5α 感受态细菌，扩增后提取 DNA，再进行 PCR 和酶切，以证实构建质粒中的所需 DNA 序列是正确的。

2. SP-1 和 AP-1 顺式元件点突变的表达载体 pGL2-eNOS-SP1-mut 和 pGL2-eNOSAP1-mut 质粒的构建　以 eNOS 启动子序列中的 SP-1 和 AP-1 的位点及其序列为基础，用上面的 eNOS 启动子质粒 pGL2-eNOS 为模板，利用 PCR 定点突变技术分别对 SP-1 和 AP-1 的 cis 元件进行定点突变。

根据 eNOS 启动子序列中的 AP-1 和 SP-1 的位点及其序列，分别设计 PCR 引物。AP-1 元件位点：两个，分别为 71～77bp 和 938～945bp，序列为 tgagtca。AP-1 突变所设计的引物：上游分别为 5'-tgtgcaaatccttggtcatgcacatt-3'和 5'-tgtgcaatggggtatgggggtt-3'，下游均为 5'-agtgggggacacaaagagcagg-3'。SP-1 元件位点：一个，位于 1500～1509bp，序列为 ggggcggggc。AP-1 突变所设计的引物：上游为 5'-atagtgtcagagcgagggccagcact-3'，下游为 5'-cccatacacaatgggacaggaacaag-3'。上述引物，用载体 pGL2-eNOS 为模板分别进行 PCR 扩增；将 PCR 的产物 DNA 片段再进行平端连接（blunt end ligation）。将此 DNA 片段插入 pGL2 质粒，分别得到 SP-1 和 AP-1 顺式元件点突变的表达载体 pGL2-eNOS-SP1-mut 和 pGL2-eNOS-AP1-mut 质粒。

3. PCR 基因定点突变反应

（1）如下设置基因定点突变反应体系：

Nuclease-Free Water	?μl
Reaction Buffer（10×）	5μl
引物（10μmol/L each）	2μl
dNTP Mix（2.5mmol/L each）	4μl
待突变模板质粒（0.5μg）	?μl
总体积	49μl

按以上顺序依次加入各种试剂。在上面的反应体系中，依据待突变模板质粒 0.5μg 的量，再计算出需加入的 Nuclease-Free Water 的体积，使总体积为 49μl。混均匀后，再加入 1μl 的 Pfu DNA Polymerase，混匀。如果用的 PCR 仪没有热盖，在反应体系上加入一滴矿物油（mineral oil）以防止蒸发。

（2）按照如下参数设置 PCR 仪：

步骤	循环数	温度	时间	说明
1	1	95℃	1min	最初变性
		95℃	40 s	变性
2	18	60℃	1min	退火
		68℃	1min/kb	延伸
3	1	72℃	10min	延伸、补全
4	1	4℃	长时间保持	暂时存放

说明：上面表格中 1min/kb 表示，如果待突变的质粒为 6kb，那么 68℃的延伸时间为 6min。

4. *Dpn* I 处理酶切产物　在 PCR 反应产物中加入 1μl *Dpn* I，混匀后，在 PCR 仪 37℃孵育 1h。经过 *Dpn* I 消化后可直接用于转化，或-20℃保存。

5. 转化、挑克隆鉴定　在细菌与产物混合时，加入相对较多的突变产物可提高转化效率。通常比例是：100μl 感受态细菌：10μl PCR 突变反应产物。把被转化后的细菌，涂铺到含有氨苄西林的平板上，过夜培养。一般会得到 30 个左右的克隆（如克隆太多有上千个，那么意味着假性克隆出现，转化失败）。

对挑选的克隆要进行进一步抽提和酶切鉴定，以确认质粒中插入片段是否正确。然后取 3～5 个酶切鉴定正确的克隆，提取 DNA 去进一步测序，最终确认得到的克隆是预期的突变克隆。

【思考题】

（1）如何设计引物？

（2）如何去掉模板呢？

（3）如何拿到质粒呢？

（严丽梅）

第七章　RNA 操作实验

实验一　肝总 RNA 的制备

【实验目的】

（1）掌握组织总 RNA 制备的基本原理和方法。

（2）掌握鉴定 RNA 纯度及是否降解的方法。

【实验原理】　本实验采用一步提取法用于 RNA 的提取，具有产率高、纯度好、方法简便快速、RNA 不易降解的特点。利用异硫氰酸胍（GTC）和 β-巯基乙醇（β-Me）抑制 RNA 酶活性，通过 GTC 和十二烷基肌氨酸钠（SLS）的联合作用，促使核蛋白（RNP）解聚并将 RNA 释放到溶液中，然后用酸酚选择性地将 RNA 抽提至水相，与 DNA 和蛋白质分离后，最后经异丙醇沉淀回收总 RNA。

【实验器材】

1. **仪器**　玻璃匀浆器、台式冷冻离心机、高压灭菌锅、紫外分光光度计、电泳仪、水平电泳槽、手提紫外灯、可调式移液器。

所有玻璃器皿冲洗干净后，于 180℃ 干烤 5～12h。Ep 管、枪头高压灭菌。

2. **材料**　小鼠肝脏。

【实验试剂】

（1）DEPC 水：按 1∶1000 体积比，将 DEPC 加入到 ddH_2O 水中，室温放置过夜，高压灭菌 15min。

（2）变性液：异硫氰酸胍 4mol/L，柠檬酸钠 25mmol/L，十二烷基肌氨酸钠 0.5%，β-巯基乙醇 0.1mol/L，过滤除菌，4℃ 避光保存。

（3）2mol/L 乙酸钠（pH 4.0），NaAc 16.4g，DEPC 处理水 8ml。溶解后，用冰醋酸调至 pH 4.0，定容至 100ml；处理过夜后，高压灭菌 15min。

（4）水饱和酚：重蒸酚于 65～70℃ 水浴溶解后，取 200ml，加入 0.2g 8-羟基喹啉及 200ml DEPC 处理水，混匀，饱和 4h，去除水相。再加入等体积 DEPC 处理水，继续饱和 4h 后。再加入 50ml DEPC 处理水，饱和 1h，4℃ 避光保存。

（5）氯仿。

（6）异丙醇。

（7）75% 乙醇溶液。

（8）10×MOPS[*N*-（玛琳代）丙磺酸]缓冲液：

MOPS	20.96g
DEPC 处理水	400mL
NaOH	调 pH 至 7.0
3mol/L NaAc	8.3ml
0.5mol/L EDTA（pH 8.0）	10ml
DEPC 处理水	定容至 500ml

过滤除菌，室温避光保存。

（9）10×上样缓冲液

聚蔗糖	2.5g
溴酚蓝	25mg
0.5 mol/L EDTA	20μl
DEPC 处理水	定容至 10ml

（10）1mg/mL 溴化乙锭（EB）。

（11）37%甲醛（pH 在 4 以上）。

（12）甲酰胺。

【实验步骤】

1. RNA 提取

（1）断颈处死小鼠，取鼠肝，称重。

（2）加入预冷变性液（0.5ml/100mg 组织），充分匀浆。

（3）加入 1/10（变性液）体积的 2mol/L NaAc（pH 4.0），混匀。

（4）加入等体积水饱和酚和 1/5 体积氯仿，充分振荡混匀。

（5）冰浴放置 15min，4℃ 12 000g 离心 10min。

（6）将上层水相移入另一新的 Ep 管中（注意不要吸取中间层），加入等体积异丙醇，−20℃沉淀 1h。

（7）4℃ 12 000g 离心 10min，弃上清液。

（8）加入 1ml 75%乙醇溶液洗涤沉淀，混悬，4℃ 12 000g 离心 5min，弃上清液。可重复洗涤一次。

（9）沉淀空气干燥 20min，加入 20μl DEPC 处理水溶解沉淀。

2. RNA 鉴定

（1）RNA 完整性鉴定（1%变性琼脂糖凝胶电泳）

1）配胶：琼脂糖 0.5g，TE 缓冲液 50ml，加热熔解琼脂糖后，冷却至 60℃左右，加入 EB（1mg/mL）1μl，混匀后铺胶。

2）电泳：将电泳槽加入 1×MOPS 缓冲液至浸没胶 1mm 左右，120V 预电泳 10min，关闭电源，上样 5μl，继续电泳约 1h，紫外灯下观察 RNA 的完整性。

（2）RNA 浓度与纯度测定：取 5μl RNA 溶液，稀释至 500μl，测定 OD_{260}，OD_{280}，OD_{230} 波长的 OD 值；计算 OD_{260}/OD_{280}，OD_{260}/OD_{230} 值。

RNA 浓度（μg/μl）=（OD_{260}×40×稀释倍数）/100

【注意事项】

（1）组织提出后要迅速匀浆，匀浆要充分。

（2）实验所用容器需 180～200℃干燥 4h 以上或高压灭菌，实验者操作中要戴手套，避免说话。

（3）实验所用仪器尽可能用新开封或 RNA 专用试剂，溶液尽可能用 0.1%DEPC 水配制，处理过夜后，高压灭菌。

（4）整个实验过程尽量低温操作。

（5）不要真空干燥 RNA，干燥过度的 RNA 不易溶解。

（6）RNA 样品储存于−20℃或−70℃备用。

【思考题】

（1）测定 OD_{260}，OD_{280}，OD_{230} 意义是什么？

（2）如何判断 RNA 是否发生降解？

（黄春林）

实验二　Northern 印迹法

【实验目的】

（1）掌握 Northern 杂交的基本原理，学会基本操作。

（2）学会利用核酸杂交技术对目的 RNA 进行定性和定量分析。

【实验原理】　　Northern 印迹技术是用来检查基因组中某个特定的基因是否得到转录。具有一定同源性的两条核酸单链在一定的条件下（适宜的温度及离子强度等）可按碱基互补原则退火形成双链，Northern 杂交的双方是待检测的核酸序列和探针，它们分别是 mRNA 和 cDNA。mRNA 从细胞分离纯化得到，为了便于示踪，用于检测的已知核酸片段（探针）必须用放射性核素或非放射性标记物加以标记，其操作基本流程是：①用凝胶电泳方法将提取的待测核酸（mRNA 或总 RNA）分离；②将分离的核酸片段从胶上转到尼龙膜或 NC 膜上，转移后的核酸片段将保持其原来的相对位置不变；③用标记的 cDNA 探针与尼龙膜或 NC 膜上的 mRNA 进行杂交，洗去未杂交的游离的探针分子，通过放射自显影等检测方法显示标记的探针的位置。由于探针已与待测核酸片段中的同源序列形成杂交分子，探针分子显示的位置及其量的多少，反映了待测核酸分子中是否存在相应的基因顺序及其量与大小，即含特定 mRNA 的丰度，从而了解该基因在转录水平的表达情况。

【实验器材】　　恒温水浴箱，电泳仪，高压蒸汽灭菌锅，磁力搅拌器，pH 计，凝胶成像系统，真空转移仪，真空泵，UV 交联仪，杂交炉，恒温摇床，脱色摇床，漩涡振荡器，微量移液器，电炉（或微波炉），离心管，烧杯，量筒，三角瓶，同位素室设备，曝光夹，X 线洗片机等。总 RNA 样品或 mRNA 样品，探针模板 DNA（25ng），尼龙膜，滤纸，吸水纸。

【实验试剂】

（1）　10×FA（1000ml）

200mm MOPS	41.9g
50mmol/L NaAc	17.9ml 3mol/L NaAc
10mmol/L EDTA	20ml 0.5mol/L EDTA

加 DEPC H_2O 800mL 用 10mol/L NaOH 调 pH 至 7.0。

（2）1×FA gel running Buffer（1000ml）

10×FA gel Buffer	100ml
37%（12.3mol/L）formal dehyde	20ml
DEPC H_2O	880ml

（3）20×SSC：1000ml（pH=7.0）

NaCl	175.3g
柠檬酸钠	88.2g

调 pH 7.0，ddH₂O 定容至 1000ml。

（4）50×Denhardt 溶液

1% Ficoll 400（聚蔗糖）	10g
1% 聚乙烯吡咯酮，PVP	10g
1% BSA Fraction V 牛血清白蛋白	10g

溶于 1000ml H₂O 中，−20℃保存。

（5）预杂交液

5×SSC	250ml 20×SSC
5×Denhardt 溶液	100ml 50×Denhardt 溶液
50 mmol/L 磷酸缓冲液（pH=7.0）	50ml 1mol/L 磷酸缓冲液
0.2%SDS	2g
50%甲酰胺	500g

加 H₂O 至 1000ml。

（6）杂交液

5×SSC	250ml 20×SSC
5×Denhardt 溶液	100ml 50×Denhardt 溶液
20mmol/L 磷酸缓冲液（pH=7.0）	20ml 1mol/L 磷酸缓冲液
10%硫酸葡聚糖	100g
50%甲酰胺	500g

加 H₂O 至 1000ml。

（7）X 线片

（8）显影液，定影液。

（9）2×洗膜缓冲液 2×SSC 加入 0.1%SDS。

（10）0.5×洗膜缓冲液 0.5×SSC 加入 0.1%SDS。

（11）TE buffer 10mmol/L Tris-HCl；1mmol/L EDTA；pH 8.0。

【实验步骤】

（1）RNA 的提取见实验"肝总 RNA 的提取"。

（2）变性胶的制备：称 1.5g 无 RNA 酶的琼脂糖，加 15ml 10×FA gel Buffer 和 DEPC H₂O 总体积为 150ml，微波炉熔胶，冷却至 65℃后加 1.35ml 37% Formal dehyd 和 2μl 10mg/ml EB。

（3）样品制备：10μl RNA（20μg）和 2.5μl 5×Loading Buffer 混匀，65℃10min，置冰上。

（4）电泳：上样（15～40μl），50V 电泳（电泳约 2h），直至染色剂跑到凝胶边缘为止。用已知相对分子质量的 RNA 作标准参照物。

（5）电泳结束后，切下相对分子质量标准参照物的凝胶条，浸入含溴化乙锭的染色液中浸泡 30～40min，紫外灯下照相，测量每个 RNA 条带到加样孔的距离。以 RNA 片段大小的 lg 值对 RNA 条带的迁移距离作图，以此计算杂交相对分子质量的大小。

（6）将变性 RNA 转移至 NC 滤膜。

1）将凝胶用刀片切割，切掉未用掉的凝胶边缘区域，把含有变性 RNA 片段的凝胶转至玻璃平皿中。

2）在一个大的玻璃皿中放置一个小玻璃皿或一叠玻璃作为平台，上面放一张 Whatman 3MM 滤纸，倒入 20×SSC 缓冲溶液使液面略低于平台表面，当平台上滤纸湿透后，用玻棒赶出所有气泡。

3）将 NC 膜切割成与凝胶大小一致的一块，用去离子水浸湿后转入 20×SSC 缓冲液浸泡半小时。注意不能用手直接接触 NC 膜。

4）凝胶置于平台上湿润的 3MM 滤纸中央，滤纸和凝胶之间不能有气泡。

5）将 NC 膜放在凝胶上，小心不要使其再移动，赶出气泡，做好记号。

6）NC 膜上覆盖另一层 Whatman 3MM 滤纸（用 20×SSC 缓冲溶液预先浸湿），再次赶出气泡，加上纸巾、玻板、重物，使 NC 膜上的 RNA 发生毛细转移，转移需 6～18h 纸巾湿后应更换新的纸巾。

7）取下 NC 膜，浸入 6×SSC 缓冲溶液（由 20×SSC 缓冲溶液稀释得到）中，5min 晾干，放在两层滤纸中间，于 80℃ 真空炉中烘烤 0.5～2h。烘干的膜用塑料袋密封，4℃ 保存备用。

（7）预杂交：将膜的反面紧贴杂交瓶，加入预杂交液 5ml 42℃ 预杂交 3h。

（8）杂交：将变性的探针（95～100℃ 变性 5min，冰浴 5min）加入到预杂交液中，42℃ 杂交 16h。

（9）洗膜：倾去杂交液，2×SSC+0.1% SDS，室温湿洗 15min，0.2×SSC+0.1% SDS，55℃ 洗 15min×2 次。

（10）压片：将膜用双蒸水漂洗片刻，用滤纸吸去膜上水分。用保鲜膜将尼龙膜包好，置于暗盒中，在暗室中压上 X 线片。暗盒置-70℃ 放射自显影 7 日左右。

【注意事项】

（1）如果琼脂糖浓度高于 1%，或凝胶厚度大于 0.5cm，或待分析的 RNA 大于 2.5kb，需用 0.05mol/L NaOH 浸泡凝胶 20min，部分水解 RNA 并提高转移效率。浸泡后用经 DEPC 处理的水淋洗凝胶，并用 20×SSC 浸泡凝胶 45min。然后再转移到滤膜上。

（2）含甲醛的凝胶在 RNA 转移前需用经 DEPC 处理的水淋洗数次，以除去甲醛。当使用尼龙膜杂交时注意，有些带正电荷的尼龙膜在碱性溶液中具有固着核酸的能力，需用 7.5mmol/L NaOH 溶液洗脱琼脂糖中的乙醛酰 RNA，同时可部分水解 RNA，并提高较长 RNA 分子（>2.3 kb）转移的速度和效率。此外，碱可以除去 mRNA 分子的乙二醛加合物，免去固定后洗脱的步骤。乙醛酰 RNA 在碱性条件下转移至带正电荷尼龙膜的操作也按 DNA 转移的方法进行，但转移缓冲液为 7.5mmol/L NaOH，转移结束后（4.5～6.0h），尼龙膜需用 2×SSC、0.1% SDS 淋洗片刻，于室温晾干。

（3）如用中性缓冲液进行 RNA 转移，转移结束后，将晾干的尼龙膜夹在两张滤纸中间，80℃ 干烤 0.5～2h，或者 254nm 波长的紫外线照射尼龙膜带 RNA 的一面。后一种方法较为烦琐，但却优先使用，因为某些批号的带正电荷的尼龙膜经此处理后，杂交信号可以增强。然而为获得最佳效果，务必确保尼龙膜不被过度照射，适度照射可促进 RNA 上小部分碱基与尼龙膜表面带正电荷的胺基形成交联结构，而过度照射却使 RNA 上一部分胸腺嘧啶共价结合于尼龙膜表面，导致杂交信号减弱。

【思考题】

（1）应用 Northern 杂交技术可以做哪些工作？

（2）Northern 杂交和 Southern 杂交有哪些异同?

（李亚林）

实验三　利用 RT-PCR 对大鼠肝组织 SOD 基因进行半定量分析

【实验目的】

（1）掌握总 RNA 提取的方法。

（2）掌握逆转录合成 cDNA 的原理。

（3）学习引物设计的方法。

（4）掌握聚合酶链反应技术的基本原理，学会基本操作。

（5）了解 PCR 的应用。

【实验要求】

（1）通过理论学习，掌握基因表达的基本过程。

（2）通过查阅资料，学习 PCR 的原理和步骤，比较各种 PCR 之间的优缺点。

【实验原理】

1. 聚合酶链反应（polymersase chain reaction，PCR）　是利用两个已知序列的寡核苷酸作为上、下游引物，在耐热 DNA 聚合酶（如 Taq 酶）作用下将位于模板 DNA 上两引物间特定 DNA 片段进行指数级扩增的复制过程。PCR 反应体系由模板 DNA、引物、耐热 DNA 聚合酶、底物（四种 dNTP）、缓冲液和 Mg^{2+}等组成。其操作过程为变性、退火、延伸等三个步骤循环往复进行。每次循环扩增产物又可作为下一循环的模板，因此，理论上每经过一轮变性、退火、延伸三个步骤，特定 DNA 片段的分子数目增加一倍。

2. RT-PCR　是将 RNA 的逆转录（RT）和 cDNA 的聚合酶链式扩增（PCR）相结合的技术。首先经逆转录酶的作用从 RNA 合成 cDNA，再以 cDNA 为模板，扩增合成目的片段。

【实验器材】　仪器：基因扩增仪（PCR 仪）、实时荧光定量 PCR 仪、台式冷冻离心机、电泳仪、电泳槽、紫外检测仪、可调式移液器。

【实验试剂】

（1）三氯甲烷。

（2）无水乙醇。

（3）75%乙醇溶液。

（4）TE 缓冲液：10 mmol/L Tris-HCl（pH 7.6），1mmol/L EDTA（pH 8.0）。

（5）10×四种 dNTP 混合液（10mmol/L）。

（6）TaqDNA 聚合酶（5U/μl）。

（7）10×TaqDNA 酶缓冲液。

（8）10mg/ml 溴化乙锭（EB）。

（9）5×TBE 电泳缓冲液：54g Tris，27.5g 硼酸，20mL 0.5mol/L EDTA（pH 8.0）。

（10）6×上样缓冲液：0.25%溴酚蓝，0.25%二甲苯青 FF，40%（W/V）蔗糖水溶液。

（11）液体石蜡。

（12）琼脂糖。

（13）TELT：2.5mol/L LiCl，50mmol/L Tris-HCl（pH 8.0），62.5mmol/L EDTA，4%TritonX-100。

（14）RT 反应试剂盒。

（15）新鲜动物组织和细胞总 RNA 抽提试剂盒。

【实验步骤】

1. 引物设计　引物设计软件：Primer Premier 5.0，并遵循以下原则：引物与模板的序列紧密互补；引物与引物之间避免形成稳定的二聚体或发夹结构；引物不在模板的非目的位点引发 DNA 聚合反应（即错配）（表 2-7-1）。

表 2-7-1　本实验所用引物

基因	引物命名	具体序列
β-actin	F-primer	ACACTGTGCCCATCTACG
	R-primer	ACTTCACGCACGATTTCC 产物 154bp
SOD	F-primer	GGGAAGCATTAAAGGACTG
	R-primer	TTACACCACAAGCCAAACG 产物 350bp

2. 总 RNA 提取

（1）无菌条件下，颈椎离断法处死大鼠，取出 100mg 肝组织，加入适量液氮研磨成粉，加 1ml Trizol 混匀，室温放置 5min。

（2）加入 0.2ml 三氯甲烷，剧烈摇动 10s，室温放置 1min。

（3）4℃，12 000g 离心 15min。

（4）将上清水相转移至另一新的无 RNA 酶离心管中，并加入等体积的无水乙醇。

（5）吸取全部样品，加入带有 2ml 收集管的 mini-spin 离心柱。8000g，室温离心 15s，弃上清液。

（6）将剩余的样品转移至离心柱，重复第 5 步。

（7）往离心柱中加入 700μl WB，轻盖盖子，8000g，室温离心 15s，弃上清液。

（8）重复第 7 步，用 500μl WB 洗涤离心柱两次。

（9）将离心柱转移至一新的无 RNA 酶的 1.5ml 离心管中，往硅胶膜中央滴加 50μl DEPC 水，4℃，10 000g 离心 3min 洗脱 RNA。

3. 逆转录反应体系

（1）取 0.1ml Eppendorf 管一支分别按表 2-7-2 加入试剂（20μl 体系）。

表 2-7-2　20μl 逆转录反应体系操作表

组分	终浓度.	用量（μl）
2×逆转录缓冲液	2×	10
逆转录引物（1μmol/L）	50nmol/L	1.2
总 RNA	—	2
MMLV 逆转录酶（200U/μl）	2U/μl	0.2
DEPC 水		To 20

（2）逆转录程序：42℃ 30min；85℃ 10min。

4. PCR 反应

（1）取 2 只 0.1ml Eppendorf 管分别按表 2-7-3 加入试剂（25μl 体系）。

表 2-7-3 25μl PCR 反应体系操作表

试剂	实验管（μl）	对照管（μl）
10×taq 酶缓冲液	2.5	2.5
10×dNTP 混合液（10 mmol/L）	0.5	0.5
上游引物	0.5	0.5
下游引物	0.5	0.5
模板 DNA	1	—
双蒸水	补至 25	补至 25

（2）试剂加毕混匀并置沸水中煮 5min，冰浴冷却 5min。

（3）短暂离心后，各管分别加入 1μl Taq DNA 聚合酶（1U/μl），混匀后短暂离心将液体收集于管底，加入 50μl 液体石蜡覆盖，以防止水分蒸发。

（4）将离心管移入 PCR 仪，设置 PCR 反应参数：94℃初变性 4min，然后①94℃下 30s；②55℃下 30s；③72℃下 30s；进行 30 次循环，最后 72℃延伸 10min。

5. PCR 产物鉴定 制备含 1μg/ml EB 的 1.0%琼脂糖凝胶。取 10μl PCR 产物，同时以 DNA 相对分子质量标准为对照，分别加入 6×上样缓冲液 2μl 混匀。上样后在 0.5×TBE 电泳缓冲液中以 5V/cm 电压电泳 1h，用紫外检测仪检查，与 DNA 相对分子质量标准对照分析。

【注意事项】

（1）常用的 PCR 引物设计软件有 IDEAS、SEQNCE、PRIMERS、PCRDESNA 等，程序分析结果可同时给出参考的 PCR 操作参数。

（2）使用酚、氯仿时注意勿腐蚀皮肤及移液器口。

（3）进行 PCR 的模板 cDNA 量应根据实验确定。

（4）PCR 对照组样品电泳后不应有 DNA 条带出现，否则说明出现了靶 DNA 序列污染。

【思考题】

（1）PCR 技术的基本原理是什么？参与的体系有哪些？

（2）从哪些方面可预防 PCR 出现假阳性结果？

（3）RT-PCR 的原理是什么？有何用途？

（黄春林）

实验四 实时荧光定量 PCR（$2^{-\Delta\Delta Ct}$法）检测大鼠不同组织中碱性成纤维细胞生长因子 bFGF 基因表达水平的差异

【实验目的】

（1）掌握总 RNA 提取的方法。

（2）掌握逆转录合成 cDNA 的原理。

（3）学习荧光实时定量 PCR 引物设计的方法。

（4）掌握荧光实时定量 PCR 技术的基本原理，学会基本操作。

（5）了解荧光实时定量 PCR 的应用。

【实验要求】

（1）通过理论学习，掌握基因表达的基本过程。

（2）通过查阅资料，学习荧光实时定量 PCR 的原理和步骤。

【实验原理】 实时荧光定量 PCR（real-time PCR）技术是在 PCR 反应体系中加入荧光基团，利用荧光信号累积实时监测整个 PCR 进程，最后通过标准曲线对未知模板进行定量分析的方法。

本实验以管家基因磷酸甘油醛脱氢酶（GAPDH）作为内参，扩增大鼠碱性成纤维细胞生长因子 bFGF，检测大鼠 bFGF 基因 mRNA 水平在脑和肝组织的表达量差异。

【实验器材】 仪器：实时荧光定量 PCR 仪、台式冷冻离心机、电泳仪、电泳槽、紫外检测仪、可调式移液器。

【实验试剂】

（1）三氯甲烷。

（2）无水乙醇。

（3）3.75%乙醇溶液。

（4）TE 缓冲液：10 mmol/L Tris-HCl（pH 7.6），1 mmol/L EDTA（pH 8.0）。

（5）10×四种 dNTP 混合液（10 mmol/L）。

（6）Taq DNA 聚合酶（5U/μl）。

（7）10×Taq DNA 酶缓冲液。

（8）10mg/ml 溴化乙锭（EB）。

（9）5×TBE 电泳缓冲液：54g Tris，27.5g 硼酸，20ml 0.5mol/L EDTA（pH 8.0）。

（10）6×上样缓冲液：0.25%溴酚蓝，0.25%二甲苯青 FF，40%（W/V）蔗糖水溶液。

（11）液体石蜡。

（12）琼脂糖。

（13）TELT：2.5mol/L LiCl，50mmol/L Tris-Cl（pH 8.0），62.5mmol/L EDTA，4% TritonX-100。

（14）RT-PCR 反应试剂盒。

（15）Real-Time PCR Kit（SYBR Green）（LK-0101A）。

（16）新鲜动物组织和细胞总 RNA 抽提试剂盒。

（17）10×MOPS 电泳缓冲液：0.4mol/L MOPS，pH 7.0，0.1mol/L 乙酸钠，0.01mol/L EDTA。

【引物设计】 引物设计软件：Primer Premier 5.0，并遵循以下原则：引物与模板的序列紧密互补；引物与引物之间避免形成稳定的二聚体或发夹结构；引物不在模板的非目的位点引发 DNA 聚合反应（即错配）（表 2-7-4）。

表 2-7-4 本实验所用引物

基因	引物名称	引物序列	产物长度
bFGF	Forward Primer	5′-AAGCAGAAGAGAGAGGAGTTG-3′	152bp
	Reverse Primer	5′-CGGTAAGTGTTGTAGTTATTGG-3′	
GAPDH	Forward Primer	5′-ATGGTGAAGGTCGGTGTG-3′	161bp
	Reverse Primer	5′-AACTTGCCGTGGGTAGAG-3′	

【实验步骤】

1. 样品 RNA 的抽提

（1）取材：无菌条件下，颈椎离断法处死大鼠，取出 100mg 肝组织和其大脑，分别加入适量液氮研磨成粉，加 1ml Trizol 混匀，室温放置 5min。

（2）两相分离：每 1ml 的 TRIZOL 试剂裂解的样品中加入 0.2ml 的氯仿，盖紧管盖。手动剧烈振荡管体 15s 后，15～30℃孵育 2～3min。4℃下 12 000g 离心 15min。离心后混合液体将分为下层的红色酚氯仿相，中间层以及无色水相上层。RNA 全部被分配于水相中。水相上层的体积大约是匀浆时加入的 TRIZOL 试剂的 60%。

（3）RNA 沉淀：将水相上层转移到一干净无 RNA 酶的离心管中。加等体积异丙醇混合以沉淀其中的 RNA，混匀后 15～30℃孵育 10min 后，于 4℃下 12 000g 离心 10min。此时离心前不可见的 RNA 沉淀将在管底部和侧壁上形成胶状沉淀块。

（4）RNA 清洗：移去上清液，每 1ml TRIZOL 试剂裂解的样品中加入至少 1ml 的 75%乙醇溶液（75%乙醇溶液用 DEPC H$_2$O 配制），清洗 RNA 沉淀。混匀后，4℃下 7000g 离心 5min。

（5）RNA 干燥：小心吸去大部分乙醇溶液，使 RNA 沉淀在室温空气中干燥 5～10min。

（6）溶解 RNA 沉淀：溶解 RNA 时，先加入无 RNA 酶的水 40μl 用枪反复吹打几次，使其完全溶解，获得的 RNA 溶液保存于-80℃待用。

2. RNA 质量检测

（1）紫外吸收法测定：先用稀释用的 TE 溶液将分光光度计调零。然后取少量 RNA 溶液用 TE 稀释（1：100）后，读取其在分光光度计 260nm 和 280nm 处的吸收值，测定 RNA 溶液浓度和纯度。

1）浓度测定：A$_{260}$下读值为 1 表示 40μg RNA/ml。样品 RNA 浓度（μg/ml）计算公式为：A$_{260}$×稀释倍数×40μg/ml。具体计算如下：RNA 溶于 40μl DEPC 水中，取 5μl，1：100 稀释至 495μl 的 TE 溶液中，测得 A$_{260}$=0.21；RNA 浓度=0.21×100×40μg/ml=840μg/ml 或 0.84μg/μl；取 5μl 用来测量以后，剩余样品 RNA 为 35μl，剩余 RNA 总量为：35μl×0.84μg/μl=29.4μg。

2）纯度检测：RNA 溶液的 A$_{260}$/A$_{280}$ 的值即为 RNA 纯度，比值范围为 1.8～2.1。

（2）变性琼脂糖凝胶电泳测定

1）制胶：1 g 琼脂糖溶于 72ml 水中，冷却至 60℃，10ml 的 10×MOPS 电泳缓冲液和 18ml 的 37% 甲醛溶液（12.3 mol/l）。

灌制凝胶板，预留加样孔至少可以加入 25μl 溶液。胶凝后取下梳子，将凝胶板放入电泳槽内，加足量的 1×MOPS 电泳缓冲液至覆盖胶面几个毫米。

2）准备 RNA 样品：取 3μg RNA，加 3 倍体积的甲醛上样染液，加 EB 于甲醛上样染液中至终浓度为 10μg/ml。加热至 70℃孵育 15min 使样品变性。

3）电泳：上样前凝胶须预电泳 5min，随后将样品加入上样孔。5～6V/cm 电压下 2 h，电泳至溴酚兰指示剂进胶至少 2～3cm。

4）紫外透射光下观察并拍照。

28S 和 18S 核糖体 RNA 的带非常亮而浓（其大小决定于用于抽提 RNA 的物种类型），上面一条带的密度大约是下面一条带的 2 倍。还有可能观察到一个更小稍微扩散的带，它由低相对分子质量的 RNA（tRNA 和 5S 核糖体 RNA）组成。在 18S 和 28S 核糖体带之间可以看到一片弥散的 EB 染色物质，可能是由 mRNA 和其他异型 RNA 组成。RNA 制备过程中如果出现 DNA 污染，将会在 28S 核糖体 RNA 带的上面出现，即更高相对分子质量的弥散迁移物质或者带，RNA 的降解表现为核糖体 RNA 带的弥散。用数码照相机拍下电泳结果。

3. 样品 cDNA 合成　反应体系详见表 2-7-5。

表 2-7-5　反应体系

序号	反应物	剂量（μl）
1	逆转录 buffer	2
2	上游引物	0.2
3	下游引物	0.2
4	dNTP	0.11
5	逆转录酶 MMLV	0.5
6	DEPC 水	5
7	RNA 模版	2
8	总体积	10

1）轻弹管底将溶液混合，6000g 短暂离心。

2）混合液在加入逆转录酶 MMLV 之前先 70℃干浴 3min，取出后立即冰水浴至管内外温度一致，然后加逆转录酶 0.5μl，37℃水浴 60min。

3）取出后立即 95℃干浴 3min，得到逆转录终溶液即为 cDNA 溶液，保存于−80℃待用。

4. 引物列表　引物设计软件：Primer Premier 5.0，并遵循以下原则：引物与模板的序列紧密互补；引物与引物之间避免形成稳定的二聚体或发夹结构；引物不在模板的非目的位点引发 DNA 聚合反应（即错配）（表 2-7-6）。

表 2-7-6　本实验所用引物

基因	引物名称	引物序列	扩增片段长度
NR2B	NR2B（+）	CCGCAGCACTATTGAGAACA	213bp
	NR2B（−）	ATCCATGTGTAGCCCTAGCC	
18s rRNA	18s rRNA（+）	TTTGTTGGTTTTCGGAACTGA	198bp
	18s rRNA（−）	CGTTTATGGTCGGAACTACGA	

5. 绘制内参 18S rRNA 和目标基因标准曲线　首次实验，应选择一系列稀释浓度的模板来进行实验条件摸索，以选择出最合适的模板浓度，即确定目标基因 cDNA 的用量。一般根据对应 cDNA 浓度下 Ct 值来确定：Ct 值为 15～30 比较合适，若大于 30 则应加大模板使用量，如果 Ct 值小于 15 则应对模板进行稀释后再进行实验。Ct 值和系列稀释浓度之间的对应关系就是所谓的标准曲线。理想的标准曲线的优劣有两个指标，相关系数（R^2）和斜率（slope）。相关系数反映标准曲线的直线性，理想值应大于 0.98，越接近 1 说明直线性越好，定量越准确。斜率则反映 PCR 扩增效率（E），理想的 PCR 扩增效率为 90%～105%，如果 PCR 扩增效率低，必须重新设计引物或探针；如果扩增效率高于理想值，可能是系列稀释样品加样错误，或者非特异性产物扩增，或反应体系中可能存在着对逆转录反应或 PCR 反应阻害的物质，需要相应的解决办法。通常来讲，$R^2 > 0.98$，目的基因与内

参基因扩增效率相差<10%，可以得到比较满意的结果。

（1）18S rRNA 和 NR2B 模板的标准梯度制备：一般先把 cDNA 调配成 1μg/μl 的浓度，反应前取 1μl cDNA 按 10 倍做梯度稀释（加水 9μl 并充分混匀，为了操作准确，通常会采用 3+27 的稀释模式），依次稀释 10^2、10^3、10^4、10^5 以备用，每个稀释倍数下做三个平行测定，以平均 Ct 值和稀释倍数作标准曲线。

（2）反应体系如表 2-7-7（反应液配制请在冰上进行），根据操作熟练程度可将体系设置为 10μl 或 20μl。

表 2-7-7 反应体系

试剂	使用量（μl）	终浓度
SYBR® Premix Ex Taq™（2×）	12.5	1×
PCR Forward Primer（10μmol/L）	1	0.4μmol/L
PCR Reverse Primer（10μmol/L）	1	0.4μmol/L
模板（cDNA）	0.5	
dH2O	10	
总量	25	

轻弹管底将溶液混合，6000g 短暂离心。

2）三步法 PCR

首先 95℃作用 3min。PCR 进行 35 个循环。

步骤	温度（℃）	时间（s）
变性	95	15
退火	58	15
延伸	72	20

融解曲线		
温度（℃）	时间	变温速度（℃/s）
95	0	20
95	15s	20
95	0	0.1

6. 电泳　目的基因和内参基因分别进行 Realtime PCR 反应。PCR 产物与 DNA Ladder 在 2%琼脂糖凝胶电泳，GoldView™ 染色，检测 PCR 产物是否为单一特异性扩增条带。

7. 数据分析　相对定量分析法——$2^{-\triangle\triangle Ct}$ 法。

公式：$F=2^{-（待测组目的基因平均 Ct 值-待测组内参基因平均 Ct 值）-（对照组目的基因平均 Ct 值-对照组内参基因平均 Ct 值）}$

例：

（1）实验数据（实验数据为假定数值，具体以实验结果为准）：见表 2-7-8。

表 2-7-8 实验模拟数据

Sample	bFGF（Mean Ct）	GAPDH（Mean Ct）	E
肝	18	17	1.95
脑	16	17.4	1.95

（2）$2^{-\triangle\triangle Ct}$法：假设目的基因和参照基因扩增效率接近 100%。

（3）$\triangle Ct_{(肝)}$=18-17=1，$\triangle Ct_{(脑)}$=16-17.4=-1.4

$$\triangle\triangle Ct=\triangle Ct_{(肝脏)}-\triangle Ct_{(脑)}=-1.4-1=-2.4$$

$$比率_{(脑/肝)}=2^{-\triangle\triangle Ct}=2^{-(-2.4)}=5.3$$

所以 bFGF 基因在脑中表达水平是肝中的 5.3 倍。

（4）修正方法：如果我们知道目标基因和参照基因有相同的扩增效率，但扩增效率不等于 2，那么 $2^{-\triangle\triangle Ct}$ 可以修正为 $E^{-\triangle\triangle Ct}$，如扩增效率为 1.95，那么计算公式可修正为 $1.95^{-\triangle\triangle Ct}$。

（唐振丽 王 佐）

实验五 cDNA 文库构建

【实验目的】 通过本实验掌握 cDNA 文库构建的基本原理，操作方法及临床应用。

【实验原理】 cDNA 文库跟基因组文库不同，被克隆的 DNA 是从 mRNA 逆转录来的。cDNA 不含有内含子和其他一些调控序列。因此做 cDNA 克隆时应是先从获取 mRNA 开始，在这个基础上，通过逆转录酶作用获得一条与 mRNA 相互补的 DNA 链，然后除去 mRNA，以第一条 DNA 链为模板复制出第二条 DNA 链（双链），再进一步把此双链插入原核或真核载体。

【实验器材】 制冰机，离心机，水浴锅，电泳仪，离心管，可调式移液器，培养箱等。

【实验试剂】 DTT，蒸馏水，dNTP，EDTA，SDS，乙醇，聚合酶，琼脂糖，DNA 聚合酶，BSA，T4DNA 连接酶，酚，氯仿，异戊醇，PCR 纯化试剂盒，cDNA 第一链合成试剂盒，cDNA 第二链合成试剂盒等。

【实验步骤】 分为六个实验步骤：步骤 1：逆转录酶催化合成 cDNA 第一链。步骤 2：cDNA 第二链的催化合成。步骤 3：cDNA 的甲基化。步骤 4：接头或衔接子的连接。步骤 5：SepharoseCL-4B 凝胶过滤法分离 cDNA。步骤 6：cDNA 与 λ 噬菌体臂的连接。

1. 步骤 1 逆转录酶催化合成 cDNA 第一链。

（1）将下列试剂在无菌微量离心管内混合，无菌微量离心管置于冰上，进行 cDNA 第一链的合成：

poly（A^+RNA（1μg/μl）	10μl
寡核苷酸引物（1μg/μl）	1.0μl
1mol/L Tris-HCl（pH8.0，37℃）	2.5μl
1mol/L KCl	3.5μl
250mmol/L MgCl$_2$	2.0μl
dNTP 溶液（每种 dNTP 5mmol/L）	10μl
0.1mol/L DTT	2.0μl
RNase 抑制	25 U
加 H$_2$O 至	48μl

（2）在 0℃条件下，将所有反应组在 1.5ml 的大微量离心管混合，从中取出 2.5μl 反应液转移到另外一个新的 0.5ml 的小微量离心管内，然后再在这个小微量离心管中加入

0.1μl[α-^{32}P]dCTP（400Ci/mmol，10mCi/ml）。

（3）大微量离心管和小微量离心管都在 37℃温育 1h。

（4）温育接近结束的时候，在含有同位素的小微量离心管中加入 1μl 0.25mol/L 的 EDTA，然后将这个反应管转移到冰上。大微量离心管则在 70℃温育 10min，然后再转移至冰上。

（5）参考《分子克隆实验指南》第三版附录 8 所述方法，测定 0.5μl 小微量离心管中放射性总活度和可被三氯乙酸（TCA）沉淀的放射性活度。另外，通过琼脂糖凝胶电泳对小微量离心管中的反应产物进行分析用合适的 DNA 相对分子质量做参照是值得的。

（6）按照下面的方法来计算 cDNA 第一链的合成量（推算方法略）：

[掺入的活度值（cpm）/总活度值]×66（μg）=合成的 cDNA 第一链（μg）

（7）尽可能快地进行 cDNA 合成的下一步骤。

2. 步骤 2　cDNA 第二链的催化合成。

（1）将下面试剂直接加入到大微量离心管第一链反应混合物中：

10mmol/L MgCl$_2$	70μl
2mol/L Tris-HCl（pH 7.4）	5μl
10mCi/mL[α-^{32}P]dCTP（400Ci/mmol）	10μl
1mol/L（NH$_4$）$_2$SO$_4$	1.5μl
RNase H（1000U/ml）	1.0μl
大肠埃希菌 DNA 聚合酶 I（10 000U/ml）	4.5μl

通过温和的振荡将上面的试剂混合后，微量掌上离心机短暂离心，以除去所有的气泡。在 16℃温育 2~4h。

（2）温育结束，将下列试剂加到反应混合物中：

β-NAD（50mmol/L）	1μl
大肠埃希菌 DNA 连接酶（1000~4000U/ml）	1μl

室温温育 15min。

（3）温育结束后，加入 2μl T$_4$ 噬菌体 DNA 聚合酶和 1μl 含有 4 种 dNTP 的混合物。将反应混合物室温温育 15min。

（4）取出 3μl 反应物，依照步骤 7 和 8 描述的方法来测定 DNA 第二链的质量。

（5）将 5μl 0.5 mol/LEDTA（pH 8.0）加入到剩余的反应物中，用酚∶氯仿和氯仿来分别抽提混合物一次。在 0.3mol/L（pH 5.2）乙酸钠存在的情况下，用乙醇沉淀回收 DNA，用 90μl TE（pH 7.6）溶液来溶解 DNA 中。

（6）将下面的试剂加到 DNA 溶液中去：

10×T$_4$ 多核苷酸激酶缓冲液	10μl
T$_4$ 多核苷酸激酶（3000U/ml）	1.0μl

室温温育 15min。

（7）测定从上面步骤 4 中取出的 3μl 反应物中的放射性活度，并按《分子克隆实验指南》第三版附录 8 所述方法测定 1μl 第二链合成产物中能被三氯乙酸沉淀的放射性活度。

（8）用下面的公式计算第二链反应中所合成的 cDNA 量，同时要考虑到已经掺入到 DNA 第一链中的 dNTP 的量。

[第二链反应中所掺入的活度值（cpm）/总活度值（cpm）]×（66μg–xμg）=cDNA 第

二链合成量/μg

式中，x 表示 cDNA 第一链量，cDNA 第二链合成量通常为第一链量的 70%～80%

（9）用等量酚：氯仿对含有磷酸化 cDNA（来自步骤 6）的反应物进行抽提。

（10）用含有 10 mmol/L NaCl 的 TE（pH 7.6）溶液对 SephadexG-50 来进行平衡，然后将未掺入的 dNTP 和 cDNA 通过离子柱层析来分开。

（11）加入 2 倍体积的乙醇和 1/10 倍体积的 3 mol/L 乙酸钠（pH 5.2），将柱层析洗脱下来的 cDNA 沉淀，样品放在冰上至少 15min，然后通过微量离心机，在 4℃下，以最大速度离心 15min，回收得到沉淀 DNA。通过手提微型监测仪来检查，是不是所有的放射性都已经被沉淀下来了。

（12）沉淀物用 70% 的乙醇溶液来洗涤，重复离心。

（13）轻轻吸出所有的液体，在空气中干燥所得沉淀物。

（14）如果 cDNA 需要用 EcoR Ⅰ甲基化酶进行甲基化，则可将 cDNA 溶解在 80μl 的 TE（pH 7.6）溶液当中。此外，如果想让 cDNA 直接的与 Not Ⅰ或 Sal Ⅰ寡核苷酸衔接子或接头相连，需要将 cDNA 悬浮于 29μl 的 TE（pH 7.6）溶液。沉淀的 DNA 在重新溶解后，要尽快地进行 cDNA 合成的下一个步骤。

3. 步骤 3　cDNA 的甲基化。

（1）在 cDNA 样品中加入以下试剂：

2mol/L Tris-HCl（pH 8.0）	5μl
5mol/L NaCl	2μl
0.5mol/L EDTA（pH 8.0）	2μl
20mmol/L S-腺苷甲硫氨酸	1μl
加 H₂O 至 96μl	

（2）取出两小份样品（各 2μl）至 0.5ml 微量离心管中，分别编为 1 号和 2 号，置于冰上。

（3）将 2μl 的 EcoR Ⅰ甲基化酶（80 000 单位/ml）加入到余下的反应混合液当中，在 0℃保存直到步骤 4 完成。

（4）再吸出另外两小份等量样品（各为 2μl）到 0.5ml 的离心管中从大体积的反应液中，分别编号为 3 号和 4 号。

（5）在所有的四小份样品中（来自于步骤 2 和步骤 4）加入 100ng 的质粒 DNA 或 500ng 的 λ 噬菌体 DNA。这些没有被甲基化的 DNA 在预实验当中用作底物来测定甲基化效率。

（6）大体积的反应和所有的四份小样实验反应均应在 37℃中温育 1h。

（7）在 68℃下，加热 15min，然后用酚：氯仿对大体积反应液抽提一次，接着再用氯仿抽提一次。

（8）将 2 倍体积的乙醇和 1/10 体积的 3mol/L 乙酸钠（pH 5.2）加入到大体积反应液中去，混匀之后储存在 -20℃直到获得小样反应的结果。

（9）按如下的方法来分析 4 个小样的对照实验反应。

1）在每一对照反应中分别加入：

0.1mol/L MgCl₂	2μl
10×EcoR Ⅰ缓冲液	2μl

加 H$_2$O 至 20μl

2）分别在 2 号与 4 号反应管中加入 20 U 的 *Eco*R Ⅰ。

3）将四个对照样品放入 37℃温育 1h，然后用 1%琼脂糖凝胶进行电泳分析。

（10）在 4℃下，以最大的速度在微量离心机中离心 15min，以回收沉淀 cDNA，丢弃上清液，接着加入 200μl 的 70%乙醇溶液来洗涤沉淀，之后重复离心。

（11）通过手提式的微型的探测器来检查是不是所有的放射性物质都已经被沉淀，轻轻吸出乙醇，将沉淀在空气中晾干，用 29μl TE（pH 8.0）来溶解 DNA。

（12）尽快地进入到 cDNA 合成的下一个阶段。

4. 步骤 4　接头或衔接子的连接。

（1）cDNA 末端的削平

1）cDNA 样品于 68℃加热 5min。

2）将 cDNA 溶液冷却至 37℃并加入下列试剂：

5×T$_4$ 噬菌体 DNA 聚合酶修复缓冲液	10μl
dNTP 溶液，每种 5mmol/L	5μl
加 H$_2$O 至 50μl	

3）加入 1～2U T$_4$ 噬菌体 DNA 聚合酶（500 U /ml），37℃温育 15min。

4）加入 1μl 0.5mol/L EDTA（pH 8.0），以终止反应。

5）用酚：氯仿抽提，再通过 SephadexG-50 离心柱层析，除去未掺入的 dNTP。

6）在柱流出液中加入 0.1 倍体积的 3mol/L 乙酸钠（pH 5.2）和二倍体积的乙醇，样品于 4℃至少放置 15min。

7）在微量离心机上以最大速度离心 15min（4℃），回收沉淀的 cDNA，沉淀经空气干燥后溶于 13μl 的 10 mmol/L Tris-HCl（pH 8.0）。

（2）接头-衔接子与 cDNA 的连接

1）将下列试剂加入到已削成平末端的 DNA 中：

10×T$_4$ 噬菌体 DNA 聚合酶修复缓冲液	2μl
800～1000ng 的磷酸化接头或衔接子	2μl
T$_4$ 噬菌体 DNA 连接酶（10^5 Weiss U/ml）	1μl
10mmol/LATP	2μl

混匀后，在 16℃温育 8～12 h。

2）从反应液中吸出 0.5μl 储存于 4℃，其余反应液于 68℃加热 15min 以灭活连接酶。

5. 步骤 5　SepharoseCL-4B 凝胶过滤法分离 cDNA。

（1）SepharoseCL-4B 柱的制备

1）用带有弯头的皮下注射针头将棉拭的一半推进 1ml 灭菌吸管端部，用无菌剪刀剪去露在吸管外的棉花并弃去，再用滤过的压缩空气将余下的棉拭子吹至吸管狭窄端。

2）将一段无菌的聚氯乙烯软管与吸管窄端相连，将吸管宽端浸于含 0.1mol/LNaCl 的 TE（pH 7.6）溶液中。将聚氯乙烯管与相连于真空装置的锥瓶相接。轻缓抽吸，直至吸管内充满缓冲液，用止血钳关闭软管。

3）在吸管宽端接一段乙烯泡沫管，让糊状物静置数分钟，放开止血钳，当缓冲液从吸管滴落时，层析柱亦随之形成。如有必要，可加入更多的 SepharoseCL-4B，直至填充基质几乎充满吸管为止。

4）将几倍柱床体积的含 0.1mol/L 氯化钠的 TE（pH 7.6）洗涤柱子。洗柱完成后，关闭柱子底部的软管。

（2）依据大小分离回收 DNA

1）用巴斯德吸管吸去柱中 SepharoseCL-4B 上层的液体，将 cDNA 加到柱上（体积 50μl 或更小），放开止血钳，使 cDNA 进入凝胶。用 50μl TE（pH 7.6）洗涤盛装 cDNA 的微量离心管，将洗液亦加于柱上。用含 0.1mol/LNaCl 的 TE（pH 7.6）充满泡沫管。

2）用手提式小型探测器监测 cDNA 流经柱子的进程。放射性 cDNA 流到柱长 2/3 时，开始用微量离心管收集，每管 2 滴，直至将所有放射性洗脱出柱为止。

3）用切仑科夫计数器测量每管的放射性活性。

4）从每一管中取出一小份，以末端标记的已知大小（0.2～5kb）的 DNA 片段作标准参照物，通过 1%琼脂凝胶电泳进行分析，将各管余下部分储存于−20℃，直至获得琼脂糖凝胶电泳的放射自显影片。

5）电泳后将凝胶移至一张 Whatman3MM 滤纸上，盖上一张 Saran 包装膜，并在凝胶干燥器上干燥。干燥过程前 20～30min 于 50℃加热凝胶，然后停止加热，在真空状态继续干燥 1～2h。

6）置−70℃加增感屏对干燥的凝胶继续 X 射线曝光。

7）在 cDNA 长度≥500bp 的收集管中，加入 0.1 倍体积的 3mol/L 乙酸钠（pH 5.2）和二倍体积的乙醇。于 4℃放置至少 15min 使 cDNA 沉淀，用微量离心机于 4℃以 12 000 g 离心 15min，以回收沉淀的 cDNA。

8）将 DNA 溶于总体积为 20μl 的 10 mmol/LT ris-HCl（pH 7.6）中。

9）测定每一小份放射性活度。算出选定的组分中所得到的总放射性活度值。计算可用于 λ 噬菌体臂相连接的 DNA 总量。

[选定组分的总活度值（cpm）/掺入到第二链的活度值（cpm）]×2xμgcDNA 第二链合成量=可用于连接的 cDNA

6. 步骤6　cDNA 与 λ 噬菌体臂的连接。

（1）按下述方法建立 4 组连接-包装反应表 2-7-9。

表 2-7-9　连接-包装反应体系（10μl）操作表

连接	A	B	C	D
λ 噬菌体 DNA（0.5μg/μl）	1.0μl	1.0μl	1.0μl	1.0μl
10×T₄DNA 连接酶缓冲液	1.0μl	1.0μl	1.0μl	1.0μl
cDNA	0 ng	5 ng	10 ng	50 ng
T₄噬菌体 DNA 连接酶（105WeissU/ml）	0.1μl	0.1μl	0.1μl	0.1μl
10mmol/LATP	1.0μl	1.0μl	1.0μl	1.0μl
加 H₂O 至	10μl	10μl	10μl	10μl

将连接混合物于 16℃水浴中培育 4～16h，剩下的 cDNA 储存于−20℃条件下。

（2）按照包装提取物试剂盒提供的方法，从每组的连接反应物中取出 5μl 包装到噬菌体颗粒中去。

（3）包装反应完成之后，在各反应混合物当中加入 0.5ml SM 培养基。

（4）将适当的大肠埃希菌新鲜过夜培养物预备出来，包装混合物做 100 倍稀释，各取 10μl 与 100μl 涂板，于 37℃或者 42℃培养 8～12h。

（5）计算非重组噬菌斑和重组噬菌斑，连接反应 A 不应产生重组噬菌斑，而连接反应 B、C 和 D 应产生数目递增的重组噬菌斑。

（6）依据重组噬菌斑的数目来计算 cDNA 的克隆效率。

（7）随机挑取 12 个重组 λ 噬菌体的空斑，小规模的培养裂解物并制备得到 DNA，以供适当的限制性内切核酸酶消化。

（8）通过 1%琼脂凝胶电泳分析 cDNA 插入物的大小，用长度范围 500bp～5kb 的 DNA 片段作为分子质量参照。

【注意事项】

（1）要想构建一个质量非常高的 cDNA 文库，高质量的 mRNA 的获得是至关重要的，所以在处理 mRNA 样品时一定要非常仔细小心。

（2）因为 RNA 酶无处不在，而且能抵抗比如煮沸这样的物理环境，因此建立一个没有 RNA 酶的环境对于制备质量好的 RNA 非常重要。

【思考题】 cDNA 文库构建过程中，由总 RNA 逆转录得 cDNA 和走 mRNA 路线得 cDNA 有什么影响吗？

（何芳丽）

第八章 蛋白质研究相关实验

实验一 血清 γ-球蛋白的分离纯化与鉴定

【实验目的】 了解和掌握蛋白质分离纯化中的离心法、层析法和电泳法。

【实验原理】 血清中蛋白质按电泳法一般可分为五类：清蛋白、α_1-球蛋白、α_2-球蛋白、β-球蛋白和 γ-球蛋白，其中 γ-球蛋白含量约占 16%，100ml 血清中约含 1.2g。不同种类蛋白质的分子大小、溶解度及带电荷的情况都有所不同，可根据这些差异来分离及提纯蛋白质。

首先利用清蛋白和球蛋白在高浓度中性盐溶液中（常用硫酸铵）溶解度差异而进行沉淀分离，此为盐析法。半饱和硫酸铵溶液可使球蛋白沉淀析出，清蛋白则仍溶解在溶液中，经离心分离，沉淀部分即为含有 γ-球蛋白的粗制品。

用盐析法分离而得的蛋白质中含有大量的中性盐，会妨碍蛋白质进一步纯化，因此首先必须去除。常用的方法有透析法、凝胶层析法等。本实验采用凝胶层析法，其目的是利用蛋白质与无机盐类之间相对分子质量的差异。当溶液通过 SephadexG-25 凝胶柱时，溶液中分子直径大的蛋白质不能进入凝胶颗粒的网孔，而分子直径小的无机盐能进入凝胶颗粒的网孔之中。因此在洗脱过程中，小分子的盐会被阻滞而后洗脱出来，从而可达到去盐的目的。纯化后的 γ-球蛋白可利用醋酸纤维素薄膜电泳法鉴定其纯度。

【实验器材】

1. 试剂

（1）饱和硫酸铵溶液：25℃下称取固体硫酸铵（ammonium sulfate）780g 于 1L 蒸馏水中，微波炉加热到溶解，室温放置过夜，瓶底析出白色结晶，上层即为饱和硫酸铵溶液。

（2）0.01mol/L，pH 7.2 磷酸盐缓冲液（phosphate-buffered saline，PBS）：称取 $NaH_2PO_4 \cdot 2H_2O$ 1.56g，溶于 1000ml 蒸馏水中，即为 0.01mol/L NaH_2PO_4 液。称取 $Na_2HPO_4 \cdot 12H_2O$ 3.58 g，溶于 1000ml 蒸馏水中，即为 0.01mol/L Na_2HPO_4 液。

取 0.01mol/L NaH_2PO_4 液 280ml，加 0.01mol/L Na_2HPO_4 液 720ml，混匀即为 0.01mol/L，pH 7.2 磷酸盐缓冲液。

（3）葡聚糖凝胶 G-25（Sephadex G-25）：按每 100ml 凝胶床体积需要葡聚糖凝胶 G-25 干胶 25g。称取所需量置于锥形瓶中。每克干胶加入蒸馏水约 30ml，用玻棒轻轻混匀，置于 90～100℃水温中不断搅动，使气泡逸出。溶胀 1h 后取出，稍静置，倾去上清液细粒。也可于室温中浸泡 24h，搅拌后稍静置，倾去上清液细粒，用蒸馏水洗涤 2～3 次，然后加 0.01mol/L 磷酸盐缓冲液（pH 7.0）平衡，备用。

（4）10%三氯乙酸（acetocaustin）：10g 三氯乙酸溶于 90g 蒸馏水即可。

（5）纳氏试剂（Nessler）：在 50ml 无氨水中加入氢氧化钠 16g，充分溶解后冷却至室温。另称取碘化汞 10g 和碘化钾 7g 溶于水，不停搅拌充分溶解后，缓慢注入上述的氢氧化钠溶液中，并用无氨水稀释至 100ml，置棕色瓶内，常温避光保存。

（6）pH 8.6，离子强度 0.06 巴比妥电极缓冲液（barbital buffer）：称取巴比妥钠（barbital sodium）12.76g，巴比妥（barbital）1.66g，蒸馏水加热溶解后再加水至 1000ml。

（7）氨基黑 10B 染色液：称取氨基黑 10B（amino black 10B）0.5g，用甲醇 50ml，冰醋酸（glacial acetic acid）10ml，蒸馏水 40ml 溶解。

漂洗液：95%乙醇溶液 45ml，加冰醋酸 5ml 及蒸馏水 50ml。

2. 器材　电泳仪、电泳槽、层析柱、离心机、镊子、滤纸、培养皿、离心管、烧杯、量筒、滴管、小试管、吸管、X 线软片、瓷比色盘（2 个）。

【实验步骤】

1. 分段盐析

（1）取 1.0mL 血清加入离心管中，再加入 1.0ml PBS，混匀。再逐滴加入 pH 7.2 饱和硫酸铵液 2.0ml，边加边摇匀。静置 30min 后离心（3000g×10min），倾去上清液，并尽量倒净，沉淀为球蛋白。

（2）将上述离心管中的沉淀用 1.0ml PBS 搅拌溶解，再逐滴加入饱和硫酸铵液 0.5ml，混匀，静置 30min 后离心（3000g×10min），倾去上清液（此液中主要含 α、β-球蛋白）并尽量倒净，其沉淀为初步纯化的 γ-球蛋白。如要获得更纯的 γ-球蛋白，可重复此过程 1～2 次，最后用 1.0ml PBS 将沉淀溶解。

2. 脱盐

（1）装柱：取层析柱（Φ1cm×20cm），关紧下端出口，加蒸馏水少许；缓慢加入葡聚糖凝胶 G-25 悬液，待底部沉积 1～2 cm 厚的凝胶后，打开下端出口，继续加入凝胶沉积至 10～15 cm 高，注意凝胶床表面应平整。凝胶柱经 PBS 流洗平衡后即可使用。

（2）上样与洗脱：上样前先拧开下端活塞，将柱子上方多余的液体放出，使柱上的缓冲液面刚好与凝胶床表面平齐，拧上下端活塞。用滴管吸取 γ-球蛋白液，沿着层析柱内壁缓慢加入，注意不要把凝胶床表面冲起来。加完样品后，打开下口，缓慢放出液体使样品与凝胶床表面平齐，再加入少许 PBS 冲洗盛样品容器，缓慢倒入凝胶柱，如此重复三次，然后可加入多量的 PBS 进行洗脱，流速为 4～5 滴/分。

（3）收集：事先应准备好 10 支试管，于加样开始后立即收集洗脱液。每收集约 1.0ml 换一管。

（4）检查：取瓷比色盘 2 个（一个为黑色背景，另一个为白色背景），按洗脱液的管号顺序分别取 1 滴滴于比色盘中，前者各加 10%三氯乙酸 5 滴，出现白色混浊或沉淀者即有蛋白质存在；后者各加纳氏试剂 1 滴，出现颜色反应者存在 NH$_4^+$。将检查结果用"–，+，++"等符号记录于表 2-8-1 中。选取蛋白含量高且不含铵离子的样品液进行纯度鉴定。

表 2-8-1　实验一记录表

管号	1	2	3	4	5	6	7	8	9	10
蛋白沉淀										
铵离子										

3. 纯度鉴定

（1）取 2cm×8cm 大小的乙酸纤维素薄膜 2 张，于巴比妥缓冲液中充分浸湿。将浸透的膜条用镊子取出后用滤纸吸去多余的水分，于无光泽面点样。

（2）在距膜条一端约 1.5cm 处，用 X 线软片蘸取全血清和纯化的 γ-球蛋白样品液分别点于两张膜条上。如样品液较稀，可多点几次。

（3）将巴比妥缓冲液加于电泳槽内，再将点样后的膜条放置于电泳槽槽架上，槽架上用四层滤纸作桥垫。放置时膜条的无光泽面应向下，点样端置于阴极，膜条与滤纸需贴紧。

（4）接通电源，以 150V 恒压电泳约 45min。

（5）通电完毕后，用镊子将膜条取出，浸于盛有氨基黑 10B 的染色液中，染色 1～2min 取出，立即浸入盛有漂洗液的培养皿中，反复漂洗数次，直到背景漂净为止。用滤纸吸干膜条，比较纯化前与纯化后电泳图谱的变化，以确定样品的纯度。

【注意事项】

（1）在层析过程中装柱是最重要的一步，其主要目的是形成一个稳定均一的柱床，务必做到凝胶悬液不稀不厚，上样和洗脱时不能使床面暴露在空气中，不然柱床会出现气泡或分层现象。加样时缓慢均匀加入，不能冲入搅动柱床表面，以免影响分离效果。

（2）葡聚糖凝胶 G-25 是多糖类物质，易于长菌，如短期不用，要加入抑菌剂防止长霉，可加 0.02%叠氮钠或 20%乙醇溶液作为防腐剂，存放于 4℃冰箱内。

（任　重）

实验二　肝组织蛋白质定量

蛋白质定量分析技术，是分子生物学实验中最基础的实验技术之一。在具体实验中有各种常用的方法可供选择，常用的有凯氏定氮法、双缩脲法（Biuret 法）、Folin—酚试剂法、Lowry 法、二喹啉甲酸法（BCA 法）、考马斯亮蓝法（Bradford 法）和紫外光谱吸收法。在上述方法中，以 Lowry 法和考马斯亮蓝法两者的灵敏度最高，是紫外光谱吸收法灵敏度的 10 倍以上，更是高于双缩脲法达百倍以上。凯氏定氮法历史悠久，尽管方法比较烦琐，但其所测结果却是最为精确，因此在实验中通常将凯氏定氮法测定出的蛋白质作为标准蛋白质提供给其他测定方法。

值得大家注意的一点是，除了凯氏定氮法能检测任何形式的蛋白质外，上述各种测定方法均无此优点。即使用上述各种测定方法来检测同一种样品蛋白，也有可能获得不尽相同的蛋白含量结果。目前蛋白质定量分析技术有各种各样的方法，但每种方法都有各自的利弊之处，在实际操作中，应根据下列情况选择不同的方法：①所测蛋白质的性质；②所要求的实验灵敏度；③所要求的实验精确度；④所存在的或可能存在的干扰因素；⑤所花费的各项成本。

一、Lowry　法

【实验目的】

（1）学习 Lowry 法测定蛋白质含量的原理。

（2）掌握 Lowry 法测定蛋白质含量的方法和操作。

【实验原理】　蛋白质分子中存有肽键和含有带酚羟基的氨基酸，两者是 Lowry 法原理的物质基础。参与 Lowry 法的共有两级化学反应，即双缩脲反应和酚试剂反应。肽键结构相似于双缩脲，参与双缩脲反应，即能于碱性条件下（指碱性铜试剂）与 Cu^{2+} 发生反应，生成紫色的络合物。含有带酚羟基的氨基酸具有还原性，参与酚试剂反应，即能在碱性环境中，将磷钼酸盐-磷钨酸盐还原，生成深蓝色化合物。还原显色反应于半小时内即可接近极限，并且在一定浓度范围内，蓝色化合物颜色的深浅度与蛋白浓度呈正相关关系，所以采用比色法可以测得溶液蛋白含量。

灵敏度高是 Lowry 法盛行的首要原因，比其前身双缩脲法和 Folin-酚试剂法的灵敏度均高出不少，这是由于肽键和含有带酚羟基氨基酸两者的显色效果得到明显增强，导致其灵敏度高。但是 Lowry 法的缺点是需时过久，操作时需精确控制时间，抗干扰能力差，其标准曲线非严格直线形式。

Lowry 法因为灵敏度高广泛用于微量蛋白的测定，其测量最低值可达 5μg，通常测定范围为 20～250μg，且同时测多样本的操作亦相当简便，是实验中采用最多的蛋白质含量测定方法之一。

【实验材料】

1. 实验器材　秒表、平皿、眼科剪、小镊子、2ml 匀浆器、移液器、1.5ml 离心管、冰盒、试管、烧杯、容量瓶、微量滴定管、冷凝回流装置一套、分析天平、旋涡混合器、恒温水浴箱、可见光分光光度计等。

2. 实验试剂

（1）碱性铜试剂：称取分析纯碳酸钠 40g 和酒石酸 7.5g，先后溶于蒸馏水 100ml 中，注意先后顺序，若溶解不完全可加热处理；再称取结晶硫酸铜（$CuSO_4 \cdot 5H_2O$）4.5g 溶于蒸馏水 200ml 中，两者加入 1000ml 容量瓶内混匀后，再用蒸馏水定容至 1000ml，备用。有效期为一日。

（2）酚试剂：称取分析纯钨酸钠（$Na_2WO_4 \cdot 2H_2O$）100g 和钼酸钠（$Na_2MoO_4 \cdot 2H_2O$）25g，将上述两者置于 1.5L 磨口回流蒸馏器的烧瓶中，加入蒸馏水 700ml 搅拌，溶解完全后加入浓盐酸 100ml 及 85%磷酸 50 ml，搅拌均匀，小火沸腾回流 10h。称取硫酸锂 150g 溶于蒸馏水 50ml 中，并加入 2～3 滴浓溴水（99%），待回流结束取下回流冷却器后，将其加入回流瓶，敞开瓶口沸腾 15min 蒸发多余的溴，常温冷却。此时溶液应呈金黄色。若仍为绿色可滴入少许浓溴水至溶液转为黄色即可。全过程在通风橱中进行。最后用蒸馏水定容至 1000ml，过滤，倒入棕色瓶 4℃冰箱保存，备用。使用前用标准氢氧化钠溶液滴定，酚酞为指示剂，以标定该试剂的酸度，一般为 2mol/l 左右（由于滤液为浅黄色，滴定时滤液需稀释 100 倍，以免影响滴定终点的观察）。使用时 2 倍稀释，使最后的酸浓度为 1mol/L。

在测定时要注意，因为酚试剂仅在酸性稳定，但此实验只在 pH 10 的情况下发生，所以当加酚试剂时，必须立即混匀，以便在磷钼酸-磷钨酸试剂被破坏前即能发生还原反应，否则会使显色程度减弱。

（3）标准蛋白质溶液：分析天平称取 25mg 牛血清白蛋白，溶于 100ml 蒸馏水中，使终浓度为 0.25mg/ml。

（4）提取蛋白样品所需材料：新鲜小鼠肝组织，PBS 缓冲液，组织裂解液（裂解液：PMSF=100：1）。

【实验方法】

1. 绘制标准曲线　将试管按 1 至 7 的顺序编号，按顺序给各试管加入标准蛋白质溶液为 0ml、0.1ml、0.2ml、0.4ml、0.6ml、0.8ml、1.0ml，再依次加入蒸馏水为 1.0ml、0.9ml、0.8ml、0.6ml、0.4ml、0.2ml、0ml，即每管有 1.0 ml 不同浓度的标准蛋白溶液，此时各试管蛋白含量依次为 0、25μg、50μg、100μg、150μg、200μg、250μg，接着各试管依次加入 5 ml 碱性铜试剂，利用旋涡混合器混匀，水浴保温（20～25℃）10min。然后各试管依次加入 0.5 ml 酚试剂，2s 内混匀，加一管混匀一管。同样水浴保温（20～25℃）30min。1 号试管不含蛋白，可作空白对照，然后在可见光分光光度计上 700nm 处测定 7 支试管溶液的吸光度值。以吸光度值为纵坐标，蛋白含量为横坐标，绘制出标准曲线（图 2-8-1）。

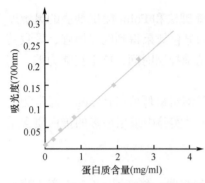

图 2-8-1　Lowry 法蛋白标准曲线图例

2. 肝组织蛋白样品提取

（1）称取 200mg 新鲜小鼠肝组织于平皿中，PBS 缓冲液漂洗后移至 2ml 匀浆器中，尽量剪碎组织块后，冰上碾磨至呈现云雾状。

（2）加入 1ml 裂解液于匀浆器中，冰上作用 20～30min。

（3）用移液器将裂解的组织液移至 1.5ml 离心管，4℃下 12 000g 离心 10min，取出离心管放在冰盒内，仔细吸取上清液置于 1.5ml 离心管中，备用。

3. 测定未知样品　取上述步骤提取的蛋白样品溶液，蒸馏水定容至 2ml，分别取 1ml 加入 2 支试管（做一重复，取平均值），另取 1 支试管加 1ml 蒸馏水作空白对照，各加 5ml 碱性铜试剂，利用旋涡混合器混匀，水浴保温（20～25℃）10min。然后各试管依次加入 0.5ml 酚试剂，2s 内混匀，加一管混匀一管。同样水浴保温（20～25℃）30min。在可见光分光光度计 700nm 波长处测吸光度值（此步骤也可与步骤 1 同时开展，共用第一支未加蛋白质溶液的试管做空白对照，并给样品试管编号）。

【实验结果】　根据未知样品蛋白溶液的吸光度值，在绘制好的标准曲线图中查出样品蛋白溶液中的蛋白质含量。

【注意事项】

（1）Lowry 法中还原显色反应随时间加深，于半小时内接近极限，所以必须利用秒表准确地把握操作时间。经验做法是在 1 号管加入碱试剂后，摁下秒表计时，显示 1min 时，在 2 号管加入碱试剂；显示 2min 时，在 3 号管加入碱试剂，同法操作完所有试管。显示 10min 时，则在 1 号管加入酚试剂，2s 内混匀；显示 11min 时，在 2 号管加入酚试剂，同法操作完所有试管，加一管混匀一管。所有试管加液完毕后再水浴保温（20～25℃）30min，即可测吸光度值。同理每分钟测一管。

（2）实验操作前可做好表格便于记录。表格中记录了各试管加入试剂溶液的种类和量，按照 1 至 7 号试管的顺序分别加入标准蛋白溶液、蒸馏水、碱性铜试剂、酚试剂。8、9 号试管只加样品蛋白溶液和碱性铜试剂、酚试剂。把计算出的各试管蛋白含量填入表 2-8-2 内，最后把测得的吸光度值填入即可。

表 2-8-2　实验二记录表 1

试管号	1	2	3	4	5	6	7	8	9
标准蛋白溶液（ml）	0	0.1	0.2	0.4	0.6	0.8	1.0	样品 1ml	样品 1ml
蒸馏水（ml）	1.0	0.9	0.8	0.6	0.4	0.2	0		
碱性铜试剂（ml）	5	5	5	5	5	5	5	5	5
酚试剂（ml）	0.5	0.5	0.5	0.5	0.5	0.5	0.5	0.5	0.5
各试管蛋白含量（μg）	0	25	50	100	150	200	250		
OD_{700}									

【思考题】

（1）试说明 Lowry 法的优缺点。

（2）Lowry 法测定蛋白质含量为什么比双缩脲法灵敏？

（3）Lowry 法测定蛋白质含量为什么要求加入酚试剂后立即混匀？

二、考马斯亮蓝法

【实验目的】

（1）学习考马斯亮蓝法测定蛋白质含量的原理。

（2）掌握考马斯亮蓝法测定蛋白质含量的方法和操作。

【实验原理】　考马斯亮蓝 G-250 是比色法与色素法相结合的复合方法。考马斯亮蓝 G-250 是常用的有机染料之一，在未结合蛋白质之前为红色，465nm 波长处出现最大吸收值。一旦 G-250 结合蛋白质之后，形成蛋白质-染料复合物，颜色会转变成深蓝色，则会在 595nm 波长处出现最大吸收值。在一定浓度范围内（1～1000μg），复合物颜色的深浅度与蛋白质浓度呈线性关系，所以采用比色法可以测得蛋白含量。

此法结合生成的复合物吸光值非常之高，故能大幅度提升该法检测蛋白质的灵敏度，有报道称最低可以检测仅为 1μg 的样品蛋白。此法结合生成蛋白质-染料复合物速度快，2～3min 即可完成结合，生成的复合物在 60min 内能稳定显色，其显色最稳定的时间在 5～20min。考马斯亮蓝法凭借方法易行、需时较短、灵敏稳定的优点在许多实验设计中有取代 Lowry 法的趋势。

【实验材料】

1. 实验器材　平皿、眼科剪、小镊子、2ml 匀浆器、移液器、1.5ml 离心管、冰盒、试管、烧杯、容量瓶、分析天平、可见光分光光度计等。

2. 实验试剂

（1）考马斯亮蓝 G-250 试剂：分析天平称取考马斯亮蓝 G-250 100mg，用 50ml 95%乙醇溶液将其溶解，再加入 100ml 85%磷酸并同时不断搅拌，此时考马斯亮蓝磷酸盐溶液呈棕红色，最后用蒸馏水将所得母液稀释到 1000ml。常温下保质期为一个月。

（2）标准蛋白质溶液：分析天平称取牛血清白蛋白 10mg，用蒸馏水溶解后，再定容至 100ml，可得浓度为 100μg/ml 的标准蛋白质溶液。

（3）提取蛋白样品所需材料：新鲜小鼠肝脏组织，PBS 缓冲液，组织裂解液（裂解液：PMSF=100∶1）。

【实验方法】

1. 绘制标准曲线　将试管按 1 至 6 的顺序编号，按顺序给各试管加入标准蛋白质溶液为 0、0.2ml、0.4ml、0.6ml、0.8ml、1.0ml，再依次加入蒸馏水为 1.0ml;、0.8ml、0.6ml、0.4ml、0.2ml，即每管有 1.0ml 不同浓度的标准蛋白溶液，此时各试管蛋白含量依次为 0、20μg、40μg、60μg、80μg、100μg，接着每支试管加入 5ml 考马斯亮蓝 G-250 试剂，混匀，室温静置 2min，1 号试管不含蛋白，可作空白对照，然后在可见光分光光度计上 595nm 处测定 6 支试管溶液的吸光度值。以吸光度值为纵坐标，蛋白含量为横坐标，绘制出标准曲线。

2. 肝组织蛋白样品提取

（1）称取 200mg 新鲜小鼠肝组织于平皿中，PBS 缓冲液漂洗后移至 2ml 匀浆器中，尽量剪碎组织块后，冰上碾磨至呈现云雾状。

（2）加入 1ml 裂解液于匀浆器中，冰上作用 20～30min。

（3）用移液器将裂解的组织液移至 1.5ml 离心管，4℃下 12 000g 离心 10min，取出离心管放在冰盒内，仔细吸取上清液置于 1.5ml 离心管中，备用。

3. 测定未知样品　取上述步骤提取的蛋白样品溶液，蒸馏水定容至 2ml，分别取 1ml 加入 2 支试管（做一重复，取平均值），另取 1 支试管加 1ml 蒸馏水作空白对照，各加 5ml 考马斯亮蓝 G-250 试剂，混匀，室温静置 2min，在可见光分光光度计 595nm 波长处测定各管中溶液的吸光度值（此步骤也可与步骤 1 同时开展，共用第一支未加蛋白的试管做空白对照，并给样品试管编号）。

实验操作前可做好表格便于记录。表格中记录了各试管加入试剂溶液的种类和量，按照 1 至 6 号试管的顺序分别加入标准蛋白溶液、蒸馏水、考马斯亮蓝 G-250 试剂。7、8 号试管只加样品蛋白溶液和考马斯亮蓝 G-250 试剂。把计算出的各试管蛋白含量填入表 2-8-3 内，最后把测得的吸光度值填入即可。

表 2-8-3　实验二记录表 2

试管号	1	2	3	4	5	6	7	8
标准蛋白溶液（ml）	0	0.2	0.4	0.6	0.8	1.0	样品 1	样品 1
蒸馏水（ml）	1.0	0.8	0.6	0.4	0.2	0	ml	ml
考马斯亮蓝 G-250 试剂（ml）	5	5	5	5	5	5	5	5
各试管蛋白含量（μg）	0	20	40	60	80	100		
OD595								

【实验结果】　根据未知样品蛋白溶液的吸光度值，在绘制好的标准曲线图中查出样品蛋白溶液中的蛋白质含量。

【注意事项】

（1）测定吸光度值应注意时效性，应在加入 G-250 试剂后颜色最稳定的 5～20min 内完成操作。

（2）实验中蛋白-染料复合物易吸附于比色杯壁上，可用塑料或玻璃比色杯，不用石英制品，实验完毕速用 95% 乙醇溶液荡洗，即可褪色。

（3）混匀时无需太剧烈，避免产生大量气泡而不易消除。

【思考题】

（1）试说明考马斯亮蓝法的优缺点。

（2）与其他几种方法比较，考马斯亮蓝法在原理上有什么不同？

（唐雅玲　王　双）

实验三　小鼠肝 β-actin 蛋白免疫印迹检测

蛋白质免疫印迹（Western blotting），是根据抗原抗体的特异性结合针对靶蛋白进行特异性检测的方法，常用于鉴定某种蛋白质，并能对蛋白质进行定性和半定量分析。

蛋白质印迹是在凝胶电泳和固相免疫测定技术基础上发展起来的一种免疫生化技术，由于免疫印迹具有 SDS-PAGE 的高分辨力和固相免疫测定的高特异性和敏感性，现已成为蛋白分析的一种常规技术，结合化学发光检测方法，可以同时比较多个样品同种蛋白的表达量差异。

【实验目的】

（1）了解蛋白质免疫印迹技术的基本原理。

（2）掌握样本中总蛋白的提取及定量的方法。

（3）掌握 SDS-PAGE 凝胶电泳的操作方法。

【实验原理】　蛋白中含有很多的氨基（NH_3^+）和羧基（COO^-），不同的蛋白在不同的 pH 下表现出不同的电荷，通过对样品适当处理，使样品蛋白在电泳中的迁移率只与相对分子质量有关，然后将含有待测蛋白的蛋白质混合物样品进行凝胶电泳分离，再将分离后的蛋白质通过电泳技术从凝胶转移到固体支持物上，随后以待测蛋白质上抗原决定簇特异性的抗体（即第一抗体）为探针，与固体支持物上的蛋白质进行免疫反应，最后采用偶联有辣根过氧化物酶的抗体（即第二抗体）与第一抗体进行免疫反应。有辣根过氧化物酶的底物应用显色剂时就会出现颜色反应，因此结合有第一抗体和第二抗体的待测蛋白，通过颜色反应即能显现出来。

【器材与试剂】　仪器与耗材：酶标仪、直流稳压电源（500V、100mA）、转移电泳仪、垂直板电泳槽一套、托盘、PVDF 膜、滤纸、剪刀、手套、小尺、微量注射器、化学发光成像系统。

试剂：SDS-PAGE 试剂，三去污剂裂解液，2×样品缓冲液（SDS 2.0g、β-巯基乙醇 5ml、甘油 10ml、0.1%溴酚蓝 2.0ml，加 ddH_2O 至 50ml），转膜缓冲液（甘氨酸 2.9g、Tris 5.8g、SDS 0.37g、甲醇 200ml，加 ddH_2O 定容至 1000ml），0.01mol/L PBS（NaCl 8.0 g、KCl 0.2g，Na_2HPO_4 1.44g，KH_2PO_4 0.24g，加 ddH_2O 至 1000ml，调 pH 至 7.4），10×丽春红膜染色液（丽春红 2.0g，磺基水杨酸 30g，三氯乙酸 30g，加 ddH_2O 至 100ml）。TBST 封闭液（含 5%的脱脂奶粉，现配），抗体缓冲液（2%脱脂奶粉，现配），鼠源性 β-actin 蛋白抗体（一抗）、HRP 标记羊抗鼠 IgG（二抗），TBST 漂洗液（TBS 液 500ml，加 Tween20 250μl），TCL 化学发光试剂盒。

【实验方法】　本实验以检测小鼠肝组织内 β-actin 蛋白的表达状态为例说明免疫印迹检测技术的全过程。

1. 蛋白样本提取及上样样品的准备

（1）组织裂解

1）取一小块新鲜小鼠肝组织，置于 1~2ml 匀浆器中，用无菌手术剪将组织块剪碎。

2）加 400μl 三去污剂裂解液（使用前现加 PMSF），将匀浆器放置于冰上，反复碾，尽量使组织块碾碎，然后放置于冰上约 30min。

3）随后将裂解后的液体转移到离心管（1.5ml）中，4℃，12 000g 的条件下离心约 5min，取上清液分装于 0.5ml 离心管中，−20℃保存备用。

（2）蛋白的定量：样品蛋白的定量采用 BCA 蛋白质定量试剂盒进行样品蛋白的定量，根据试剂盒说明书操作，具体方法简述如下。

1）绘制标准曲线：取一块酶标板，按照表 2-8-4 加入试剂。

表 2-8-4　酶标板加样量

样品编号	1	2	3	4	5	6	7	8
蛋白标准溶液（μl）	0	1	2	4	8	12	16	20
去离子水（μl）	20	19	18	16	12	8	4	0
对应蛋白含量（μg）	0	0.5	1.0	2.0	4.0	6.0	8.0	10.0

2）按试剂盒的说明，并根据需测样品的量估计需要 BCA 工作液的总量，按 50∶1 的体积比分别取 BCA 试剂中的 A 液和 B 液，充分混匀以配制 BCA 工作液。

3）各个待测标准品孔中分别加入 200μl 上述的 BCA 工作液。

4）将加有不同浓度蛋白标准品的酶标板置振荡器上振荡 30s 后，37℃放置 30min。

5）用分光光度计测 562 nm 波长时的不同浓度蛋白标准品溶液的吸光度，根据其蛋白含量与对应的吸光度绘制标准曲线，其中以蛋白含量（μg）为横坐标，其相应的吸光值为纵坐标。

6）稀释我们的待测样品至合适浓度，最好保证稀释后的蛋白浓度在绘制标准曲线所用的蛋白样品浓度范围内。取样品稀释液 20μl，加入 200μl 的上述 BCA 工作液，充分混匀后，37℃放置 30min 后。以仅加去离子水的孔为空白对照调零后，分别读取各样品溶液在 562nm 波长下的吸光值。

7）以所测蛋白样品的吸光值，在标准曲线上即可查得稀释以后的蛋白样品溶液中相应的蛋白含量（μg），根据稀释倍数计算出样品实际浓度（单位 μg/μl）即可。

（3）蛋白样品上样准备：准确吸取蛋白质样品 0.5 ml，加入 0.5 ml 的 2×样品缓冲液，在沸水中加热 5～10min，蛋白质在 SDS 和 β-巯基乙醇的作用下变性，形成紧密的棒状 SDS-蛋白质复合物，调整样品蛋白质浓度至 0.5mg/ml。

2. SDS-PAGE 凝胶电泳

（1）制胶与上样

1）将玻璃板充分洗净并晾干，在严整的桌面上使两玻璃板的底端对齐后小心放入制胶夹中卡紧，然后垂直卡在架子上准备灌胶。如果玻璃板底端不齐，则会漏胶。

2）按表 2-8-5 配方配制 10%的分离胶，其中 TEMED 最后加入，并立即摇匀即可灌胶，灌至合适位置后加一层水（灌胶时沿玻璃板流下，防止产生气泡）。

表 2-8-5　10% SDS-PAGE 分离胶配方表

胶组分名称	不同体积凝胶所需要组分的取样量（ml）				
	5	10	15	20	40
H_2O	1.9	4	5.9	7.9	15.9
30% Acrylamide	1.7	3.3	5	6.7	13.3
1.5mol/L Tris-HCl（pH8.8）	1.3	2.5	3.8	5	10
10%SDS	0.05	0.1	0.15	0.2	0.4
10%过硫酸铵	0.05	0.1	0.15	0.2	0.4
TEMED	0.002	0.004	0.006	0.008	0.016

3）待分离胶凝集后，倒去胶上层水并用吸水纸将水吸干。按表 2-8-6 配方配制 5%的浓缩胶，将剩余空间灌满浓缩胶然后将梳子插入浓缩胶中。

表 2-8-6　5% SDS-PAGE 浓缩胶配方表

胶组分名称	不同体积凝胶所需要组分的取样量（ml）				
	2	3	4	5	10
H$_2$O	1.4	2.1	2.7	3.4	6.8
30% Acrylamide	0.33	0.5	0.67	0.83	1.7
1.5mol/L Tris-HCl（pH6.8）	0.25	0.38	0.5	0.63	1.25
10%SDS	0.02	0.03	0.04	0.05	0.1
10%过硫酸铵	0.02	0.03	0.04	0.05	0.1
TEMED	0.002	0.003	0.004	0.005	0.01

4）观察到浓缩胶凝固后，轻轻将制胶梳子拔出，抽拔过程中动作要轻柔，防止损坏胶孔。

5）将灌制好的凝胶的玻璃板用去离子水冲洗 1～2 次，以去除胶孔中残留物，然后以小玻璃板面向内，大玻璃板面向外的方向将其放入电泳槽中，并卡紧，使其形成一个密封的内槽空间。

6）将内槽中加满电泳液，而外槽中只加少量电泳液即可，然后用微量进样器将准备好的蛋白样品按每点样孔 20～50μl 的量缓慢加入至上样孔内。

（2）电泳：开始电泳时，先以 60～80V 电压，使其跑完上层浓缩胶；当样品跑至分离胶时，改用 100～120V 的电压直到电泳结束，一般电泳时间长度为 1.5h 左右。

3. 蛋白质的转移（膜印迹）

（1）准备好电泳转移缓冲液。

（2）准备 6 张 7.0～8.3cm 的滤纸和 1 张 7.3～8.6cm 的 PVDF 膜（操作时，接触滤纸和膜时一定要戴上手套，防止污染），然后将切好的 PVDF 膜置于甲醇中浸泡 1～2min，再转入装有电泳转移液的托盘中。

（3）准备好转膜用的塑料夹子、两块海绵垫、一支玻棒、若干滤纸，滤纸和海绵垫均需用转移液浸泡。

（4）在塑料夹子黑色的一面上先垫一张海绵垫，用玻棒擀走里面的气泡，然后再垫上三层滤纸，同样需用玻棒擀去其间的气泡。

（5）轻轻剥离凝胶，凝胶易碎，操作时动作一定要轻柔，剥离时可适当用转移液湿润胶与玻璃板的接触面，使其容易剥离。将剥下的分离胶轻覆于滤纸上，并调整使其与滤纸对齐，轻轻用玻棒擀去气泡。

（6）将 PVDF 膜轻覆于胶上，使其盖满整块胶，轻轻用玻棒擀去气泡。

（7）最后在膜上盖 3 张滤纸并除去气泡，再盖上另一块海绵垫，用玻棒擀去其中的气泡，并合起夹子。

（8）将夹子放入转移槽槽中，塑料夹子黑色侧对应转移槽的黑面，而白色侧对应转移槽的红面。

（9）接通电源，一般 60V 转移 2h 或 40V 转移 3h，可根据相对分子质量大小调整转移时间和电流大小。电转移时会产热，可选用冰块降温。

注意：整个操作需要在转移液中进行，并且每一个步骤都要小心地用玻璃棒擀去气泡；为防止短路，膜两侧的滤纸不能相互接触。转移结束后，可用 1× 丽春红染液染 3～5min，以鉴定转移效果。

4. 目的蛋白的检测 采用高特异性的抗目的蛋白的抗体, 通过免疫反应及底物化学发光的方法以显示目的蛋白, 用于定性或定量分析, 主要包括以下步骤。

（1）封闭: 将印迹好的膜用移至含有封闭液的平皿中, 室温下脱色摇床上摇育 1h。

（2）孵育一抗: 将一抗用 TBST 稀释至适当浓度。将膜从封闭液中取出, 尽可能去掉膜上的残留液, 再将膜蛋白面朝下置抗体液中, 室温下摇育 1~2h 或 4℃摇育过夜。再用 TBST 液在室温下脱色摇床上洗 3 次, 每次 10min。

（3）孵育二抗: 将二抗用 TBST 稀释至适当浓度, 将膜至于二抗液体中室温下摇育 1~2h。再用 TBST 液在室温下脱色摇床上重复洗 3 次（每次 10min）, 然后进行化学发光检测。

（4）化学发光: 采用高灵敏度化学发光检测试剂盒进行化学发光反应。高灵敏度化学发光检测试剂盒是免疫印迹实验中与辣根过氧化物酶（HRP）配套使用的高灵敏增强型检测试剂盒, 其底物在 HRP 的催化下发生化学反应而发光, 可用于检测固定在膜上的蛋白质等生物大分子, 发光信号强烈持久, 可以使用照相技术（X-光胶片曝光）或者化学发光成像仪进行检测。具体操作如下所示。

1）根据膜大小确定需要量, 将增强型发光剂和稳定剂按照 1:1 的比例等体积混合, 配制工作液。一般一张 8cm × 6cm 的膜使用 1ml 工作液。

2）从洗涤缓冲液中取出印迹膜, 置于干净透明的塑料薄膜上, 按说明书要求配制好发光底物工作液, 并滴加在印迹膜上, 其量以覆盖整张膜为宜, 室温孵育 2~5min。

3）弃去多余发光底物工作液, 在印迹膜上再盖一层干净透明的塑料薄膜, 2 层塑料薄膜之间尽量不要产生气泡。

4）将膜放置到化学发光成像仪内, 按照仪器说明书进行拍照。

5）采用图像处理系统分析目标带的分子量和净光密度值。

【注意事项】

（1）本实验中接触的部分试剂有毒, 操作中应戴上手套, 并保持实验室通风。

（2）凝胶灌制时, 玻璃板一定要洗净, 灌胶过程中防止气泡产生, 胶应充分凝固后方可上样。

（3）转膜印迹时, 需要防止手上蛋白污染膜, 需戴上手套操作, 动作应轻柔, 防止损坏膜和凝胶。滤纸、胶和膜各层之间应用玻棒充分逐出气泡。膜在操作过程时, 要注意保湿, 防止膜干燥。

（4）电泳和转移时, 应注意电极方向, 防止接错正负极接头。

（5）抗体反应时, 应保证膜与抗体充分接触, 防止气泡产生, 否则会导致抗体结合不均匀, 影响结果的正确性。

（莫中成　唐朝克）

实验四　免疫组织化学

【实验目的】　熟悉并掌握免疫组织化学的操作流程及结果的判定。

【实验原理】　免疫组织化学（immunohistochemistry, IHC）又称免疫细胞化学, 是指显色剂标记的特异性抗体与组织细胞内抗原通过抗原抗体反应和组织化学的呈色反应，对相应抗原进行定位、定性、定量检测的技术，具有较高的敏感性、精确性以及特异性，并且操作简便。

根据检测的对象可分为切片染色和细胞染色；根据实验中抗原-抗体的结合方式可分为直接法、间接法及多层法；根据标记物的特性可分为免疫荧光技术、免疫酶技术及免疫金属技术。

【实验材料】　石蜡切片、二甲苯、75%乙醇溶液、PBS 缓冲液（pH 7.2～7.4）、3% H_2O_2 溶液、0.01mol/L 柠檬酸钠缓冲溶液（pH 6.0）、0.5mol/L EDTA 缓冲液（pH 8.0）、1%盐酸酒精、1mol/L 的 TBS 缓冲液（pH 8.0）羊血清工作液、SABC（链霉卵白素+ 辣根酶标记生物素）试剂、DAB、苏木精、中性树胶、蒸馏水。

【仪器设备】
（1）60℃恒温烤箱。
（2）电炉。
（3）光学显微镜。

【实验方法】
石蜡切片,链霉亲和素-生物素-过氧化物酶复合物（strept avidin-biotin complex，SABC）法。

SABC 法是一种简便而敏感的免疫组化染色方法，其基本过程概括为未标记的一抗+生物素标记二抗+SABC（链霉卵白素+ 辣根酶标记生物素）+辣根酶底物显色。具体操作过程如下所示：

（1）石蜡切片脱蜡、水化：石蜡切片 60℃恒温烤箱中烘烤 20min，二甲苯中浸泡 10min，更换二甲苯再浸泡 10min；无水乙醇中浸泡 5min；95%乙醇溶液中浸泡 5min；70%乙醇溶液中浸泡 5min。

（2）PBS 洗两次，每次 5min。

（3）3% H_2O_2 室温孵育 5～10min（消除内源性过氧化物酶的活性，降低背景）。

（4）蒸馏水漂洗 3 次。

（5）抗原修复：组织切片置于 95℃左右 0.01mol/L pH 6.0 柠檬酸钠缓冲溶液 10～15min。

（6）PBS 漂洗 5min。

（7）封闭：滴加非免疫血清（封闭带电荷基团，阻断组织细胞与抗体的非特异性结合，以消除背景非特异性染色），室温孵育 20min。

（8）倾去血清，勿洗，滴加一抗，室温孵育 1h 或者 4℃孵育过夜。

（9）PBS 洗三次，每次 5min。

（10）滴加生物素化二抗，室温孵育 30min。

（11）PBS 洗 3 次，每次 2min。

（12）滴加试剂 SABC，20～37℃ 20min。

（13）PBS 洗 4 次，每次 5min。

（14）DAB 显色：DAB 显色试剂盒显色（出现棕褐色颗粒，显微镜下监控显色程度）。

（15）复染：蒸馏水洗，苏木精复染 2min。

（16）返蓝：1%盐酸酒精（0.5ml 浓盐酸加入 100ml 浓度为 75%的乙醇溶液中）分色，

自来水冲洗返蓝。

（17）脱水、透明：将切片置于90%乙醇溶液中5min，无水乙醇中浸泡5min，第二次无水乙醇中浸泡5min，晾干。

（18）中性树胶封片、镜检。

【实验结果】

（1）阳性：细胞中出现棕黄色颗粒为阳性。

（2）根据阳性染色的有无及强度来判断，可分为：（－）即无阳性染色，（±）即可疑阳性，（＋）即弱阳性，（＋＋）即中等阳性，（＋＋＋）即强阳性等。

（3）综合阳性细胞在全部组织细胞中所占比例（A）及阳性细胞染色强度（B）来判断：$A<1/3$ 为1分、$1/3\sim2/3$ 为2分、$\geq2/3$ 为3分。B：无阳性反应细胞为0分，浅黄色为1分，棕黄色为2分，棕褐色为3分。积分数=$A\times B$。当 $A\times B=0$ 则判断为（－），$A\times B=1\sim2$ 则判断为（＋），$A\times B=3\sim4$ 则判断为（＋＋）。

（4）定量分析：阳性细胞数目，阳性细胞比例，阳性面积，光密度，积分光密度等。

【注意事项】

（1）实验中所用的抗体：免疫组化实验中常用的抗体为单克隆抗体和多克隆抗体。一般而言，多克隆抗体在一定 pH 和盐浓度范围内比单克隆抗体更稳定，因此，多克隆抗体更常用于免疫组织化学实验。此外，一抗的选择要特别注意种属特异性。

（2）石蜡切片的抗原修复：石蜡切片标本均用甲醛固定，细胞内抗原形成醛键、羧甲键及蛋白交联而被封闭了部分抗原决定簇。因此在进行免疫组织化学染色时，需要破坏固定时分子之间的交联，即进行抗原修复，从而暴露抗原决定簇。常用的抗原修复方法有微波修复法、高压加热法、酶消化法、水煮加热法等；常用的修复液为 pH 6.0 的 0.01mol/L 柠檬酸钠缓冲溶液。

（3）结果判断：必须设立阴性对照和阳性对照，并且特定抗原必须表达在特定的部位。

（4）水洗过程水流不可过大，防止掉片。

（5）染色过程中保持组织湿润，防止干片。

（危当恒）

实验五　免疫荧光染色方法

【实验目的】　熟悉并掌握免疫荧光的操作流程及结果的判定。

【实验原理】　免疫荧光技术（immunofluorescence technique）又称荧光抗体技术，是以荧光物质标记抗体而进行抗原定位的一项技术。其基本原理是将荧光物质标记的抗体（或抗原）与其相应的抗原（或抗体）结合后，在荧光显微镜下呈现特异性荧光，从而对相应的抗原（或抗体）进行定位、定性、定量研究。其是在免疫学、生物化学、显微镜技术基础上发展起来的一项实验技术，该技术的主要特点是：特异性强、敏感性高、速度快。

免疫荧光技术包括荧光抗体技术和荧光抗原技术，但在实际工作中荧光标记的抗体检测抗原（荧光抗体技术）较为常用，荧光标记的抗原检测抗体（荧光标记抗原）很少用，所以习惯上也将免疫荧光技术称之为荧光抗体技术。目前常用于标记抗体的荧光物质主要有：异硫氰酸荧光素（fluorescein isothiocyanate，FITC）、四乙基罗丹明（rho-damine B200，

RB200）、四甲基异硫氰酸罗丹明（tetramethyl rhodamine isothiocyanate，TRITC）、碘化丙啶（propidium iodide，PI），其中 FITC 标记应用最广泛。

【实验材料】　组织切片或细胞涂片、0.01mol/L、pH 7.4 磷酸盐缓冲盐水（PBS）、荧光抗体、缓冲甘油(分析纯无荧光的甘油 9 份+pH 9.2 0.2mol/L 碳酸盐缓冲液 1 份配制)、DAPI、蒸馏水。

【仪器设备】

（1）玻片架。

（2）荧光显微镜。

（3）37℃温箱。

【实验步骤】

1. 直接法　将荧光物质标记的抗体直接与相应的抗原反应，此法比较简单，特异性高但敏感性较低。

（1）组织切片或细胞涂片固定后，滴加稀释后的荧光标记的抗体溶液，室温或 37℃孵育 30min，组织切片或细胞涂片置入保湿盒，防止干燥。

（2）倾去荧光抗体，将组织切片或细胞涂片浸入 pH 7.4 PBS 中洗两次，每次 5min。

（3）蒸馏水洗 1min，以除去盐结晶。

（4）缓冲甘油封片。

（5）荧光显微镜下观察、记录。

2. 间接法　将未标记的抗体（第一抗体）与抗原相互作用，洗去未结合的抗体，在此基础上加入荧光物质标记的第二抗体（抗抗体），形成抗原-抗体-抗抗体复合物，间接法比直接法敏感性高，应用更为广泛。

（1）组织切片或细胞涂片固定后，滴加未标记的特异性一抗，室温或 37℃孵育 30min，切片置入保湿盒，防止干燥。

（2）倾去一抗，将组织切片或细胞涂片浸入 pH 7.4 PBS 中漂洗两次，每次 5min。

（3）蒸馏水洗 1min，吸水纸吸去残留液体。

（4）滴加荧光标记的二抗，37℃孵育 30min。

（5）pH 7.4 PBS 漂洗两次，每次 10min，用吸水纸吸去残留液体。

（6）缓冲甘油封片，镜检。

（7）荧光显微镜下观察、记录。

【结果判断】　荧光显微镜所观察到的图像，要通过综合形态学特征和荧光强度两个指标来判断。通常特异性荧光强度表示方法如下：（–）无荧光；（±）极弱的可疑荧光；（+）荧光较弱，但清楚可见；（++）荧光明亮；（+++～++++）荧光闪亮。当待检标本特异性荧光染色强度达 "++" 以上，而各种对照显示为（±）或（–），即可判定为阳性。

【注意事项】

（1）冷冻切片制备：建议用新鲜组织，组织一定要冷冻适度，选用干净锋利的刀片并要防止裂片和脱片。

（2）组织切片固定：切片风干后立即用冰丙酮等固定液固定 5～10min，特别是要较长时间保存的白片，一定要注意及时固定。

（3）一抗孵育条件：一般而言低温（4℃）孵育过夜较 37℃孵育 30min 效果要好。

（4）复染：目的是形成细胞轮廓，从而更好对目标蛋白进行定位，通常采用 DAPI 复染。

（5）封片：为了长期保存，最好选用抗荧光猝灭封片液。

（6）观察和记录：荧光染色后一般应在 1h 内完成观察和记录，防止荧光猝灭。

为了保证荧光染色结果的特异性，应设置如下对照，以排除非特异性荧光染色的干扰。

1）阳性对照：阳性血清+荧光标记物（排除实验中的差错及假阴性）。

2）阴性对照：阴性血清+荧光标记物（了解背景荧光以及非特异性染色）。

3）荧光标记物对照：PBS+荧光标记物（了解荧光标记物特异性）。

【思考题】

（1）实验过程中如何有效防止脱片？

（2）为什么要进行抗原修复？

（3）出现假阳性染色的原因及其解决方案？

（危当恒 尹铁英）

实验六 流式细胞仪对血小板活化的测定

【实验目的】

（1）熟悉了解血小板活化后的反应性和状态。

（2）通过流式细胞仪对血小板的表面标记进行特异性地参数分析，并保持其灵敏性。

【实验原理】 血小板的活化实验，对我们了解血小板的功能及研究心血管疾病都有非常重要的意义。通过流式细胞仪对血小板的表面标记进行特异性地参数分析，可以检测血小板活化后的反应性和状态，获取更多有关血小板活化的信息，这对预防和监测疾病、筛选治疗抗血小板患者及预防其相关并发症方面有着较好的研究意义。

1. 血小板的活化用流式细胞仪分析检测的优势

（1）可以灵敏地检测到血小板反应性。

（2）由于血小板的活化是膜糖蛋白先开始变化，之后再胞质内颗释放到血小板外，所以用流式细胞仪便于及时地了解血小板的活化过程和进展。

（3）血小板的多种标志可以同时并直接被检测到。

（4）可提高检测的灵敏性。

（5）直接检测血小板的多种标志。

（6）可使用全血标本，且标本量少。

（7）操作简易方便，血小板的人工激活可以减少到最小。

2. 未活化血小板表面标记的检测 用荧光单标记法检测全血中未激活的血小板 CD41、CD42b、CD61、CD62p、CD63 等实验指标，用以和活化后的血小板表面标记作对照。

3. 全血中活化血小板检测 血小板活化之后，一些新的标记会出现在活化后血小板的表面，主要有 PAC-1 和 CD62p 这两个对临床有研究意义的新标记，目前已经应用于临床的活化后的表面标记主要有 CD63 和 CD31 这两个。

（1）检测血小板特异性膜糖蛋白：现在对血小板的膜糖蛋白研究已经比较清楚，表 2-8-7 中显示了血小板主要的膜糖蛋白和相关功能，其中主要是 GPⅠb，GPⅡb，GPⅢa 等几种膜糖蛋白只在血小板膜表面有限的表达，因此，可以通过制备这些特异性糖蛋白的荧光单抗，使血小板在全血中被特异性地识别。

表 2-8-7 主要的血小板膜糖蛋白和相关功能

膜糖蛋白	相关功能
GP I a/ II a	黏附
GP II b/ III a	聚集
GP I c/ II a	黏附
GP I b/IX	黏附
GP V	凝血酶的底物
Vn 受体	黏附

（2）血小板活化的标志物：与静息的血小板相比，活化的血小板膜上的糖蛋白经常发生明显改变，发生改变的糖蛋白就可以成为检测血小板活化的标志物，可用于检测的活化标志物主要分以下三种。一种是血小板颗粒膜上的糖蛋白。激活血小板后，血小板的质膜与颗粒膜会发生融合，在质膜上表达的颗粒膜蛋白，像 CD63、CD62 就可以成为血小板活化的分子标记物。二是在血小板质膜的表面发生改变的糖蛋白表位。像 GP II b/ III a 的 PAC1 表位，它的构象改变只在活化的血小板中才会表现，所以荧光单抗上有这个表位的，可以更早并准确地检测到活化的血小板。而 GPIV 尽管在静息的血小板有表达，但是在活化的血小板表达得更明显；GP I b-IX-V 复合物却相反，与静息的血小板相比较，活化的血小板上表达要明显减少。三是一些能与活化血小板的表面受体结合的抗原，如 Xa 因子和纤维蛋白原等，检测这类抗原在血小板表面的出现和消失对临床研究也是有意义的。

（3）用非免疫性指标反映活化血小板功能的检测。例如，用荧光染料阿的平，因其能进入血小板致密颗粒，所以用于活化的血小板释放功能的检测。

（4）如何选择单抗：CD 单抗中与血小板有关的主要有 CD61（特异的血小板表面标记，既可结合活化的血小板，也可结合静息的血小板。CD41 与 CD61 结合，为血小板表面的 GP II b/ III a 复合物），CD62、CD63、CD107a-b 、CD9、CD31、CD36、CD41a-b、CD42a-d 等。因需要针对性地选择血小板标志物 CD 单抗用于检测活化血小板，在表 2-8-8 中列举了检测活化的血小板一些有代表性的单抗。

表 2-8-8 用于检测活化血小板的 CD 单抗

CD 单抗	代表性单抗	识别的膜上糖蛋白
CD36	ESIVC7、5F1、CIMeg1	GPIV
CD41	PBM6.4、PAC1、7E3	GP II b、GP II b/ III a
CD42a	GR-P 、FMC25、BL-H6	GP I
CD42b	GN287、PHN89、AN51	GP I
CD61	CLB-thromb/1、Y215	GP III a
CD62	CLB-thromb/6、RUU-SP1.18.1	GMP140/P-selectin
CD63	CLB-gran/12、RUU-SP2.28	GP53

【实验器材】

（1）各种特异性单克隆抗体。

（2）荧光标记的羊抗鼠或兔抗鼠第二抗体、灭活正常兔血清。

（3）10%FCSRPMI1640、DPBS、洗涤液、固定液。

（4）溶血素、激活剂、阻断剂、不含谷氨酰胺的 RPMI-1640、固定剂、破膜剂等。

（5）流式细胞分析仪、CO_2 培养箱、离心机、荧光显微镜等。

【实验方法】

1. 采集样本或标本

（1）把采血用的真空管按顺序编序号，编号前做好抗凝，抗凝可用柠檬酸钠。

（2）采集 2ml 静脉血到每个采血管。

（3）采血后 10min 内完成血小板的激活和染色在采血后 10min 内完成，并注意减少人工激活对结果的影响。

2. 未活化血小板表面标记的检测　染色的具体步骤如下。

（1）采血抗凝用柠檬酸盐。

（2）样品管依次加入荧光标记抗体（10μl），PBS（100μl）和全血（5μl）；同型对照管中加入抗体（10μl），对照管中先加入 PBS（100μl），再加入全血（5μl）；轻摇并混匀，室温条件下孵育 15min。

（3）上机分析检测之前，用 PBS 终止反应（2～3ml）。

3. 激活血小板

（1）在试管内加入全血（450ml）以及激活剂 ADP（50ml）轻摇，让两者混匀。

（2）在室温条件下孵育 5min。

（3）染色操作。

4. 染色荧光抗体

（1）对 Falcon 管进行编号。

（2）对照管中加入同型对照、PAC-1、CD61 和 RGDS（即 PAC-1 的阻断剂）。

（3）实验管中加入 CD61、CD62P 和 PAC-1。

（4）实验管和对照管中各加入 5ml 激活或未激活的血标本。

（5）轻摇至混匀，在暗室中室温条件下孵育 15～20min。

（6）每个管中加入冷的固定液（2～8℃）1ml，混匀充分后，阴暗处放 30 min（2～8℃）。

（7）在 4h 之内，上机对结果进行检测分析。

【实验结果】

（1）由于 CD61vsSSC 的点图有三群，首先设门并在 CD61vsSSC 点图中检测血小板群。单个血小板是 CD61 阳性/低 SSC 群的主要组成，黏附血小板的血细胞是 CD61 阳性/高 SSC 群的主要组成，血小板是 CD61 阳性/散射光更低群的主要组成。

（2）碎片的组成，红细胞和血小板群的颗粒度、大小在生理和病理情况下会有交叉，所以不建议设门用 FSC-SSC 图。设门，在 CD61vsSSC 点图中检测 CD61 阳性的血小板群（主要是检测黏附在 WBC 上的血小板和单个血小板）。

【注意事项】

（1）用大号的针管采血，弃去前 2ml。

（2）因单克隆抗体特异性高，抗体选用 CD workshop 中的单克隆抗体。亚类选择最好选择 IgG1。

（3）染色操作应在取血后 10min 之内完成。

（4）注意 Falcon 管加血标本时，管壁上不要有残留血以免未染色部分影响实验结果的准确性。

（5）在活化血小板等少量表达抗原的数据分析中，设定阈值，控制非特异性染色的比例为 1%～2%，当测定的抗原是高表达时，需要依据平均荧光强度判断抗原表达的高低度。

【思考题】

（1）样品制备应注意的问题有哪些？

（2）影响样品制备的因素有哪些？

（刘慧婷）

实验七　免疫共沉淀

【实验目的】

（1）掌握免疫共沉淀的方法。

（2）了解免疫共沉淀的原理。

【实验原理】　在非变性条件下裂解细胞时，保留了细胞内存在的许多蛋白质-蛋白质间的相互作用。用蛋白质 X 的抗体免疫沉淀 X，相应地，与 X 在体内结合的蛋白质 Y 也被沉淀下来。实验中多用精制的 prorein A 预先结合固化在琼脂糖珠上，并与含有抗原的溶液及抗体反应，琼脂糖珠上的 prorein A 通过与抗体结合，就会吸附抗原，达到精制的目的。该方法多用于测定两种目标蛋白质是否在体内结合；也常用于确定一种特定蛋白质的新的作用搭档。

【实验器材】　细胞刮子（用保鲜膜包好后埋冰下）、离心机、微量移液器、胶头吸管、1.5ml 微量离心管、SDS-PAGE 和 Western blot 相关器材和缓冲液。

【实验方法】

（1）收获细胞。移去细胞培养基，用 PBS 洗培养的细胞 3 次，然后加入适量细胞裂解缓冲液（含蛋白酶抑制剂）。在冰上裂解细胞 30min 后，用胶头吸管收集裂解液到微量离心管中，把细胞裂解液于 4℃，12 000g 离心 30min 后取上清液进行分析。

（2）抗原抗体反应。取少量离心后的上清裂解液以备 Western blot 分析及蛋白定量。定量后用 PBS 缓冲液将总蛋白稀释到 1～10μg/μl。剩余离心后的上清裂解液加 1μg 相应的抗体（蛋白 X 的抗体，实验中一般选择 1mg 总蛋白对应添加 1μg 抗体，为了提高抗原抗体反应的效率，最高可以添至 5μg 抗体），缓慢摇晃，4℃孵育过夜。

（3）预处理 protein A 琼脂糖珠。用微量移液器取 10μl protein A 琼脂糖珠，用适量离心后的上清裂解缓冲液洗 3 次，每次离心 3 000g，3min。

（4）免疫沉淀反应。将预处理过的 10μl protein A 琼脂糖珠加入到和抗体孵育过夜的细胞裂解液中，缓慢摇晃，4℃孵育 2～4h，使 protein A 琼脂糖珠与抗体偶连。

（5）免疫沉淀反应后，离心 4℃，3 000g，3min，将琼脂糖珠离心至管底；然后将上清液小心吸去，把管底的琼脂糖珠用 1ml 裂解缓冲液洗 3～4 次；最后加入 15μl 的 2×SDS 上样缓冲液，在沸水中煮 5min。

（6）SDS-PAGE 后进行 Western blot（一抗使用蛋白 Y 的抗体）或质谱仪分析。

【实验结果】　免疫共沉淀的结果多使用 Western blot 分析（IB），依据实验目的、处理因素、处理时间不同可能略有不同。图 2-8-2 是一个典型的 Western blot 分析的结果。

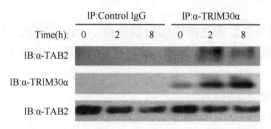

图 2-8-2　使用 Western blot 分析的免疫共沉淀结果

资料来源：Shi M. 2008. Nat Immunol，9（4）：369-377

结果说明：J774 细胞经 PBS 孵育 0,2h,8h 后,使用 α-TRIM30α 抗体做免疫沉淀(IP),分别用 α-TAB2 抗体和 α-TRIM30α 抗体做免疫印迹（IB），IgG 做阴性对照。免疫共沉淀结果显示 α-TRIM30α 蛋白与 α-TAB2 蛋白相互作用。

结果分析：第一行条带表明 α-TRIM30α 蛋白与 α-TAB2 蛋白相互结合；第二列条带显示用 α-TRIM30α 抗体进行 IB，为阳性对照，表明 α-TRIM30α 抗体-α-TRIM30α 蛋白-α-TAB2 蛋白-蛋白 A/G 琼脂糖珠复合物中在各时间点均有 α-TRIM30α 蛋白存在；第三行为全细胞裂解液用 α-TAB2 抗体进行 IB，表明全细胞裂解液中各时间点均存在 α-TAB2 蛋白。

【注意事项】

1. 处理样品　是免疫共沉淀是否成功的关键，Co-IP 本质上是处于天然构象状态的抗原和抗体之间的反应，而样品处理的好坏也决定了抗原抗体反应中的抗原的质量、浓度及抗原是否处于天然构象状态，所以，制备高质量的样品用于后续的抗体-琼脂糖珠孵育对实验是否成功很重要。处理样品的环节，要尽量控制所有操作在冰上或者 4℃完成，还要注意裂解液的成分，选择裂解液最为关键。

用于 Co-IP 的样品一般是原代培养细胞或者细胞系裂解液，多用 RIPA 裂解液（RIPA lysis buffer）。它是一种传统的细胞组织快速裂解液，得到的蛋白样品可以用于常规的 Western、Co-IP 分析等。RIPA 裂解液的配方有很多种，按其强度大致可以分为强、中、弱三类。主要成分有 pH 7.4 左右的离子缓冲液、接近生理浓度下的 NaCl、一定比例的去垢剂和甘油及各类蛋白酶抑制剂等。如何选择裂解液、裂解液的特点和差异可以参考厂家的说明书。

2. 抗体-琼脂糖珠孵育　使用裂解液裂解细胞后，再通过离心除去不可溶的膜组分，得到裂解上清液，可以储存在-80℃保存 3 个月。如果条件允许，最好使用新鲜制备的细胞裂解上清液，再进行抗体-琼脂糖珠孵育。可以先把抗体加入上清液中先与样品孵育数小时，然后再加入蛋白 A/G 琼脂糖珠，孵育过夜；也可以同时加入抗体和蛋白 A/G 琼脂糖珠孵育过夜。关于抗体量的选择，一般 1mg 总蛋白（1mg/ml）对应添加 1μg 抗体，若必要，也可最高添加至 5μg 抗体，但是，需要注意的是过多的抗体会产生假阳性。在这个步骤中，还要注意选择合适的阴性对照。阴性对照一般选用加同样量的 IgG，比较妥当的方法是选择针对胞内其他无关蛋白的一抗做对照。例如，做膜蛋白甲的免疫沉淀，可以选择膜蛋白乙来做阴性对照，只要确认两者之间没有相互作用就可以；而做胞质可溶性蛋白丙的免疫沉淀，可选择另外一个可溶性蛋白丁来做阴性对照。为了避免蛋白 A/G 琼脂糖珠有

（非）特异性吸附从而造成免疫沉淀实验结果的假阳性，可在加入目的蛋白抗体之前，预先将蛋白 A/G 琼脂糖珠与细胞裂解液孵育数小时，然后离心，取上清液用于后续的抗体-琼脂糖珠孵育。

需要注意的是，蛋白 A/G 琼脂糖珠对不同类型的抗体亲和力不同，结合一抗的种属及 Ig 亚型，选择合适的蛋白 A/G 琼脂糖珠也是决定实验是否成功的一个重要因素。推荐使用蛋白 A 和蛋白 G 琼脂糖珠的混合物，这样一方面可以达到最佳实验效果，另一方面也省去了选择的烦恼。

3. 抗体-琼脂糖珠复合物洗涤　成功的免疫共沉淀实验需要选择特异性好的抗体、选择合适的阴性对照，还需要对抗体-琼脂糖珠复合物进行多次洗涤，以去除 Co-IP 的非特异性。一般洗涤缓冲液使用和裂解液一样的配方，但不含有甘油，目的是减少由于甘油的黏性带来的非特异性吸附。当然，针对不同的实验，还可以通过更改 NaCl 的浓度和去垢剂的比例、种类以达到去除非特异性吸附的效果。例如，免疫共沉淀实验中，如果蛋白质之间的结合比较牢靠，可以考虑使用低浓度（0.2%～0.5%）的 SDS 洗涤抗体-琼脂糖珠复合物，这样处理可以去除大部分非特异性相互作用。

4. 未检测到目的蛋白或蛋白很少的可能原因和处理方法　①如果样品被蛋白酶降解，可以添加蛋白酶抑制剂处理，还要注意所有操作保持 4℃以下冰上操作并防止冻融。②如果是因为抗体浓度太低，可以调整 IP 和（或）IB 抗体浓度，必要时设立浓度梯度，摸索最佳浓度。③如果抗体亲和力太低，可以选用适合于 IP 和（或）IB 的相应抗体。④如果 IP 抗体未与琼脂糖珠子结合，可以考虑选用适合于 IP 的相应珠子，正确保存防止变质或干燥。⑤如果是由于裂解液裂解强度太高，可考虑改用低裂解强度裂解液。

5. 目的蛋白高背景的可能原因和处理方法　①考虑非特异蛋白结合，可以采用裂解细胞前用 PBS 洗净细胞；或者在免疫沉淀前蛋白 A/G 珠子用细胞裂解缓冲液多次预洗，免疫沉淀后用裂解缓冲液增加漂洗复合物次数；或者选用高裂解强度裂解液。②如果是由于裂解液裂解强度太低，可改用高裂解强度裂解液。③若是由于实验仪器或液体被污染，可改换使用洁净的仪器或液体。④若是由于转移膜上的非特异吸附，采用戴手套、用镊子夹取、不要接触膜转移面等方法处理。

（袁中华）

第九章 基因表达与调节实验

实验一 利用荧光素酶报告基因系统检测启动子的转录活性

【实验目的】
（1）掌握荧光素酶报告基因检测系统的基本原理。
（2）掌握启动子转录活性分析的方法。

【实验原理】 荧光素酶报告基因系统是以荧光素为底物检测萤火虫荧光素酶活性的一种报告系统。荧光素酶可以催化荧光素氧化为氧合荧光素，同时发出生物荧光，通过荧光测定仪测定后，可以高效、灵敏地检测基因的表达。

荧光素酶报告基因系统可用于验证启动子的转录活性。首先，将目的基因的启动子片段插入到荧光素酶表达序列的前方，称为报告基因载体；然后，将报告基因载体与转录因子表达质粒共转染细胞，如果转录因子能够激活报告基因载体中的启动子，则荧光素酶基因就会表达，在加入特定的荧光素酶底物后，荧光素酶会与底物发生反应，产生荧光；最后，通过检测荧光的强度可以测定荧光素酶的活性，从而判断所克隆片段的启动子活性。

本实验利用荧光素酶报告基因系统检测葡萄糖转运体 3（GLU3）启动子的转录活性。

【仪器与材料】

1. 材料 大肠埃希菌感受态细胞 TOP10、大鼠肾上腺嗜铬细胞瘤 PC12 细胞、荧光素酶报告基因载体 pGL3-basic、海参荧光素酶报告基因质粒 pRK-TK 等。

2. 仪器 恒温振荡器、PCR 扩增仪、移液器、高速冷冻离心机、生化培养箱、净化工作台、CO_2 恒温培养箱、荧光检测仪、倒置生物显微镜、凝胶成像系统等。

【实验试剂】 LB 培养基、限制性内切酶、T_4DNA 连接酶、TaqmasterMix、胶回收试剂盒、lipofectamine2000 转染试剂、双荧光素酶报告基因检测试剂盒、质粒提取试剂盒、胎牛血清、胰蛋白酶、DMEM/F12 培养基、琼脂糖等。

【实验步骤】

1. 获取葡萄糖转运体 3 启动子序列

（1）引物设计与合成：根据 Genebank 中葡萄糖转运体 3DNA 序列，设计引物并插入酶切位点。

F: 5′-tacggtaccacatgctcagctgctgctccac-3′（Kpn I）
R: 5′-tagctcgagtaccgactgctggagctgatct-3′（Xho I）

设计的引物交由上海 Invitrogen 公司合成。

（2）葡萄糖转运体 3 启动子序列的 PCR 扩增：见表 2-9-1。

表 2-9-1 25μl PCR 反应体系操作表

成分	体积（μl）
2×TaqmasterMix	12.0
Fprimer（10μmol/L）	1.0

续表

成分	体积（μl）
Rprimer（10μmol/L）	1.0
基因组 DNA	2.0
ddH$_2$O	9.0
Total	25.0

混匀后，94℃预变性 5min，然后 30 个循环，每个循环包括 94℃变性 1min、58℃退火 1min、72℃延伸 1min，最后 72℃延伸 10min。

（3）PCR 扩增产物的琼脂糖凝胶电泳及胶回收：配制 1%的琼脂糖凝胶后，取 PCR 扩增产物于 100V 稳压条件下电泳 45min，电泳完成后于凝胶成像系统中观察，然后进行切胶回收。

2. 构建含葡萄糖转运体 3 启动子区的荧光素酶报告基因载体

（1）启动子片段和 pGL3-basic 载体的双酶切：胶回收纯化后的 DNA 片段与 pGL3-basic 载体分别用 *Kpn* I 和 *Xho* I 于 37℃过夜酶切。

（2）连接和转化：将酶切产物用 T$_4$DNA 连接酶于 37℃连接过夜，然后将连接产物转化到大肠埃希菌 TOP10 感受态细胞中，转化后的产物涂于氨苄抗性的 LB 固体培养基上 37℃过夜培养。

（3）阳性克隆鉴定和测序：挑取阳性克隆，接种于氨苄抗性的 LB 培养基中，37℃下 200r/min 过夜摇培至菌液混浊；提取重组载体；最后经 *Kpn* I 和 *Xho* I 双酶酶切或菌落 PCR 验证成功后，送交上海 Invitrogen 公司测序。

3. 细胞转染及荧光素酶活性的检测

（1）细胞培养与转染：PC12 细胞培养于含 10%胎牛血清和青霉素-链霉素的 DMEM/F12 培养基中，于 5% CO$_2$、37℃培养箱中培养。转染前收集对数生长期的 PC12 细胞，铺于六孔板中，用无胎牛血清和无双抗的培养基培养。根据 lipofectamine2000 转染试剂说明书配置转染混合物：pGL3-GLUT3 启动子荧光素酶报告载体 +pRL-TK+lipo2000 或 pGL3-basic 载体+pRL-TK+lipo2000，每组转染 3 孔。

（2）相对荧光素酶活性检测：转染 24h 后，按照 Promega 公司的双荧光素酶报告基因检测试剂盒测定荧光素酶活性。

（3）数据处理：先计算每孔的校正荧光素酶值（海参荧光素酶值/萤火虫荧光素酶值）；再计算实验组与对照组的相对荧光素酶值，相对荧光素酶活性为 3 次独立重复的实验结果，取平均值；最后采用 SPSS13.0 软件进行统计学分析，若 $P<0.05$ 为有统计学意义。

【注意事项】

（1）转染培养基中要使用无胎牛血清和无双抗的培养基，因为阳离子脂质体试剂会增加细胞的通透性，使抗生素进入细胞，导致细胞的活性降低。

（2）用于转染的最佳细胞密度根据不同的细胞类型或应用而异，一般贴壁细胞密度为 70%～90%适合转染。

【思考题】　双荧光素酶报告基因系统中海参荧光素酶的作用是什么？

（马　云　贾连群）

实验二　染色质免疫沉淀技术

【实验目的】
（1）掌握染色质免疫沉淀的基本原理和方法。
（2）通过本方法，获得体内 DNA 与蛋白质相互作用的有关信息。

【实验原理】　染色质免疫共沉淀（chromatin immunoprecipitation，ChIP）是基于体内分析发展起来的方法，它的基本原理是在活细胞状态下固定蛋白质-DNA 复合物，并通过超声或酶处理将其随机切断为一定长度范围内的染色质小片段，再通过抗原抗体的特异性识别反应沉淀此复合体，从而达到富集目的蛋白结合的 DNA 片段；通过对目的片段的纯化与检测，从而获得蛋白质与 DNA 相互作用的信息。它能真实、完整地反映结合在 DNA序列上的调控蛋白，是目前确定与特定蛋白结合的基因组区域或确定与特定基因组区域结合的蛋白质的一种很好的方法。ChIP 不仅可以检测体内反式因子与 DNA 的动态作用，还可以用来研究组蛋白的各种共价修饰与基因表达的关系。实验操作基本流程是：①用甲醛在体内将 DNA 结合蛋白与 DNA 交联；②分离染色体（质），剪切后的 DNA 小片段与结合蛋白结合；③用特异性抗体与 DNA 结合蛋白结合，用沉淀法分离复合体。反向交联操作释放出 DNA，并消化蛋白质；④用 PCR 扩增特异 DNA 序列，以确定是否与抗体共沉淀。

【实验器材】　10cm 平皿、水浴锅、细胞刮刀、超声破碎仪、恒温摇床、磁力架、电泳仪、凝胶成像仪、15ml 离心管、冷冻离心机、超净工作台、交联仪、培养好的细胞等。

【实验试剂】
（1）37%甲醛。
（2）甘氨酸。
（3）PBS。
（4）蛋白酶抑制剂。
（5）细胞裂解缓冲液。
（6）ChIP 稀释缓冲液。
（7）LiCl 洗涤缓冲液。
（8）ChIP 洗脱缓冲液。
（9）5mol/L 氯化钠。
（10）TE（pH 8.0）。
（11）RNaseA。
（12）0.5mol/L EDTA。
（13）1mol/L Tris-HCl（pH 6.5）。
（14）10mg/ml 蛋白酶 K。

【实验步骤】
1. 细胞的甲醛交联和超声破碎
（1）取培养好的细胞 9ml，加入 243μl 37%甲醛，使得甲醛的终浓度为 1%。
（2）37℃孵育 10min。
（3）终止交联：加入 450μl 2.5mol/L 甘氨酸至终浓度为 0.125mol/L，混匀后，在室温下放置 5min。

（4）4000g，4℃离心 5min，弃去上清液，用冰冷的 PBS 缓冲液重悬细胞，离心洗涤 2 次。

（5）按照细胞量，加入细胞裂解液 800μl，使得细胞终浓度为每 100μl 含 2×10^3 个细胞。再加入蛋白酶抑制剂混合液至终浓度为 0.1%。

（6）VCX750，25%功率，4.5s 冲击，9s 间隙；共 14 次超声破碎细胞。

2. 除杂及与抗体孵育

（1）超声破碎结束后，10 000g 4℃离心 10min。去除不溶物质。取 300μl 做实验，其余保存于−70℃。300μl 中，100μl 加抗体为实验组；100μl 不加抗体为对照组；100μl 加入 4μl 5mol/L NaCl（NaCl 终浓度为 0.2mol/L），65℃处理 3h 解交联，跑电泳，检测超声破碎的效果。

（2）在 100μl 的超声破碎物中，加入 900μl ChIP dilution buffer 和 20μl 的 50×PIC；再各加入 60μl Protein A Agarose/Salmon Sperm DNA。4℃颠转混匀 1h；再 4℃静置 10min 沉淀，700g 离心 1min。

（3）取上清液；各留取 20μl 作为 input。一管中加入 1μl 抗体，另一管中则不加抗体。4℃颠转过夜。

3. 检测超声破碎的效果　取 100μl 超声波破碎物，加入 4μl 5mol/L NaCl，65℃处理 3h 解交联。分出一半用酚和氯仿抽提。琼脂糖电泳检测超声破碎的效果。

4. 免疫复合物的沉淀和清洗

（1）孵育过夜后，实验组和对照组中分别加入 60μl Agarose-protein A，4℃颠转反应 2h。

（2）4℃静置 10min 后，700g 离心 1min，弃去上清液。

（3）依次用下列溶液清洗沉淀复合物。清洗的步骤：加入溶液，在 4℃颠转 10min，4℃静置 10min 沉淀，700g 离心 1min，除去上清液。

洗涤溶液：①低盐溶液一次；②高盐溶液一次；③LiCl 溶液一次；④TE buffer 两次。

（4）解交联：清洗完毕后，开始洗脱。洗脱液的配方：100μl 10% SDS，100μl 1mol/L NaHCO$_3$，800μl ddH$_2$O，共 1ml。每管加入 250μl 洗脱 buffer，室温下颠转 15min，静置离心后，收集上清液；重复洗涤一次；最终的洗脱液为每管 500μl。

（5）每管中加入 20μl 5mol/L NaCl（NaCl 终浓度为 0.2mol/L），混匀，65℃解交联过夜。

5. DNA 样品的回收

（1）解交联结束后，每管加入 1μl RNase A，37℃孵育 1h。

（2）每管加入 10μl 0.5mol/L EDTA，20μl 1mol/L Tris-HCl（pH 6.5），2μl 10mg/ml 蛋白酶 K，45℃处理 2h。

（3）采用 DNA 回收试剂盒回收 DNA 片段，最终的样品溶于 100μl 双蒸水中。

6. PCR 分析　根据预期获得的 DNA 序列，设计引物，进行 PCR 分析。

【注意事项】

（1）注意抗体的性质。抗体不同和抗原结合能力也不同，能用于免疫组化的不一定能用在 ChIP 中。因此，要详细了解抗体的使用说明，尤其是多抗的特异性问题。

（2）多数抗原是细胞构成的蛋白，特别是骨架蛋白，缓冲液必须要使抗原溶解。为此，必须使用含有强表面活性剂的缓冲液，尽管它有可能影响一部分抗原抗体的结合。如用弱表面活性剂溶解细胞，就不能充分溶解细胞蛋白；即便溶解也会产生与其他蛋白结合的结果，抗原决定簇被封闭，影响与抗体的结合，即使 IP 成功，也是很多蛋白与抗体共沉的结果。

（3）为防止蛋白的分解，溶解抗原的缓冲液必须加蛋白酶抑制剂，且在低温下进行实验。每次实验之前，首先考虑抗体/缓冲液的比例。抗体过少就不能检出抗原，过多则不能沉降在 beads 上，而残存在上清液中。此外，缓冲液太少则不能溶解抗原，过多则会导致抗原被稀释。

【思考题】

（1）甲醛如何能起到固定作用？加入的甘氨酸为什么能终止交联？

（2）超声破碎后，为什么要留一管检测破碎效果？在实验的过程中，设置对照组的目的？

（李亚林）

实验三　DNA 甲基化特异性 PCR

【实验目的】

（1）掌握 DNA 甲基化特异性 PCR 检测的基本原理及操作流程。

（2）了解 DNA 甲基化测定的临床意义。

【实验原理】　　DNA 甲基化检测技术逐渐成熟，本实验采用由 Herman 等人发明的经典的甲基化特异性 PCR 法（MSP 法），该方法是在使用重亚硫酸盐处理的基础上建立的一种检测特异位点甲基化的分析方法。DNA 经过重亚硫酸盐修饰，可使未甲基化的胞嘧啶转变为尿嘧啶，而甲基化的则不变，根据这两种不同的修饰序列设计出两对引物，进行引物特异性的 PCR。这两对引物中，一对与修饰后的甲基化 DNA 链结合，另一对与修饰后的非甲基化 DNA 链结合。若前者能扩增出相应片段，则说明该被检测的位点存在甲基化；若后者扩增出相应片段，则说明被检测的位点不存在甲基化。

【实验器材】

1. 实验仪器　电泳仪、紫外分光光度计、PCR 仪、高速离心机、掌上离心机、振荡器、凝胶成像系统、无菌操作台、移液器、隔水式电热恒温培养箱、电热恒温水槽、pH 计。

2. 实验材料

（1）由细胞系或组织提取的待测 DNA，须经电泳鉴定为完整未降解、且纯度高的 DNA，经过紫外分光光度计测得其浓度。本实验主要测定以下两种 DNA。

1）由肺癌细胞系 H157 提取的基因组 DNA。

2）由正常淋巴细胞提取的基因组 DNA。

（2）引物：本实验采用经典的抑癌基因 *p16* 作为验证基因，根据其启动子区域 CpG 岛，共设计三对引物，如下所示。

1）针对未经重亚硫酸盐修饰的 DNA 扩增引物 *p16*-Wt。上游　CAGAGGGTGGGG CGGACCGC，下游　CGGGCCGCGGCCGTGG；该引物扩增产物片段大小为 140bp；基因组位点+171；最适退火温度为 65℃。

2）针对经亚硫酸氢盐处理的甲基化的 DNA 扩增引物 *p16*-M。上游　TTATTAGAGG GTGGGGCGGATCGC，下游　GACCCCGAACCGCGACCGTAA；该引物扩增产物片段大小为 150bp；基因组位点+167；最适退火温度为 65℃。

3）针对经亚硫酸氢盐处理的非甲基化的 DNA 扩增引物 p16-U。上游 TTATTAGAG GGTGGGGTGGATTGT，下游 CAACCCCAAACCACAACCATAA；该引物扩增产物片段大小为 151bp；基因组位点+167；最适退火温度为 60℃。

3. 实验耗材（均需高压灭菌处理） 0.2ml 离心管，1.5ml 离心管，2ml 离心管，移液管头，容量瓶，10ml 离心管，5ml 注射器。

【实验试剂】

（1）3mol/L NaOH（均在每次实验时新鲜配制）。

（2）10mmol/L 对苯二酚（均在每次实验时新鲜配制）。

（3）3.6mol/L 亚硫酸氢钠：称取 1.88g 亚硫酸氢钠粉末，用灭菌双蒸水稀释，并用 3mol/L NaOH 调溶液至 pH 5.0，再加入灭菌双蒸水使终体积为 5ml（均在每次实验时新鲜配制）。

（4）液体石蜡。

（5）10mol/L 乙酸铵。

（6）10mg/ml 糖原。

（7）无水乙醇。

（8）90%乙醇溶液。

（9）70%乙醇溶液。

（10）50×TAE 缓冲液。

（11）琼脂糖。

（12）溴化乙锭。

（13）LA Taq with GC Buffer。

（14）DNA 纯化试剂盒，本实验采用 Promega Wizard Cleanup DNA 纯化回收系统（Promega，A7280）。

（15）6×Loading Buffer。

【实验步骤】

1. 基因组 DNA 的纯度和浓度检测

（1）测量样品 A_{260} 和 A_{280} 值，具体步骤：在 0.5ml EP 管中取 98μl 灭菌双蒸水，加入 2μl DNA 原液，用移液枪反复吸打混匀。

（2）在比色杯中加入 100μl 灭菌双蒸水作为空白对照，调节 A_{260} 零点。在同套比色杯的另一只中加入稀释并混合均匀的 DNA 测量液，测定 A_{260} 值。

（3）同时，再用空白对照调节 A_{280} 零点，测定先前 DNA 测量液的 A_{280} 值。

（4）根据 A_{260}/A_{280} 值，估测 DNA 质量。一般 A_{260}/A_{280} 值在 1.8 左右，可以满足实验要求，最后根据公式 $A_{260}×$稀释倍数$×50$（ng/μl）得出 DNA 的浓度。

（5）取 1μl 基因组 DNA 样本进行 1%琼脂糖凝胶电泳，若条带无锯齿状且无其他杂带，则说明 DNA 质量较好。

2. 基因组 DNA 的重亚硫酸盐修饰

（1）DNA 修饰

1）在 1.5ml 离心管中加入 2μg DNA 溶于 100μl 灭菌双蒸水中，加入 7μl 新鲜配制的 3mol/L NaOH，混匀。

2）50℃水浴，15min（变性处理）。

3）加入 30μl 鲜配制的 10mmol/L 对苯二酚（溶液变成淡黄色）。

4）加入 520μl 鲜配制的 3.6mol/L 的亚硫酸氢钠溶液（pH 5.0），包锡箔纸避光，轻轻斡旋混匀。

5）掌上离心机稍微离心使液体均位于管底，加 200μl 液体石蜡，防止水分蒸发，限制氧化。

6）50℃，避光水浴 16h。

（2）脱盐纯化处理

1）70℃水浴预热灭菌双蒸水，配制 80%异丙醇。

2）将移液器枪头伸入修饰后的 DNA 离心管，先轻轻加压使其中一小段液体石蜡排出，然后吸取液体石蜡层下的混合液至一新的灭菌 1.5ml 离心管中。

3）加入 1ml Promega's Wizard DNA Clean-up resin 后，颠倒混匀（动作轻柔），37℃水浴 5 min，让 DNA 充分与树脂结合。

4）取试剂盒提供的回收小柱与注射器针筒紧密连接后，用移液器将上述混合液移至针筒内，取 2ml 离心管放于小柱下接收废液。套上针栓，轻轻加压将液体排出，此时可见小柱内有白色的树脂沉积。

5）分离注射器与小柱后拔出针栓，再将针筒与小柱连接，向针筒内加入 2ml 80%的异丙醇，套上针栓，轻轻加压将异丙醇排出。

6）分离注射器与小柱，将小柱置于灭菌 1.5ml 离心管上，离心 12 000g，2min，去除残余异丙醇成分，使树脂干燥。此时，修饰后 DNA 应处于和树脂结合的状态。

7）将小柱取下置于另一洁净 1.5ml 离心管上，用移液器加 50μl 预热好的 70℃灭菌双蒸水，室温放置 5min。离心 12 000g，20s，此时 EP 管内液体即为洗脱的修饰后 DNA 溶液，终体积为 50μl。

（3）完全甲基化（脱磺酸基作用）、二次脱盐、DNA 纯化

1）加入 5.5μl 新鲜配制的 3mol/L NaOH 50μl 短暂摇匀，37℃水浴 15min。

2）加 33μl 10mol/L 乙酸铵，以中和 NaOH，使溶液 pH 为 7.0 左右。

3）加 4μl 10mg/ml 糖原，以此作为沉淀指示剂（因为其与乙醇混合后可产生沉淀，便于离心后辨别回收物的位置，防止在吸取残余乙醇时将回收物吸走）。

4）加入 270μl 冰无水乙醇，置于–20℃，过夜沉淀。

5）4℃，12 000g，离心 30min，弃上清液。

6）加入 500μl 70%乙醇溶液，斡旋混匀，4℃ 12 000g，5min，弃上清液，重复本步骤 1 次，之后高速离心 3min，吸去剩余悬浮液。

7）室温干燥 15min（沉淀由不透明变为半透明或透明时），加入灭菌双蒸水 20μl，用枪头吸打混匀，使沉淀溶解。

8）进行后一步实验，或将样本置于–70℃不超过 5 个月。

3. PCR

（1）取 0.2ml 离心管，用记号笔按表 2-9-2 分别标记。

表 2-9-2　分组标记操作表

待测 DNA 样本	肺癌细胞系 H157			正常淋巴细胞		
p16 基因引物类型	Wt	M	U	Wt	M	U

（2）按下列组分配制 PCR 反应液。

GCBuffer I	12.5μl
TaKaRaLaTaqHS	0.125μl
dNTP Mixture（2.5mmol/L）	2μl
上游特异性 PCR 引物	0.5μl
下游特异性 PCR 引物	0.5μl
修饰后的 DNA 模板	2μl
灭菌蒸馏水补足	至 25μl

（3）按以下条件进行 PCR 反应：94℃预变性 2min；94℃变性 45s，63℃退火 45s，72℃延伸 45s，共 40 个循环；72℃保温 7min。

（4）PCR 产物进行 2% 的琼脂糖凝胶电泳。每个上样孔加 5μl 扩增产物，110V 电泳，电泳时间依据情况而定。凝胶成像系统采集图像，分析结果。

【注意事项】

（1）本实验 DNA 修饰用的所有试剂均须新鲜配制，所以配液的技术要过关，既要快，又要精确。

（2）亚硫酸氢钠溶液呈强酸性，一定用碱将 pH 调至 5.0，否则 pH 不合适会影响后续纯化吸收。

（3）在 DNA 纯化时，使用注射器一定要用力均匀轻柔，如太暴力，会将小柱内的薄膜挤破，失去作用。

（4）实验一定注意防止污染，应戴手套，所有用具均应双蒸水洗净后高压灭菌，用灭菌双蒸水配所有试剂。

（5）由于 DNA 样本及引物较多，因此 PCR 实验时，一定要注意标记清楚，按标记加样以免出错。

（6）该实验引物设计是决定实验成败的关键，具体设计参照知识扩展部分。本实验所用引物为经典实验样本，如需做相关研发需自行设计引物。

【知识扩展】

（1）DNA 甲基化是哺乳动物 DNA 最常见的复制后调节方式之一，是正常发育、分化所必需的，具有重要的生物学意义。DNA 甲基化是表观遗传学的重要组成部分，在 DNA 甲基转移酶（DNA methyltransferase，DNMT）的作用下，以 S-腺苷甲硫氨酸（SAM）为甲基供体，可以将甲基基团转移到基因组 DNA 胞嘧啶第 5 位碳原子（C5）上，在哺乳动物中，C5 的甲基化主要发生在 CpG 二核苷酸上。CpG 序列通常以两种形式存在于基因组中：一种是散在于 DNA 中，称之为甲基化的 CpG 位点，这种甲基化的形式可以稳定遗传；另一种则以高密度形式存在于某些区域，大多数位于第一外显子上游的启动子区，其中的 CpG 位点通常是处于非甲基化状态，我们将这种特定区段称为 CpG 岛。正常情况下，启动子区的 CpG 岛是不发生甲基化的，但当在某些原因刺激下发生甲基化时，就会导致一些疾病的发生如免疫缺陷病、智力发育迟缓和肿瘤等。

（2）基因启动子 CpG 岛的分析及序列转换：启动子序列查询可通过 UCSC 的主页（http：//genome.ucsc.edu/），查询得出基因上游起始密码子前 GC-box 附近 2000bp 的启动子区序列。通过 methprimer 免费在线软件，得出基因启动子 2000bp 的两个对应序列：一个是输入的源 DNA 序列，另一个是经过硫化处理后的 DNA 序列，这段序列中除了 CpG 岛上的 5 甲基胞嘧啶（5^{m}C）之外，所有非甲基化的胞嘧啶都转换成了胸腺嘧啶。同时，该软件还预测出了该段启动子序列的 CpG 岛位置，之后根据 CpG 岛转换序列进行引物的设计。

（3）MSP 的引物设计：对于 MSP 需要设计两对引物，一对是针对经过亚硫酸氢盐处理的甲基化的 DNA；另一对是针对经过亚硫酸氢盐处理的非甲基化的 DNA。以甲基化的 DNA 为模板的 PCR 反应扩增甲基化的 DNA；以非甲基化的 DNA 为模板的 PCR 反应扩增非甲基化的 DNA。MSP 引物设计原则：为了最大限度的区分甲基化与非甲基化，引物的 3′-端至少包含 1 个 CpG 位点；引物序列中应包含尽可能多的 CpG 位点；引物序列中应含有多个非 CpG 岛的 C；甲基化引物和非甲基化引物序列 3′-端应处于相同的 CpG 位点，但是甲基化引物和非甲基化引物可跨越不同的长度，在起始位点和长度上也可以不同；两套引物应有相近的 T_m 值，两套引物 T_m 值相差不超过 5℃；其他要符合普通 PCR 引物设计原则。根据以上设计原则，以靠近外显子的 CpG 岛转换的两套 DNA 序列为模板用 primer5.0 软件进行引物设计。为方便进行对照实验，最好在该原始 DNA 序列上设计一对野生型引物。

【思考题】

（1）MSP 法的基本原理是什么？与其他 DNA 甲基化检测方法比较有何优缺点？

（2）DNA 甲基化检测有何临床意义？

（李俐娟）

实验四　Red 同源重组技术对大肠埃希菌 ClpP 基因的敲除

【实验目的】

（1）掌握利用 Red 重组系统进行基因敲除的基本原理。

（2）掌握利用 Red 重组系统进行基因敲除的基本步骤。

【实验原理】　pKD46 重组质粒，转化入阿拉伯糖代谢基因缺失的大肠埃希菌，阿拉伯糖诱导后表达 Exo，Beta 和 Gam 三个 λ 噬菌体重组蛋白。其中，Exo 蛋白是一种核酸外切酶；Beta 蛋白是一种退火蛋白；Gam 蛋白能抑制 RecBCD 核酸外切酶的活性，避免外源 DNA 的降解。上述 3 种蛋白引导线形片段与同源区发生重组置换。

ClpP 蛋白属于丝氨酸型蛋白酶，能降解大肠埃希菌内的部分蛋白。建立 ClpP 基因缺失菌株，有望减少基因工程中外源蛋白在大肠埃希菌中的降解。

设计含 ClpP 基因同源臂引物，以 pKD3 质粒为模板，常规 PCR 扩增两侧有 FRT 位点的氯霉素抗性基因，胶回收 PCR 产物后将其电转化入含 pKD46 质粒的大肠埃希菌，ClpP 基因可被替换。选择氯霉素抗性转化体，即得 ClpP 基因敲除菌株。

【实验器材】　Eppendorf 离心机、微量加样器、PCR 仪、电转仪、超净工作台、生化培养箱、摇床、振荡混匀器、水浴箱、冰箱、高温高压灭菌锅、电泳仪和电泳槽等。

【实验试剂】

（1）pKD3 质粒和大肠埃希菌（含 pKD46 重组质粒，阿拉伯糖代谢基因缺失）。

（2）氨苄西林和氯霉素。

（3）PCR 试剂盒（天根）。

（4）DNA 胶回收试剂盒（碧云天）。

（5）PCR 同源重组引物（上海生工）。

（6）DNAMarker（鼎国）。

（7）琼脂糖。

（8）6×上样 buffer：0.25%溴酚蓝，40%（w/v）蔗糖水溶液。

（9）50×TAE：242g Tris 碱，57.1ml 冰醋酸，100ml EDTA-2Na（0.5mol/L，pH 8.0）。

（10）溴化乙锭：10mg/ml。

（11）LB 培养基。

【实验步骤】

1. 感受态细胞的制备

（1）接种含 pKD46 重组质粒菌株，30℃振荡过夜，次日接种 1ml 菌液至 50ml 含 70mg/ml 氨苄西林的 LB 培养基。

（2）30℃培养至 A_{600}=0.25 时，加入 L-阿拉伯糖至终浓度为 30mmol/L，诱导至 A_{600}=0.5。

（3）冰浴 10min，离心 10min（4℃，4000g），收集沉淀，用预冷 10%甘油离心洗涤 3 次，最后浓缩成 1ml 感受态细胞，分装于 –70℃备用。

2. 含同源臂 PCR 线形片段的获得

（1）设计合成含同源臂引物，常规 PCR 扩增两侧有 FRT 位点的氯霉素抗性基因（PCR 操作参照天根试剂盒说明书）。

（2）1%琼脂糖凝胶电泳 30min。

（3）胶回收含同源臂 PCR 线形片段（操作参照碧云天 DNA 胶回收试剂盒说明书），–70℃保存备用。

3. 电转化

（1）取 2 中回收的线形片段 190ng，加入 1 中制备的感受态细胞，混合均匀。

（2）将上述溶液转入 0.2cm 电击杯中，2.3kv 电压电击 5ms。

4. 筛选阳性克隆

（1）电转化后，立即加入 1ml LB 培养基，37℃振荡 1h（150r/min）。

（2）将菌液涂布至 LB 固体培养基上（含氯霉素 34ng/ml），30℃培养过夜，观察平板上生长的菌落。

【注意事项】

（1）注意大肠埃希菌的培养温度。

（2）阿拉伯糖诱导时，A_{600} 不应超过 0.6。

【思考题】　试述 Red 同源重组技术的原理？基因敲除还有哪些新技术？

（王五洲）

实验五　siRNA 技术沉默基因

【实验目的】

（1）掌握 siRNA 技术沉默基因的基本原理。

（2）掌握 siRNA 技术沉默基因的基本步骤。

【实验原理】　根据目的基因设计合成 siRNA，构建 shRNA 表达载体，用脂质体转染进入真核细胞。其表达产生 shRNA，经过核酸酶 Dicer 切割得到 siRNA。siRNA 与其他元件形成 RISCs（RNA 诱导沉默复合物），并引导 RISCs 结合到与之互补的 mRNA 序列上，降解相应的 mRNA，从而导致对应表达的蛋白质水平下降，最终引起目的基因的表达沉默。

【实验器材】 Eppendorf 离心机、微量加样器、PCR 仪、超净工作台、生化培养箱、摇床、振荡混匀器、细胞培养箱、水浴箱、冰箱、高温高压灭菌锅、电泳仪和电泳槽等。

【实验试剂】 设计合成的 RNAi、*Bam*H I 酶、*Hind* III 酶、T_4 连接酶、pUC18 质粒、JM109、$CaCl_2$、LB 培养基、质粒抽提试剂盒（碧云天）、Lipofectamine2000 转染试剂盒（Invitrogen）和 RT-PCR 试剂盒（上海生工）等。

【实验步骤】

1. siRNA 的设计和合成

（1）登录 http://rnaidesigner.thermofisher.com/rnaiexpress/网站，根据自己目的 DNA 按照要求设计特异性 siRNA 三组和一组 mismatchsiRNA，并 BLAST（局部序列比对检索工具）确定其特异性。

（2）根据设计的 siRNA，进一步设计合成为 shRNA，原则如下：将编码 siRNA 的 DNA 片段设计成发夹结构（shorthairpin，shRNA），包括正义序列（19 nt）-中间环状结构（9 nt，TTCAAGACG）-反义序列（19nt）-终止信号，发夹结构的两端含 *Bam*H I 和 *Hind* III 的酶切位点。根据此序列按照碱基互补配对原则，写出互补双链。

（3）将序列送往上海生工合成。

2. shRNA 表达质粒的构建

（1）退火双链的准备

1）溶解合成的 RNAi：合成的 RNAi，10 000g，离心 1min，各用 50μl 的双蒸水溶解。

2）退火：向 46μl 退火缓冲液中加入正、反义链各 2μl，在 PCR 仪上退火，条件如下：

温度	时间
95℃	5min
70℃	10min
30℃	30min
4℃	保存

（2）线形质粒的准备

1）提取质粒，用限制性内切酶 *Bam*H I 和 *Hind* III 进行酶切，产生线形质粒。40μl 反应体系按如下进行：

试剂	体积
去离子 H_2O	23.0μl
质粒	10.0μl
10×buffer	4.0μl
*Bam*H I	1.5μl
Hind III	1.5μl

37℃酶切 2h。

2）1.2%琼脂糖凝胶电泳分离 DNA，凝胶回收质粒线形 DNA。

（3）连接

1）取一离心管，加入 4μl 回收的质粒，12μl 退火双链和 2μl 的 T_4 buffer，再加入 2μl 的 T_4 连接酶，22℃，温育 30min。

2）65℃酶灭活 10min。

（4）以 CaCl₂ 法制备 JM109 感受态细胞。

1）挑取一个单菌落接种于含 5ml LB 培养基的试管中，于 37℃摇床中培养过夜。

2）取 1ml 菌液转接到含 100ml LB 培养基的锥形瓶中，于 37℃摇床中培养 2h。

3）取 50ml 大肠埃希菌培养基，冰浴 15min，4℃，4000g，离心 8min。

4）加入 10ml 预冷的 0.1mol/L CaCl₂ 溶液，小心轻柔悬浮细胞；冰浴 30min 或稍长时间；4℃，4 000g，离心 8min。

5）弃上清液，加入 4ml 预冷的 0.1mol/L CaCl₂ 溶液（含 15%甘油），小心轻柔悬浮细胞；冰浴 5min。

6）分装上述制备好感受态细胞，每管 200μl，可用于转化或用液氮冷冻后储存于–70℃。

（5）转化

1）取制备好的感受态细胞，置于冰上，完全融解后轻轻地将细胞均匀悬浮。4℃或者自然融解都可。

2）加入 20μl 的连接质粒（对照管加入 20μl 无菌水），轻轻混匀。

3）冰上放置 30min。

4）42℃水浴热击 90s。

5）冰上放置 5～7min。

6）加 1ml LB 培养基（不加抗生素的），37℃，200r/min，振荡培养 60min。

7）室温下 1000g 离心 1min，吸掉上清液，加入培养基 200μl 将细胞悬浮。

8）将细菌涂布在 Amp/LB 琼脂平板上。

9）平皿在 37℃下正向放置 1h，待接种的液体吸收进 LB 琼脂后，将平皿倒置，培养过夜。

（6）筛选与鉴定：挑选培养 16h 后出现的阳性克隆，每平皿随机挑选 3 个克隆，扩大培养，保种于–80℃冰箱，每组 3 个样品提取质粒，送上海生工测序。

3. 转染　将确认构建成功的 shRNA 表达载体和空载体转染入真核细胞（具体操作参照 Lipofectamine 2000 转染试剂盒说明书）。

4. RT-PCR 和 Western blot 检测基因沉默情况。

【注意事项】　应同时设计 3 组 siRNA 以确定最佳的 siRNA 序列，还应设计 1 组 mismatch siRNA 做对照。

【思考题】　siRNA 技术沉默基因的分子机制是什么？

（王五洲）

实验六　microRNA 技术沉默基因

【实验目的】

（1）掌握 microRNA 技术沉默基因的方法。

（2）理解 microRNA 技术沉默基因的机制。

【实验原理】　MicroRNA（miRNA）是一类广泛存在于真核生物中的、具有调控功能的内源性非编码 RNA，其大小为 20～25 个核苷酸。成熟的 miRNA 是由初级转录物经过一系列核酸酶的剪切加工而形成，随后组装进 RNA 诱导的沉默复合体，通过碱基互补配对的方式识别靶 mRNA，实现在转录后水平调节靶基因的表达，其机制主要包括 mRNA 的降解和翻译抑制两种方式。如果 miRNA 与靶 mRNA 完全或接近完全互补时导致靶 mRNA 的降解，如果 miRNA 与靶 mRNA 不完全互补，可导致 miRNA 在蛋白质翻译水平上抑制靶基因表达。

本实验利用 miRNA 技术干扰 *FXR1* 基因的表达。

【仪器与材料】

1. 材料　大肠埃希菌 DH5α 感受态细胞、人胚肾上皮细胞（HEK293T 细胞）、pcDNA6.2-GW/EmGFP-miR 载体等。

2. 仪器　恒温振荡器、PCR 扩增仪、移液器、高速冷冻离心机、生化培养箱、净化工作台、CO_2 恒温培养箱、垂直电泳槽、倒置生物显微镜、实时荧光定量 PCR 仪等。

【实验试剂】　LB 培养基、T_4DNA 连接酶、Trizol、lipofectamine 2000 转染试剂、DEPC、胎牛血清、胰蛋白酶、DMEM 培养基、琼脂糖、大观霉素、SDS-PAGE 凝胶配制试剂盒、质粒提取试剂盒、Real-TimePCRKit（SYBRGreen）、MMLV 逆转录酶试剂盒、BCA 蛋白含量检测试剂盒、抗体等。

【实验步骤】

1. FXR1 miRNA 序列的合成与重组体的构建

（1）序列的设计与合成：根据 Genebank 中 FXR1 基因的 mRNA 序列，采用 Invitrogen 公司提供的在线设计工具设计 3 个 miRNA。设计好的序列交由上海 Invitrogen 公司合成。

（2）重组体的构建与鉴定：分别将 3 个 miRNA 构建入 pcDNA6.2-GW/EmGFP-miR 表达载体，并转化到大肠埃希菌 DH5α 感受态细胞，于含有大观霉素的 LB 培养基上过夜培养。重组体分别命名为 FXR1mi-1、FXR1mi-2、FXR1mi-3。分别挑取阳性克隆菌落，进行菌落 PCR，最后用 1%琼脂糖凝胶电泳鉴定。

2. 细胞培养与转染　HEK293T 细胞培养于含 10%胎牛血清和青霉素-链霉素的 DMEM 培养基中，于 5% CO_2、37℃培养箱中培养。转染前收集对数生长期的 HEK293T 细胞，铺于六孔板中。实验分组为空载体对照、阴性对照（正常细胞组）、FXR1mi-1、FXR1mi-2、FXR1mi-3，每组设 3 孔。根据 lipofectamine2000 转染试剂说明书进行转染。

3. FXR1 基因 mRNA 表达水平的检测

（1）收集转染 12h 后的细胞，提取总 RNA，制备 cDNA 模板。

（2）采用实时荧光定量 PCR 检测 FXR1mi-1、FXR1mi-2、FXR1mi-3 重组体转染组的 FXR1 基因 mRNA 表达水平，以 β-actin 为内参。FXR1 和 β-actin 基因的引物设计如下所示。

β-actin	Forward：	5′-CTCCCTGGAGAAGAGCTACGAGC-3′
	Reverse：	5′-CCAGGAAGGAAGGCTGGAAGAG-3′
FXR1	Forward：	5′-GAACGACTTCGGCCTGTCAATC-3′
	Reverse：	5′-CATTTTCATTAGCACACGCCTCTC-3′

4. Western blot 检测 FXR1 基因蛋白质表达水平

（1）收集转染 24h 后的细胞，提取总蛋白，BCA 法测定蛋白浓度。

（2）采用 Western blot 检测 FXR1mi-1、FXR1mi-2、FXR1mi-3 重组体转染组的 FXR1 基因蛋白质表达水平，以 β-actin 为内参。

5. 数据处理

实验结果采用 SPSS13.0 软件进行 *t* 检验，若 $P<0.05$ 为有统计学意义。结合 FXR1 基

因 mRNA 表达结果，最终确定一个对 FXR1 基因表达干扰效果最佳的 miRNA。

【注意事项】

（1）细胞转染注意事项同第九章实验一。

（2）所有用于 RNA 操作的塑料制品都必须用 DEPC 水浸泡过夜后灭菌处理，DEPC 水有毒，使用时要戴乳胶手套和口罩，并在通风处进行操作。如果不慎溅到皮肤或眼睛，应立即用大量清水冲洗。

（3）实时荧光定量 PCR 实验中配制反应体系时，所有的液体都要缓慢加至管底，不要加至管壁，所有液体的混匀要用振荡器进行，不能用移液器吹打，配制完毕后低速离心数秒，避免产生气泡。

【思考题】

（1）microRNA 如何形成？其沉默基因的机制是什么？

（2）Trizol 法提取 RNA 的原理？

（马　云　李家大）

第十章　转基因实验

实验一　绿色荧光蛋白基因真核表达载体的构建及其在酿酒酵母中的表达

【实验目的】

（1）掌握绿色荧光蛋白基因真核表达载体的构建的方法。

（2）了解绿色荧光蛋白基因真核表达载体在酿酒酵母中的表达过程。

【实验原理】　以含有目的基因绿色荧光蛋白（green fluorescence protein，GFP）的供载体 pEGFP-N3 质粒为模板，PCR 扩增得到 GFP 编码序列，PCR 产物经电泳后胶回收 GFP 编码片段，将回收片段直接插入酵母表达质粒 pYES2.1/V5-His-TOPO，获得酵母重组表达质粒。制备酵母感受态细胞，通过重组载体对酿酒酵母的转化和重组子的筛选，获得具有半乳糖诱导表达的重组酵母。用诱导培养基诱导其表达，玻璃珠法提取酵母细胞总蛋白，SDS-PAGE 分析目的基因在酵母中的表达。

【实验器材】

1. 仪器　超低温冰箱、紫外可见分光光度计、超净工作台、高速冷冻台式离心机、微量离心装置、恒温振荡器、电子天平、电热恒温水浴锅、微波炉、水平电泳槽、垂直电泳槽、电泳电源、可调式移液器、pH 计、PCR 基因扩增仪、凝胶图像分析系统、微型旋涡混合仪、恒温磁力搅拌器、多用脱色摇床等。

2. 材料　含目的基因 GFP 供载体 pEGFP-N3 质粒的 DH5α 菌株、酵母表达载体 pYES2.1/V5-His-TOPO、大肠埃希菌 *Escherichia coli* DH5α、*E. coli* TOP10F′、酿酒酵母 *Saccharomyces cerevisiae* INVSc1 等。

【实验试剂】

1. 主要试剂（盒）　质粒提取试剂盒、酶连接试剂盒、DNA 凝胶回收试剂盒、酵母总蛋白提取试剂盒、pYES2.1 TOPO TA Expression Kit、S.c. EasyComp Transformation Kit、氨苄西林；PMSF、葡萄糖、半乳糖、限制性内切酶 *Pvu* Ⅱ、*Xba* Ⅰ、各类氨基酸、YNB（yeast nitrogen base）、酵母氮碱、低分子质量蛋白质标准（14.4～94.0kD）、酸洗玻璃珠、其他试剂为国产分析纯等。

2. 培养基与常用溶液

（1）YPD 培养基（完全培养基）

酵母提取物　　　　　10g

蛋白胨　　　　　　　20g

溶于 900ml 水中，高压灭菌 20min，冷却后，加入 100ml 无菌的 20%葡萄糖储存液。室温下可保存两个月。

（2）YPDA 培养基

酵母提取物　　　　　10g

蛋白胨　　　　　　　20g

琼脂粉　　　　　　　　20g

加入到 900ml 去离子水中，高压灭菌 20min 后，冷却到 50℃，加入 100ml 无菌 20% 葡萄糖储存液，倒平板。4℃下可保存一个月。

（3）SC-U 筛选培养基（尿嘧啶营养缺陷型培养基）

酵母氮碱　　　　　　　6.7g

省却混合物　　　　　　1.15g

溶于 900ml 水中，高压灭菌 20min，冷却后，加入 100ml 无菌 20% 葡萄糖储存液，室温下可保存两个月。配制固体培养基时添加琼脂粉 20g。

（4）诱导表达培养基

酵母氮碱　　　　　　　6.7g

省却混合物　　　　　　1.15g

溶于 900ml 去离子水中，高压灭菌 20min，冷却至 50℃后加入 100ml 无菌的 20% 半乳糖储存液。

（5）PMSF 储存液（100mmol/L）：称取 PMSF 174mg，以 10ml 无水异丙醇溶解，分装后，-20℃保存（主要抑制丝氨酸蛋白激酶）。

（6）氨苄西林储存液（100mg/ml）：称取氨苄西林 1g，溶于 10ml 水中，过滤灭菌，分装储存于-20℃。

（7）20% 半乳糖储存液（10×）：称取 20g 半乳糖，溶于 80ml 去离子水中，定容至 100ml，过滤除菌，4℃保存。

（8）20% 葡萄糖储存液（10×）：称取 200g 葡萄糖，溶于 800ml 双蒸水水中，定容至 1000ml，高压灭菌 20min 或过滤除菌，4℃下可保存半年。

（9）TENS 缓冲液（10mmol/L NaCl，20mmol/L Tris-Cl，1mmol/L EDTA，0.5% SDS，pH 8.0）。分别量取 5mol/L NaCl 溶液 0.2ml，1mol/L Tirs-Cl 溶液（pH 8.0）2ml，0.5mol/L EDTA 0.2ml，10% SDS 5ml，补水定容至 100ml，室温保存。

（10）裂解缓冲液[0.1mol/L Tris-Cl（pH 7.5），0.2mol/L NaCl，0.01mol/L β-ME，20% 甘油，5mmol/L EDTA，1mmol/L PMSF]。注意：PMSF 易降解，需在临用前加入。

【实验步骤】

1. 重组穿梭表达载体的构建

（1）PCR 扩增得到 GFP 编码序列：质粒 pEGFP-N3 为哺乳动物细胞表达载体，其含有目的基因增强型绿色荧光蛋白基因（eGFP）。以该质粒为模板，设计引物 PCR 扩增 GFP 基因的编码区序列。正向引物 GFP-for 5′-ATCGCCACCATGGTGAGC-3′；反向引物 GFP-rev—5′-TTACTTGTACAGCTCGTC-3′。PCR 扩增程序为：第一步，94℃预变性 4min；第二步，94℃变性 45s，56℃退火 1s，72℃延伸 1min，重复 30 个循环；第三步，72℃延伸 10min。PCR 产物经 1% 琼脂糖凝胶电泳后，凝胶回收 GFP 目的基因片段，4℃保存用于下一步的连接。PCR 扩增体系如下。

10×PCR buffer　　　　　　2.5μl

dNTP Mix（10mmol/L）　　2.5μl

GFP-for（10μmol/L）　　　1μl

GFP-rev（10μmol/L）　　　1μl

ddH$_2$O　　　　　　　　　17.8μl

| Taq DNA polymerase | 0.2μl |
| total volume | 25μl |

（2）目的片段与表达载体的连接：表达载体 pYES2.1/V5-His-TOPO 质粒为酵母细胞表达质粒，该质粒的克隆位点带有 TA 克隆位点，非常方便 PCR 产物的插入，无需在 PCR 产物中引入酶切位点。

在洁净的 0.2ml PCR 管中依次加入下列组分。

10×连接 Buffer	2μl
灭菌双蒸 H$_2$O	7μl
GFP 编码序列	6μl
TOPO 载体（pYES2.1/V5-His-TOPO）	4μl
连接酶	1μl
总体积	20μl

轻混反应物，室温（20～23℃）下连接 2～3h，直接取反应物用于随后的转化实验或于−20℃保存备用。

（3）大肠埃希菌的转化及转化子的筛选：转化 GFP 基因与 pYES2.1/V5-His-TOPO 载体的连接产物到大肠埃希菌 TOP10F′ 感受态细胞中，转化后的细胞于 LB（含 100μg/ml ampicillin）抗性平板上培养。以菌落 PCR 方法对长出的转化子进行快速筛选。

1）鉴定转化子中是否插入有目的片段，同时还需鉴定其插入方向是否正确。设计 PCR 引物，正向引物 GFP-for—5′-ATGGTGAGCAAG- GGCGAGGAG-3′；反向引物 V5C-term rev —5′-ACCGAGGAGAGGGTTAGGGAT-3′，建立以下 PCR 反应体系进行筛选。

10×PCR buffer	2.5μl
dNTP Mix（10mmol/L）	2.5μl
GFP-for（10μmol/L）	1μl
V5C-term rev（10μmol/L）	1μl
ddH$_2$O	17.8μl
Taq DNA polymerase	0.2μl
total volume	25μl

2）在转化板上用无菌牙签随机挑取 20 个菌落，分别悬浮于上述两种反应混合物中，挑取菌落的同时注意该菌落的保种并编号。

3）按以下程序进行 PCR 扩增，第一步，94℃，10min，使菌体裂解，核酸酶失活；第二步，按下列参数重复 30 个循环，94℃变性 1min，56℃退火 1min，72℃延伸 1min；第三步，72℃延伸 10min。

4）扩增产物以 1%琼脂糖凝胶电泳检测，在合适大小处出现特异性扩增条带的样品即为阳性克隆。

（4）重组表达载体的鉴定：挑取经初步鉴定为阳性的大肠埃希菌转化子，于 5ml LB 抗性液体培养基中少量培养，使用 QIAprep Spin Miniprep Kit 提取质粒，分别进行 PCR 及酶切鉴定。

1）重组质粒的 PCR 鉴定（鉴定方法如上述转化子的 PCR 筛选）。

2）重组质粒的酶切鉴定。

建立以下少量双酶切反应体系进行酶切鉴定。

ddH$_2$O	13μl
Buffer K（10×）	1μl
*Pvu*Ⅱ（15U/μl）	0.5μl
*Xba*Ⅰ（15U/μl）	0.5μl
质粒 DNA	5μl
total volume	20μl

轻弹管壁，使反应物混匀，37℃温育 3h。取 3μl 酶切产物进行 1.0%琼脂糖凝胶电泳，在条带大小与预计相符的样品即为有目标片段插入并且方向正确的重组质粒。

提取后的质粒 DNA 确定其纯度和浓度，必要时进行浓缩提纯，使 DNA 浓度在 0.2μg/μl 以上，以保证酵母的转化率。

2. 核酸序列测定（选做）　如需进一步验证真核表达质粒构建结果是否正确，插入的 GFP 编码序列有无突变，可以将目的产物送 DNA 测序公司进行核酸序列测定。

3. 酵母的转化

（1）酵母感受态细胞的制备：按照 S.c. EasyComp Transformation Kit 说明书的方法操作。

1）在 YPDA 平板上划线培养 INVSc1 菌株，挑取单菌落，接种于 10ml YPD 培养基中，30℃，250r/min 振荡培养过夜。

2）测定培养物的 OD$_{600}$ 值，以无菌 YPD 稀释培养物，获得 10ml OD$_{600}$=0.2～0.4 的稀释液。

3）将稀释后菌液继续振荡培养至 OD$_{600}$=0.6～1.0，需要 3～6h。

4）室温下离心收集菌体（1500g，5min），重悬于 10ml Solution Ⅰ 中。

5）再次离心，弃尽上清液，菌体沉淀重悬于 1ml Solution Ⅱ 中。

6）将制备的感受态细胞分装为 50μl/管，直接用于转化或–80℃保存备用。

（2）重组载体对酵母的转化

1）室温下融化一管酵母感受态细胞，加入 1μg 重组表达质粒，轻轻混匀，注意加入 DNA 溶液的体积不要超过 5μl。

2）DNA/细胞混合物中加入 500μl Solution Ⅲ，小心充分混匀。

3）将混合物 30℃温育 1h，每隔 15min 摇匀一次，以提高转化效率。

4）取 25～100μl 菌液涂布到尿嘧啶营养缺陷型平板（SC-U）上，30℃倒置培养 48h。

4. 重组酵母转化子的筛选

（1）挑取转化的酵母单菌落，于 2ml SC-U 选择培养基中，30℃振荡培养过夜。

（2）吸取 1.5ml 过夜培养物到洁净离心管中，室温高速（12 000g）离心 5s，弃上清液。

（3）沉淀充分悬浮于 100μl TENS 缓冲液中，加入 100μl（约 0.1g）酸洗玻璃珠，振荡器上充分振荡。

（4）细胞经液氮速冻后，沸水速融，振荡器上剧烈振荡 30s，反复操作 5 次以上，使细胞破壁。

（5）加入 200μl TENS 溶液，混匀，再加入等体积的苯酚/氯仿/异戊醇，剧烈漩涡振荡 2min。

（6）4℃，12 000g 离心 10min，吸取上清液。

（7）加入 0.1 倍体积的 NaAc（3mol/L，pH 5.2），混匀。

（8）加入 2 倍体积的预冷的无水乙醇，混匀后，12 000g，4℃离心 10min，弃上清液。

（9）加入 70%预冷的乙醇溶液漂洗质粒 DNA 沉淀一次，离心弃上清液。

（10）待沉淀干燥后，加 40μl TE 溶解 DNA。

（11）取 1~3 μl 作为 DNA 模板进行 PCR 反应，反应参数与上述 PCR 反应体系相同。1%琼脂糖凝胶电泳检测反应产物。

5. 重组质粒的稳定性

（1）将重组酵母接种于含有尿嘧啶的完全培养基 YPD 中，每隔 48h 转接到新鲜培养基中，并保留少量转接样品。

（2）各个时段所取的样品稀释后，分别涂布于 YPD 非选择平板。

（3）待菌落长出后，随机挑取同一菌落分别点种于 YPD 非选择平板和 SC-U 选择平板中。

（4）30℃倒置培养，比较两平板菌落的生长情况。

6. 重组酵母的半乳糖诱导表达

（1）挑取经鉴定为阳性的重组酿酒酵母克隆到 15ml SC-U 液体培养基（2%葡萄糖为碳源）中，30℃，200r/min 振荡培养过夜。

（2）测定过夜培养物的 OD_{600} 值，并以此计算配制 50ml OD_{600}＝0.4 的细胞稀释液所需要的培养物的体积，计算公式为

$$V=\frac{(0.4 / ml)(50ml)}{x / ml}$$

式中，V-需要的培养物体积；x-过夜培养物的 OD_{600} 值。

（3）取相应体积的培养物，4℃，1500g 离心 5min，收集细胞。

（4）以 2ml 诱导培养基（2%半乳糖为碳源）洗涤细胞两次，2ml 诱导培养基重悬细胞，然后加到 50ml 诱导培养基中，30℃，200r/min 振荡培养进行诱导表达。

（5）分别于 0、4h、8h、12h、16h、24h 后取样测定其 OD_{600} 值，同时吸取 5ml 菌液。

（6）4℃，1500g 离心 5min，弃上清液，将菌体细胞重悬于 500μl 预冷的灭菌水中。

（7）4℃，1500g 离心 5min，弃尽上清液。

（8）立即将菌体沉淀置于液氮或干冰中冷冻，置于–80℃冰箱保存备用。

7. 表达产物分析

（1）表达产物的 SDS-PAGE 分析

1）取出保存的重组酵母细胞，冰上解冻，每管菌体细胞加入 200μl 裂解缓冲液，重悬细胞。

2）加入等体积的酸洗微玻璃珠，剧烈涡流振荡 1min 后，置于冰上 1min，反复冻融并剧烈振荡，重复操作 5 次以上至大部分酵母细胞裂解。

3）4℃，12 000g 离心 10min，将上清液移取至另一洁净离心管中，并补充相等体积的双蒸水至原管振荡混匀，分别加入等体积的 2×SDS-PAGE 上样缓冲液，100℃水浴 3~5min，分别作为胞内可溶及不可溶组分（煮沸后吸尽液体至另一洁净离心管中），–20℃保存。

4）取 5μl 上样，进行 SDS-PAGE 电泳（5%浓缩胶，15%分离胶，恒压 160V）。

5）考马斯亮蓝染色，电泳脱色液脱色后，使用凝胶成像系统照相。

（2）Western blot 印迹分析（可选做）：以 GFP 蛋白的特异性抗血清为免疫反应一抗，碱性磷酸酶标记山羊抗兔 IgG 为免疫反应二抗，进行重组酵母表达蛋白的 Western blot 分析（方法略）。

【注意事项】

（1）PCR 制备目的片段，如选用高保真 DNA 聚合酶时，记得一定要在目的片段的 3′-端加入几个 A。同时，与表达载体的连接时注意避免剧烈操作，以损伤目的片段和载体。

（2）提取后的质粒 DNA 要确定其纯度和浓度，必要时要进行浓缩提纯，以保证酵母的转化率。

（3）制备重组酵母时，要注意避免筛选出假阳性的酵母。

（4）经鉴定的重组酿酒酵母，诱导其半乳糖的表达，并对表达产物进行分析。

【思考题】

（1）绿色荧光蛋白基因真核表达载体构建的原理是什么？

（2）实现绿色荧光蛋白基因在酿酒酵母中高表达需要哪些顺式作用元件？

（3）从哪些方面可预防重组酵母出现假阳性结果？

（文红波）

实验二　原核表达载体构建

【实验目的】　通过本实验掌握原核表达载体构建的基本原理、操作方法及临床应用。

【实验原理】　目前绝大多数重要的目的基因都是在大肠埃希菌中表达的。为了获得高水平的基因表达产物，人们通过综合考虑控制转录、翻译、蛋白质稳定性及向胞外分泌等诸多方面的因素，设计出了许多具有不同特点的表达载体，以满足表达不同性质、不同要求的目的基因的需要。原核表达载体的调控序列包括启动子、SD 序列和终止子。原核表达系统中通常使用的可调控的启动子有 Lac（乳糖启动子）、Trp（色氨酸启动子）、Tac（乳糖和色氨酸的杂合启动子）、lPL（l 噬菌体的左向启动子）、T7 噬菌体启动子等，本实验尝试对 pET30c 载体的转录调控区进行改造，以 T7 启动子为调控元件构建了 *E.coli* 融合蛋白表达载体。

【实验器材】　PCR 仪、紫外透射仪、生化培养箱、配套齐全的超净台、电泳仪、电泳槽、天平、高压灭菌锅、干燥箱、水浴箱（放有温度计和泡沫）、冷冻高速离心机、移液枪、漩涡振荡器、掌上离心机等。

【实验材料】

1. 植物材料　拟南芥。

2. 载体及菌株　克隆及测序用载体为 pMD18-T，购自 Takara 公司；宿主 *E.coli* DH5α；原核表达载体（pET30c）。

3. PCR 引物　登陆 GeneBank 查找目的基因序列，以目的基因序列为模板设计引物。

4. 药品试剂　逆转录试剂盒（TaKaRa）、质粒小提试剂盒（TIANGEN）、胶回收试剂盒、TaqDNA 聚合酶（TaKaRa）、dNTPs（TaKaRa）、限制性内切酶（TaKaRa）、T$_4$ 连接酶（TaKaRa）、各种 DNA 和蛋白 Marker、各种抗生素类等。

【实验步骤】

1. 目的基因的获得（RT-PCR） 拟南芥叶片→mRNA→逆转录→cDNA→PCR→基因；PCR 产物用 0.8%琼脂糖凝胶分离。先设计好 PCR 的引物和 PCR 的反应程序。

2. 克隆载体的构建（步骤来自于吉凯公司的胶回收试剂盒）

（1）目的基因的切胶回收

1）在紫外灯下迅速用干净的手术刀切下含目的基因的琼脂糖凝胶块，放入已称重的离心管中，在保证目的基因全部回收的同时，应尽量减少胶的体积。

2）计算凝胶重量（100mg 相当于 100μl），加入 3 倍体积 solutionDE-A，75℃水浴 6～8min，其间轻柔地颠倒离心管至胶完全融化。

3）加入 2 倍体积 solution DE-B，颠倒混匀，将溶液转移到吸附柱中，室温放置 1min，12 000g 离心 1min。

4）取下吸附柱，倒掉收集管中的废液，加入 600μl Wash solution，室温 12 000g 离心 30s。

5）重复步骤 4）一次。

6）取下吸附柱，倒掉收集管中的废液，室温 12 000g 离心 1min。

7）将吸附柱放入新的 1.5ml 灭菌离心管中，在柱膜中央加入 30μl 75℃预热的 ddH$_2$O，室温放置 2min，12 000g 离心 1min。离心管中的液体即为回收的目的基因片段，可立即使用或保存于–20℃备用。

（2）目的片段与克隆载体 pMD18-T 连接

pMD 19-T simple vector   1μl
insert DNA   2μl
ddH$_2$O   2μl
solution I   5μl（与上面三种总量相等）

16℃反应 30min

（3）大肠埃希菌 E.coli DH5α 感受制备

1）将 E.coli DH5α 菌液在 LB 平板上划线培养过夜。第二日，从平板上挑取单克隆，接种到 5ml LB 培养基中，37℃，200r/min 恒温振荡培养过夜。

2）取已经过夜培养的菌液 1ml 加入到 100ml LB 培养基中（1∶100），然后培养 2～3h，待 OD$_{600}$=0.5 时，将其转入到预冷的无菌微量离心管中，冰上静置 10min，然后在 4℃下 3 000g 离心 10min。

3）去掉上清液，用已经预冷的 0.05mol/L 的无菌 CaCl$_2$ 溶液 10ml 来轻轻悬浮细胞，冰上静置 20min，然后 4℃下 3 000g 离心 10min。

4）去掉上清液，加入 4ml 事先预冷的含有 15%甘油的 0.05mol/L 的 CaCl$_2$ 溶液，轻轻重悬细胞，冰上静置几分钟，即为感受态细胞悬液。

5）将感受态细胞分装成为 100μl 的小份，放置于冰上备用，或储存于液氮速冻–80℃。

（4）热击法重组质粒转化大肠埃希菌 E.coli DH5α：将连接产物加入到感受态细胞 E.coli DH5α 中，冰上静置 20min，然后 42℃水浴热击 90s，随后立即放置冰上 2min，放置于超净工作台后，再加入加 800μl LB 培养基，37℃，150r/min，恒温预培养 50min，6 000g 离心 1min，吸除 800μl 左右的上清液；剩余的液体用来悬浮沉淀，涂布于 LB+Amp 平板上，于 37℃倒置培养 12h。

（5）挑取白色的单克隆菌落，将其重悬于 5µl ddH$_2$O 中，取其中 1µl 液体用于 PCR 鉴定，PCR 的反应体系与反应程序与前面目的基因获取相同。

（6）重组质粒的提取（吉凯公司质粒抽提试剂盒，方法来自试剂盒说明书）

1）将以上剩余的 4µl 菌液接种到 5ml 含 Amp 抗生素的 LB 液体培养基中，37℃振荡培养过夜。

2）取 3ml 菌液，室温 12 000g 离心 1min。

3）弃上清液，加入 250µl Solution Ⅰ，重悬菌体细胞。

4）加入 250µl solution Ⅱ，轻柔颠倒离心管 4～6 次。

5）加入 350µl solution Ⅲ，轻柔颠倒离心管 6～8 次，此时应出现白色絮状沉淀，室温 12 000g 离心 10min。

6）取上清液（注意不要吸到蛋白），转入吸附柱，室温放置 1min，12 000g 离心 1min。

7）取下吸附柱，倒掉收集管中的废液，加入 500µl wash solution，室温 12 000g 离心 1min。

8）重复步骤 7）一次。

9）取下吸附柱，倒掉收集管中的废液，室温 12 000g 离心 1min。

10）将吸附柱放入新的 1.5ml 灭菌离心管中，在柱膜中央加入 60µl 75℃预热的 ddH$_2$O，室温放置 2min，12 000g 离心 1min。离心管中的液体即为质粒，可立即使用或保存于−20℃备用。

（7）重组质粒的酶切鉴定：酶切反应体系、反应温度和反应时间根据内切酶的种类确定设计，酶切产物用 0.8%琼脂糖凝胶分离。

（8）重组质粒的序列测定：重组质粒由测序公司测序。

（9）菌种保存：取 500µl 重组菌液加入等体积 50%的无菌甘油（终浓度达到 25%），液氮速冻，−80℃保存。

3. 目的基因的原核表达

（1）原核表达载体的构建

1）克隆载体的构建：必须考虑使用的克隆载体有无多克隆位点，没有就要特别设计一对上下游引物，分别带上酶切位点，以便插入原核表达载体上相应的多克隆位点。构建克隆载体的方法参见上面步骤。

2）重组质粒和表达载体的酶切：酶切反应体系、反应温度和反应时间根据内切酶的种类确定设计。酶切产物用 0.8%琼脂糖凝胶分离。

3）回收表达载体酶切片段和目的基因酶切片段。

A. 在紫外灯下迅速用干净的手术刀切下含目的基因的琼脂糖凝胶块，放入已称重的离心管中，在保证目的基因全部回收的同时，应尽量减少胶的体积。

B. 计算凝胶重量（100mg 相当于 100µl），加入 3 倍体积 solution DE-A，75℃水浴 6～8min，其间轻柔地颠倒离心管至胶完全融化。

C. 加入 2 倍体积 solution DE-B，颠倒混匀，将溶液转移到吸附柱中，室温放置 1min，12 000g 离心 1min。

D. 取下吸附柱，倒掉收集管中的废液，加入 600µl wash solution，室温 12 000g 离心 30s。

E. 重复步骤 D 一次。

F. 取下吸附柱，倒掉收集管中的废液，室温 12 000g 离心 1min。

G. 将吸附柱放入新的 1.5ml 灭菌离心管中，在柱膜中央加入 30μl 75℃预热的 ddH₂O，室温放置 2min，12 000g 离心 1min。离心管中的液体即为回收的目的基因片段，可立即使用或保存于-20℃备用。

4）表达载体酶切大片段和目的基因的连接（根据连接酶说明书方法操作）

反应液成分	体积
10×T₄ buffer	2.5μl
ddH₂O	15.5μl
pET30c 大片段	2μl
STS（*sal*Ⅰ/*xho*Ⅰ）	4μl
T₄ Ligase	1μl
total	25μl

5）重组质粒转化 E.coli 宿主菌（根据表达载体确定）（热击法）：将连接产物加入到感受态细胞 E.coli DH5α中，冰上静置 20min，然后 42℃水浴热击 90s，随后立即放置冰上 2 min，放置于超净工作台后，再加入加 800μl LB 培养基，37℃，150r/min，恒温预培养 50min，6 000g 离心 1min，吸除 800μl 左右的上清液；剩余的液体用来悬浮沉淀，涂布于 LB+Amp 平板上，于 37℃倒置培养 12h。

6）转化菌的 PCR 鉴定（菌落 PCR）。

7）转化菌的酶切鉴定：转化菌菌液扩大培养，提取质粒，双酶切检测。酶切反应体系、反应温度和反应时间根据内切酶的种类确定设计。酶切产物用 0.8%琼脂糖凝胶分离。

8）菌种保存：取 500μl 重组菌液加入等体积 50%的无菌甘油（终浓度达到 25%），液氮速冻，-80℃保存。

（2）目的基因在 E.coli 表达载体宿主菌内的表达

1）SDS-PAGE 蛋白胶配制：见表 2-10-1。

表 2-10-1　SDS-PAGE 蛋白胶配制

	上层胶（3%）	下层胶（12%）	下层胶（10%）	下层胶（7.5%）
ddH₂O	1.085ml	1.5ml	1.85ml	2.25ml
上层胶缓冲液	0.625ml	—	—	—
上层胶储备液	0.75ml	—	—	—
下层胶缓冲液	—	1.25ml	1.25ml	1.25ml
下层胶储备液	—	2ml	1.65ml	1.25ml
20% SDS	12.5μl	25μl	25μl	25μl
10%过硫酸铵（AP）	25μl	50μl	50μl	50μl
TEMED	5μl	7μl	2μl	7μl
total	2.5ml	5ml	5ml	5ml

在实验中，试用了不同浓度的下层胶，以获得最佳分离效果。

2）IPTG 诱导蛋白表达

A. 将重组菌在含对应抗生素的 LB 平板上划线培养过夜。

B. 次日，挑取单克隆，接种到 5ml 含对应抗生素的 LB 液体培养基中，37℃，振荡培养过夜。

C. 将过夜培养的菌液 100μl 加入到 10ml LB 培养基中（1∶100），振荡培养 3h 左右至 OD_{600}=0.6。

D. 培养完毕后，取 1ml 菌液 12 000g 离心，弃上清液，200μl PBS 悬浮。在剩余 9ml 菌液中加 100mmol/L IPTG 54μl 至终浓度 0.6mmol/L，此时记为 0。

E. 此后分别在 1h，2h，3h，4h，5h，6h，9h 各取 1ml 菌液，12 000g 离心，弃上清液，200μl PBS 重悬。加 2×loading buffer 后沸水变性 5min。

F. SDS-PAGE 检测蛋白表达。

3）检测重组蛋白可溶性

A. 将重组菌在含对应抗生素的 LB 平板上划线培养过夜。

B. 次日，挑取单克隆，接种到 5ml 含对应抗生素的 LB 液体培养基中，37℃，200g 振荡培养过夜。

C. 将过夜培养的菌液 100μl 加入到 10ml LB 培养基中（1∶100），振荡培养 3h 左右至 OD_{600}=0.6。

D. 加入 IPTG 诱导 6h 后，4℃，10 000g 离心 5min。

E. 去上清液，PBS 清洗沉淀。

F. 重复 E 步骤一次。

G. 收集沉淀，加适量破碎液重悬细胞，300W 超声波破碎 20min，工作 10s 停 10s。

H. 4℃，10 000g 离心 10min。分离上清液和沉淀，上清液直接加等体积 2×loading buffer，沉淀用 PBS 重悬后，加等体积 2×loading buffer，沸水煮 5min 变性。

I. SDS-PAGE 检测蛋白可溶性。

4）Western blot 分析。

5）重组蛋白的亲和纯化。

【注意事项】

（1）选对插入序列，克隆构建好后，测序，看插入到原核载体中的序列是否正确、完整，有无移码和各种突变，起始密码子和终止密码是否正确。

（2）所选的表达体系是否合适，有时需要表达的基因可能来源于真核生物的线粒体或叶绿体，其中是否有稀有密码子，否则会影响表达效率，表达的蛋白是可溶的还是包涵体，是否需要分泌型表达。

（3）原核表达的蛋白是没有糖基化修饰的，如果目的蛋白本身有糖基化，而且是后续研究必需的，就不适合用原核表达。

（4）既然是原核表达，大多是要纯化的，就要考虑纯化方案，以及选择合适的标签和标签的添加位置。

【思考题】 影响原核表达载体构建的关键因素有哪些？

（何芳丽）

实验三 哺乳动物细胞的转染

转染（transfection）是指真核细胞主动摄取或被动导入外源 DNA 片段而获得新的表型的过程。当目的基因被克隆之后，研究者总是希望将其导入各种不同类型的细胞，以便进行其他方面地研究，如基因表达及表达调控或分离特定的蛋白质产物等。要达到这些目的，都必须将 DNA 有效地导入细胞。将目的基因导入靶细胞的方法很多，目前较多使用的是磷酸钙转染技术、脂质体转染技术、DEAE-葡聚糖转染技术及电穿孔转染技术等。本实验介绍磷酸钙转染技术。

【实验原理】 通过形成 DNA-磷酸钙沉淀物，使之黏附到培养的哺乳动物单层细胞表面，通过细胞内吞作用将目的基因导入靶细胞。该法因操作简单而被广泛采用。

【实验试剂】

（1）2.5mol/L CaCl$_2$。

（2）2×BBS（pH 6.95）含 50mmol/L N-bis（2-hydroxyethyl）-2-aminoethanesulfonicacid（BES），280mmol/LNaCl，1.5mmol/LNa$_2$HPO$_4$。

将 213.2mg BES、327.3mg NaCl、3.6mg Na$_2$HPO$_4$ 溶解于 15ml 蒸馏水，0.5mmol/L NaOH 调至 pH 6.95，用蒸馏水定容至 20ml，最后用 0.22μm 滤器过滤除菌，储存于 –20℃。

（3）TE（pH 8.0）。

（4）D-Hank's 液。

（5）0.25%胰蛋白酶。

（6）无菌水。

【操作步骤】

（1）DNA 溶液的制备：DNA 溶于 0.1×TE（pH 8.0），浓度为 0.5～1.0μg/ml。为了获得高转化效率，质粒 DNA 可经氯化铯-溴化乙锭密度梯度离心法纯化。载体 DNA 用前应通过乙醇沉淀或氯仿抽提。

（2）转染前 24h，用胰蛋白酶消化对数生长期的细胞，以 3×10^5 细胞/ml 的密度重新种于 35cm 细胞培养板，在适当的含血清培养基中于 37℃、5%CO$_2$ 培养箱内培养，待细胞密度达 50%～75%时即可用于转染。

（3）向一新的灭菌 1.5ml Eppendorf 管中加入所制备的 DNA 溶液 6～10μg，无菌水定容至 90μl，再加入 10μl CaCl$_2$（2.5mol/L）溶液，轻轻混匀；逐滴缓慢加入 100μl 2×BBS 缓冲盐溶液，轻弹管壁混匀，室温放置 20～30min，其间将形成细小沉淀。然后用移液器轻轻吹打 1 次，重悬混合液。

（4）将 DNA-磷酸钙重悬混合液转移至含单层细胞的培养基中，轻轻左右晃动一下培养板，使培养基得以混匀；另一方法是去除细胞培养基，用不含血清的培养基洗涤细胞 1 次，然后将上述重悬混合液逐滴缓慢加入培养孔中，做十字运动使其分散均匀，室温下静置 30～50min，然后再加入 2ml 含 10%血清的培养基，于 37℃、5% CO$_2$ 细胞培养箱中培养。

（5）培养 24～48h 后收获细胞即可进行瞬时表达的检测或 D-Hank's 液洗涤细胞后，用适当的选择培养基（如含 G418 等）进行稳定转化克隆的筛选。

1）瞬时表达：转化后 48～60h，提取细胞 DNA 或 RNA 进行杂交分析；如检测新产生的蛋白质，可用放射免疫法、Western blot 等方法进行分析。

2）稳定转化克隆的筛选：转化后用非选择培养基培养 24h，使转化的外源基因得以表达。0.25%胰蛋白酶消化，按 1∶10 比例稀释，用适当的选择培养基于 37℃、5% CO₂ 培养 10～14 日。每 2～4 日更换培养基，10～14 日后可出现单细胞集落。同时对未转染的细胞用同样的选择培养基培养，作为对照。

【注意事项】

（1）DNA 应尽可能地纯化，避免 RNA 或蛋白质的污染，以免降低转化效率。

（2）混合转染体系时，要连续而缓慢地混匀，然后再温和振荡，以避免急速形成粗沉淀物而减低转化效率。

（3）BBS 液的 pH 可明显地影响沉淀颗粒的形成。一般预先调节好 BBS 液的 pH，边调节边观察形成颗粒的状态，直至形成的颗粒状态最佳，才进行正式的转染实验。

（4）磷酸钙颗粒状态的判定：将含有 DNA-磷酸钙重悬混合液的玻璃试管对着光线观察，见溶液呈浑浊状态、略带白色，但肉眼又看不到颗粒，在高倍显微镜下则可见均匀的细小颗粒。此时的颗粒为比较适中的状态。如果用肉眼即能看到颗粒，则说明所形成的颗粒太大；如果 20min 以后溶液仍然透明，则说明无颗粒形成或形成的颗粒太小。

（马　云　乔新惠）

实验四　用电穿孔方法将重组质粒转化细菌

【实验目的】

（1）掌握 DNA 重组技术的基本原理与概念。

（2）学会筛选、鉴定重组 DNA 的方法。

【实验原理】　将宿主大肠埃希菌用甘油悬浮，使细胞壁的空隙增大，在瞬时电击时，外源 DNA 分子能进入细菌内部。利用外源 DNA 分子携带的抗性基因，利用其抗性表型来筛选重组子和非重组子。

【实验器材】　摇床、恒温培养箱、超净工作台、高压灭菌锅、分光光度计、GenePulser 系统（Bio-RadLaboratories 公司）、电转杯、离心机、冰箱、接种针、纱布、试管塞、三角瓶、试管、平皿等。

【实验试剂】　LB 固体培养基、LB 液体培养基、SOC 培养基、甘油、大肠埃希菌 DH5α、质粒 pBR322、氨苄青霉素、无菌水。

【实验步骤】

（1）制备选用的大肠埃希菌过夜培养物：加 10ml LB 培养基到一无菌培养瓶中，接种一个单菌落。置培养瓶于 37℃摇床中培养过夜。

（2）将步骤（1）的 10ml 过夜培养物接种到盛有 90ml LB 培养基的无菌培养瓶中，于 37℃剧烈振荡培养。

（3）培养细胞至 OD₆₀₀ 为 0.4～0.6（对数生长期），此过程需 2～3h。

（4）置细胞于冰上片刻。

（5）于 4℃以 4 000g 离心 15min。

（6）弃上清液，用 300ml 冰冷的 10%甘油溶液重悬细胞。

（7）于 4℃以 4 000g 离心 15min。

（8）用 100ml 冰冷的 10%甘油溶液重悬细胞。

（9）重复步骤（7）、（8）一次。

（10）于 4℃以 4 000g 离心 15min。

（11）弃上清液，用 1ml 冰冷的 10%甘油溶液重悬细胞。

（12）此时细胞可用于电穿孔试验。也可小量分装保存于−70℃（用前温和地冰浴融化细胞）。

（13）将 40μl 大肠埃希菌细胞悬液和 1～2μl 溶于低离子强度缓冲液的质粒 DNA 加入到冰预冷的 Eppendorf 管内，混匀，冰浴 1min。

（14）将 GenePulser 调至 2.5kV，25Mf 和 200Ω并联电阻，上述设置得到的时间常数约等于 4.7ms。

（15）将细胞和质粒 pBR322DNA 混合物转移到预冷的 0.2cm 电转化样品池底部。

（16）按上述设置进行脉冲电转化，得到的时间常数等于 4.5～5ms。

（17）进行脉冲电转化后立即加 1ml SOC 培养基到电转化池中，轻轻混合。

（18）将转化细胞转移至无菌培养管中，于 37℃剧烈振荡培养 1h。

（19）将不同量的培养物（如 50μl、100μl 和 200μl）涂布在含氨下抗生素的 LB 琼脂平板表面，于 37℃温箱倒置培养，让细胞过夜生长。

（20）鉴定重组克隆，能在氨下抗生素的 LB 琼脂平板上生长的菌落表示已转化了质粒。

【注意事项】

（1）严格要求全过程无菌操作。

（2）操作时动作要轻柔，尽可能的快速和低温下操作。

【思考题】

（1）电转化和化学转化有何异同？

（2）基因重组的方式有哪些？

（马　云）

实验五　克隆化基因在大肠埃希菌的诱导表达

【实验目的】

（1）了解外源基因在原核表达系统表达的基本原理。

（2）掌握克隆化基因在大肠埃希菌诱导表达的原理和方法。

（3）了解原核表达系统在基因工程中的应用。

【实验原理】　原核表达系统主要有两部分组成：一是携带外源基因的载体（如表达型质粒）；二是宿主菌。表达型质粒需在外源基因序列前有特殊的 DNA 序列以构成启动子，没有启动子，基因就不能转录。启动子可分为两类：一类为温度诱导的启动子；另一类为化学诱导的启动子。无论是哪一类启动子，外界诱导物都作用在与启动子作用的阻遏物上，使阻遏物的结构发生改变，失去对启动子的阻遏作用，从而 RNA 聚合酶与启动子结合开始启动 mRNA 的合成。

本实验中使用的 GST-Myogenin（谷胱甘肽巯基转移酶-生肌素融合蛋白）表达质粒的启动子是 Tac 启动子，它属于化学诱导的启动子，为 Lac 阻遏物所调控。在通常情况下，

Lac 阻遏蛋白与启动子的调控区结合而不能转录 mRNA，因而不能产生相应的蛋白质。但当加入诱导物 IPTG 后，IPTG 可与 Lac 阻遏蛋白形成复合物，使阻遏蛋白构象发生改变而不能与调控区结合，基因即可转录，翻译出相应的蛋白质。

【实验器材】

1. 仪器　超净台、空气摇床、台式冷冻离心机、高压消毒锅、可调式移液器。

2. 材料　GST-Myogenin（谷胱甘肽巯基转移酶-生肌素）表达质粒，JM109 菌。

【实验试剂】

1. 1mol//L IPTG　称取 IPTG 2.4g，用 ddH$_2$O 定容至 10ml，最后用 0.22μm 滤器过滤除菌，分装成 1ml/支，-20℃储存。

2. 缓冲液 A　量取 1mol/L Tris-Cl（pH 8.0）5ml，0.5mol/L EDTA 2ml，加入蔗糖 25g，用 ddH$_2$O 定容至 100ml，高压灭菌，4℃保存。

3. 缓冲液 B　量取 1mol/L Tris-Cl（pH 7.4）1ml，0.5mol/L EDTA 2ml，50mmol/L PMSF 2ml，1mol/L DTT 100μl，用 ddH$_2$O 定容至 100ml。

4. 缓冲液 C　称取 HEPES 0.75g，加入 1mol/L KCl 10ml，0.5mol/L EDTA 40μl，甘油 20ml，50mmol/L PMSF 2ml，1mol/L DTT 100μl，最后用 ddH$_2$O 定容至 100ml。

【实验步骤】

1. 蛋白的诱导表达　取含有 GST-Myogenin（谷胱甘肽巯基转移酶-生肌素）质粒的菌液 50μl，无菌条件下接种到 10ml 的 LB 培养基（含 60μg/ml 氨苄西林）中，37℃中振荡培养 2～3h。达到对数生长期（OD=0.4～0.6）后分成两管，其中一管加入 IPTG 至终浓度为 0.4mmol/L，另一管作为对照（诱导前），继续培养 3～5h。

2. GST 融合蛋白的提取

（1）收集细菌：取两支 1.5ml Eppendorf 管，一管加入 1.5ml 对照菌液，另一管加入 1.5ml 经诱导后的菌液，4℃，5000g 离心 5min，弃去上清液。

（2）去胞壁蛋白：向两管的沉淀中各加入 50μl 缓冲液 A 和 2μl 溶菌酶（100mg/ml），充分混匀。置冰浴反应 1h，4℃，5000g 离心 5min，弃去上清液。

（3）蛋白提取：向两管的沉淀中各加入 50μl 缓冲液 B，混匀，于-70～37℃反复冻融 3 次。然后加入 125μl 缓冲液 C 与 17.5μl 10% TritonX-100，4℃反应 1h。4℃，12 000g 离心 20min。将两管中的上清液分别移至洁净的 eppendorf 管中，4℃保存备用。

【注意事项】

（1）接种菌种时，一定要注意无菌操作。

（2）在进行 IPTG 诱导前，应确认细菌在培养基中达到对数生长期，即 OD 值为 0.4～0.6。

【思考题】

（1）原核表达载体有哪些特点？在基因工程中有哪些应用？

（2）本实验得到的是一种融合蛋白，那么如何在大肠埃希菌产生完整的天然蛋白？

（马　云　何淑雅）

实验六　转基因动物的建立

转基因动物（transgenic animal）是基于 DNA 重组技术将外源性基因整合入动物体基

因组的一类动物。转基因动物的建立有助于改良动物的遗传组成,增加动物的遗传多样性,赋予新的表型特征,使其更好地服务于人类社会。2015年11月19日美国食品药品监督局批准了转基因三文鱼上市,成为第一个端上饭桌的转基因动物,标志着转基因动物真正进入大众生活,渗透到人类生活的各个领域,受到社会的广泛关注。因此学习转基因动物的建立方法对于开发和利用转基因技术改善人类日常生活具有很重要的意义。

【实验目的】
(1)了解转基因动物的基本建立方法。
(2)掌握细菌的单克隆、扩增和质粒的提取方法。
(3)掌握显微注射的操作方法。

【实验原理】 转基因动物的建立即将经重组后的DNA转移至动物体内,改变动物性状并获得稳定遗传。目前常规的转基因的方法有:电击法、显微注射法、基因枪法和超声波转染法等物理法;磷酸钙法、脂质体包埋法和为细胞介导染色体转移技术等化学方法;逆转录病毒感染法、胚胎干细胞法、精子载体法和原生质体融合法等生物方法。其中显微注射法是在高倍倒置显微镜下,利用显微操作器控制显微注射针将外源性DNA注入受精卵的原核,使外源基因整合到基因组上的一种物理方法。因其对转染的外源基因没有长度上的限制、对细胞损伤较小、转染成功率较高和经济等优势,是目前建立转基因动物最常用方法之一。

绿色荧光蛋白(green fluorescent protein,GFP)是最初是从维多利亚多管发光水母中分离出来的一种在蓝光照射下会发出绿色荧光的蛋白,广泛用于标记目的基因。pEGFP-N2载体是一种常规的能在真核生物体内表达GFP蛋白的质粒载体,在荧光显微镜下使生物体表达GFP蛋白的组织处发出绿色荧光。

本实验扩增含pEGFP-N2的E.coli,提取和纯化pEGFP-N2质粒,并将其转入斑马鱼受精卵内建立转基因斑马鱼模型,随后在荧光显微镜下观察斑马鱼胚胎中绿色荧光蛋白的表达情况,验证转基因动物是否构建成功。

【主要试剂】 E.coli、含pEGFP-N2载体的E.coli、矿物油、胰蛋白胨、酵母提取物、NaCl、NaOH、琼脂糖、EDTA、乙酸钾、冰醋酸和酚/氯仿等。

【主要设备】 三角烧瓶、烧杯、量筒、试管、试管塞、试管架、pH计、玻棒、电子天平、牛角勺、称量纸、棉花、牛皮纸、记号笔、麻绳、纱布、空气浴恒温振荡器、紫外分光光度计、冰浴、涡流振荡器、超净工作台、凹型载玻片、手动显微注射器、巴氏移液管、硼硅酸玻璃毛细管、倒置显微镜、荧光显微镜、自动水循环系统一套,孵化水槽和培养皿等。

【实验步骤】 本实验以提取并转染GFP质粒DNA入斑马鱼受精卵内,观察斑马鱼胚胎中绿色荧光表达情况为例说明转基因动物的建立过程。

1. 斑马鱼的饲养和受精卵获取 实验用斑马鱼饲养于水族箱中,投喂人工饵料,25～26℃恒温饲养。繁殖时雌雄暂时分开饲养,产卵前一日将1尾雌鱼和2尾雄鱼配对于一小水族箱中,用隔板将其隔开。严格控制光照时间,即光照14h,覆盖黑布营造黑暗环境10h。实验当日早上揭去黑布,撤去隔板,采用光周期诱导方法让其自然产卵,用巴氏移液管小心收集受精卵待用。

2. 细菌质粒的扩增
(1)LB培养基的配制:用电子天平称量如下药物。

胰蛋白胨：	10g
酵母提取物：	5g
NaCl：	5g

将称量好的上述试剂倒入 1L 的烧杯内，加入 500ml 双蒸水，用玻棒充分搅匀，在石棉网上加热加速溶解。将溶液转移至三角瓶内，最后加双蒸水定容至 1L。三角瓶加塞，并用牛皮纸包好，即为 LB 液体培养基。另用电子天平称量 15g 琼脂糖溶解至 1L LB 液体培养基内可用来制备 LB 固体培养基。注意：蛋白胨很容易吸潮，称量时动作要快。

（2）灭菌：向高压蒸汽灭菌锅中加入适当的双蒸水，放入已包扎好的培养基和培养皿，利用高压蒸汽对其进行灭菌消毒。当高压蒸汽灭菌锅内压力升至 0.05MPa 时，打开放汽阀，排除冷空气，当压力回到 0 时，关闭放汽阀；当压力升至 1.034MPa 时保持 15～30min 后，停止加热。当压力再度降至 0 时，打开放汽阀，取出消毒好的培养基和培养皿取物。操作过程注意安全，防止烫伤。

（3）铺板：待高压灭菌后的 LB 固体培养基冷却至 60℃左右，加入氨苄西林（ampicillin，Amp），使终浓度为 50μg/ml，摇匀后均匀铺板至培养皿内，密封待用。

（4）摇菌：取 0.05ml 含 pEGFP-N2 质粒载体的大肠埃希菌 E.coli 接种至 5ml 含 Amp 的 LB 液体培养基中。空气恒温振荡器内于 37℃下振荡培养 12h。当 0.2≤OD≤0.6 时细菌处于对数生长期，停止摇菌。

（5）挑取单克隆：采用分区划线分离法划板。用接种环沾取扩增菌液后，将其涂布在培养基的 1/4 处，接种是用连续区域划线法，每划 1/4 转动平皿 90°。每完成 1/4 划线后，接种环都要通过火焰灭菌。将划板后的培养皿至于 37℃培养箱内培养 16h，取出平板于 4℃观察 2h，挑取肉眼可见的菌落。进行摇菌扩增，方法同步骤 4。

3. 质粒的提取

（1）试剂配制

溶液Ⅰ：50mmol/L 葡萄糖，10nmol/L EDTA，25mmol/L Tris-HCl，pH 8.0。

溶液Ⅱ：0.4mol/L NaOH，2%SDS 等体积混合，现配现用。

溶液Ⅲ：3mol/L 乙酸钾，2mol/L 冰醋酸，pH 4.8。

TE 缓冲液：10mmol/L Tris-HCl，1mmol/L EDTA，pH 8.0。

（2）沉淀细菌：取对数生长期细菌 1.5ml，3000g 离心 5min，尽量吸除上清液至一个干净的 EP 管内。菌液较多时，分几次重复离心，最后将沉淀物合并至同一个 EP 管中。

（3）悬浮：向装有细菌沉淀物的 EP 管内加入 100μl 溶液Ⅰ，用移液枪反复吹打并用涡旋振荡器充分混匀，直至无可见团块，彻底悬浮细菌沉淀。

（4）裂解：向细菌悬液中加入 200μl 溶液Ⅱ，温和地上下颠倒混匀 6～8 次，冰浴 4min，使菌体充分裂解。为防止 DNA 断裂，避免剧烈混匀操作及裂解时间过长。充分裂解后的菌液会变得相对黏稠。

（5）碱变性：加入 150μl 0℃的溶液Ⅲ，立即温和上下颠倒 6～8 次，充分混匀，冰浴 5min。此时可见大量白色絮状沉淀。注意：加入溶液Ⅲ后应立即混匀，避免产生局部沉淀。

（6）离心：10 000g 离心 5min，用移液枪小心地吸取上清液至一个新的 EP 管内，弃沉淀。若上清液中仍存在微小的白色沉淀，可重复离心后取上清液。记录好转移的上清液含量。

（7）向上清液中加入等体积的酚/氯仿混合液，涡流振荡器充分混匀 5min。

（8）10 000g 离心 5 分钟，小心吸取上层水相，转移至一个新的干净 EP 管内。

（9）向上层水相中加入 2 倍体积的无水乙醇，颠倒混匀，室温下静止 2min。

（10）10 000g 离心 5min，弃去上清液。

（11）漂洗：向沉淀中加入 1ml 75%乙醇溶液，涡流振荡器充分混匀，漂洗沉淀。

（12）10 000g 离心 2min，弃去上清液。

（13）保存：待乙醇充分挥发后，加入 20μl TE 或灭菌双蒸水（pH 为 7.0～8.5），室温静置 0.5～1h，于−20℃保存待用。

4. 转基因

（1）显微注射

1）将凹玻片置于显微镜下，低倍显微镜下聚焦。

2）调节持卵管使其与注射针处于同一视野下，将物镜切换为高倍物镜。

3）向凹玻片上滴加矿物油，调整注射针至矿物油边缘，增加注射针的压力，注射 2nl pEGFP-N2 质粒 DNA，观察 DNA 溶液泡在油内形成囊状，以此来确定 DNA 溶液流存在。

4）挑选第一次卵裂前的受精卵，移动持卵管至受精卵下部，利用微分驱动水压控制系统维持持卵管内温和的负压，将受精卵轻轻依附在持卵管口，固定受精卵。注意调节负压大小，使持卵管吸附受精卵不至过紧，否则受精卵容易变形，甚至被吸入持卵器内。

5）缓慢调节持卵管内真空情况，轻轻旋转持卵管，使受精卵内原核位于持卵管口的远侧端。

6）稳定持卵管，使注射针的针头紧靠受精卵的透明带，调节位置使针与细胞核处于同一平面上。用注射针依次刺破受精卵透明带，细胞外膜，前核核膜，进入核膜内。操作时注意避免注射针与核接触损伤核仁。

7）固定注射针位置，轻轻增加压力使质粒 DNA 流入核中。注射后原核将膨大至原体积的两倍左右，表明注射成功，然后直接抽出注射针。

（2）受精卵培养：将成功转入 pEGFP-N2 质粒 DNA 的受精卵和未经任何处理的对照组受精卵转移至孵化水槽内，适时更换培养基，于室温条件下培养。

（3）观察：待斑马鱼胚胎发育至原肠期后，将胚胎置于荧光显微镜下，用 480nm 激发光照射观察转基因斑马鱼胚胎和未转基因的对照斑马鱼胚胎中绿色荧光含量，鉴定转基因斑马鱼建立是否成功。

【注意事项】

（1）本实验中酚/氯仿等试剂有高度腐蚀性，操作中应戴上手套务必小心；细菌划板和扩增等实验过程严格按照无菌要求操作。

（2）质粒提取时，因质粒处于强碱性环境下时间过长时会发生不可逆变性，所以碱变性时间一定要控制好。

（3）显微注射时若观察到注射针尖端产生一气泡且受精卵透明带膨胀，则表明受精卵的膜未被刺破，此时需继续向内进针，直到尖端进入核；若见观察到颗粒涌出到卵黄周围空间，说明受精卵破裂；若注射针压力较大，显微镜下观察无任何现象发生，则注射针可能堵塞，需更换注射针。

（张　敏　尹慧勇）

第十一章　细胞研究实验

实验一　小鼠原代细胞培养

【实验目的】　掌握原代细胞培养的基本操作。

【实验原理】　原代细胞培养是指直接从机体取下组织和器官制成单个细胞后立即进行培养的过程。严格的原代细胞是指培养至第一次传代之前的细胞，此时的细胞保持原有细胞的基本性质。但实际上，通常把第一代培养至第十代以内的细胞统称为原代细胞。最常用的原代细胞获得方法有组织块培养法和分散细胞培养法。

【实验器材】　仪器：恒温 CO_2 培养箱、超净工作台、培养皿、青霉素瓶、吹打管、离心管、培养瓶、移液管、纱布、手术器械、细胞计数板、低速离心机、水浴箱、脱脂酒精棉。

材料：胎鼠或新生鼠。

试剂：DMEM 培养基（含 10%胎牛血清），0.25%胰酶，Hank's 液，75%乙醇溶液，碘伏。

【实验步骤】

1. 胰酶消化法

（1）拉颈椎将胎鼠或新生小鼠处死，置于 75%乙醇溶液中，消毒 2～3s（时间不宜过长，以免乙醇从口和肛门浸入体内），再用碘伏消毒腹部，取胎鼠带入超净工作台内（或将新生小鼠在超净台内），解剖取组织，置培养皿中。

（2）加入 Hank's 液，洗涤三次，剔除脂肪，结缔组织，洗涤血液等。

（3）用手术剪将组织剪成小块（约 1mm³），再用 Hank's 液洗三次，转移至小青霉素瓶中。

（4）根据组织块量，加入 6 倍体积的 0.25%胰酶消化液，37℃中消化 20～40min，每隔 5min 振荡（或用吹打管吹打）一次，使细胞分离，形成单个细胞悬液。

（5）加入 3～5ml DMEM 培养基（含 10%胎牛血清）终止胰酶消化。

（6）静置 5～10min，沉淀未分散的组织块，取上层悬液到离心管中。

（7）1 000g，离心 10min，弃去上清液。

（8）加入 5ml Hank's 液，制成细胞悬液，1000g，离心 10min，弃去上清液。

（9）血球计数板计数，调整细胞到 5×10^5/ml 左右，转移至 25ml 细胞培养瓶中，置于培养箱中培养。

细胞分离的方法各实验室不同，所采用的消化酶也不相同，应根据说明添加消化酶的量。

2. 组织块直接培养法　自上方法第 3 步后，将组织块转移到事先铺有胎牛血清的培养瓶中。待组织块贴附于瓶底，翻转培养瓶，瓶底朝上，加入培养基，培养基勿接触组织块。37℃培养箱静置 3～5h，轻轻翻转培养瓶，使组织浸入培养基中（勿使组织漂起），37℃培养箱继续培养。

【注意事项】

（1）自取材开始，保持所有组织细胞处于无菌条件。细胞计数可在有菌环境中进行。

（2）在超净工作台中，组织细胞、培养基等不能暴露过久，以免溶液蒸发。

（3）凡在超净台外操作的步骤，各器皿需用盖子或橡皮塞，以防止细菌落入。

（4）无菌操作的几个注意事项

1）操作前要洗手，进入超净台后手要用 75%乙醇溶液或 0.2%苯扎溴铵擦拭。试剂等瓶口也要擦拭。

2）点燃酒精灯，操作在火焰附近进行，耐热物品要经常在火焰上烧灼，金属器械烧灼时间不能太长，以免退火，冷却后才能夹取组织，吸取过营养液的用具不能再烧灼，以免烧焦形成碳膜。

3）操作动作要准确敏捷，但又不能太快，以防空气流动，增加污染机会。

4）不能用手触已消毒器皿的工作部分，工作台面上用品要布局合理。

5）瓶子开口后要尽量保持 45° 斜位。

6）吸溶液的吸管等不能混用。

附：Hank's 液配方

KH_2PO_4 0.06g，NaCl 8.0g，$NaHCO_3$ 0.35g，KCl 0.4g，葡萄糖 1.0g，$Na_2HPO_4 \cdot H_2O$ 0.06g，加 H_2O 至 1000ml。

注：Hank's 液可以高压灭菌。4℃下保存。

（张彩平）

实验二　细胞培养实验

【实验目的】

（1）掌握细胞培养的基本操作。

（2）掌握动物细胞传代培养的方法。

【实验原理】　贴壁细胞在培养瓶中培养，生长增殖形成单层细胞。悬浮细胞培养至充满培养基或形成细胞团后需要进行分离培养，这一操作称为传代或再培养。如拖延传代，细胞会因为增殖过度、营养缺乏和代谢产物积累而发生中毒。

一、贴壁细胞的消化法传代步骤

【实验试剂】

（1）0.25%胰蛋白。

（2）Hank's 液。

（3）含血清细胞培养基。

（4）新生小牛血清。

（5）75%乙醇溶液。

【实验步骤】

（1）吸出或倒掉瓶内旧培养基，用 2ml Hank's 液洗涤一遍，吸出倒入废液缸。

（2）以 25ml 培养瓶为例，加入 1ml 0.25%胰蛋白酶（以能覆盖瓶底为限）。

（3）37℃或室温 25℃以上消化 3min 左右。

（4）吸出或倒掉瓶内消化液，加入适当培养基用吸管轻轻吹打成单个细胞。

（5）以适当比例将细胞传代到新的培养瓶，加入培养基 37℃培养。

如果肉眼观察到培养基混浊、暗淡，则应考虑细胞已被污染，应立即终止培养。倒置显微镜下观察：以 Hela 细胞为例，生长良好的 Hela 细胞，透明度大，折光性强，细胞呈扁平的多角形，胞质近中央处有圆形的细胞核，细胞间紧密联接，呈片状。生长不良的 Hela 细胞，细胞折光性变弱，胞质中出现空泡，细胞间隙加大，失去原有的透明状。如果细胞崩解、漂浮，则应尽快查清细胞死亡的原因。

二、悬浮细胞的传代培养

【实验试剂】

（1）细胞培养基。

（2）新生小牛血清。

【实验步骤】

1. 直接传代　传代前将培养瓶竖直静置约 30 min，让悬浮细胞慢慢沉淀在瓶底后，将上清液吸掉 1/2～2/3，然后用吸管吹打制成细胞悬液，计数板计数（如非实验必需，不计数亦可），把细胞悬液等份分装入数个培养瓶中，每瓶加入一定量的含 10%小牛血清的细胞培养基，轻轻混匀，盖好瓶盖，置二氧化碳培养箱继续培养。

2. 离心后传代　将细胞悬液移入带塞离心管内，800～1000g，离心 5～8min，去上清液，加入一定量的含 10%小牛血清的细胞培养基到离心管中，用吸管吹打成细胞悬液，计数板计数后（如非实验必需，不计数亦可），然后分瓶培养。

【注意事项】

（1）根据实验要求，备齐实验用品，将培养用品放在超净工作台内合适的位置，减少因物品不全、东西摆放零乱、拿取频繁造成的污染机会。实验前要用 75%的酒精棉球擦洗超净工作台，然后用紫外线消毒超净工作台 30min（培养的细胞及培养用液不能用紫外线照射）。

（2）实验操作中物品或细胞被污染，应立即更换，避免交叉污染。多人做实验时，应使用各人的用品，不能共用。加液时，要更换吸管，避免污染发生。

（3）把握好传代时机。贴壁细胞在汇合 80%～90%阶段最好，过早传代，细胞产量少；过晚则细胞老化。

（马　云）

实验三　细胞凋亡检测

研究细胞凋亡的方法包括三方面，即细胞凋亡的形态学特征检测、细胞凋亡的生化特征检测及细胞凋亡的流式细胞仪检测。细胞凋亡的形态学鉴定主要是通过光学显微镜、荧光显微镜和电子显微镜对组织和细胞进行观察。检测细胞凋亡的生化与分子生物学方法主要有琼脂糖凝胶电泳方法、原位末端标记法和 ELISA 法等。这些方法具有很高的特异性和灵敏度,为细胞凋亡的研究提供了强有力的工具和手段。

其中利用琼脂糖凝胶电泳检测细胞凋亡的基本方法有常规琼脂糖凝胶电泳、脉冲场倒转琼脂糖凝胶电泳,电泳的定量检测是在常规琼脂糖凝胶电泳的基础上,将放射性核素标记于提取出来的小片段 DNA 的 5′-末端,放射自显影后进行定量分析。此方法具有灵敏度高的优点,但需要放射性核素和专门设备,其应用受到限制。下面介绍使用较广泛的常规琼脂糖凝胶电泳。

【实验目的】

(1)熟悉细胞凋亡检测的方法。

(2)掌握琼脂糖凝胶电泳检测细胞凋亡的原理。

【实验原理】 凋亡的最明显的生化特征是 Ca^{2+}、Mg^{2+} 离子依赖的内源性核酸酶的激活将细胞核染色体从核小体连接处裂断,形成由 $180\sim200bp$ 或其多聚体组成的 DNA 片段。通过将这些片段从细胞中提取出来进行琼脂糖凝胶电泳,溴化乙锭染色后在紫外灯下可观察到特征性的 DNA Ladder。

【实验试剂】

(1)磷酸缓冲液(PBS):称取 1.392g KH_2PO_4,0.276g $NaH_2PO_4 \cdot H_2O$,8.770g NaCl 溶于 900ml 双蒸水,然后用 0.01mol/L KOH 调 pH 至 7.4,再用双蒸水补足至 1000ml。

(2)细胞裂解液:10mmol/L Tris-HCl(pH 8.0),100mmol/L NaCl,25mmol/L EDTA,1%SDS,蛋白酶 K 10μg/ml。

(3)RNase:用 TE 缓冲液配制成 10mg/ml,然后 100℃、15min 灭活 DNase,自然冷却。

(4)平衡酚。

(5)氯仿:异戊醇(24:1)。

(6)3mol/L 乙酸钠。

(7)TE 缓冲液:0.1mol/L Tris-HCl(pH 8.0),10mmol/L EDTA。

(8)50×TAE 电泳缓冲液:称取 242g Tris 碱,57.1ml 冰醋酸,100ml 0.5mol/L EDTA(pH 8.0)加双蒸水定容到 1000ml。

(9)DNA Ladder 相对分子质量标准品。

(10)上样缓冲液:0.25%溴酚蓝,0.25%二甲苯青,30%的甘油,用水溶解 4℃保存。

(11)琼脂糖。

【实验步骤】

(1)收集细胞(5×10⁶个)1000g,离心 5min,弃去上清液。

(2)PBS 洗 1 次,1000g,离心 5min,弃去上清液。

(3)加细胞裂解液 0.5ml 重悬细胞,50℃水浴 3~5h,不时振摇或 37℃过夜。

(4)加 0.5ml 平衡酚抽提,上、下颠倒几次混匀,13 000g,离心 5min。

(5)上清液移至另一离心管,加 0.5ml 氯仿:异戊醇(24:1)抽提,上、下颠倒几次混匀,13 000g,离心 5min。

(6)上清液移至另一离心管,加 50ml 的 3mol/L 乙酸钠和 1ml 无水乙醇上、下颠倒几次混匀,于-20℃沉淀过夜。

(7)13 000g,离心 10min,沉淀 DNA,去上清液,真空抽干或室温干燥。

(8)加 50~100μl TE 缓冲液,另加 5μl RNase,37℃ 30min。

（9）取 20μl 样品加上样缓冲液 2～5μl 上样，1%琼脂糖凝胶电泳 2～4h，UV 下观察。

（10）溴化乙锭染色 20～30min，紫外灯下观察 DNA 条带，DNA 显基因组条带，位于加样孔附近；凋亡细胞的 DNA 则由于 DNA 降解形成的短片段显"梯状（ladder）"条带。坏死细胞或凋亡后期 DNA 由于不规则降解，显一条模糊的"涂片状（smear pattern）"。

【注意事项】

（1）实验过程中，关键要防止 DNA 酶的作用和剧烈振荡造成 DNA 断裂。

（2）为了能充分将 DNA 片段分开，电泳时采用的总电压不宜过大，一般为 3～4V/cm；电泳时间不能过短，一般 2～4h 为宜。

【思考题】

（1）细胞凋亡的特征有哪些？

（2）检测细胞凋亡的方法有哪些？

（马　云）

第三篇　分子生物学软件应用

第十二章　PCR引物设计及相关软件使用

聚合酶链反应（polymerase chain reaction，PCR）体外核酸扩增技术自20世纪80年代中期发明以来，由于该技术具有特异、产率高、敏感、快速、简便、重复性好和易自动化等突出优点，可从一滴血、一根毛发、甚至一个细胞中痕量样品中扩增出足量的DNA，可以在数小时内将目的基因（DNA片段）扩增至十万乃至百万倍。引物设计是PCR技术中至关重要的一环，使用不合适的引物容易导致PCR实验失败，表现为扩增出除目的带之外的多条条带（包括非特异性扩增及引物二聚体性条带）、不出带或出带很弱等。现在PCR引物一般都通过专门计算机程序来设计，既可以直接提交模板序列到特定网页，设定参数来得到引物，也可以在本地计算机上离线运行引物设计专业软件而得到引物。

一、引物设计原则

由于引物设计软件和网站众多，故对于引物设计需要掌握注意一些基本的原则，如引物与引物之间需要避免形成二聚体或发夹结构、引物与模板的序列需紧密互补、引物不能在模板的非目的位点引发DNA聚合反应，引起错配等。

（一）具体因素

影响引物设计的有一些重要的参数（因素），如引物长度（primer length）、产物长度（product length）、引物与模板形成双链的内部稳定性（internal stability，用ΔG值反映）、序列T_m值（melting temperature）、形成发夹结构（duplex formation and hairpin）及引物二聚体（primer dimer）的能值、引物及产物的GC含量（composition）、在错配位点（false priming site）的引发效率等。有时还需对引物进行修饰（增加限制性内切酶位点，引进突变等）。

（二）一般原则

（1）引物的长度以15～30bp较为适宜，最常用的是18～24bp。最长不能大于38bp，过短会引起错配率上升（当引物长度大于16bp，不容易引起错配）。

T_m值的计算公式：$T_m = 4（G+C）+ 2（A+T）$

（2）在模板内引物序列应当没有相似性较高，尤其是模板的3′-端相似性较高的序列，否则更容易导致错配。另外，在引物3′-端出现3个以上的连续碱基（GGG/CCC），也会使错误概率增加。

（3）由于引物3′-端的末位碱基序列对Taq DNA聚合酶的DNA合成效率有较大的影响，使得不同的末位碱基在错配位置导致不同的扩增效率，在A、T、G、C四种碱基中，末位碱基为 A 的错配效率明显高于其他 3 个碱基,故应当避免在引物的 3′-端引入碱基 A。引物二聚体/发夹结构也是导致 PCR 反应失败的重要原因。相对于 3′-端而言,5′-端序列对 PCR 影响不太大,故 5′-端常用来引进修饰位点或标记物。

（4）引物序列的 GC 含量一般为 40%～60%,GC 含量过高或过低都不利于引发反应,且上下游引物的 GC 含量不能相差太大（不同的算法推荐 45%～55%或 50%～60%）。

（5）ΔG 值指 DNA 双链形成所需的自由能,反映了双链结构内部碱基对的相对稳定性。3′-端 ΔG 值应较低（绝对值不超过 9,引物的 3′-端的ΔG 值过高,导致容易在错配位点形成双链结构并引发 DNA 聚合反应）、5′-端和中间ΔG 值相对较高的引物是较理想的（能值越高越容易结合）。

（6）5′-端增加酶切位点是对引物最常见的修饰,其根据下一步实验中要插入 PCR 产物的载体的相对应序列而确定。

二、常用的引物设计软件

常用引物设计软件有 Oligo 6（引物评价）、Primer Premier（自动搜索）、Vector NTI Suit、Dnasis、Omiga、Dnastar、Primer3 （在线服务）。Oligo 6 是专业性很强的引物设计软件,Primer Premier 既具有较好的专业性,操作起来又十分方便,其受到广大爱好者所青睐。Vector NTI Suit、Dnasis、Omiga、Dnastar 作为引物设计软件也分别有其独到之处,可作为引物设计的补充。Primer3 则是在线引物设计软件,其使用起来更方便快捷。由于 Primer Premier 的兼具专业性和快捷方面的优点,故下面拟对 Primer Premier 5.0 的使用进行详细的介绍。

三、Primer Premier 5.0 引物设计

Premier Premier 是由 Premier 公司开发的、专业用于 PCR 引物及杂交探针的设计和评估的系列软件,基本上目前引物设计都是基于 primer 系列,如 ncbi 在线引物设计是基于 Primer 3。Primer Premier 的各种版本里,最好用的是 Premier Premier 5.0,因为 Primer 6.0 智能修正太多,而我们需要的是一个介于自动和人工选择之间的一个软件,故 Primer 6.0 反而不如 Primer 5.0 快捷方便。其主要界面同样也是分为序列编辑窗口（Genetank）、引物设计窗口（Primer Design）、酶切分析窗口（Restriction Sites）和 Motif 分析窗口。

（一）窗口功能介绍

Primer Premier 5.0 的功能板块中包括了设计引物的搜索引擎,该软件包含了强大的自动搜索法则,通常只需要简单的操作就可以得到合适的引物。且 Primer Premier 5.0 也提供了人工控制搜索引擎的方法,更便于根据的特殊要求制定标准。输出的引物又可通过全面的即时分析工具计算（引物的多种参数和二级结构）,其关键参数如 T_m、GC 含量和ΔG 还以图形显示。还有一个窗口显示引物的比吸光度（activity, nmol/OD 和μg/OD）及引物的相对分子质量,能将当前引物输入数据库打印或填写引物合成定购单。为用于定点突变的引物设计,该项功能板块还包括即时分析和限制性酶切位点分析的引物编辑工具,通过输入碱基手动修改引物。在复式及巢式 PCR 多对反应引物设计中,使用 function 菜单下的

Multiplex/Nested 选项能分析所有想用到的引物，并可以选择事先搜索的引物或手动添加引物。软件还提供将引物储存到数据库的功能，也提供填写引物合成定购单的功能，定购单上自动填入引物序列和其他重要信息。

该项功能板块由以下窗口组成：Primer Premier 引物设计窗口、Preferences 参数设置窗口、Edit Primer 引物编辑窗口、Search Parameter 搜索参数窗口、Search Criteria 搜索标准窗口、Search Results 搜索结果窗口、Multiplex/Nested Primer 复式及巢式 PCR 引物设计窗口、Database 引物数据库窗口、Synthesis Order Form 生成引物合成订单、Reports 结果报告、Graphs 图表。

1. Primer Premier 5.0 引物设计窗口　该窗口是分析引物的关键，该窗口包括以下功能：即点即选（Direct Select）、引物性状列表和二级结构显示。

2. Direct Select 即点即选框　将鼠标指针移至 Direct Select 框中，指针变为铅笔型，点击框中任何一处，会产生一条与起始位置最接近点选位置，并与原序列互补的引物所有引物性状将即时更新。引物 5'-和 3'-末端也会自动标记上以区分引物的扩增方向。点选一组序列比较结果后，将依据保守序列来确定引物序列，便于发现引物与某一特定序列有哪些错配位点。

在序列比较中应用即点即选功能：在利用高保守序列区域设计引物时，Primer Premier 5.0 会在引物窗口显示序列比较，这样很容易知道引物与每一特定序列错配位点。点击序列任一地方，可产生一条引物并加以分析。引物也可被编辑以便同某一特定序列相匹配，用来设计针对等位基因的引物。View 菜单选项可以切换显示多数倾向和少数分歧碱基（Majority or Minority Consensus），少数分歧碱基可以看出哪些核苷酸不能很好地与所有序列匹配。

性状列表：该列表显示当前引物对的各种性状。可通过三种方式选择一对引物作为当前引物对。①Direct Select 框根据上述使用 Direct Select 的方法选择一条引物，切换到另一条互补链选择反向引物，从而得到一对引物对。②在 Search Results（搜索结果）窗口里选择一对引物对。③使用输出命令在数据库窗口里选择一对引物对（如果想使用上述方法选择一条正向引物而不是一对引物，则需要手动回复原来的反向引物来和新引物配对）。性状列表能自动更新，包括正反引物的长度、起始位置、熔解温度（T_m）、GC 含量（GC%）、多义性、比吸光度（optical activity，单位μg/OD）等参数，长度条显示的是 PCR 产物的长度，而 Ta Opt 项显示的是 PCR 反应适宜的退火温度。

二级结构：Primer Premier 5.0 能即时分析引物二级结构，在左下的两排按钮可以显示所发现的二级结构及何种二级结构。除了二级结构，图框里也显示二级结构的自由能数值 ΔG。如有至少连续三个碱基配对，就会被认为能形成发卡二聚体或错配之类的二级结构。

在 Primer Premier 5.0 窗口图框里显示的是最稳定的二级结构，实线显示连续碱基配对，虚线显示不连续碱基配对。按"All"，即给出当前二级结构的报告。当选择正向引物的发卡结构，并点击"All"就会显示以下内容（图 3-12-1）。

二级结构按照稳定性大小自动排序，最稳定的一种排在最前，使用滚动条可以看到未显示的部分。这一板块还具有激活以下功能的快捷按钮，Search Criteria（搜索参数）窗口、Search Results（搜索结果，如果已经实施过搜索）窗口及 Edit Primer（引物编辑）窗口。点击按钮可以使相应部分伴随引物对以图形形式显示。

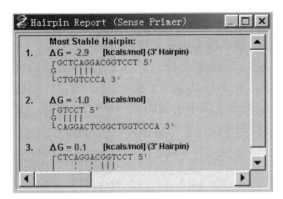

图 3-12-1　发夹结构

3. Edit Primer 引物编辑窗口　该可以用来设计用于定点突变的引物，或分析一条已有引物序列。在 windows 系统（或 Power Mac 的 Command-X Command-C 及 Command-V 系统）中，可以使用 CTRL-X. CTRL-C 和 CTRL-V 快捷键，分别实施剪切、拷贝和粘贴。删除当前引物序列，并从剪贴板上粘贴是分析一条已有引物的较好方法。进行粘贴时，Paste 粘贴窗口会激活用以将引物序列转化为反向互补或反向互补形式，也可以手工键入引物序列，一旦引物被编辑发生变化，Analyze 按钮就可以使用。点击 Analyze 即可对编辑后的引物进行分析，可以修改实际序列或是翻译后的氨基酸残基（注意：如果修改氨基酸残基相应位置可能出现多义密码子）。

除了上述的引物性状和二级结构资料，该窗口也提供了限制性酶分析功能。点击 Enzyme，通过手动或软件提供的筛选方案可选择一组限制性酶。

使用 Prime 按钮可将引物移动到更合适的结合位点。这项功能可以确认是否有其他比当前位点更稳定的结合位点存在。

4. Search Criteria 搜索标准窗口　根据 PCR 引物、测序引物或杂交探针的要求不同，有必要选择不同的搜索标准。Primer Premier 5.0 会根据选择调整自动搜索的标准。其中，某些用以优化引物扩增能力的标准不一定也适合测序引物或杂交探针的设计，因为测序引物和杂交探针需要的是较高的退火温度。因此，当选择不同的搜索标准，Primer Premier 5.0 将对相关标准作出调整。

Search Type（搜索类型框）指将要搜索的是单个引物、两条单独引物引物对或为当前引物找寻合适的反向引物。

Search Range（搜索范围）是默认设置下当前序列的全长，默认 PCR 产物长度为 100～500bp，如果是搜索单个引物该数值将不会起作用。也可以为搜索设定 Primer Length（引物长度）。

Search Mode（搜索模式）可以设定为自动或手动。如没有很特殊的要求或想完全控制特定的搜索参数，建议使用自动搜索，利用 Primer Premier 5.0 找到多条引物，再从中通过详细分析来挑选合适的使用（可选操作：Function＞Search）。

5. Search Parameter Windows 搜索参数窗口　可以使用其他的自动搜索方法或者手动搜索，当希望搜索的引物不会与反应中序列发生错配时，可在激活 False Priming 选项后，利用 Files 按钮选择序列文件。

6. Automatic Search 自动搜索　Primer Premier 5.0 已经自动设置了一些数值（默认数

值），也可以选择在自动搜索中需要使用哪些参数（图 3-12-2），点击去掉相应参数对应左边框中的"√"，则该参数在搜索中不会被利用。

自动搜索开始的时候参数标准很严格，但当没有找到合适的引物时，标准会自动降低直到找到合适的引物为止。图 3-12-2 显示了在 PCR 引物设计中自动搜索初始的参数，其中 T_m 值范围，是根据指定搜索范围中引物的 T_m 平均值确定的。如果选择手动搜索并点击 Stringency 严格度按钮会得到类似以上的自动更新的图表。

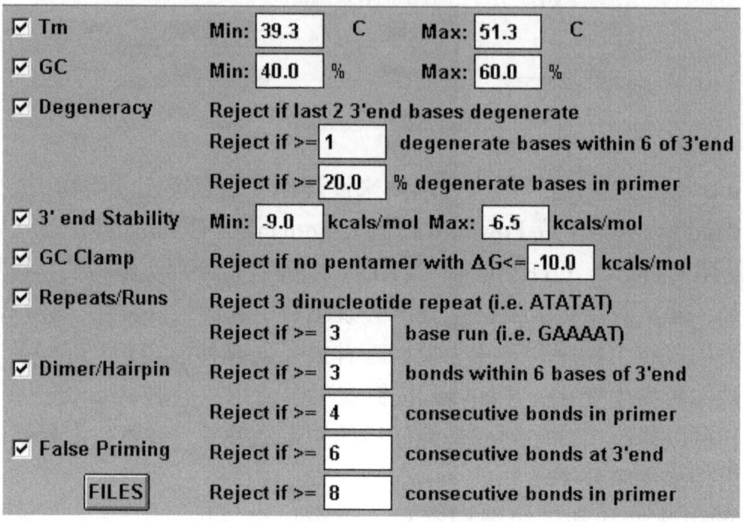

图 3-12-2　参数设置

7. Manual Search 手动搜索及引物设计原理　对引物稳定性二级结构和适宜长度的了解，使得在保证引物特异性的前提下大大提高了引物的扩增效率，而 Primer Premier 5.0 软件的搜索法则很好的维持了特异性和高效性之间的平衡。

引物长度：引物长度控制着引物的特异性和退火温度。适宜引物长度为 18～24 个碱基，等于或少于 15 碱基的短引物可用于简单的基因作图或特殊的文库构建。28～35 碱基的长引物在高度相关的分子中扩增序列和特殊样本的克隆能起重要作用，长引物能给增加扩增的特异性，可以通过降低退火温度提高长引物 PCR 的灵敏度。但长引物更易于形成发卡结构二聚体、自身互补等二级结构。理论上在合适的溶解温度范围内最短的引物能在特异性和高效性间获得较好的平衡，Primer Premier 5.0 已经包含了合适的引物长度范围，如果改变了它们，软件将会自动记录，并在下次使用直到再次改变它们，故可根据不同实验的特殊要求输入合适的引物长度范围。

Primer Premier 5.0 是以最短的指定长度开始搜索引物的，如果找到的引物的 T_m 值小于设定范围，或 GC 含量不符合要求，它将给引物增加一个碱基长度并重新计算 T_m 值和 GC 含量，看其是否符合要求，如果引物长度达到最大值还不能符合要求，则该引物将会被自动剔除。保证找到的引物是符合 T_m 值和 GC 含量要求的最短引物。设计一条高效引物有几个参数必须考虑，Primer Premier 5.0 搜索参数依次如下。

T_m（熔解温度）：Primer Premier 5.0 根据相邻二碱基对作用理论来计算熔解温度，选择的 T_m 范围应该为退火提供足够的热度，在自动搜索中，Primer Premier 5.0 首先计算出指定搜索范围中所有可能引物的 T_m 值大小，得出 T_m 的平均值后，按照不同的严格度要求，确定的波动值，根据这一平均值来计算出 T_m 范围。PCR 反应的合适 T_m 范围为 56～63℃。

GC%（GC 含量）：PCR 引物 GC 含量在 50%左右比较合适，而对于测序和杂交探针来说，引物 GC 含量至少应为 50%。

Degeneracy（多义性）：当设计多义引物时，应尽量减少引物多义性，以增加引物的特异性。尤其应尽量避免 3′-末端的多义性（3′-末端即使一个碱基的错配都能阻止引物延伸）。

3′-End Stability（3′-末端稳定性）：引物稳定性影响它的错配效率。一条理想的引物应该有相对稳定性较弱的 3′-末端和一个稳定性较强的 5′-末端。引物 3′-末端稳定性强，可造成即使 5′-末端不配对的情况下造成错配，形成非特异性扩增条带。而当 3′-末端稳定性低的引物在引物发生错配时，由于 3′-末端引物结合不稳定而难以延伸。

GC Clamp（GC 钳）：引物与目的位点的有效结合需稳定的 5′-末端，这种较强稳定性的 5′-末端称为 GC 钳。选择有合适稳定性的引物，能在确保不产生非特异性条带的前提下，尽量降低退火温度。使用菜单 Report＞Internal Stability 选项，可以看到图 3-12-3 所显示的一个引物的内部稳定性曲线表。该图显示一个好的引物的 3′-末端稳定性较弱，而 5′-末端有一个较强的 GC 钳。

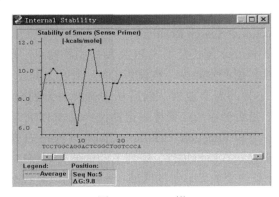

图 3-12-3　GC 钳

Repeats and Runs（重复和循环）：Primer Premier 5.0 会自动剔除任何有三个及三个以上的重复或循环碱基的引物。例如，引物包含 ATATAT 这样 AT 被重复三次那么这个引物将被剔除。可以接收的碱基重复数量可以设定。

Secondary Structures（二级结构）：二级结构能显著影响反应中与模板正确结合的引物数量，是引物设计中必须考虑的一个重要因素。发卡结构能限制引物与目的位点的结合能力，从而降低扩增效率，且形成发卡环的引物不能在 PCR 扩增中发挥作用。

Hairpin（发卡结构）：引物自身的互补碱基分子内配对，造成引物折叠形成的二级结构是发卡结构形成的原因，并由于发卡结构的形成是分子内的反应，仅仅需要三个连续碱基配对就可以形成。发卡结构的稳定性可以用自由能衡量，自由能大小取决于碱基配对释放的能量，以及折叠 DNA 形成发卡环所需要的能量。如果自由能值大于 0，则该结构不稳定，从而不会干扰反应。如果自由能值小于 0，则该结构可以干扰反应。按下按钮 All，可以使用 Primer Premier 5.0 软件中的 Hairpin Report 功能，帮助回避类似二级结构。

Dimer（二聚体）：引物之间的配对区域能形成引物二聚体，它是相同或不同的两条引物之间形成的二级结构，它造成引物二聚体扩增并减少目的扩增产物。二聚体可以在序列相同的两条引物或正反向引物之间形成，如果配对区域在 3'-末端，问题会更为严重。3'-末端配对很容易引起引物二聚体扩增，使用 Dimer Report 功能可以预测二聚体的形成。

False Priming（错配）：如果引物可以结合除目的位点外的其他区域，扩增效率将明显降低。目的产物带将减少或出现弥散（smear）。Primer Premier 5.0 会检查每一条引物是否会与整个序列的其他位点形成局部的错配。3'-末端连续几个碱基配对形成错配的倾向要高于引物上游区域同样数量的碱基配对，可以分别设定确认为错配的 3'-末端或引物全长形成连续碱基配对的数量。

8. Pair Rating 匹配度评分　在同样退火温度下，T_m 低的引物决定扩增的特异性，而 T_m 高的引物更易于形成非特异性结合而造成错误的起始，使得匹配度低的引物对常常不太有效。Primer Premier 5.0 会计算每一对引物的匹配度，100 分为满分，并按照分数大小按降序排列。

9. Search Results 搜索结果　当点击搜索程序窗口的 OK 按钮接受搜索后，Search Results（搜索结果）窗口打开，显示搜索中找到的所有引物或引物对。如果选择了一条引物或一对引物对，可在 Primer Premier 5.0 窗口上即时显示引物的分析结果，同时，与当前的序列配对的引物的位置和序列也在 Direct Select 框上显示出来。Search Results 窗口的位置和大小是可以调节的，这样在其他窗口里感兴趣的显示内容如引物分析结果就不会被遮住了（可选操作：Function＞Search Results）。

10. Multiplex/Nested Primer 复式及巢式 PCR 反应引物窗口　巢式 PCR 反应能大幅提高灵敏度，同时非特异性扩增产物减少，在模板 DNA 浓度太低或不纯时采用巢式 PCR。可以使用自动搜索或按实验的需要搜索，然后从中选择一系列合乎要求的引物。Primer Premier 5.0 可以确认它们是否会形成二聚体来帮助选择巢式 PCR 反应引物。

接受搜索结果，选择菜单 Function＞Multiplex/Nested Primers 选项，即可打开该窗口，所有引物与全序列以图形显示在窗口顶部，序列上的框架代表窗口中间放大显示的部分序列位置。可拖动横行滚动条改变放大显示的区域，所有引物以竖线形式在顶部的图框显示，以蓝色三角形或红色三角形在下面的放大框中显示（蓝-正向引物，红色-反向引物）。

点击三角形，选定一条对应的引物应用的巢式 PCR 反应，三角形由空心变为实心时表明已被选中，选中的引物以图表形式显示。已选引物间可能存在的交叉二聚体也同时显示出来。Primer Premier 5.0 能即时分析所有的已选引物，并可能存在的交叉二聚体结构。继续选择引物，直到找到一组没有或很少有稳定的交叉二聚体的引物。剔除一条已选引物非常简单，再次点击对应的实心三角形就行了；也可手动添加一条引物，这样便于使用已有的引物或通用引物；也可手动添加所有引物并分析它们之间形成交叉二聚体可能性，可指定输入的寡聚核酸作正向引物还是反向引物及其起始位置和序列。如果不指定起始位置，则默认为 5'-末端第一个碱基。如果想删除一条引物，点击 "Delete" 按钮即可。

可打印模板序列及所有的引物，已选引物显示为实心三角形，未选引物显示为空心三角形。列表包含的引物，以及所有可能的交叉二聚体结构也同样被打印出来。

11. Database 引物数据库窗口（图 3-12-4）　引物数据库可以用来保存引物序列，并为每一条引物命名，保存在一个原有的或新建的数据库中。在数据库窗口中还可以使用 Order Primers 按钮定购引物。有两种方法可以将已选的引物输入到数据库中。第一种方法是可在 Search Results 窗口中标记选择的引物，然后在引物数据库中使用 Get Marked Primers 将标记的引物全部输入到数据库中；另一种方法是通过直接选择一条或一对引物，再利用 Current Primer Pair （当前引物对）图框将其输入到数据库中。引物数据库可以保存引物的起始位置、序列、对应链和引物名称等参数。选择一条引物，使用菜单的编辑选项（或点击本窗口的快捷按钮）可编辑引物的起始位置、序列、对应链方向和引物名称。

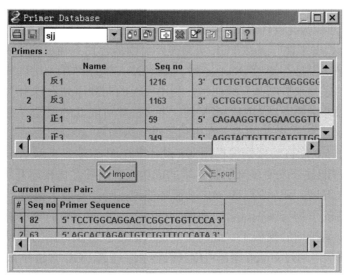

图 3-12-4　Database　引物数据库窗口

　　从下拉菜单里选择一个引物数据库，可以使用 Import 按钮输入，对以往保存的引物并在当前序列上进行分析。选中的引物可用 Primer Premier 5.0 窗口对其进行编辑和分析。可用 Edit Primer 窗口上的 prime 按钮在当前序列上寻找最佳结合位点；可以添加一个新的数据库并命名区分，这样既便于依照不同的项目或模板序列将引物信息保存，也可便利的删除一个数据库。

　　用 Add Primer 按钮可添加一条新引物，同时激活一个窗口用以填写引物名称、起始位点、对应链和引物序列，如不指定起始位置则默认为 5′-末端第一个碱基。

　　12. Reports 分析报告　Reports 菜单可提供多种分析报告。除了在 Primer Premier 5.0 窗口，也可直接打开的二级结构报告，可提供当前引物的内部稳定性图表和比吸光度报告。选择 Reports 菜单下的 Optical Activity 选项能打开一个报告窗口，显示当前引物对的相对分子质量和比吸光度 activity（单位 nmol/OD 和μg/OD）。当在内部稳定性图表上移动鼠标指针，将会显示一条贴近最近的序列的分界线，而数据输出窗口也会即时更新，而相应五聚体会高亮显示，该图表窗口可以调整大小以便看清细节。当选择 Reports 菜单下的 Hybridization Time（杂交时间）选项可以输入引物的长度和浓度，点击 Analyze 按钮可以得到杂交时间。

　　13. Synthesis Order Form 合成订单　在搜索及分析完引物后，如果决定定购合成该引物，可以使用软件生成订单，为方便使用，软件已经有一个现成的模板，可以创建一个新订单，并输入的地址和其他信息，并命名保存。可以使用这个订单作为今后的订单模板。Database window （数据库窗口）可以用来选择想合成的引物。只需选择想合成引物点，击 Order Primer 的快捷按钮，Primer Premier 5.0 将在合适的位置自动添加选择的引物，并附上地址及其他信息生成一张订单，可以加上的注释，并将其打印送出。可以保存该订单便于以后查看。

　　14. Optical Activity 比吸光度　引物对于 260nm 波长紫外光的吸光度，即 A_{260} 与其浓度成正比。1mg/ml 的 DNA 吸光度为 0.02，软件也能计算引物的分子量，以便计算如何稀释新合成的引物。Molecular Weight（分子质量）：正反引物分子质量均以 g/mol（克/摩尔）为单位，这是根据分子质量列表计算得出的。nmol/A_{260}：在 260nm 波长紫外光下，每单位吸光度代表的引物的纳摩尔数量，这是根据吸光系数和分子质量列表计算得来的。µg/A_{260}：在 260nm 波长紫外光下，每单位吸光度代表的引物的微克数量，这是根据吸光系数列表计算得来的。

15. Degeneracy 多义性　某些 PCR 实验需要引物结合到不确定的序列，如下列情况：知道表达蛋白的序列但是不知道 DNA 序列、模板 DNA 测序结果不准确或不完全、利用其他生物体已确认的序列来扩增某一编码区、利用模板的同源序列设计引物。在设计多义引物时除了一般参数外也要考虑引物的多义性。多义性尽可能低的引物有更高的特异性，因而更为理想。尽量避免 3′-末端的多义性也很关键，因为 3′-末端即使一个错配也会抑制延伸。Primer Premier 5.0 能自动搜索模板序列，设计出在 3′-末端多义碱基比例和数量都较少的引物。PCR 程序能显著改变多义引物扩增的成功率。该种优化程序开始的 2～5 个循环采用不严格的退火温度，随后的 25～40 个循环使用更为严格退火温度。宽松的退火条件可以允许部分配对的引物与模板结合，在两个循环后，扩增产物的 5′-末端就与引物一致，并能很好的作为以后扩增的模板了，此时提高退火温度能得到更高的特异性。

16. Graphs 图表　通过 Graph 菜单可以获得整个序列 T_m、GC 含量和 Internal stability（内部稳定性）的图表（图 3-12-5）。T_m 是所有可能的引物的熔解温度，引物长度是由 Preferences

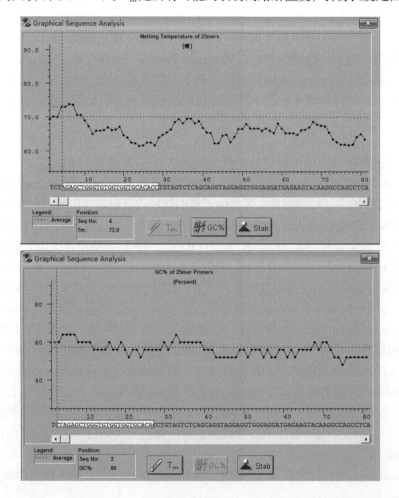

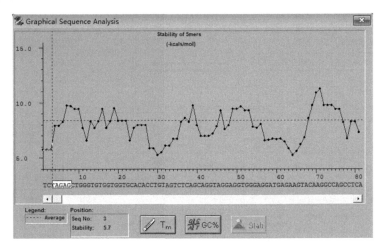

图 3-12-5　Graphs 图表

三幅图所示分别为 T_m 值、GC 含量和稳定性

（默认参数）设定的。GC%则是所有可能引物的 GC 含量，Internal stability 则是在每一序列位点起始的五聚体的稳定性自由能。当在内部稳定性图表上移动鼠标指针，将会显示一条贴近最近的序列的分界线，而数据输出窗口也会即时更新，而相应五聚体会高亮显示。

（二）引物设计步骤

①输入序列：安装好软件后，首先打开软件，左上角来操作，file—new—dna sequence，这一项可以把复制的序列粘贴进去，当然，也选择另一个 file—open—dna sequence 去 open 一个新的文件。②点击 primer 进入引物设计界面。③点击引物设计界面上的 search 按钮进行搜索选项设定。④点击搜索选项界面上的 OK 按钮可得到引物设计结果。⑤选择分值高的引物对作为实验合成引物选项。⑥根据需要对引物进行编辑（图 3-12-6）。

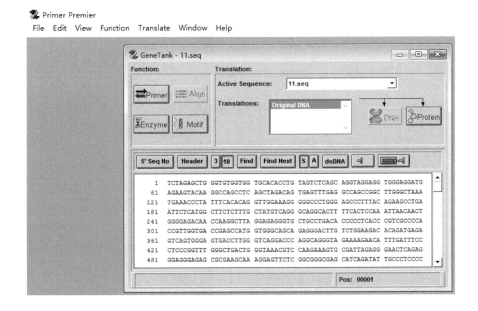

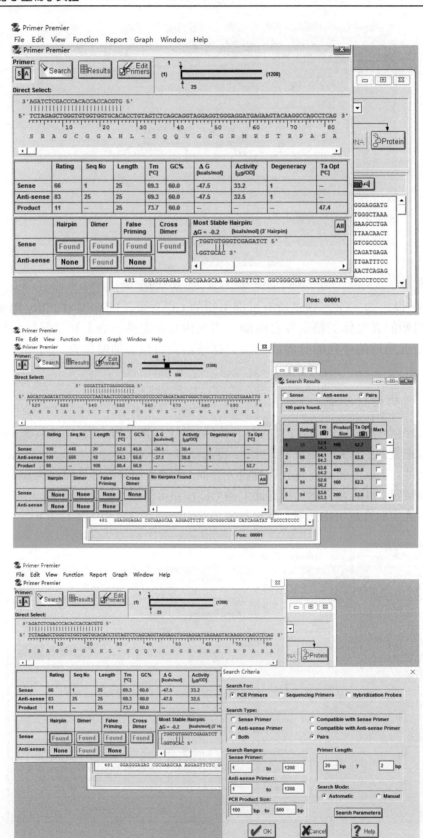

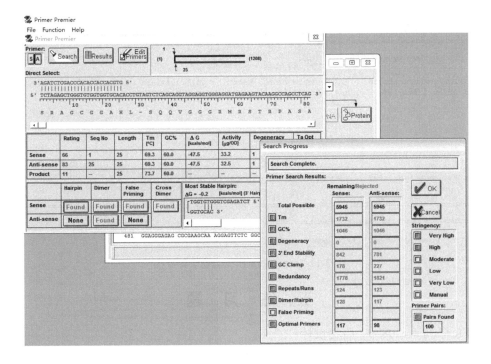

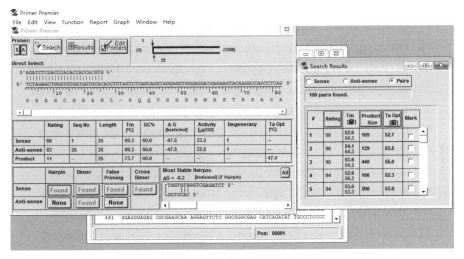

图 3-12-6　引物设计流程

四、Online primer3 service

在线引物设计采用 primer3，其网址为 http：//bioinfo.ut.ee/primer3/，其界面如图 3-12-7 所示，直接以 FASTA 格式把序列粘贴进去，按 Pick Primer，即可显示出合适的引物序列。可根据需要调整引物长度、T_m 值、产物大小等参数。

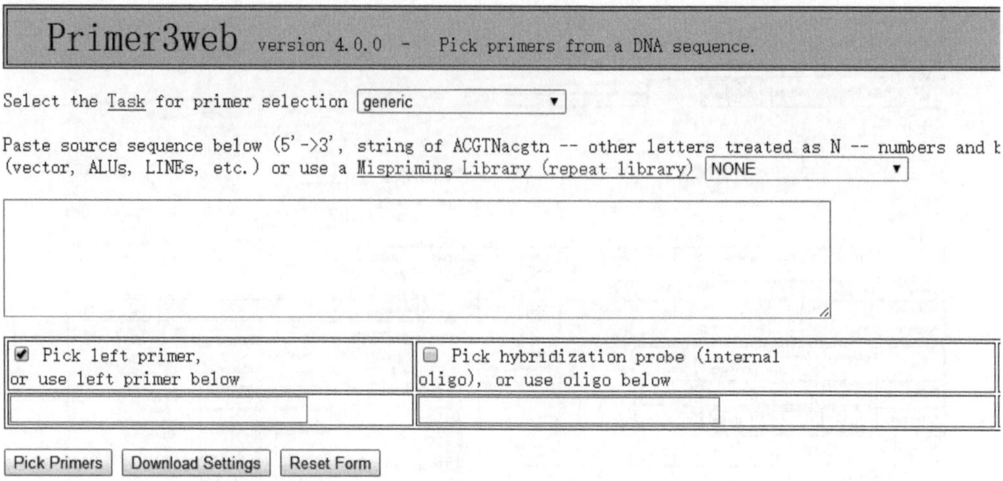

图 3-12-7　primer3 在线引物设计界面

五、练 习 题

TNFR 序列（1208bp）引物设计

1 tctagagctg ggtgtggtgg tgcacacctg tagtctcagc aggtaggagg tgggaggatg

　　61 agaagtacaa ggccagcctc agctagacag tgagtttgag gccagccggc ttgggctaaa

　　121 tgaaacccta tttcacacag gttggaaagg gggccctggg agccctttac agaagcctga

　　181 attctcatgg cttctctttg ctatgtcagg gcaggcactt ttcactccaa attaacaact

　　241 ggggagacaa ccaaggctta ggagagggtg ctgcctgaca ccccctcacc cgtcgcccca

　　301 ccgttggtga ccgagccatg gtgggcagca gagggacttg tctggaagac acagatgaga

　　361 gtcagtggga gtgaccttgg gtcaggaccc aggcagggta gaaaagaaca tttgatttcc

　　421 ctcccggttt gggctgactg ggtaaacgtc caagaaagtg cgattagagg gaactcagag

　　481 ggagggagag cgcgaagcaa aggagttctc ggcgggcgag catcagatat tgccctcccc

　　541 ctaataactc ccgcctgccg tcccgtgaga taggtgggct ggcttccttc cgtgaaattg

　　601 acaacaggct tagaggggtt agtccaccgg tctaagctca cccacttcaa aagcaaagga

　　661 gtccgaactg gaattctgtg gactctcaag ctcttaagtg gtgttaagtg ggtttggggc

　　721 gccaagctac gggacccggg ctacaaagcg ttaaagaacc ttggccctct cctcactcct

　　781 cctagttccc tccctcctcc tccctcgcct ctccccaggc tcttccggtc ccgctcttgc

　　841 aacaccaccc ccgccactct cccttcccct cctaccttct ctctcccctc agcttaaatt

　　901 ttctccgagt tttccgaact ctggctcatg atcgggccta ctgggtgcga ggtcctggag

　　961 gaccgtaccc tgatctctat ctgcctctga ctttcagctt ctcgaactcg aggcccaggc

　　1021 tgccatcgcc cgggccacct ggtccgatca tcttacttca ttcacgagcg ttgtcaattg

　　1081 ctgccctgtc cccagcccca atggggggagt gagaggccac tgccggccgg acatgggtct

　　1141 ccccaccgtg cctggcctgc tgctgtcact ggtgagatgg gagactggag gggagggtgg

　　1201 gttgctag

引物要求：PCR 扩增 TNFR、TNFR 两边添加 *Bam*H I 酶切位点、保证阅读框不改变。

（王　佐　刘贻尧）

第十三章 核酸序列分析与预测

核酸序列是遗传信息的承载者。对核酸序列进行序列特征分析，能够从分子层面上解读基因的结构特点，了解与基因表达调控相关的信息，获得尽可能多的生物学信息，这种分析已经成为深入研究核酸前的标准操作之一。根据核酸的化学本质，核酸序列分析可以分为 DNA 和 RNA 分析，本章第一节讲述核酸序列分析一般内容，以 DNA 为主，但是部分内容也适用于 RNA 的分析，第二节则讲述 miRNA 序列数据库及靶点预测。

第一节 核酸序列分析一般内容

核酸序列分析主要包括基本分析、序列比对、基因结构分析等三个方面，能够分析的内容比较多，这里先介绍三个综合软件包或者综合性网站，可以帮助研究者完成核酸分析的大多数内容。

LaserGene 是美国 DNAStar 公司发行的综合性序列分析工具软件包，也称之为"DNAStar"。它可以帮助研究者发现和注释 DNA 序列中的基因，并操作生物学所关心的 DNA 的其他特征：包括开放阅读框（ORFs）、拼接点连接，转录因子结合位点、重复序列、限制性内切酶酶切位点等，其功能包括了分子生物学领域大多数内容。现阶段版本的 LaserGene 包括 EditSeq、MapDraw、SeqMan、GeneQuest、PrimerSelect、Megalign、Protean 等应用程序，具有序列的编辑、转换、开放阅读框的查找、引物设计、酶切作图、序列比较等功能。

丹麦技术大学（Technical University of Denmark，DTU）生物序列分析中心（Center for Biological Sequence Analysis）提供的 CBS 预测服务器（http：//www.cbs.dtu.dk/services/）倾向于对新发现序列的预测分析，功能齐全而强大，可以满足核酸序列和蛋白质序列的大部分分析内容。而 Ensemble（http：//asia.ensembl.org/index.html）则是一个界面友好、功能齐全、信息丰富的综合展示模式生物基因相关信息的基因组浏览器，有助于研究者全面了解新接触的基因。

一、基 本 分 析

核酸序列分析的基本内容主要包括核酸序列的检索、核酸序列格式转换、核酸序列变换等内容。

（一）核酸序列检索

核酸序列检索是核酸序列分析最基本的内容之一，通过检索相关数据库，可以快速获得感兴趣的核酸序列信息。常用的检索方式，可以使用 NCBI 的 Entrez 查询系统（http：//www.ncbi.nlm.nih.gov/sites/gquery）和 EMBL 的 SRS 查询系统。其中 NCBI 的 Entrez 是一个全局的生物医学搜索引擎，可以综合搜索 NCBI 的 39 个数据库。

下面以人类前蛋白转化酶枯草溶菌素 9（proprotein convertase subtilisin/kexin type 9，

PCSK9）为例检索该序列并进行一般分析。

步骤1：在浏览器网址栏中输入并转到NCBI：http：//www.ncbi.nlm.nih.gov。

步骤2：在Search搜索框内选择"Gene"，在下面的搜索框内输入PCSK9，点击Search按钮（图3-13-1）。

步骤3：在显示的查询结果页里查看搜索信息，NCBI一般按照相关性、权威性由高到低的顺序排列搜索结果，根据物种[*Homo sapiens*（human）]点击第一条（图3-13-1），点击打开PCSK9基因的相关页面（图3-13-2）。

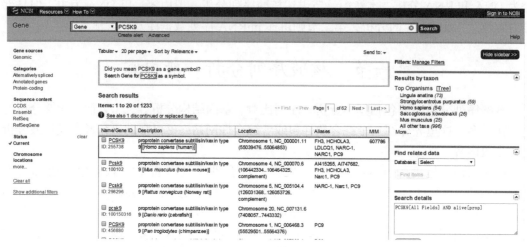

图3-13-1　NCBI Gene数据库搜索界面及结果

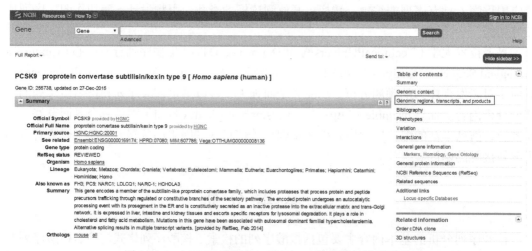

图3-13-2　PCSK9基因在NCBI Gene数据库的结果展示

步骤4：在显示PSCK9基因页面右边导航栏里点选第三条Genomic regions, transcripts, and products，快速定位到该基因序列相关信息一栏（图3-13-3）；该栏里，除了根据基因组组装版本展示全球各数据中心提供的基因结构示意图外，还可以快速获得基因序列，点击右上角的Genomic regions, transcripts, and products（图3-13-4）可以定位到该基因的序列下载、mRNA序列下载、蛋白质序列下载等内容；此外，还可以点击Go to nucleotide，选择合适的格式打开基因，一般选择FASAT格式（图3-13-3），也可以右击基因结构示意图下载基因序列。

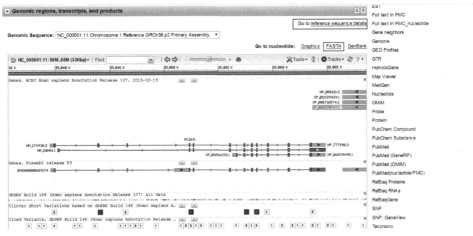

图 3-13-3 PCSK9 基因结构

图 3-13-4 PCSK9 基因的相关参考序列链接

步骤 5：按照图 3-13-4 所示，可以选择下载 PCSK9 的基因序列、mRNA 序列或蛋白质序列等内容。

步骤 6：以下载 PCSK9 的基因序列为例，点击打开 PCSK9 的 FASTA 格式页面（图3-13-5），点开右上角的 send 下拉菜单，按图 3-13-5 所示选择点击 Create File 即可下载该序列。

按照上述步骤，可以获得 PCSK9 的基因序列（或者其 mRNA 序列）和所编码的蛋白质序列。我们以 PCSK9 的 mRNA 序列（NM_174936.3）为例说明生物序列中最常用的FASTA 格式组成。FASTA 格式首先以大于号"＞"开头，接着是序列的标识符"gi|299523249|ref|NM_174936.3|"，然后是序列的描述信息"Homo sapiens proprotein convertase subtilisin/kexin type 9（PCSK9），transcript variant 1，mRNA"。换行后是序列信息，序列中允许空格，换行，空行，直到下一个大于号，表示该序列的结束。

所有来源于 NCBI 的序列都有一个 gi 号"gi|gi identifier"，gi 号类似于数据库中的流水号，由数字组成，具有绝对唯一性。一条核酸或者蛋白质改变了，将赋予一个新的 gi

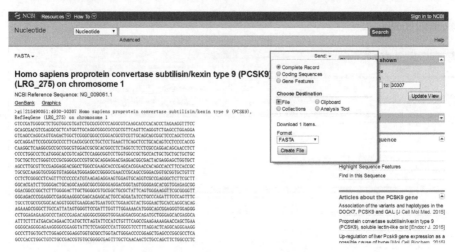

图 3-13-5　PCSK9 序列展示及下载

号，这时序列的接收号（如本例中的 NM_174936.3）可能不变。gi 号后面是序列的标识符，表是来源于不同数据库的标识符的说明。标识符由序列来源标识、序列标识（如接收号、名称等）等几部分组成，他们之间用"|"隔开，如果某项缺失，可以留空但是"|"不能省略。例如，上例中标识符为"ref|NM_174936.3|"，表示序列来源于 NCBI 的参考序列库，接收号为"NM_174936.3"。

（二）序列格式转换

虽然 FASTA 格式是最常用的生物序列格式，但是不同的数据库往往定义了自己的序列格式，使用不同来源的序列时往往存在格式不统一的问题，需要使用者根据实际需要进行格式转换。打开 EMBOSS Seqret（http://www.ebi.ac.uk/Tools/sfc/emboss_seqret/，图 3-13-6），粘

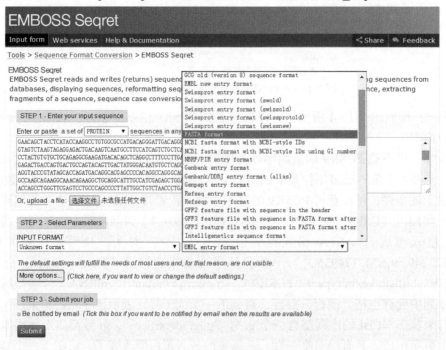

图 3-13-6　EMBOSS Seqret 转换序列格式的操作界面

贴需要转换格式的序列，INPUT FORMAT 一般不需要设置，程序会自动识别，而 OUTPUT FORMAT 则通过下拉菜单，根据需要选择所支持的格式，最后点击 Submit 即可完成格式转换。

（三）核酸序列组分分析

BioEdit 是一个免费的序列编辑器与分析工具软件。功能包括：序列编辑、外挂分析程序、RNA 分析、寻找特征序列、支持超过 20 000 个序列的多序列文件、基本序列处理功能、质粒图绘制等等。我们可以使用该软件对获得的基因序列进行核酸序列组分分析。运行 BioEdit，打开 File-Open，载入刚刚下载的 PCSK9 基因序列，选中该序列，点击 sequence-nucleic acid-nucleotide composition，即可得到该基因的碱基组成分析，ATGC 四种脱氧核糖核苷酸的数量和所占百分可以很直观地显示出来，还提供由核苷酸组成的直方图（图 3-13-7）。

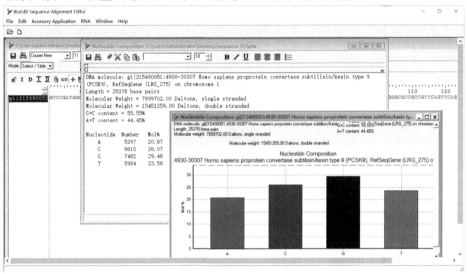

图 3-13-7　使用 BioEdit 分析核酸序列组分

采用 LaserGene 软件包里的 GeneQuest 也可分析 DNA 碱基组成：打开 File-Open，载入刚刚下载的 PCSK9 基因序列，选择 analysis-base composition，即可看到碱基组成分析，此外还有二联体、三联体等多碱基组合的使用频率（图 3-13-8）。

（四）序列变换

在序列分析过程中，经常需要对序列进行一些变换操作，如寻找序列的互补序列、反向序列、反向互补序列等。运行 BioEdit，打开 File-Open，载入刚刚下载的 PCSK9 基因序列，选中该序列，点击 Sequence-Nucleic acid-Complement 可得互补序列；点击 Sequence-Nucleic acid-Reverse complement 可得反向互补序列，此外还可以用 Sequence-Nucleic acid-DNA→RNA 把 DNA 序列中的 T 全部换成 U（反过来则用 RNA→DNA 命

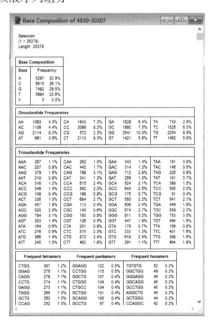

图 3-13-8　使用 GeneQuest 分析核酸序列组分

令），用 Translate 进行氨基酸翻译操作，但是没有单独变换成反向序列的命令。

值得一提的是，BioEdit 在进行序列变换上面窗口不是很友好，LaserGene 的 EditSeq 则看起来方便得多（图 3-13-9）：打开 EditSeq 所支持格式的序列或者 File-New-DNA 直接复制粘贴所要变换的 DNA 序列，然后选中序列，Goodies- Reverse Complement 或者 Goodies- Reverse Sequence 进行序列变换，此外也有 Translate DNA。

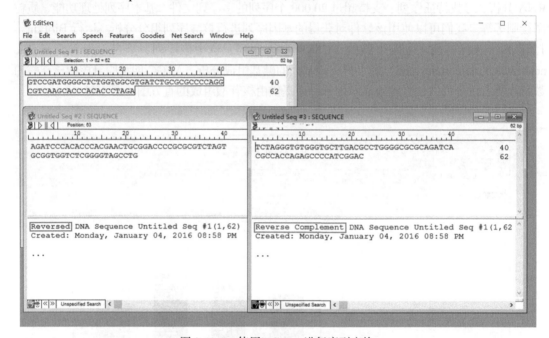

图 3-13-9　使用 EditSeq 进行序列变换

二、基本局部比对搜索工具

序列比对是生物信息学的重要组成和研究基础。序列比对的基本思想是，基于生物学中遗传序列决定蛋白质结构，蛋白质结构决定生物学功能的普遍规律，将核酸序列和蛋白质一级结构上的序列都看成由基本字符组成的字符串，检测序列之间的相似性，发现生物序列中的功能、结构和进化的信息。如果两个序列之间具有足够的相似性，就推测两者可能有共同的进化祖先，经过序列内残基的替换、残基或序列片段的缺失及序列重组等遗传变异过程分别演化而来。对于新测定的核酸序列或者氨基酸序列，人们往往试图通过数据库搜索找出与其相似的序列，来推测该未知序列是否与已知序列同源，或可能属于哪个基因家族，以及是否可能具有与已知序列相同或相似的结构和生物学功能。总之，通过序列比对，可以推测基因和蛋白质的进化演变规律，或者推测基因和蛋白质的结构和功能。

基本局部比对搜索工具（basic local alignment search tool，BLAST）是一套在蛋白质数据库或 DNA 数据库中进行相似性比较的分析工具，能迅速与公开数据库进行相似性序列比较。NCBI 提供了网络版的 BLAST 搜索服务（http：//blast.ncbi.nlm.nih.gov/Blast.cgi），可以对 NCBI 收录的数量庞大的核酸及蛋白质序列进行序列比对分析，它通过运行 BLASTP、BLASTN、BLASTX、tBLASTN 和 tBLASTX 等五种子程序（表 3-13-1）来提供基础比对功能。

BLAST 使用的基本步骤如下所示。

（1）选择感兴趣的序列，可以是 FASTA 格式的序列也可以是访问编号。

（2）选择 BLAST 五个子程序之一。

（3）选择需要检索的数据库。

（4）设置参数。

表 3-13-1　BLAST 的 5 个子程序

程序	检索序列	数据库	内容	备注
BLASTP	蛋白质	蛋白质	比较氨基酸序列与蛋白质数据库	使用取代矩阵寻找较远的关系，进行 SEG 过滤
BLASTN	核酸	核酸	比较核酸序列与核酸数据库	寻找较高分值的匹配，对较远的关系不太适用
BLASTX	核酸	蛋白质	比较核酸序列理论上的六个读码框的所有转换结果和蛋白质数据库	用于新的 DNA 序列和 ESTs 的分析，可转译搜索序列
tBLASTN	蛋白质	核酸	比较蛋白质序列和核酸序列数据库，动态转换为六个读码框的结果	用于寻找数据库中没有标注的编码区，可转译数据库序列
tBLASTX	核酸	核酸	比较核酸序列和核酸序列数据库，经过两次动态转换为六个读码框的结果	转译搜索序列与数据库序列

三、基因结构分析

人们获得各种核酸序列的目的是了解这个序列在生物体中充当了怎样的角色，如 DNA 序列中重复片段、编码区、启动子、内含子/外显子、转录调控因子结合位点等信息。采用实验验证的方法是多年以来解决这类问题的主要途径，但随着对生物大分子结构和功能特性认识的不断拓宽和深入，使用生物信息学的方法通过计算机模拟和计算来"预测"出这些信息或提供与之相关的辅助信息变得极为有用，而且成本低廉、速度极快。随着生物信息学技术的发展，目前已经可以用理论预测的方法获得大量的结构和功能信息。

要注意的是，尽管各种预测方法都基于现有的生物学数据和已有的生物学知识，但在不同模型或算法基础上建立的不同分析程序有其一定的适用范围和相应的限制条件，因此最好对同一个生物学问题尽量多用几种分析程序，综合各种方法得到的结果以提高结果的可靠性。此外，生物信息学的分析只是为生物学研究提供参考，这些信息能提高研究的效率或提供研究的思路，但很多问题还需要通过实验的方法进行验证。

总的来说，对基因结构进行分析和预测的内容主要有：开放读码框、CpG 岛、启动子/转录起始位点、转录终止信号、密码子偏好分析、mRNA 剪切位点、选择性剪切，其代表性分析软件如表 3-13-2 所示。

表 3-13-2　基因结构分析内容与代表性分析软件

	分析内容	代表性分析软件
基因结构分析	开放读码框	GENSCAN
		GENOMESCAN
	CpG 岛	CpGPlot

续表

分析内容	代表性分析软件
启动子/转录起始位点	PromoterScan
转录终止信号	POLYAH
密码子偏好分析	CodonW
mRNA 剪切位点	NETGENE2
	Spidey
选择性剪切	Ensemble

（一）开放阅读框预测

开放阅读框（open reading frame，ORF）是指 mRNA 上从起始密码子（AUG）到终止密码子（UAA、UAG 或 UGA）之间的 RNA 序列。由于 mRNA 是由 DNA 转录而来，且可以逆转录成为互补 DNA（complementary DNA，cDNA），这个名词也通常用在 DNA 和 cDNA 水平来描述其中可被翻译成蛋白质的核酸序列。真核生物 DNA 水平上的内含子也算在 ORF 里面，正是由于内含子的存在，真核生物的 ORF 长度变化范围非常大，所以真核生物预测比原核生物要难。常见的开放阅读框/基因结构分析识别工具见表 3-13-3。

表 3-13-3　基因开放阅读框/基因结构分析识别工具

名称	网址	开发者	适用范围
ORF Finder	http：//www.ncbi.nlm.nih.gov/gorf/gorf.html	NCBI	通用
BestORF	http：//linux1.softberry.com/berry.phtml?topic=bestorf&group=programs&subgroup=gfind	Softberry	真核生物
GENSCAN	http：//genes.mit.edu/GENSCAN.html	MIT	脊椎、拟南芥、玉米
Gene Finder	http：//rulai.cshl.org/tools/genefinder/	Zhang lab	人、小鼠、拟南芥、酵母
FGENESH	http：//linux1.softberry.com/berry.phtml?topic=fgenesh&group=programs&subgroup=gfind	Softberry	真核生物（基因结构）
GeneMark	http：//opal.biology.gatech.edu/GeneMark/eukhmm.cgi	GIT	原核生物
GLIMMER	http：//www.ncbi.nlm.nih.gov/genomes/MICROBES/glimmer_3.cgi http：//www.cbcb.umd.edu/software/glimmer	Maryland	原核生物
Fgenes	http：//linux1.softberry.com/berry.phtml?topic=fgenes&group=programs&subgroup=gfind	Softberry	人（基因结构）
FgeneSV	http：//linux1.softberry.com/berry.phtml?topic=virus&group=programs&subgroup=gfindv	Softberry	病毒
Generation	http：//compbio.ornl.gov/generation/	ORNL	原核生物
FGENESB	http：//linux1.softberry.com/berry.phtml?topic=fgenesb&group=programs&subgroup=gfindb	Softberry	细菌（基因结构）
GenomeScan	http：//genes.mit.edu/genomescan.html	MIT	脊椎、拟南芥、玉米
GeneWise2	http：//www.ebi.ac.uk/Wise2/	EBI	人
GRAIL	http：//grail.lsd.ornl.gov/grailexp/	ORNL	人、小鼠、拟南芥、果蝇

打开 ORF Finder（http://www.ncbi.nlm.nih.gov/gorf/gorf.html），将 PCSK9 的 mRNA 序列（NM_174936.3）粘贴或者将登录号填入，可以根据相关背景知识设置 ORF 长度范围，这里使用默认参数，点击 OrfFind 按钮寻找 ORF，结果如图 3-13-10，列出了六种读码方式下的各种可能。相对而言，一段连续较长的 ORF 比较短的 ORF 更有可能是编码序列。

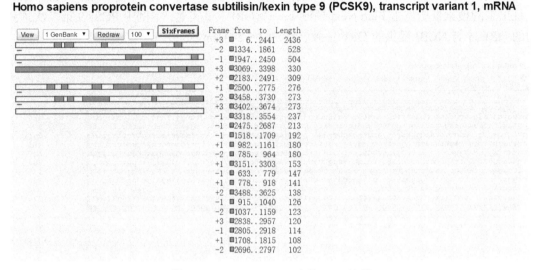

图 3-13-10　ORF Finder 查找 ORF 结果

点击最长一段预测到的 ORF，其图示则由绿色变成紫色（方框），图示下方出现该 ORF 的核酸序列及对应的氨基酸序列，图示上方则出现了 BLAST 的工具条（图3-13-11）。使用 BLAST 工具条可以方便地使用 BLAST 子程序将该 ORF 比对到相关数据库，验证所选的预测 ORF 是否可靠，这对于新克隆的基因 ORF 预测尤为重要。

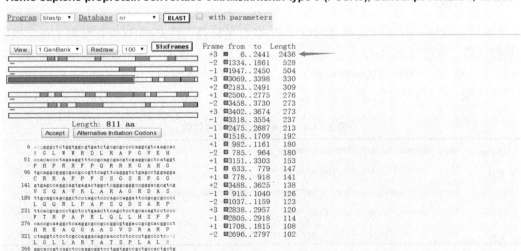

图 3-13-11　ORF Finder 查找到的 ORF 详细展开

此外，使用 LaserGene 软件包里的 EditSeq 也可以预测 ORF。打开 EditSeq，将 PCSK9

的 mRNA 序列（NM_174936）粘贴到输入框（软件会自动过滤序列中表示序号的数字），点击 Search-Find ORF，会跳出搜索框，点击 Find Next 即可查找 ORF。预测出来的 ORF 以反色标示，并在菜单栏下方表示其范围，本例预测到的 PCSK9 的 ORF 范围为 6～2441bp（图 3-13-12），这与 ORF Finder 预测结果一致。单击序列框下边的记录框则反色 ORF 标示变成线框（图 3-13-12）。如果对预测到的 ORF 不满意，可以再次点击 Search-Find Next，在跳出来的搜索框中点击 Find Next 预测下一个 ORF。事实上，本例中 PCSK9 第二次预测到的 ORF 才与 NCBI 提供的 ORF 一致，即 363～2441bp。

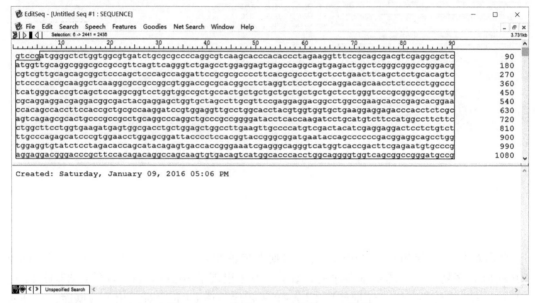

图 3-13-12　使用 EditSeq 查找 ORF 结果

（二）CpG 岛

CpG 岛（CpG island）是指基因组中 G+C 含量较高、且 CpG 双核苷酸高于正常概率的某些区段，这些区段 G+C 含量大于 50%，长度超过 200bp。"p"代表磷酸二酯键，它连接"C"和"G"两种脱氧核糖核酸。CpG 岛主要位于基因的启动子（promotor）和第一外显子区域，约有 60%以上基因的启动子含有 CpG 岛。CpG 岛分析常用软件见表 3-13-4。

表 3-13-4　CpG 岛分析常用软件

CpG Island	http：//www.ebi.ac.uk/Tools/seqstats/emboss_cpgplot/	Web
CpGPlot	http：//www.ebi.ac.uk/emboss/cpgplot/index.html	Web
CpG finder	http：//www.softberry.com/berry.phtml?topic=cpgfinder&group=programs&subgroup=promoter	Web
CpGi130	http：//methycancer.psych.ac.cn/CpG130.do	web
CpGproD	http：//pbil.univ-lyon1.fr/software/cpgprod_query.html	web

打开 CpGPlot（http：//www.ebi.ac.uk/Tools/seqstats/emboss_cpgplot/）上传或者直接粘贴 PCSK9 基因序列，采用默认参数，完成提交任务。结果见图 3-13-13，该基因可能存在三个 CpG 岛：Length 305（48..352）、Length 511（398..908）和 Length 290（16731..17020）。

所使用的条件如结果图示下方的文字所示：①G+C 含量的观察值 / 期望值（Observed/Expected ratio）＞0.60；②序列每个位置 G+C 含量（Percent C + Percent G）＞50.00；③长度（Length）＞200bp。

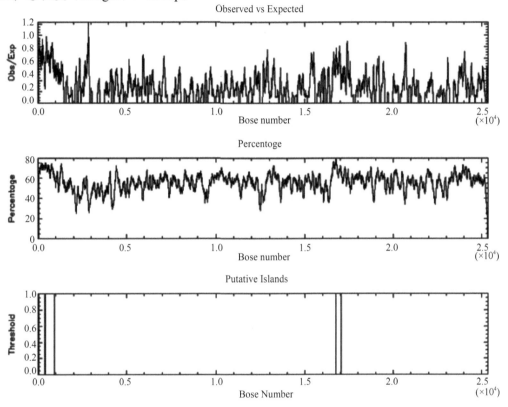

CPGPLOT islands of nusual CGF comp lsition
4930-30307 from 1to 25378

　　observed/Expected ratio　0.60
　　Percent C +Percent G　50.00
　　Length　200

Length 305（48..352）

Length 511（398..908）

Length 290（16731..17020）

图 3-13-13　使用 CpGPlot 查找 CpG 岛

（三）启动子/转录起始位点

　　启动子是一段位于结构基因 5′-端上游区，RNA 聚合酶识别、结合并起始转录所必需的一段 DNA 序列。启动子结构在原核生物和真和生物中具有很大不同。

　　原核生物启动子序列包括：①CAP 序列，增强聚合酶的结合和转录的起始序列，一般位于-70～-40 区域；②-35 序列（-35 sequence），是原核生物 RNA 聚合酶 σ 亚基识别启动子的区域，又称为识别区，在很大程度上决定了启动子的强度，由于 RNA 聚合酶更容易识别强启动子，因而对转录强度和频率具有重要作用；③-10 序列（-10 sequence），转录起始位点上游大约-10 处 6bp 的保守序列 TATAAT，又称 Pribnow 框（Pribnow box），是 RNA 转录的解旋区，其序列决定转录方向；④转录起始位点（+1），即转录起始位置。

真核生物启动子是在基因转录起始位点(+1)及其上游近端100～200bp(或下游100bp)的一组具有独立功能的 DNA 序列，包括：①核心启动子区（core promoter），是指足以使 RNA 聚合酶Ⅱ转录正常起始所必需的、最少的 DNA 序列，其中包括转录起始位点和类似 Pribrow 区的 Hogness 区（Hogness box）——这是位于转录起始点上游-25～-30bp 处的共同序列 TATAAAAG，也称为 TATA 区；②上游启动子元件（upstream promoter element，UPE)包含 CAAT 区(CAAT box)，这是在起始位点上游-70～-78 bp 处的共同序列 CCAAT，与原核生物中-35bp 区相对应，此外还有各种与转录因子结合的调控元件，决定了 RNA 聚合酶转录起始和转录频率。

识别和分析启动子的软件很多（表 3-13-5），但是由于启动子的异质性和复杂性，正确预测启动区仍具有一定难度。因此，采用基于不同算法的预测软件对目的基因进行分析对比，并结合实验分析，才是提高启动子区域分析准确性的可行方式。

表 3-13-5　启动子结合位点分析常用软件

PromoterScan	http：//www-bimas.cit.nih.gov/molbio/proscan/	Web
Promoser	http：//biowulf.bu.edu/zlab/PromoSer/	Web
Neural Network Promoter Prediction	http：//www.fruitfly.org/seq_tools/promoter.html	Web
Softberry： BPROM， TSSP, TSSG, TSSW	http：//www.softberry.com/berry.phtml?topic=index&group=programs&subgroup=promoter	Web
MatInspector	http：//www.gene-regulation.de/	Web
RSAT	http：//rsat.ulb.ac.be/rsat/	Web
Cister	http：//zlab.bu.edu/～mfrith/cister.shtml	Web

下面以 PromoterScan 预测分析启动子序列为例。打开 Promoter Scan（http：//www-bimas.cit.nih.gov/molbio/proscan/），把 PCSK9 序列粘贴进网页输入框，点击 submit 提交分析，结果如图 3-13-14。该次预测标明，启动子区域在 841 到 1091 之间（序列全长 25 378bp），启动子预测得分 104.94（预测得分阈值为 53.00），可能的转录因子及其结合位点亦逐一列出。预测得分越高，预测的结果越准确。事实上除了此处预测之外，还有很多其他得分值的预测结果，但得分均低于本次预测结果，图 3-13-14 未一一展示。

（四）转录终止信号

真核生物的转录终止，是和转录后修饰密切相关的。分析 mRNA 所对应的 DNA 模板序列，发现在终止密码子的下游，常有一组共同序列 AATAAA 或 ATTAAA，再远处的下游还有相当多的 GT 序列。这些序列就是转录终止相关信号，被称为修饰点。AATAAA 或 ATTAAA 两种序列，称为多聚腺苷酸信号（polyadenylation signal），简称 polyA 信号序列。RNA 聚合酶转录越过这些修饰点之后，这些修饰点序列会被特异的核酸酶识别并切断，

```
Proscan: Version 1.7
Processed Sequence: 25378 Base Pairs


Promoter region predicted on forward strand in 841 to 1091
Promoter Score: 104.94 (Promoter Cutoff = 53.000000)



Significant Signals:
  Name                    TFD #    Strand  Location  Weight
  AP-2                    S01936   -       843       1.091000
  UCE.2                   S00437   +       853       1.278000
  TTR_inverted_repeat     S01112   +       916       2.151000
  JCV_repeated_sequenc    S01193   +       1041      1.427000
  Sp1                     S01542   +       1078      6.661000
  T-Ag                    S00974   +       1078      1.086000
  Sp1                     S00979   +       1078      6.023000
  Sp1                     S00327   +       1078      51.633999
  Sp1                     S00064   +       1078      10.681000
  Sp1                     S00978   +       1079      3.013000
  Sp1                     S00781   +       1080      3.191000
  PuF                     S02016   +       1084      1.082000
  Sp1                     S00802   -       1084      3.061000
  Sp1                     S00801   -       1085      3.119000
  (Sp1)                   S01187   -       1086      6.819000
  AP-2                    S01936   -       1086      1.091000
  EARLY-SEQ1              S01081   -       1086      5.795000
```

图 3-13-14　PromoterScan 预测启动子序列结果

随即在断端的 3′-OH 上，由 polyA 聚合酶加入 polyA 尾巴。断端下游的 RNA 继续转录，也就是说转录不是在 poly A 的位置上终止，但转录出来的 RNA 很快被 RNA 酶降解，而相比这部分序列，我们更关心在何处发生切断，即通过 polyA 信号序列来预测转录终止位置。以 POLYAH（http: //linux1.softberry.com/berry.phtml?topic=polyah&group=programs&subgroup=promoter）为例，导入或者粘贴入 PCSK9 序列，无需设置任何参数，点击 PROCESS 即可进行分析，结果如图 3-13-15。预测结果表明该序列可能存在两处 polyA 位点：3648 处和 14911 处，各自权重（LDF）为 3.33 和 4.54。

```
>gi|215490051:4930-30307 Homo sapiens proprotein convertase
Length of sequence-      25378
     2 potential polyA sites were predicted
 Pos.:   3648 LDF-  3.33
 Pos.:  14911 LDF-  4.54
```

图 3-13-15　POLYAH 分析 polyA 位点结果

（五）密码子偏好分析

脱氧核糖核苷酸三联体的密码子组合形式总计有 64 种，除去三种终止密码子不编码氨基酸，还有 61 种密码子，但实际最终对应翻译的目的氨基酸种类只有 20 种，这就意味着，存在一种氨基酸可以被多个密码子编码的现象，也称作密码子的简并性。这些编码相同氨基酸的不同密码子，在不同物种、不同生物体中使用的频率并非完全地平均分布，也即绝大多数生物倾向于只利用这些密码子中的一部分，该现象也称密码子的偏好性。其中那些被最频繁利用的密码子称为最佳密码子（optimal codons），而那些不被经常利用的密码子称为稀有或低利用率密码子（rare or low-usage codons）。这种偏好性会对基因表达和物种进化产生重要影响，因而受到关注。例如，我们在进行蛋白质表达或生产时，就需要考虑到密码子偏好性的问题。利用偏爱密码子（preferred codons），并避免利用率低的或稀有的密码子，从而实现对目的表达基因的重新设计也称为密码子最佳化。

CodonW 是美国 DEC 公司开发的对密码子偏好性进行分析预测的免费软件，提供在线版。打开 Codon W1.4.4 在线版（http://mobyle.pasteur.fr/cgi-bin/portal.py?#forms::CodonW），将 PCSK9 开放阅读框 2079bp 核苷酸粘贴进来，点击 RUN 即可进行基本分析（图 3-13-16），还可以根据需要点开 advanced options 进行高级参数设置。随后会出现要求填入邮箱及验证码的对话框，按要求填入可看到运算结果。需要说明的是，Codon W1.4.4 通常适用于原核生物，此处以 PCSK9 为例，仅为了保持本章前后实例一致。

CodonW 可以计算的参数包括：密码子第三位上的各种碱基的含量（N3s，N=A、T、G、C）、密码子适应指数（codon adaptation index，CAI）、最优密码子使用频率（frequency of optimal codons，FOP）、密码子偏爱指数（codon bias index，CBI）、有效密码子数（effective number of codons，-enc），GC 含量（GC content of gene，-gc）、GC3s 含量（GC of silent 3rd codon posit.，-gc3s）、同义密码子第三位碱基组成（base composition at synonymous third codon positions，-sil_base）、同义密码子数量（number of synonymous codons，-L_sym）、总氨基酸数量（total number of synonymous and non-synonymous codons，-L_aa）、蛋白疏水指数（hydrophobicity of protein，-hyd）、蛋白质芳香指数（aromaticity of protein，-aro）等。其中密码子适应指数（CAI）、最优密码子使用频率（FOP）和密码子偏爱指数（CBI）具有物种特异性，不同物种计算参数不一样，除了 CodonW 已经确定的物种之外，往往需要输入已知基因的序列作为对比。

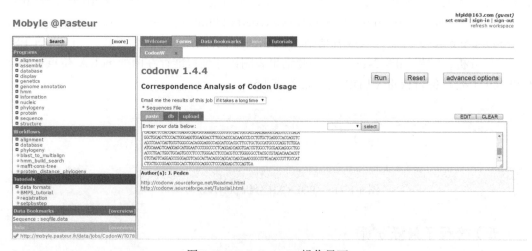

图 3-13-16　CodonW 操作界面

（六）mRNA 剪切位点

真核生物中成熟 mRNA 的加工步骤之一是需要将从 DNA 模板链转录出的最初转录产物 hnRNA 中去除内含子，并将外显子连接起来形成一个连续的 RNA 分子。真核细胞

pre-mRNA 的剪接位点处存在一定的序列保守性，对于它所对应的 cDNA 序列而言，内含子 5′-端（Donor splice site，供体位点）和 3′-端（Acceptor splice sites，受体位点）的碱基几乎都是 GT 和 AG，因此称为 GT-AG 规则，利用这个规则可以对基因的剪切位点进行预测。

丹麦技术大学生物序列分析中心提供的 NetGene2（http：//www.cbs.dtu.dk/services/NetGene2/）可以预测人类、秀丽线虫和拟南芥的剪切位点。打开 NetGene2，上传或者粘贴 PCSK9 基因序列，点击 Send file 即可开始分析，中间需要填写邮箱。分析结果开头部分的是分析日志，记录了分析过程，可以略过不看。接下来是以四种方式：Donor splice sites、direct strand，Donor splice sites、complementary strand，Acceptor splice sites、direct strand，Acceptor splice sites、complementary strand 对序列分析结果进行展示。图 3-13-17 是 Donor splice sites、direct strand 的展示形式，其中位置（pos）表示内含子的第一个脱氧核糖核苷酸，一般优先考虑置信度（confidence）0.90 以上的预测结果，这些结果在每一行最后以"H"标示。每一行的右侧提供了预测位点前后各 10bp 的碱基序列，可见内含子处基本都以 GT 开头。如果是 acceptor splice sites 的展示方式，位置（pos）则表示内含子的最后一个脱氧核糖核苷酸，预测位点前后的碱基则左边是内含子右边是外显子，内含子基本都以 AG 结尾，正好相反。图 3-13-17 展示的高置信度预测结果与 NCBI 上面 PCSK9（NG_009061）注释的剪切位点完全吻合。

```
The sequence: gi_215490051_4930-30307 has the following composition:

Length: 25378 nucleotides.
20.9% A, 26.1% C, 29.5% G, 23.6% T, 0.0% X, 55.5% G+C

Donor splice sites, direct strand
-------------------------------
       pos 5'->3'   phase strand  confidence  5'      exon intron     3'
           562        1      +       0.00      TTCCACCGCT^GCGCCAAGGT
           564        0      +       0.00      CCACCGCTGC^GCCAAGGTGC
           570        0      +       0.95      CTGCGCCAAG^GTGCGGGTGT H
           572        2      +       0.06      GCGCCAAGGT^GCGGGTGTAG
           657        1      +       0.39      TTCCCCCCAT^GTAAGAGAGG
           929        0      +       0.41      CGCGGCACAG^GTGGGTGAAG
          1983        1      +       0.36      TCTGGAAATA^GTGAGTACCC
          2004        1      +       0.83      ATCCTGAGAG^GTGAGTAAGC
          3138        2      +       0.76      GGGCTGCAAG^GTAGGTTGAG
          3148        0      +       0.53      GTAGGTTGAG^GTAGGGGCCA
          3224        0      +       0.47      TCTTAAGCAG^GTATGTCTGC
          3431        1      +       0.49      GTGATAATGA^GTAAGTTCTC
          3685        1      +       0.34      TCACCTTCAG^GTATTCCTTT
          4093        1      +       0.39      CTGGGTGCAG^GTACAGAGGA
          4287        2      +       0.36      GTTGTAATTT^GTAAGTAGGG
          4560        0      +       0.93      GCTGGAGCTG^GTGAGCCACC H
          4758        0      +       0.35      TGCCCCAGTG^GTACGTCTAT
          5673        1      +       0.67      GACGAAGAAG^GTACCCGTAT
          5975        2      +       0.51      CAGATGCTAG^GTACGGAAAC
          6080        1      +       0.47      GGTCTGAAGG^GTAAGGAGAG
          6195        1      +       0.47      GAGTCAGGAG^GTAGGGAGGG
          6378        2      +       0.53      GGGACTACAG^GTGTGTGCCA
          6514        1      +       0.39      GATTACGCAG^GTACGTCACC
          6927        0      +       0.46      CAGGGACAAG^GTGGGAGGCT
          6970        2      +       0.47      GTTTGATCAG^GTAAGGCCAG
          7143        2      +       0.71      CCCCTCCACG^GTACCGGGCG
          7172        1      +       1.00      CAGCCCCCCG^GTAAGACCCC H
          8245        2      +       0.31      TGGAGAAAGG^GTTTGTGTGG
          8391        0      +       0.62      TTCCAACCAG^GTGAGACCTC
          8915        0      +       0.37      GGGTTAGGAT^GTGAGTGTAT
```

图 3-13-17　NetGene2 预测 mRNA 剪切位点

（七）选择性剪接

选择性剪接（也叫可变剪接）是指从一个 mRNA 前体中通过不同的剪接方式（选择不同的剪接位点组合）产生不同的 mRNA 剪接异构体的过程。若可变剪接产生的 mRNA 差异仅在 5′和 3′非翻译区，因此产生的蛋白相同，差异区对翻译起调控作用。若可变剪接产生的 mRNA 编码框不同：①可在同一细胞中产生多种蛋白质；②在不同细胞中有不同的剪接方式，表现出组织特异性；③在不同发育时期或不同条件下采取不同剪接方式，表达不同蛋白。可变剪接是调节基因表达和产生蛋白质组多样性的重要机制，是导致真核生物基因和蛋白质数量较大差异的重要原因。

打开 Ensemble 基因组浏览器（http：//asia.ensembl.org/index.html），搜索框 Search 选择 human，for 输入 PCSK9，点击 Go，在检索结果里面选择第一条"PCSK9（Human Gene）"（图 3-13-18）。

图 3-13-18　Ensemble 基因组浏览器检索 PCSK9 基因

在跳出来的结果左边侧边栏选择"Splice variants"，即可看到 PCSK9 这个基因可变剪接的图示（图 3-13-19），在图示上方点击"Show transcript table"还能把可变剪接以表格的形式展示。

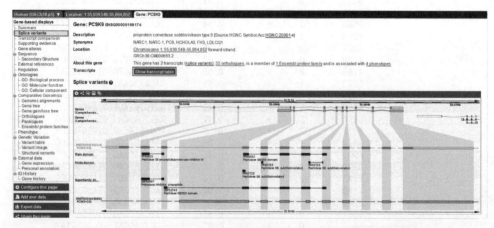

图 3-13-19　Ensemble 基因组浏览器展示 PCSK9 基因的选择性剪接

除了展示可变剪接，在图 3-13-19 左侧的侧边栏里面还有针对该基因的更多信息，如序列结构、表达调控、本体论信息、比较基因组、遗传变异等信息，这对于全面而深入了解一个基因具有非常重要的作用。

（张　敏）

第二节　miRNA 序列数据库及靶点预测

早在 1993 年，Lee 等在线虫研究中发现了一种不编码 RNA，但与基因表达调节密切相关的分子微 RNA（miRNA）。miRNA 是一类真核生物内源性小分子单链 RNA，在生物体内成熟后普遍为 21～25 个核苷酸，它通过与靶 mRNA 的 3'-端特异性的碱基配对结合从而引起靶 mRNA 的降解或者抑制其翻译，对基因进行转录后表达具有调控作用。研究表明 miRNA 具有调控基因表达及细胞分化、增殖和凋亡等功能。详细了解 miRNA 在机体内的功能作用，对人类健康及疾病防治、生物进化探索都具有重要意义。

一、miRNA 简介

（一）概念

MicroRNAs（miRNAs）是一类高度保守的非编码内源性单链核苷酸，大小为 21～25 个碱基的小分子单链 RNA。miRNAs 由 DNA 转录产生但不翻译成蛋白质，而是调节其他基因的功能。它由 DNA 转录为具有发夹结构的单链 RNA 前体（pre-miRNA，70～90 个碱基）后，经 Dicer 酶加工后生成。miRNA 在生物体内的分布非常广泛。它与靶基因 mRNA 序列基本互补，所以可以降解目标 mRNA 和抑制蛋白质翻译。

（二）miRNA 的形成

初始编码 miRNA 的基因在细胞核内在多种酶的联合作用下转录成初始 RNA（pri-miRNA）。Pri-miRNA 在 RNA 内切酶 Drosha R Nase 的作用下，生成 60～90 个核苷酸长度的前体 miRNA（pre-miRNA）。pre-miRNA 具有茎环结构，在细胞核内依赖 Ran-GTP 的转运蛋白 Exportin 5 的将其运输到胞质中。在细胞质内依靠 RNA 内切酶-Dicer 将 pre-miRNA 被剪切成长度为 21～25 个核苷酸的双链 miRNA。双螺旋结构的双链 miRNA 在解螺旋酶与拓扑异构酶的协助下发生解螺旋，结合到 RNA 诱导的基因沉默复合物（RNA-induced silencing complex，RISC）中，形成 RISC 复合物，称为 miRNP。在大多数情况下，RISC 复合物与目标 mRNA 3'-端一段序列基本互补，所以复合物中的单链 miRNA 与靶 mRNA 的 3'-UTR 不完全配对，从而沉默或下调靶基因的表达。在 miRNA 双螺旋中，只有其中一条单链可以选择性结合到 RISC 上去而成为成熟 miRNA，然后另一条立即被降解（图 3-13-20）。

（三）作用原理

细胞内约 70 个核苷酸的茎环结构或双链 RNA 分子前体转录物（可以是分开的两个 RNA 分子互补形成分子间双链，也可以是一个 RNA 分子回折，自身互补形成分子内双链）在双链 RNA 特异性核酸内切酶 Dicer 作用下，形成具有特定结构特征（双螺旋）和一定长度（21～22 个核苷酸）的小 RNA。一般的前体 RNA 经加工后是对称的，产生 21～25 个

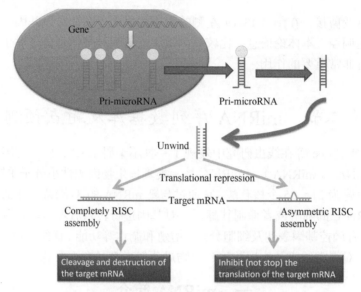

图 3-13-20　miRNA 的生成过程

核苷酸的双链 RNA，即 siRNA。而另一部分前体 RNA 加工后，双链 RNA 只有一条链稳定而形成单链，即 miRNA；所形成的 miRNA 在 miRNP/RISC 作用下，可以与成熟 mRNA 上任意与之互补的序列相结合，从而抑制基因转录和（或）使 mRNA 降解而抑制基因表达。miRNA 只与它们靶基因 3′-端非翻译区的特殊位点结合抑制其翻译过程，从而调控基因表达。它通过与其目标 mRNA 分子的 3′-端非编码区域（3′untranslated region，3′-UTR）互补匹配导致该 mRNA 分子的翻译受到抑制。大多数 miRNA 与底物 mRNA 不完全配对结合，它们并不改变 mRNA 的稳定性，而是通过抑制翻译来使基因沉默。

二、miRBase 数据库及靶点预测

miRBase 序列数据库是 miRNA 序列和注释信息的在线储存库其主要目标为：一是对所有公开发表的 miRNA 序列信息和评注的、集中的和可搜索的数据库；二是对新发现的 miRNA 提供一致的名称。

（一）miRBase 数据库搜索

（1）进入 miRBase 数据库（http：//www.mirbase.org/）主页如图 3-13-21。

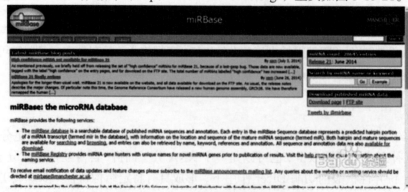

图 3-13-21　miRBase 数据库主界面

（2）可在 Browse 选项中勾选 Human，可显示人类 miRNA（图 3-13-22）。

Homo sapiens miRNAs（1527 sequences）

ID	Accession	RPM	Chromosome	Start	End	Strand	Fetch
hsa-let-7a-1	MI0000060	1.33e+05	9	96938239	96938318	+	☐
hsa-let-7a-2	MI0000061	1.18e+05	11	122017230	122017301	-	☐
hsa-let-7a-3	MI0000062	1.6e+05	22	46508629	46508702	+	☐
hsa-let-7b	MI0000063	8.54e+04	22	46509566	46509648	+	☐
hsa-let-7c	MI0000064	1.19e+05	21	17912148	17912231	+	☐
hsa-let-7d	MI0000065	1.11e+04	9	96941116	96941202	+	☐
hsa-let-7e	MI0000066	5.3e+04	19	52196039	52196117	+	☐
hsa-let-7f-1	MI0000067	1.15e+05	9	96938629	96938715	+	☐
hsa-let-7f-2	MI0000068	1.19e+05	X	53584153	53584235	-	☐
hsa-let-7g	MI0000433	1.16e+05	3	52302294	52302377	-	☐
hsa-let-7i	MI0000434	1.49e+04	12	62997466	62997549	+	☐
hsa-mir-1-1	MI0000651	2.2e+03	20	61151513	61151601	+	☐
hsa-mir-1-2	MI0000437	2.17e+03	18	19408965	19409049	+	☐
hsa-mir-7-1	MI0000263	2.34e+03	9	86584663	86584772	+	☐
hsa-mir-7-2	MI0000264	1.59e+03	15	89155056	89155165	+	☐
hsa-mir-7-3	MI0000265	2.3e+03	19	4770682	4770791	+	☐
hsa-mir-9-1	MI0000466	3.16e+03	1	156390133	156390221	-	☐

图 3-13-22　browse 搜索人类 miRNA

（3）在 Browse 选项搜索特定的 miRNA，如图 3-13-23。

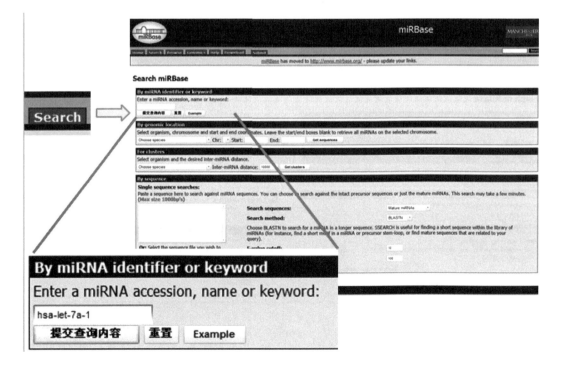

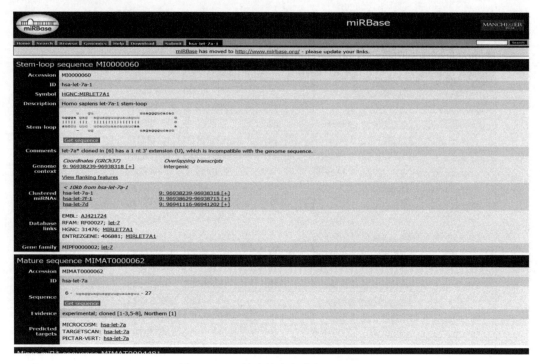

图 3-13-23 搜索特定名称的 miRNA

（4）根据其特定的 miRNA 序列搜索其名称，如图 3-13-24 所示。

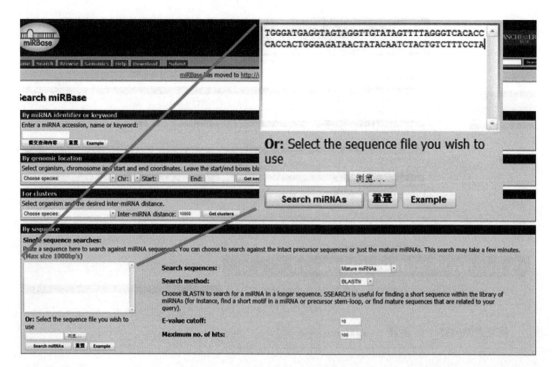

Sequence search results

Matches for your nucleotide sequence

Accession	ID	Query start	Query end	Subject start	Subject end	Strand	Score	Evalue	Alignment
MI0000060	hsa-let-7a-1	1	80	1	80	+	400	3e-27	Align
MI0000556	mmu-let-7a-1	1	80	8	87	+	400	3e-27	Align
MI0000827	rno-let-7a-1	1	80	8	87	+	400	3e-27	Align
MI0005057	bta-let-7a-1	1	80	1	80	+	400	3e-27	Align
MI0007570	mml-let-7a-1	1	80	1	80	+	400	3e-27	Align
MI0014779	ppy-let-7a-1	1	80	1	80	+	400	3e-27	Align
MI0008397	ptr-let-7a-1	2	80	1	79	+	395	8e-27	Align
MI0005360	mdo-let-7a-1	1	80	10	89	+	391	2e-26	Align
MI0001234	gga-let-7a-1	1	80	8	87	+	373	5e-25	Align
MI0001857	dre-let-7a-1	1	77	6	81	+	336	6e-22	Align
MI0004907	xtr-let-7e-1	1	80	6	85	+	310	9e-20	Align
MI0000068	hsa-let-7f-2	1	80	3	81	+	297	1e-18	Align
MI0000563	mmu-let-7f-2	1	80	3	81	+	297	1e-18	Align
MI0000834	rno-let-7f-2	1	80	3	81	+	297	1e-18	Align
MI0001874	dre-let-7g-2	1	80	9	87	+	297	1e-18	Align
MI0002446	ssc-let-7f	1	80	3	81	+	297	1e-18	Align
MI0003461	fru-let-7g	1	80	1	79	+	297	1e-18	Align

图 3-13-24　搜索已知序列的 miRNA

（二）miRNA 靶点预测

miRNA 通过与靶基因的 mRNA 结合来发挥调节功能,因此首先研究者需要明确 miRNA 的靶基因的功能从而了解其功能。在植物体内,由于植物体内的 miRNA 高度保守,可以与体内的靶基因完全互补配对,所以预测植物 miRNA 的靶基因相对于动物的简并性要简单的多。与植物 miRNA 相比,动物体内的 miRNA 与靶基因 3′-UTR 不完全互补配对,所以通过 miRNA 与靶基因配对预测靶基因很容易产生假阳性。经过一系列的探索研究,国际上开发了许多动物 miRNA 的靶基因预测算法,表 3-13-6 列出了目前常用的 miRNA 预测方法。

表 3-13-6　常用 miRNA 靶基因预测方法

数据库	网址	适用范围
TargetScanS	http://www.targetscan.org/	脊椎动物
EMBL	http://russell.embl-heidelberg.de	果蝇
RNA22	http://cbcsrv.watson.ibm.com/rna22.html	哺乳动物
DIANA-microT	http://diana.cslab.ece.ntua.gr/	哺乳动物
PicTar	http://pictar.mdc-berlin.de	哺乳动物
EIMMo	http://www.mirz.unibas.ch/ElMMo	哺乳动物
TargetBoost	https://demo1.interagon.com/targetboost/	线虫、果蝇
miTarget	http://cbit.snu.ac.kr/~miTarget/	哺乳动物
miRBase	http://microrna.sanger.ac.uk	哺乳动物
PITA	http://genie.weizmann.ac.il/pubs/mir07/mir07_data.html	哺乳动物
mirWIP	http://146.189.76.171/query	蠕虫
RNAhybrid	http://bibiserv.techfak.uni-bielefeld.de/rnahybrid/	哺乳动物
Miranda	http://www.microrna.org	脊椎动物

虽然目前研究预测算法不尽相同,但 miRNA 与靶基因配对结合具有一定的规律,主要遵循以下几个常用规则。

1. miRNA 与靶基因 mRNA 结合位点的保守性　靶点保守性是指不同物种中序列相同或具有相似性。从生物进化的角度来看，各物种间基因序列本身具有保守性，所以 miRNA 与靶基因结合具有保守性。这也有利于 miRNA 与靶基因结合位点的特异性。在动物体内，基因的保守序列多数集中在 3′-端非转录区所结合的几个到几十个碱基。但是在植物体内，由于基因的高度保守性，整个 miRNA 结合位点都是保守的。所以在预测 miRNA 靶基因时，利用基因的保守性，通过比较 miRNA 与不同物种的靶基因序列结合率，可以明显的提高筛选靶基因精准性。上述靶基因预测方法都把 miRNA 结合的保守性作为一个重要的预测依据。但是，在其过程中我们需要注意 miRNA 与靶基因结合率取舍，如果保守性的要求太高，则会降低靶预测的敏感性，漏掉一些靶基因。

2. miRNA-mRNA 碱基互补配对　一般把 miRNA 序列分为"配对区"和"非配对区"。"配对区"是指 miRNA 的前几个碱基，又叫"种子区"或"种子序列"，一般是第二到第八个碱基，"非配对区"一般是第九个以后的碱基。通过软件分析可以发现 miRNA 与靶基因的在"配对区"几乎完全互补或者就是完全互补的，所以 miRNA "配对区"与靶基因结合位点的互补配对作为靶基因预测的一个重要的因素，但除了考虑"配对区"互补配对外，还需要考虑"非配对区"与靶基因结合情况。目前研究证实在 miRNA-mRNA 结合双链中，有一部分 miRNA 的"配对区"与靶基因结合位点并不是完全配对的，所以使用完全配对这一特征在预测的时候，会降低辨别的灵敏度。

3. miRNA-mRNA 结合后双链之间的热稳定性　许多靶基因预测方法可以分析两者结合后形成二级结构的稳定性，如 Mfold、DIANA-micro、RNAhybrid 等，从而可以降低筛选过程中的假阳性。

4. 靶点区特征　靶点区是指 miRNA 与靶基因 mRNA 结合位点的上下游序列。靶点区的碱基序列在 miRNA 的调控作用中起着决定性作用，如种子匹配序列偏好结合于单链型的靶基因区域等。另外在自身化学键的作用下，mRNA 本身会通过碱基互补配对形成一些复杂的二级结构，miRNA 与 mRNA 的结合需要破坏 mRNA 自身所形成的二级结构，如果结合位点区域与其自身或上下游序列形成的闭合二级结构过于稳定，那么 miRNA 就有可能无法破坏此二级结构再与之结合。因此 miRNA 结合位点区域的物理易接近性也应作为靶标预测的重要特征，目前许多靶预测方法例如 PITA 等已经把这个标准作为预测靶的一个重要依据。

5. 结合位点的位置特征　miRNA 与靶基因的结合位点一般会偏离 3′-UTR 的中心，而且不会靠近 mRNA 3′-端的终止密码子处。

6. 多靶点特征　研究证实 miRNA 在 mRNA 上可能不止一个结合位点，所有在预测靶基因时需要考虑 miRNA 与多个结合位点的协同作用或者多个结合位点可以加强 miRNA 的调控作用。有研究表明切除靶基因 mRNA 的一个或者多个结合位点会减弱 miRNA 的结合作用，有时使 miRNA 完全不结合靶基因。在线虫研究中，miRNA 靶基因 cog-1 的结合位点是 lsy-6 区域，研究者把 cog-1 基因的 3′-UTR 区域的两个 lsy-6 的结合位点切除或者切除其中一个，都会使 miRNA 失去对靶基因 cog-1 的敏感性。目前上述的很多预测方法已经采用多个结合位点的特征来增加预测的准确性。

虽然这六个标准是经过反复实验总结得到的，但还是有一定的局限性。目前采用的预测方法基本上是基于上述几个或全部标准，然后再加上其他各自特定的规则来减少假阳性发生。

（张　海　王　佐）

第十四章　蛋白质序列分析与结构预测

蛋白质是生命的物质基础，是有机大分子，是构成细胞的基本有机物，是生命活动的主要承担者。它是与生命及与各种形式的生命活动紧密联系在一起的物质。

组成蛋白质的氨基酸序列为蛋白质的一级结构，蛋白质的一级结构决定了蛋白质的性质。每种蛋白质都有其一定的氨基酸百分比组成、氨基酸排列顺序及肽链空间的特定排布位置。任一氨基酸残基改变都会影响蛋白质的物理和生化性质，即序列决定构象，因此根据蛋白质的氨基酸序列预测其空间结构成为一种研究蛋白质结构和功能定的新方法。预测的方法包括两类：①采用分子力学、分子动力学的方法，根据物理化学的基本原理，从理论上预测蛋白质的空间结构；②通过对已知空间结构的蛋白质进行分析，找出一级结构与空间结构的关系，总结出规律，用于新的蛋白质的空间结构预测。

第一节　蛋白质序列分析

一、蛋白质序列信息的获取

要分析蛋白质的序列进行和预测蛋白质的结构，首先要获取蛋白质的序列。获取蛋白质序列的方法主要分为两种：①直接测序；②在数据库中搜索。未知蛋白质只能用直接测序法，而已知的蛋白质可以在数据库中搜索。这里我们主要介绍如何在数据库中获取蛋白质序列。

二、使用 NCBI 的数据库进行序列查询

在众多的基因序列数据库网站中，NCBI 系统是集成化程度最高的综合性生物序列信息库。NCBI 是美国国家生物技术信息中心的简称，该中心成立于 1988 年，与美国国家图书馆同属于美国国立卫生研究所 NIH。NCBI 开发的 GenBank 数据库是世界著名的核酸序列数据库，其序列信息来源于多种途径，其中有来源于期刊的基因序列，有来源于专利文献的基因序列。NCBI 还收录了除 GenBank 以外的各种生物序列数据库，并且每日利用国际互联网接收这些数据库传送的最新数据，以高度集成的方式向全世界的科技人员提供生物序列信息的检索服务。利用蛋白的名称，可以通过 Protein 数据库获得相关的蛋白序列。

下面以小鼠粒细胞集落刺激因子（Mouse Granulocyte-Colony Stimulating Factor）为例，使用 NCBI 数据库进行蛋白序列的查询：

步骤 1：在浏览器网址栏中输入 NCBI 的域名：http：//www.ncbi.nlm.nih.gov（图 3-14-1）。

步骤 2：在 Search 搜索框内选择 Protein，在下面的文本框内输入 Mouse Granulocyte-Colony Stimulating Factor，点击 Search 按钮（图 3-14-2）。

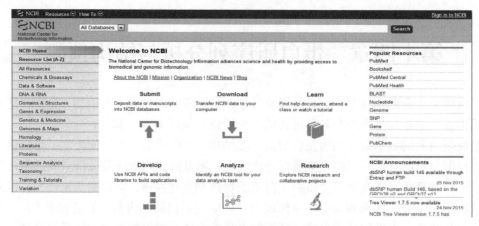

图 3-14-1　NCBI 数据库主页

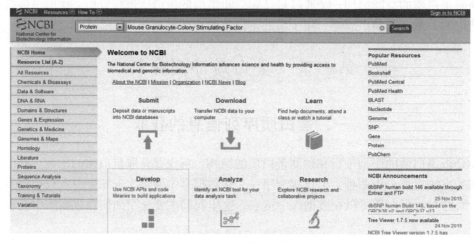

图 3-14-2　NCBI 数据库检索蛋白

步骤 3：在显示的查询结果页里查看搜索信息，NCBI 一般按照相关性、权威性由高到低的顺序排列搜索结果（图 3-14-3）。

图 3-14-3　检索结果

步骤 4：第一个排列的为小鼠源 G-CSF 前体蛋白信息，单击打开（图 3-14-4）。

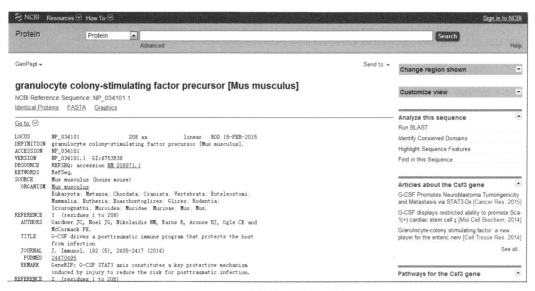

图 3-14-4　检索结果的详细信息

步骤 5：在最下端有蛋白序列信息（图 3-14-5）。

图 3-14-5　蛋白序列信息

步骤 6：点击 Send to 旁边的小三角，选择 File，打开 Format 下面的下拉菜单，选择 FLAST，点击 Create File，把蛋白质序列保存到本地待用（图 3-14-6）。

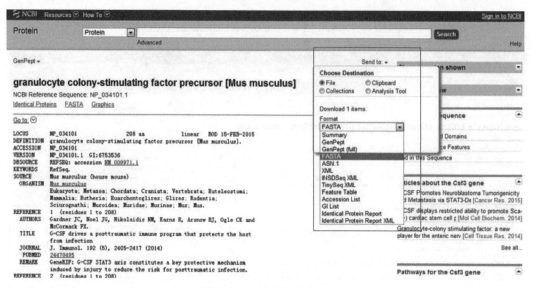

图 3-14-6　导出蛋白序列

三、蛋白质基本物理化学性质分析

　　每一种氨基酸都有特定的理化性质，而整个蛋白质的性质往往是其组成氨基酸性质的叠加。因此，蛋白质的许多物理化学特性可以直接从序列上分析获得，如等电点、相对分子质量、亲疏水性、同源性分析等。可应用的工具有很多，如在线的工具：ExPASy 的 Computer pⅠ/MV 和 PeptideMass 工具、Statistical analysis of protein sequence（SAPS）等，也有本地软件：Macvector、OMIGA、DNAMAN、BioEdit 等。不同的工具可用来分析不同的蛋白质性质，如 Computer pⅠ/MV 是计算输入序列等电点和相对分子质量的工具，PeptideMass 是用来预测分析蛋白质在与特定的蛋白酶或化学试剂作用的内切产物，SAPS 可用来分析蛋白质的物理化学性质。这里我们这要介绍 SAPS 的使用，其他的工具使用大同小异。

　　SAPS 是瑞士实验癌症研究院的生物信息研究小组提供的蛋白质序列统计分析方法，用于给出关于查询序列的广泛统计信息。用户可将查询蛋白质序列提交，服务器通过对序列本身的分析给出蛋白质的物理化学性质的信息，如各种氨基酸组成、序列的电荷分布、正负电荷聚集去的分析、疏水和跨膜区段、重复序列、周期性等。下面仍以小鼠粒细胞集落刺激因子（G-CSF）为例，在 SAPS 中分析蛋白质基本物理化学性质。

　　步骤 1：在浏览器网址栏中输入 SAPS 域名：http：//www.ebi.ac.uk/Tools/seqstats/saps/（图 3-14-7）。

　　步骤 2：在空白框中输入 fasta 格式的蛋白质序列，也可以通过上传可支持的本地蛋白质序列文件（支持的文件格式可以点击 supported 查看）（图 3-14-8）。

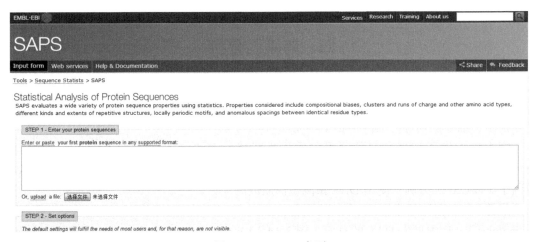

图 3-14-7　SAPS 主页

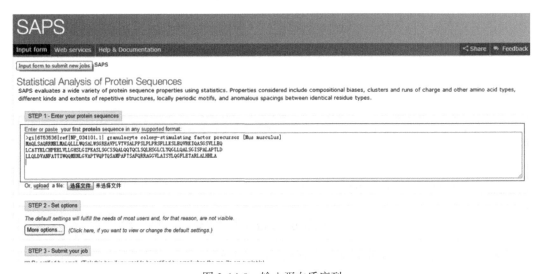

图 3-14-8　输入蛋白质序列

步骤 3：点击 submit 出现以下界面（图 3-14-9），可以查看蛋白质序列的氨基酸组成、序列的电荷分布、正负电荷聚集区的分析、疏水和跨膜区段、重复序列、周期性等。

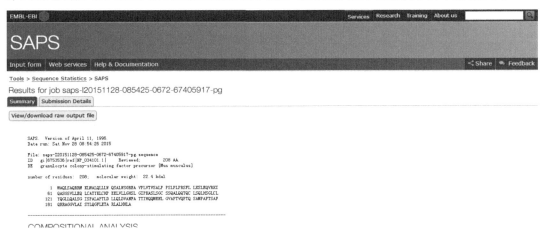

图 3-14-9　蛋白质基本物理化学性质

四、跨膜区分析

跨膜区域对蛋白质的性质十分重要。一旦确定了蛋白质的跨膜区域，就可以对跨膜区域的氨基酸残基顺序、官能团性质、可能的立体结构进行研究，以确定蛋白质在细胞信号传导机制、细胞识别等方面的生物学功能。

网上也提供了许多专门预测蛋白质跨膜区域的方法和工具，如 Predictprotein，在 Proteomics Tools 上提供的工具有 DAS、TMAP、TMpred 等。下面仍以小鼠粒细胞集落刺激因子（G-CSF）为例，使用 DAS 预测蛋白质的跨膜区。

步骤 1：在浏览器中输入 DAS 的域名：http：//www.sbc.su.se/～miklos/DAS/，或者从 Proteomics Tools 中进入 DAS 的页面（图 3-14-10）。

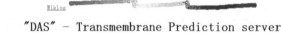

Miklos

"DAS" – Transmembrane Prediction server

For brief description of the method read the abstract.

Please cite: M. Cserzo, E. Wallin, I. Simon, G. von Heijne and A. Elofsson: Prediction of transmembrane alpha-helices in procariotic membrane proteins: the Dense Alignment Surface method; Prot. Eng. vol. 10, no. 6, 673-676, 1997

The DAS server will predict transmembrane regions of a query sequence. Enter your query protein sequence into the text area below and submit it to the server. The sequence should be in one letter code.

(Use protein sequence only!)

The calculation takes typically a minute or two. **The window will be blank meanwhile.**

submit

图 3-14-10　DAS 的主界面

步骤 2：输入待测蛋白质序列，点击 submit（图 3-14-11）。

Miklos

"DAS" – Transmembrane Prediction server

For brief description of the method read the abstract.

Please cite: M. Cserzo, E. Wallin, I. Simon, G. von Heijne and A. Elofsson: Prediction of transmembrane alpha-helices in procariotic membrane proteins: the Dense Alignment Surface method; Prot. Eng. vol. 10, no. 6, 673-676, 1997

The DAS server will predict transmembrane regions of a query sequence. Enter your query protein sequence into the text area below and submit it to the server. The sequence should be in one letter code.

(Use protein sequence only!)

MAQLSAQRRMKLMALQLLLWQSALWSGREAVPLVTVSALFPSLPLPKSFLLKSLEQVRKIQA
SGSVLLEQLCATYKLCHPEELVLLGHSLGIPKASLSGCSSQALQQTQCLSQLHSGLCLYQGL
LQQALSGISPALAFTLDLLQLDVANFATTIWQQMENLGVAPTVQPTQSAMPAFTSAFQRRAGG
VLAISYLQGFLETARLALHHLA

The calculation takes typically a minute or two. **The window will be blank meanwhile.**

submit

图 3-14-11　输入待测蛋白质序列页面

步骤 3：进入结果输出页面，结果输出分别以数据和定量曲线形式输出（图 3-14-12）。

"DAS" - Transmembrane Prediction server

Computation is in progress. It takes a minute or two typically.

. . . . Done

Your query is:
MAQLSAQKRUXLMALQLLLWQSALWSGREAVPLVTVSALPPSLPLPRSFLLKSLEQVRKIQASGSVLLEQLCATYKLCHPEELVLLGHSLGIPKASLSGCSSQALQQTQCLSQLHSGLCLYQGLLQALSGISPALAPTLDLLQLDVANFATTIWQQMENLGVAPTVQPTQSAMFAFTSAFQRRAGGVLAIS\

Potential transmembrane segments
Start	Stop	Length	~	Cutoff
17	19	3	~	1.7
35	38	4	~	1.7
190	190	1	~	1.7

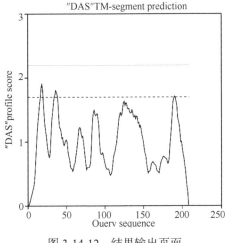

图 3-14-12　结果输出页面

五、同源性分析

　　同源蛋白质的氨基酸序列具有明显的相似性，这种相似性称为序列同源性。具有序列同源性的蛋白质称为同源蛋白质，同源蛋白共有的相似序列称为共义序列。

　　对蛋白质序列的同源性分析具有重要意义，它可以帮助我们了解蛋白质的关键功能元件及确定整个蛋白质家族的进化历程。例如，胰岛素都有降低血糖的功能，分析不同哺乳动物中的胰岛素，发现它们都是由 51 个氨基酸组成。其中有 24 个氨基酸始终保持不变，6 个半胱氨酸残基的位置始终不变，这说明不同来源的胰岛素中 A，B 链之间都有共同的连接方式，三对-S-S-对维持高级结构起着重要作用。其他一些不变的氨基酸绝大多数都是非极性氨基酸，这些非极性氨基酸对维持胰岛素分子的高级结构起着稳定作用。从而可知：不同来源的胰岛素，其空间结构大致相同，可变的氨基酸部分不影响胰岛素的活性。

　　蛋白质序列同源性分析的工具也很多，ExPASy 的 blast，EMBnet-CH/SIB 的 blast，还有 NCBI 的 blast 都是做序列的同源性分析的。它们的使用大致是一致的，下面我们就以 NCBI 的 plast 为例，对小鼠粒细胞集落刺激因子（G-CSF）进行同源性分析。

　　步骤 1：进入 NCBI/Blast 网页：http：//blast.ncbi.nlm.nih.gov/Blast.cgi（图 3-14-13）。

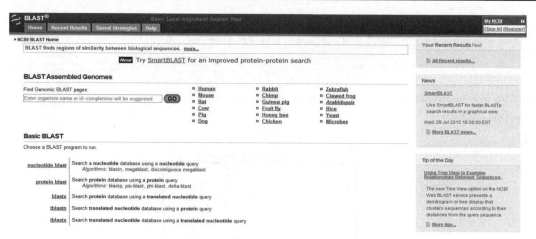

图 3-14-13　BLAST 主页界面

步骤 2：在 Basic BLAST 标题下，选择 protein BLAST，进入序列输入页面，然后输入待测蛋白质序列和标题，选择数据库和算法 blastp（protein-protein BLAST）（图 3-14-14）。

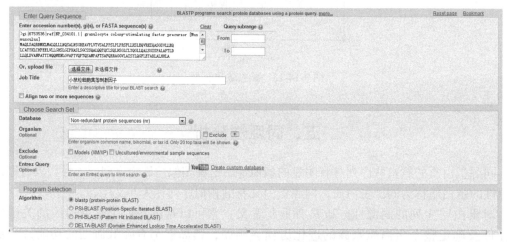

图 3-14-14　数据库参数选择

步骤 3：点击 BLAST，进入结果输出页面（图 3-14-15）。

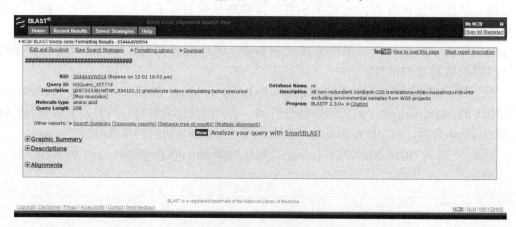

图 3-14-15　结果输出页面

输出结果以三种不同的方式呈现，每一个都可以点开查看。

六、信 号 肽

信号肽是未成熟蛋白质中，可被细胞转运系统识别的特征氨基酸序列。蛋白质在核糖体合成后要靶向输送到其执行功能的目的地点。穿过合成所在细胞到细胞膜外的蛋白质统称为分泌性蛋白质。新生分泌性蛋白上有一段疏水性氨基酸较多的肽段，称为信号肽（signal peptide），其作用是指导分泌蛋白质跨膜转移。

SignalP 是网上用来预测信号肽及其剪切位点的计算工具，主要适用于分泌型信号肽，而不是参与细胞内信号传递的蛋白。下面以小鼠粒细胞集落刺激因子（G-CSF）为例，应用 SignalP 预测蛋白质的信号肽。

步骤 1：在浏览器中输入 SignalP 的域名：http：//www.cbs.dtu.dk/services/SignalP/，也可以从 Proteomics Tools 进入 SignalP 的页面（图 3-14-16）。

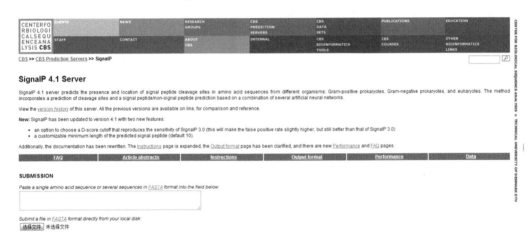

图 3-14-16　SignalP 主页

步骤 2：输入待测蛋白质的 fasta 格式的序列，并选择蛋白质所属生物组，点击 submit（图 3-14-17）。

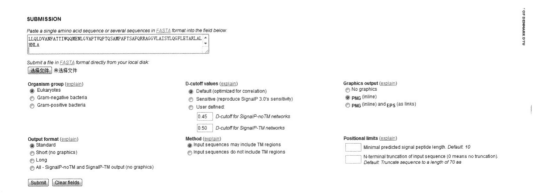

图 3-14-17　蛋白序列输入页面

步骤3：进入结果输出页面，输出结果分为两个部分：①SignalP 对序列各个氨基酸位点打分，C 是原始剪切位点的分值，S 是信号肽的分值，Y 是前两项的综合分值；②SignalP 最后的预测结果。对于典型的信号肽，C 和 Y 的分值应该在剪切点之前+1 位点高，同时 S 分值应该在剪切点之后分数高。对于非典型的信号肽，单靠最大 C 分值不能准确预测出信号肽，但结合 Y 分值后就能准确预测信号肽（图 3-14-18）。

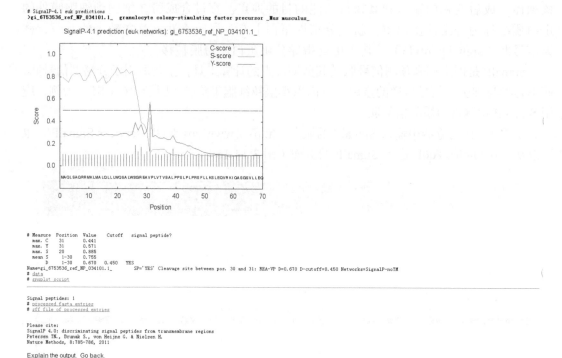

图 3-14-18　结果输出页面

第二节　二级结构及三级结构预测

一、二级结构预测

蛋白质的二级结构是指蛋白质分子的某一段肽链的局部空间结构。主要为α-螺旋（α-helix）、β-折叠（β-pleated sheet）、β-转角（β-turn）、无规则弯曲（random coil）。在许多蛋白分子中，可发现 2 个或 3 个具有二级结构的肽段，在空间上相互接近，形成一个具有特殊功能的空间结构，称为基序（motif）。一个基序总有其特征性的氨基酸序列，并发挥特殊的功能。一级结构是二级结构的基础，有时蛋白质分子中起关键作用的氨基酸残基缺失或被替代，都会严重影响空间结构乃至生理功能，如由蛋白质分子发生变异产生的"分子病"。研究蛋白质的二级结构对蛋白质空间结构的确定，设计合理的生物化学实验有重要意义。

有关已知蛋白质性质和结构的有关信息可以到 SWISS-PROT 或者 PHD 数据库中查找。对新发现的蛋白质或未知功能的基因产物进行分析，首先用 BLAST 或者其他工具在公共数据库中进行相似性搜索，寻找相匹配的蛋白质。但很多时候无法找到匹配蛋白质，有时虽然找到一个有统计学意义的匹配蛋白质，序列记录中没有有关其二级结构的信息。利用二级结构和折叠类型的预算工具可以预测出序列折叠成α-螺旋和β-折叠的能力、可能存在的基序及功能结构域。

ExPASy 上的 Protemics Tools 提供了许多二级结构预测工具，这里只介绍 PredictProtein 和 SOPMA 种计算工具。

1. PredictProtein　该程序是一个综合性程序，它的功能很全，既包括数据库搜索部分，有包括蛋白质预测部分。数据库搜索部分包括多序列比较（Maxhom）、功能区检测（PROSITE）、折叠区域（TOPITS）；预测部分包括二级结构、跨膜螺旋、球形蛋白、卷曲螺旋、二硫键、结构转换区。对用户输入的查询序列，程序既可以进行同源性比较，又可以进行二级结构预测。

步骤 1：登录 PredictProtein 的主页：http：//maple.bioc.columbia.edu//pp/，也可以从 ExPASys 上 Proteomics Tools 的连接进入（图 3-14-19）。

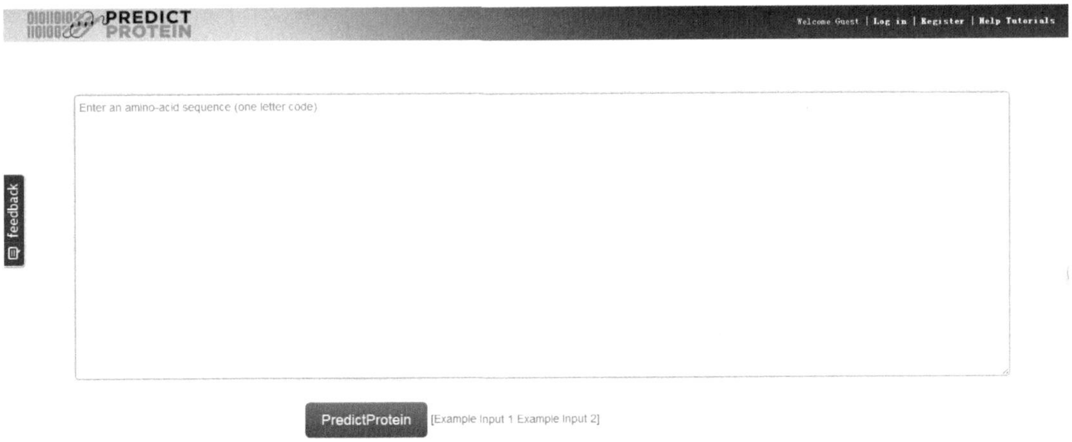

图 3-14-19　PredictProtein 主页面

步骤 2：输入待测蛋白质序列（图 3-14-20）。

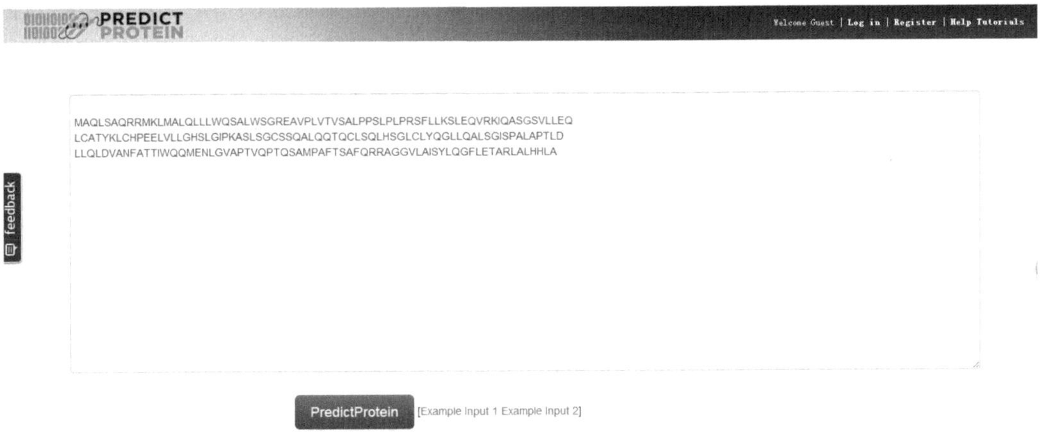

图 3-14-20　输入蛋白质序列页面

步骤 3：点击 PredictProtein 进入结果输出页面（图 3-14-21）。

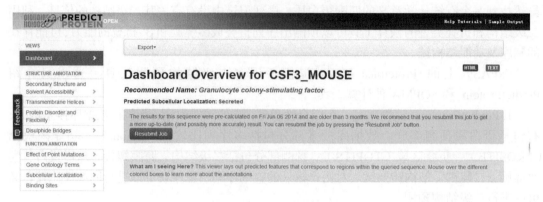

图 3-14-21　结果输出页面

步骤 4：点击页面右侧的 Secondary Structure and Solvent Accessibility 查看二级结构预测结果，此外也可以点击其他选项查看相应的预测结果（图 3-14-22）。

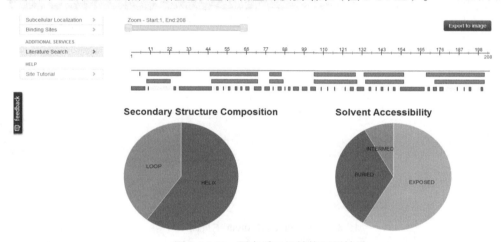

图 3-14-22　蛋白质二级结构预测结果

该计算工具的优点在于：在确认页面上它还同时提供其他服务供用户选择、包括蛋白质功能位点的选择、信号肽确定、其他二级结构预测计算工具、膜区域预测等，这些服务全部列出表格。用户如果需要其他预测，只需在表上相应部位点击所选计算工具，按 Submit 提交，查询结果也以 E-mail 形式返回。这样，用户在使用 PredictProtein 预测的同时，可以用不同工具进行二级结构预测，将结果进行相互比较，也可以获得有关该蛋白的其他信息，比较简便，实用，也利于将结果相互比较。

2. SOPMA　该程序预测二级结构采用了多种方法，然后将各种结果优化组合，汇集整理成一个结果。SOPMA 用这种方法建立已知二级结构蛋白的数据库，数据库中的每一个蛋白都经过二级结构预测，然后用从库中得到的信息对查询序列进行二级结构预测。下面同样以小鼠粒细胞集落刺激因子（G-CSF）为例，用 SOPMA 进行查询。

步骤 1：登陆 SOPMA 主页：https：//npsa-prabi.ibcp.fr/cgi-bin/npsa_automat.pl?page= npsa_sopma.html（图 3-14-23）。

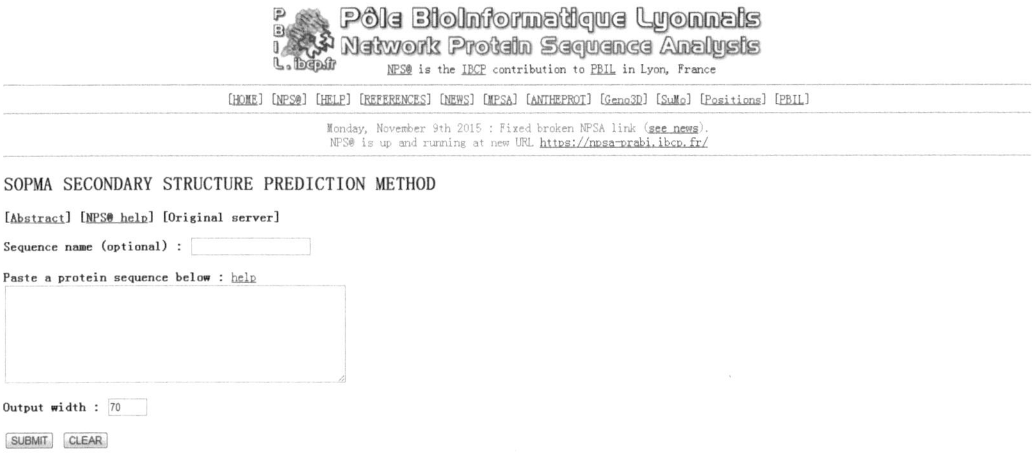

图 3-14-23　SOPMA 主页面

步骤 2：输入序列名称和待测蛋白质序列（图 3-14-24）。

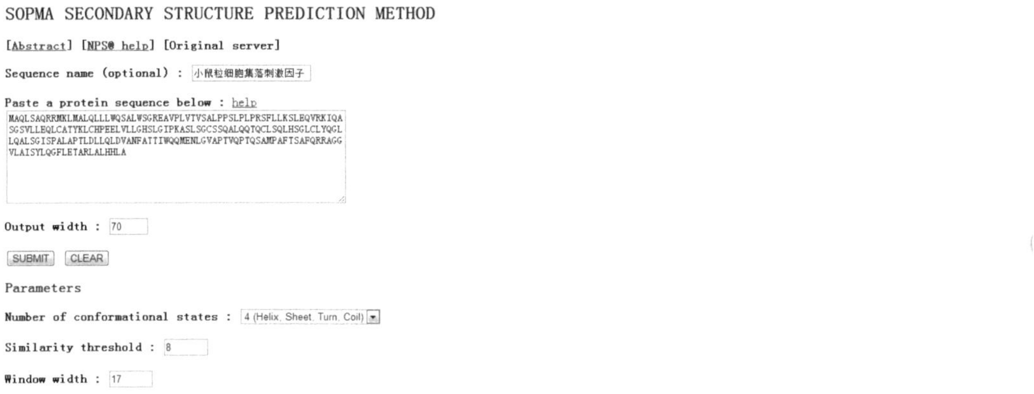

图 3-14-24　蛋白名称及序列输入页面

步骤 3：点击 SUBMIT 进入结果输出页面（图 3-14-25）。

页面中的结果分为 4 个部分：①整个序列上各个氨基酸可能的二级结构；②整个序列上二级结构的含量；③以直方图表示的整个序列上二级结构分布；④整个序列上各种二级结构分布曲线。

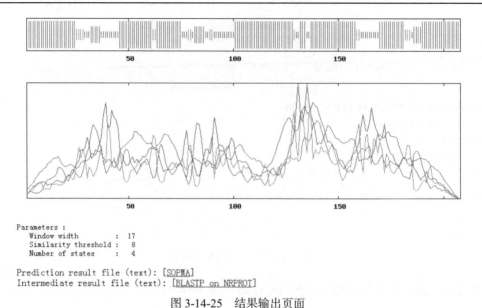

```
Parameters :
    Window width        :  17
    Similarity threshold :   8
    Number of states    :   4

Prediction result file (text): [SOPMA]
Intermediate result file (text): [BLASTP on NRPROT]
```

图 3-14-25 结果输出页面

二、三级结构预测

蛋白质的三级结构是指其整体形状，亦称为其折叠，整条肽链中全部氨基酸残基的相对空间位置，即整条肽链的三维空间结构。

三级结构的一个重要特点是在一级结构上离得远的氨基酸残基在三级结构中可以靠的很近，它们的侧链可以发生相互作用。二级结构是靠骨架中的酰胺和羰基之间形成的氢键维持稳定的，三级结构主要是靠氨基酸残基侧链之间的非共价相互作用（主要是疏水作用）维持稳定的，此外，二硫键也是稳定三级结构的力。三级结构的形成和维持是蛋白质发挥生物学功能的基础。

ExPASy 上 Proteomics Tools 提供的 SWISS-MODEL（http：//swissmodel.expasy.org/）和 Swiss-Pdb-Viewer 就是蛋白质三级结构预测工具。下面以小鼠粒细胞集落刺激因子（G-CSF）为例，应用 SWISS-MODEL 工具预测蛋白质的三级结构。

步骤 1：在浏览器中输入 SWISS-MODEL 域名：http：//swissmodel.expasy.org/，也可以从 Proteomics Tool 中进入 SWISS-MODEL 主页（图 3-14-26）。

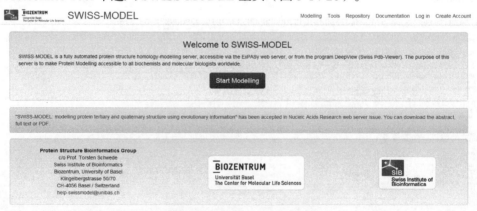

图 3-14-26 SWISS-MODEL 主页

步骤 2：点击 Start Modelling，输入序列并填写项目标题和邮件（用于结果发回）（图 3-14-27）。

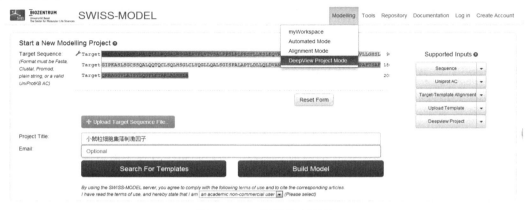

图 3-14-27　序列输入页面

步骤 3：点击 Sesrch For Templates，或者点击 Build Model，等待结果输出（大概一分钟左右）（图 3-14-28）。

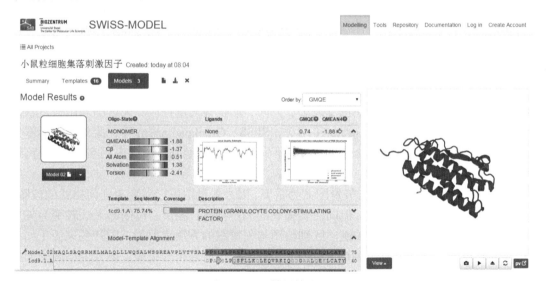

图 3-14-28　结果输出页面

从页面可以看到，系统得出了三个结果，评分最高的结果排在第一位，右边即是预测小鼠粒细胞集落刺激因子的三级结构。此外还可以通过点击 Template 来查看相似蛋白质模板的三级结构。

（瞿　凯　王　佐）

第十五章　科研论文中的图片处理

　　分子生物学的研究离不开科研实验，而实验结果或者科研想法通常以图片的形式展示在科研论文中。一张好的图片不仅能更好地表达文义，更是能大幅度提高作者的投稿信心。从实验结果到最终成文，图片需要经过获取、保存、修复、再编辑及设计与制作等步骤，涉及多个软件的联合使用，而这些过程中任何一步使用不当都可能导致结果差强人意甚至适得其反。在投稿过程中，图片不合格是最常见的问题之一。本章将围绕科研论文中图片的处理介绍图片的基本概念、图片的获取与保存、图片的制作及制作规范进行阐述。

第一节　基　本　概　念

（一）位图与矢量图

　　计算机存储图片的格式主要分为两类，即位图与矢量图。位图也称点阵图像，是由像素组成，而每个像素记录着一种颜色，这些像素按照一定的顺序排列和染色就组成了一幅图像，图像的清晰度受图像分辨率的限制。位图是各种相机记录图像的方式，包括移动相机与显微设备的内置相机等，此外，截图及利用软件另存为位图格式而产生的图片也属于位图。常见的位图格式有 BMP、JPG（JPEG）、TIF（TIFF）、PNG、GIF 等。矢量图亦称绘图图像，其图形元素具有颜色、大小、方向、形状等矢量特性。矢量图均由矢量软件生成，如 Office 办公软件、Illustrator（AI）、SPSS、Graphpad prism 等，此外还包括部分网页生成的图片。矢量图图像具有无限放大不失真、再编辑性强、文件占用空间小等特点。常见的矢量图格式有 PDF、AI、CDR、WMF、EMF、EPS 等。

　　值得注意的是，鉴别位图与矢量图尤为重要，因为矢量图可以转变为任何格式的位图，且分辨率的大小可以自由设定，但同时丧失它的矢量特性；相反，位图却无法转变为矢量图，这一点是图片保存方法的关键。区别位图与矢量图的方法主要为：图片的来源（如相机拍摄的是位图，软件生成的多是矢量图）、放大图像后是否变模糊、图片的格式（如果该图片是位图格式，那么一定是位图；而如果是矢量图格式，那么图片不一定都是矢量图，因为矢量图中可以包含位图元素）等。

（二）常见位图格式

　　在图片的保存过程中，经常会遇到各种各样的图片格式，而这些图片存储格式对图片的品质与文件大小有很大的影响。这里介绍 4 种科研中常见的位图格式，即 BMP、JPG/JPEG、TIF/TIFF、PNG 格式。

　　BMP 格式是一种位映射存储格式，不支持文件压缩，其优点是图片质量好，但缺点是文件大小非常大，不利于传输。JPG/JPEG 格式是目前网络上最流行的图片格式，是可以把文件压缩到最小的格式，但其为不可逆性有损压缩，压缩后图片品质会大幅度降低。TIF/TIFF 格式是目前最复杂的图片格式，它可以储存丰富的图片编辑信息，虽然文件大小较大，但可以通过 LZW 无损压缩文件，因此 TIF/TIFF 格式是科研论文中最常用的格式；

PNG 格式名字源于可移植网络图形格式，它具有文件体积小、无损压缩、更丰富的色彩及支持透明效果等特点，但有些浏览器和影像处理软件上并不支持。基于这些位图格式的特点，我们在图片的保存过程中应该引起足够的重视。

此外，区分图片像素大小和文档大小的概念也很重要。图片像素大小是指图片所包含的像素数量，其单位为像素；文档大小指的是图片在文档中的尺寸大小，其单位为长度单位，如厘米；而图片的所有像素在一定的文档大小中分布的密度就叫做分辨率（ppi/dpi）。在科研论文中对图片的要求更多的是文档大小和分辨率大小，而非像素大小。

（三）图像分辨率

图像分辨率指图像中单位长度内像素点的数量，它的单位为像素每英寸（pixels per inch，ppi 或者 dots per inch，dpi）。分辨率的高低决定了图片的精细程度。通常，电子屏幕上的图片分辨率只需要 72dpi/ppi 就可以清晰显示，而图片需要打印清晰的话则要求图片分辨率达到 300dpi/ppi 以上，线条类的图甚至要求 1000dpi/ppi 以上。而科研论文对图片分辨率的要求为印刷水平，甚至更高。

（四）色彩模式

色彩模式是表示颜色的一种算法。根据算法的不同分为 RGB、CMYK 等色彩模式。RGB 模式主要用于电子屏幕，也叫屏幕色彩模式，而 CMYK 模式主要用于打印。两种色彩模式可以相互转换。

图片的基本概念是图片处理的基础，只有掌握它，才能在科研论文图片的处理过程中得心应手。

第二节　图片的获取与保存

原始图片的获取与保存，是科研论文图片处理的第一步，也是至关重要的一步。因原始图片的获取与保存不当或者丢失而导致图片无法达到投稿要求，甚至无法通过其他途径补救而导致实验或操作付之一炬的事例屡见不鲜。用合适的方法将原始图片最好的品质保存下来，不仅能更好地达到投稿的要求，同时也为后期图片的修复与再编辑提供更大的空间和工作效率。

1. 图片的获取　用移动相机拍摄标本的时候，要将照片拍摄清晰、注意采光、尽量保持相机与标本之间水平、拍摄同类型的标本时尽量使焦距一致，同时将目标区域拍全，必要的时候还需要加上标尺。而内置相机拍摄切片或者涂片标本时，还需注意适度调整光源以减少色偏、调整亮度与对比度，且需要加上标尺。

2. 图片的保存　首先需要判断图片的来源是矢量图还是位图，这两者的保存方法截然不同。位图的保存的要点在于尽量减少图片品质的损失。注意备份好原图，同时在图片处理过程中尽量保存为 TIF/TIFF 或 PNG 格式，而不要保存成有损压缩的 JPG/JPEG 格式。且图片最好用图片格式保存，而不要保存在 Word、PPT 及 PDF 文档里，因为这些文档会默认将文档中的图像压缩至 220ppi，且为不可逆的有损压缩；矢量图保存的要点在于保存图片的矢量特性。矢量图切不可截图保存，或者保存为任何位图格式，因为矢量图一旦变成位图，就会丧失图片的矢量特性，不仅图片的品质大幅度降低，同时极不利于图片的后期处理，费时费力效果差，而矢量图可以随时转换为任何格式的位图，且能自由选择图片的品质。矢量图的保存建议使用虚拟打印的方式保存为 PDF 格式，虚拟打印不仅可以应用于网页图片的保存，更是几乎所有的软件，能完好地保存图片的矢量特性的同时体积很小，方便快捷。当然，保存软件的源格式也是必需的。此外，将图片分类，在文件夹中保存是一个良好的习惯。

第三节　图片的修复、编排与标注

同一张照片，因不同的人、设备、时间与角度拍摄而产生不可避免的误差，而这些误差主要表现为模糊、色偏、较暗及对比不足等，为了更好地表示实验结果，有误差的图片需要适当的修复；对于一组图片而言，投稿前往往需要对其进行编排、加上标注、添加标尺等；甚至，整篇文章中的图表还需要统一字体类型及大小、线条粗细等。而这些操作过程是需要通过图片编辑软件来实现的，常用的图片编辑软件有 Photoshop（PS）及 Illustrator（AI）等。

第四节　图片的制作规范

图片的制作规范分为两部分，一部分是基本规范，另一部分则是投稿杂志的要求。基本规范指图片需要整齐、美观、添加标注、统一字体类型与线条粗细等。而杂志对图片的要求一般包括图片的分辨率、尺寸、颜色模式、字体类型、文档大小、图片格式及是否可编辑等，且不同杂志的要求不一样。所以，在制作图片之前，必须仔细阅读所投杂志对于图片的具体要求，并在基本规范的基础上达到编辑的要求。

第五节　结　　语

图片的处理在科研论文中占有举足轻重的地位，掌握图片的基本知识、合理规范作图，不仅可以保证图片的质量，同时可以大幅度提高工作效率，使图片处理在科研论文中得心应手。

（欧阳玉中　韦　星）

第十六章　EndNote 软件的安装及其在医学文献管理和科研写作中的应用

随着计算机技术及互联网的发展，科学文献资源的数量急剧增加，如何高效地查询、管理和应用科学文献是广大科技工作者和硕博研究生必须面临的重要难题。此外，他们在撰写课题研究和发表科研成果时，引文的查询、整理、标注和排序等工作相当费时费力，尤其是修改时增减引文将十分烦琐且容易出错。若能更好地解决这一问题，必将极大地提高科研人员的科研效率和科研积极性。

为了解决这一难题，美国科学信息所研制开发了 EndNote 参考文献目录管理软件。它可以创建 EndNote 个人参考文献图书馆（简称 EndNote 数据库），用以收集和保存个人所需的各种参考文献及资料，包括文本、图像、表格和方程式等；根据个人需要对储存的文献进行整理；对储存的文献数据库进行检索；还可以按照科技期刊对投稿论文的引用格式要求和参考文献目录格式要求，将引用内容和参考文献目录插入和输出到文字处理软件中。目前在校园内 Endnote 第 17 版（EndNote X7）较为流行，故本文以 EndNote X7 的安装和基本使用方法为主要介绍对象。

第一节　EndNote X7 的安装

（一）EndNote 安装步骤

注意：安装 EndNote 时，请关闭 Office 软件。

（1）双击解压后的文件夹里的"ENX7Inst.msi"，弹出以下界面，见图 3-16-1。

（2）左击"Next"，弹出以下界面，见图 3-16-2。

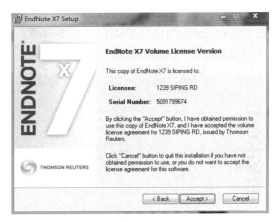

图 3-16-1　EndNote X7 安装第一步　　　　　图 3-16-2　EndNote X7 安装第二步

（3）左击"Accept"，弹出以下界面，见图 3-16-3。

（4）左击"Next"，弹出以下界面，见图 3-16-4。

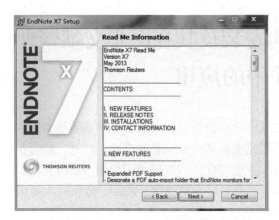

图 3-16-3　EndNote X7 安装第三步

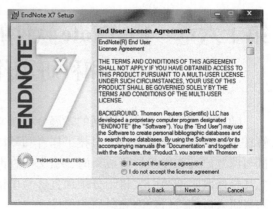

图 3-16-4　EndNote X7 安装第四步

（5）选中"I accept the license agreement"，左击"Next"，弹出以下界面，见图 3-16-5。

（6）选中"Custom"，左击"Next"，弹出以下界面，见图 3-16-6。

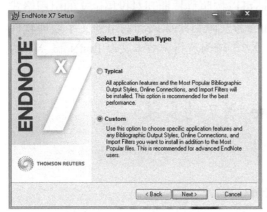

图 3-16-5　EndNote X7 安装第五步

图 3-16-6　EndNote X7 安装第六步

（7）系统默认的安装路径是 C 盘，可以左击"Browse"，选择非 C 盘路径，然后左击"Next"，弹出以下界面，见图 3-16-7。

（8）选中"Install Direct Export Helper"左击"Next"，弹出以下界面，见图 3-16-8。

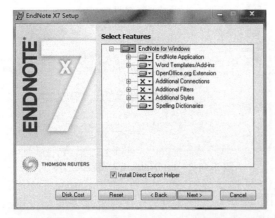

图 3-16-7　EndNote X7 安装第七步

图 3-16-8　EndNote X7 安装第八步

（9）左击"Next"，弹出以下界面，见图 3-16-9。

（10）左击"Finish"。

（二）验证是否安装成功

打开 word 文档，若在主菜单栏出现 EndNote X 7，安装成功，见图 3-16-10。

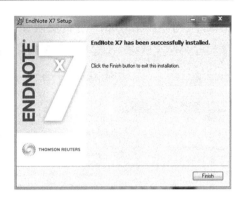

图 3-16-9 EndNote X 7 安装第九步

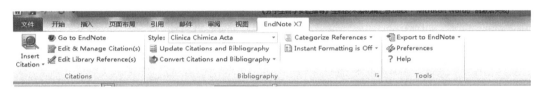

图 3-16-10 EndNote X 7 安装成功

第二节 EndNote X 7 的简介

（一）EndNote X 7 的工作界面简介

图 3-16-11 首次使用 EndNote 的引导界面

双击文件夹中的"End Note.exe"或左击 Word 文档中的"Go to EndNote"，首次使用 EndNote 程序，会出现一个引导界面，见图 3-16-11。

在这个对话框中有三个选项，从上到下依次为了解 EndNote、新建数据库、打开已有的数据库。可根据图标说明依个人需要选择，也可以点击"Close"关闭此对话框（在 EndNote 的 主 菜 单 中 使 用 " Help - Show Getting Started dialog"可重新打开此引导界面）。EndNote X 7 软件目前最新版本是 EndNote X 7.4，如果下载的 EndNote X 7 不是最新版本，那么在第一次启动的时候往往会要求升级，升级之后重新安装，步骤同上。此外，在 EndNote 主菜单中使用"File-Open- Open Library"打开已有的数据库，在文档对话框中，选择 EndNote X 7 自带的"Sample _Library_X 7"数据库，此处路径为："C：\Users\Public\Documents\EndNote \Example"，弹出以下界面，见图 3-16-12。整个 EndNote X 7 界面可以分为最上面的工具栏、最左侧的导航栏、中间的检索框+题录信息栏及最右边的题录详细信息栏。中间的检索框+题录信息栏以及最右边的题录详细信息栏的布局可以在软件右下角"Layout"进行更改，改成符合自己使用习惯的布局形式。

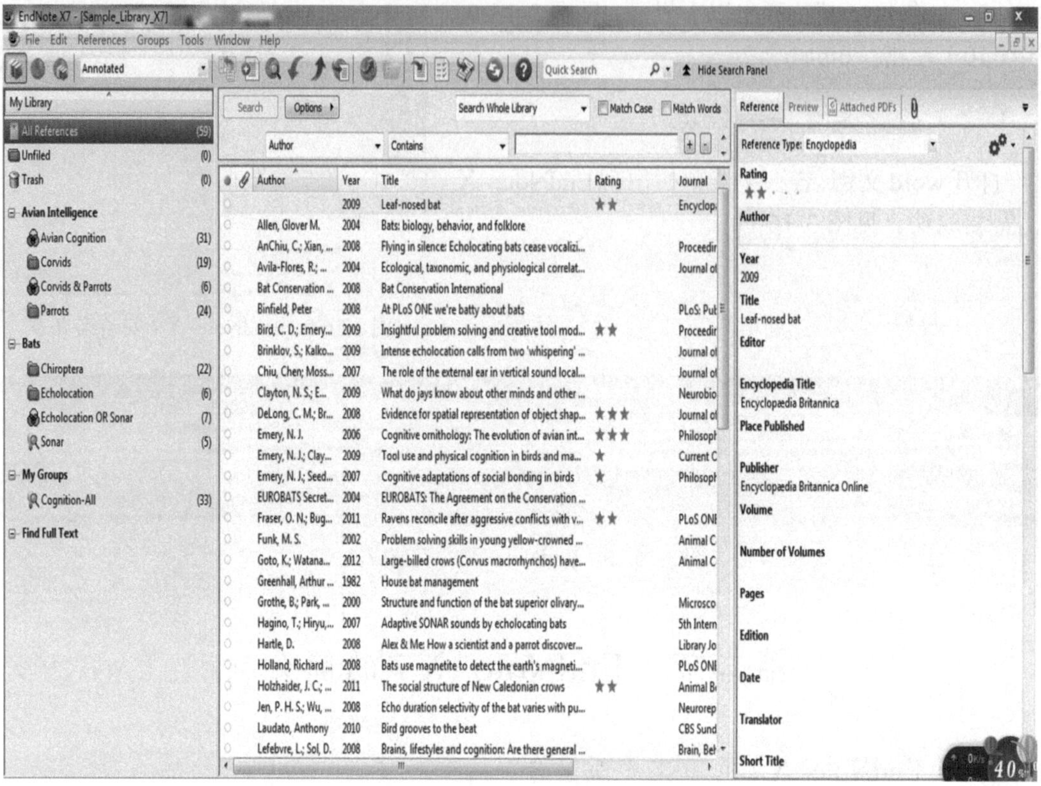

图 3-16-12　EndNote X7 自带的样本数据库

在图 3-16-12 中，呈现出来的活跃窗口只有"Sample_Library_X7"一个，在 EndNote 中，可以同时打开多个数据库窗口，但只有一个处于激活状态。在当前活跃窗口，可以看到在该数据库中的参考文献信息，如参考文献总量为 59 个、是否带有图片或其他附件（曲别针图案）、第一作者（Author）、年代（Year）、文献标题（Title）、评级（Rating，选中条目右击，自己设定星级，以标示文献重要性）、所发表的期刊（Journal）、参考献的类型（Ref Type）、文献的网址（URL）以及最后更新时间（Last Update）等。左击主菜单的"File"，在其下拉菜单中左击"Close Library"，即可关闭该数据库。

（二）EndNote X7 主菜单的简介

主菜单栏主要的功能选项如下所示。

（1）File 用于新建数据库、打开已有数据库、另存数据库、导出数据库、导入数据库、关闭个人数据库等。

（2）Edit 用于拷贝、粘贴数据、编辑输出格式、编辑导入过滤器、定制 EndNote 等。

（3）References 用于新建、编辑、检索参考文献、删除参考文献、插入对象（如图、表、文件等）、筛选重复文献、建立文献与网页或 PDF 文件的键连、打开已建立的键连等。

（4）Groups 用于群组的创建、编辑、管理等。

（5）Tools 用于联机文献检索、恢复破坏的 EndNote X7 数据库等。

（6）Windows 用于定制已打开的数据库窗口的形状、位置等。

（7）Help 帮助菜单。

第三节　EndNote X7 的使用

（一）创建个人数据库

在科学研究过程中需要不断收集文献资料，利用 EndNote 软件创建个人数据库，将收集到的相关资料放到数据库中，将极大地便利文献的管理、编辑和应用。在创建数据库前首先要建立本地数据库。

1. 建立 Library　EndNote 会在"我的文档"目录里面新建一个名为"EndNote"的文件夹。左击 Endnote X7 的主菜单"File"，在其下拉菜单中左击"New"，弹出以下对话框，保存位置是"我的文档"，建议将新建的"My EndNote Library.enl"（可自行命名，如命名为"First"）文件存放在"EndNote"文件夹内，方便数据迁移和备份，见图 3-16-13，点保存。"My EndNote Library"为以下应用做准备。个人数据库下面的层级是组群（My group，本节"（二）文献管理-3 分组"对此有介绍），组群下面还可以建立文件夹（图 3-16-14），如此三级设置起到对文献进行分门别类的作用。

图 3-16-13　创建名为"My EndNote Library"的数据库

图 3-16-14　联网下载文献

2. 检索文献

（1）在 EndNote 中联网下载文献：左击快捷菜单中的"Online Search Mode"（图 3-16-14），弹出以下界面，左侧将多出"Online References"、"Online Trash"、"Online Search"等导航窗格，见图 3-16-15。

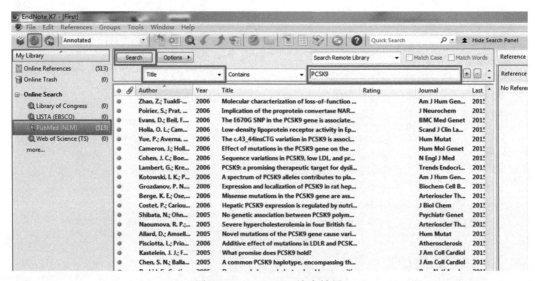

图 3-16-15　PCSK9 检索结果

　　例如，用 PubMed（NLM）检索标题中带有"PCSK9"的文献。左击"Online Search"下的"PubMed（NLM）"，表示选择该数据库进行检索；然后在右侧检索窗口上方选择"Title"，输入"PCSK9"，点击"Search"，弹出"Confirm Online Search"的对话框，左击"OK"，检索结果，共 513 条检索结果，每一条结果双击后可以看到详细信息，这些信息称之为题录，见图 3-16-15。"Library of Congress，LISTA（EBSCO），Web of Science"

等亦可网上检索。具体使用哪一个数据库进行检索除了根据使用者研究领域决定，还由使用者（或其网络所在单位）购买的数据库情况来决定，EndNote 会自动识别数据库入口，如果使用者（或其网络所在单位）没有购买相应付费数据库，则不能使用。

假如前十条文献是所需的检索结果，选中前 10 条，左击快捷菜单中的" Copy to Local Library"，再左击" Local Library Mode"，回到本地数据库，即可看到所需的文献导入成功，见图 3-16-16。

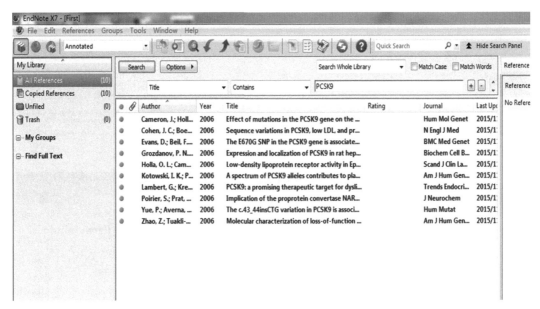

图 3-16-16　PubMed 检索并导入所需文献

（2）已有文件导入：左击"File"，在其下拉菜单中左击"Import"，再左击"File"（导入一篇 PDF 文献）或"Folder"（导入有多篇 PDF 文献的文件夹），弹出对话框，见图 3-16-17。左击"Choose"，选中所需要导入的文献，左击"Import"，即可导入所选的文献。对于标准 pdf 格式文献，Endnote 可以从其中抓取相关信息诸如姓名、标题、发表年份、发表杂志等形成题录，但是对于不标准的 pdf 文件尤其是扫描为图片做成的 pdf 文件则无能为力了。

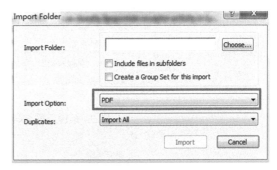

图 3-16-17　导入文献对话框

（3）利用 NCBI 导入：进入 NCBI 官网，选择，"PubMed"输入所需的信息（题目，关键词，作者均可），此处仍以 PCSK9 为例，见图 3-16-18，左击"Search"。检索结果界面见图 3-16-19。假如前 2 个是所需的检索结果，勾选中"1"和"2"，左击"Send to"，在其下拉菜单中弹出"Choose Destination"，左击"Citation Manger"后弹出下拉菜单，左击"Create File"，弹出下载任务对话框见图 3-16-20，更改下载路径到相应（此处下载到之前创建的"First")文件夹，左击下载。下载成功后，左击"打开"，弹出以下界面，见图 3-16-21。此外，利用谷歌学术（Google Scholar）搜索引擎也可以进行文献搜索，进行相应设置也同样可以导入到 EndNote，此处不赘述。

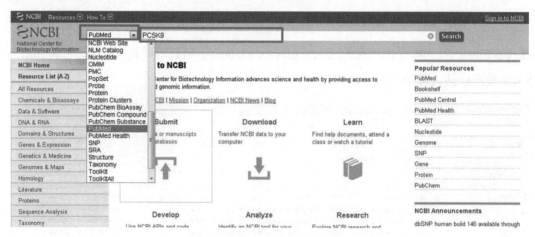

图 3-16-18　NCBI 官网主页

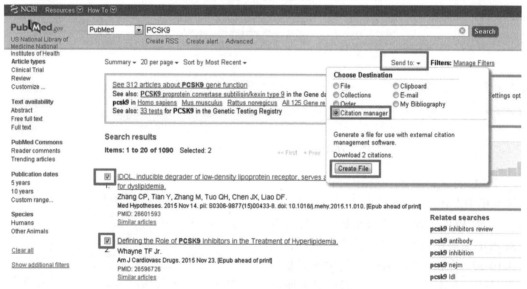

图 3-16-19　PCSK9 在 NCBI 的检索结果

图 3-16-20　下载任务对话框

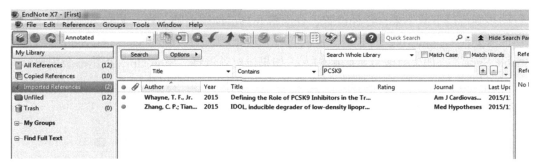

图 3-16-21　从 NCBI 导入 2 篇文献

（4）手工导入文献：此种方式主要针对少数古老文献，或无法从网上下载题录的文献。

左击主菜单中的"Reference"，在其下拉菜单中选择"New Reference"弹出界面，见图 3-16-22。

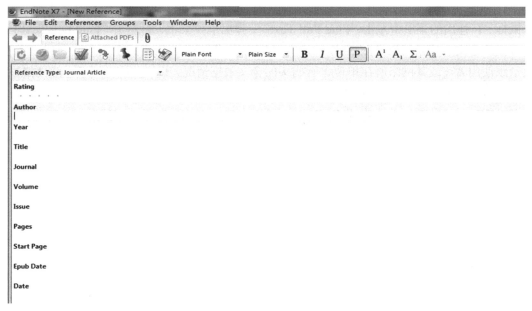

图 3-16-22　手工输入参考文献题录的界面

从上（Reference Type）到下（Language），依次添加相关信息。（注：人名、关键词的位置必须一个人名或一个关键词填一行。）

（5）对中文文献的支持：EndNote　X 7 虽然相较于之前的版本对中文文献有了较好的支持，但是由于 EndNote　X 7 不能自动识别中文数据库的入口，所以不能在软件里面直接检索中文文献。但可以采用"曲线救国"的方式：先在中文数据库里面将文献检索好，把相应的题录、全文下载下来，再导入到 EndNote　X 7，但相对比较麻烦，这里就不详细介绍了。如果中文文献比较多，可以使用国产软件 NoteExpress，可以直接在软件里面搜索和获取中文文献，其界面与功能和 EndNote　X 7 大同小异，甚至某些功能更加适合中国人的使用习惯。

（6）EndNote　X 7 的同步功能 Sync：EndNote 的同步功能 Sync 可以把本地文献和网络云文献进行同步，即可以把自己的文献和题录信息上传到网络服务器，在更换了电脑之后进行同步则可以下载下来，各种设置、分组都和自己惯用电脑一样，非常方便出行。使用本功能需要注册 EndNote 云账号。依次打开"Edit"→"Preferences"→"Sync"，选择"Enable Sync"，如果有账号密码则输入，如果没有就选择"Sign Up"新建一个用户；同时，可以勾选"Sync Automatically"这样可以自动同步。也可以使用手动同步，依次选择"Tools"→"Sync"就可以同步；或者选择下图的图标进行同步。

（二）管理文献

1. 检索全文　以 Copied References (10) 的文献为例，选中这 10 条文献，右击鼠标，在弹出的菜单中左击"Find Full Text"，弹出下拉菜单，再左击"Find Full Text"，即可搜索全文。搜索结果见图 3-16-23。有 6 篇可以搜到 PDF 格式的全文。搜索到 pdf 的数量跟使用者（或其网络所在单位）所购买的全文数据情况，以及 EndNote 对全文数据库的抓取有关。即如果在 EndNote 里面得不到全文，并不是说使用者就没有购买相关数据库，很有可能只是该数据库并不欢迎 EndNote，可以直接去相关数据库下载然后以添加附件的方式（File Attachments）添加全文。双击有全文的文献，即可浏览全文，见图 3-16-24。阅读完后直接点关闭即可。

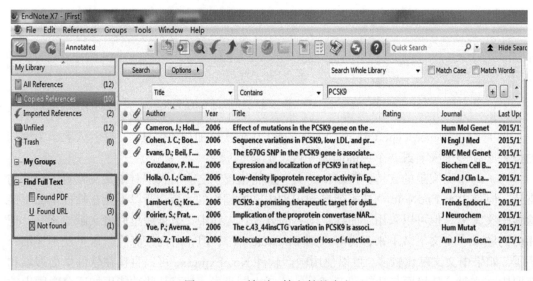

图 3-16-23　搜到 6 篇文献的全文

图 3-16-24　全文预览窗口

2. 添加文献相关附件　选中一篇文献，右击，弹出下拉菜单，左击 "File Attachments"，弹出其下拉菜单，左击 "Attach File"，弹出图 3-16-25，左击 "打开"。然后双击该文献，左击 "Attach Figure"，选择所需图片，最后弹出界面，见图 3-16-26。

图 3-16-25　选择相应图片添加到参考文献

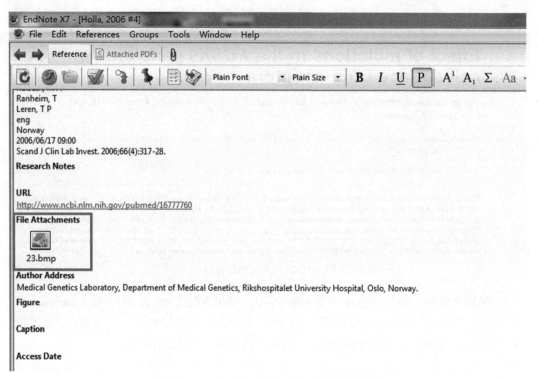

图 3-16-26　参考文献添加文件和图片的结果

3. 分组　左击主菜单中的"Group"，在其下拉菜单中左击"Create Group"，出现

，右击"New Group"，在其下拉菜单中左击"Rename Group"，如输入"Review"，同样亦可根据需要创建"New Group From Group"，创建一个智能分组"New Smart Group"　　　等。

4. 重查　先选择需要查重的文献的组。例如，此处需要对所有（12）文献查重，先左击"All References"，弹出所有文献，再左击主菜单栏"References"，在其下拉菜单中左击"Find Duplicates"，弹出对话框显示没有文献重复，假如存在重复文献选择其中一个"Keep This Record"左击。就可以去掉其他几个重复的文献。

（三）学习文献

1. 做学习笔记　左击某一文献，界面的左边会显示出"Reference"，可以做笔记，如左击"Research Notes"，输入"课题很新颖，很有创新性……"。见图 3-16-27。

紧接着在主菜单栏左击"Edit"，在下拉菜单栏左击"Preferences"，弹出对话框，见图 3-16-28。左击"Display Fields"，选中"Reference Type"。左击"确定"。否则，笔记不能保存。

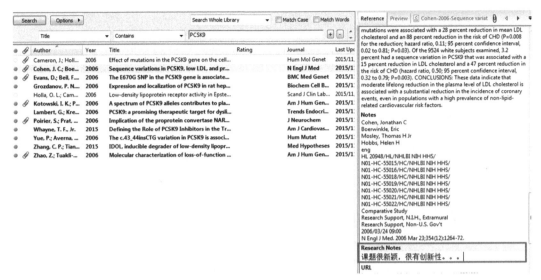

图 3-16-27　学习笔记输入

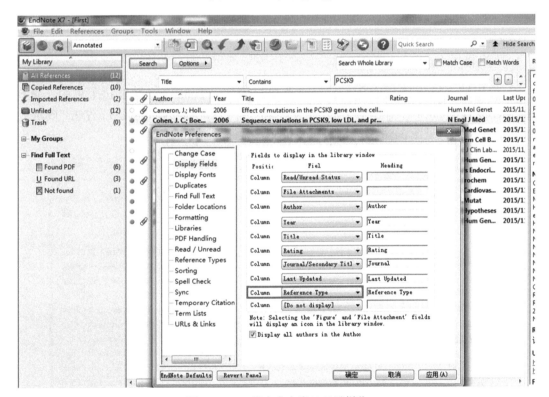

图 3-16-28　设定在主窗口显示栏位

2. 分析文献　先选择需要查重的文献的组。例如，此处需要对所有文献查重，先左击"All References"，左击主菜单栏"Tolls"，在下拉菜单中左击"Subject Bibliography"，弹出以下界面，见图 3-16-29。选择所需的主题分析文献。

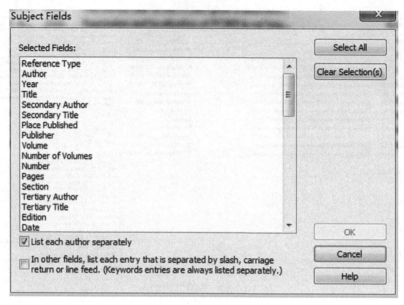

图 3-16-29　主题领域

（四）利用 EndNote 撰写论文

1. 使用期刊模板撰写论文　左击主菜单栏中的"Tools"，在下拉菜单中，选择"Manuscript Templates"，弹出对话框，见图 3-16-30。选择所需的期刊模板，左击"确定"。弹出 Word 文档，见图 3-16-31。即可撰写论文，另保为到相应位置。

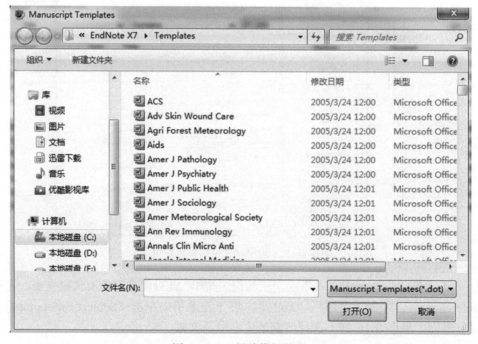

图 3-16-30　投稿模板种类

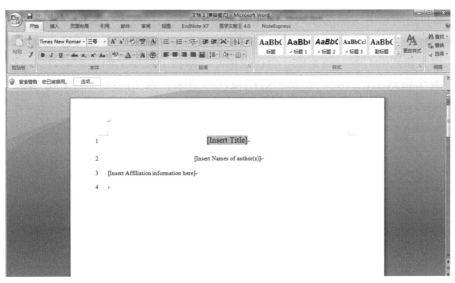

图 3-16-31　Word 文档的投稿模板

2. 插入参考文献，自动生成参考文献列表　　EndNote 最大的优势就是可以边在 Word 中写文章边插入参考文献。例如，在 Word 文档中有下面一段文摘，分别在下段"①"后文字后面加入一个参考文献，在"②"后文字后面加入 2 个参考文献。

①曲曲折折的荷塘上面，弥望的是田田的叶子。叶子出水很高，像亭亭的舞女的裙。层层的叶子中间，零星地点缀着些白花，有袅娜地开着的，有羞涩地打着朵儿的；正如一粒粒的明珠，又如碧天里的星星，又如刚出浴的美人（Si-Tayeb and Cariou 2015）。②微风过处，送来缕缕清香，仿佛远处高楼上渺茫的歌声似的。这时候叶子与花也有一丝的颤动，像闪电般，霎时传过荷塘的那边去了。叶子本是肩并肩密密地挨着，这便宛然有了一道凝碧的波痕。叶子底下是脉脉的流水，遮住了，不能见一些颜色；而叶子却更见风致了（Alves，Etxebarria et al. 2015，Demers，Samami et al. 2015）。

首先将光标放在"美人"的后面，左击 🔵 Go to EndNote，打开需要的文献所在的数据库，选中你所需的那篇文献，右击，在其下拉菜单中左击"Copy"，回到 Word 文档，在光标所在处，右击后选择"粘贴"；将光标放在"致了"的后面，左击 🔵 Go to EndNote，打开需要的文献所在的数据库，同时选中所需的两个文献，右击，在下拉菜单中左击"Copy"，回到 Word 文档，在光标所在处，右击后选择"粘贴"。或者在 EndNote 软件中选中所需文献之后，然后在 Word 中的 EndNote X7 工具栏里面，选择最左边的 Insert Citation，下拉选到"Insert Selected Citation"，也同样可以插入参考文献。

插 入 所 有 的 文 献 后， 左 击 Word 文 档 中 " Style " 的 下 拉 符 号，

Style: Vancouver
Up Select Another Style...

，左击"Select Another Style"，弹出各种期刊的参考文献格式对话框，见图 3-16-32，选择所需的格式。例如，此处选"Addiction"，左击"OK"即可一键修改引文格式，对于科研文章改投不同的杂志非常便利。

需要注意的是，在进行科研论文撰写时，根据需要选择合适的参考文献格式，利用

EndNote 软件进行参考文献的插入，这样形成的手稿我们往往要单独保存成一个文件。这个文件里面存在大量域代码，这些域代码用于安排参考文献格式，有了这些域代码才能在下次变换引文格式的时候一键更改。而在投稿的时候为了减小文档体积以及保证在投稿系统里面不发生格式变化，我们需要把这些域代码清除。该功能在 EndNote X7 工具栏-Bibliography-Convert to Plain Text （右图红框下拉可见）里面

。清除域代码后的手稿单独另存成一个文档，最后进行微调即可。特别需要注意的是，千万不要清除域代码之后直接保存，这将丢失域代码，以后将不能直接更改引文格式。

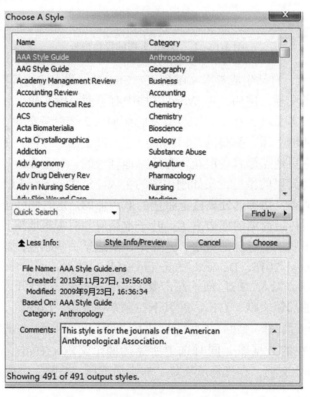

图 3-16-32　EndNote 格式的对话框

（赵雪珊　甘　露）

参 考 文 献

陈雪岚. 2013. 基因工程实验. 北京：科学出版社

成军. 2012. 现代细胞凋亡分子生物学. 第 2 版. 北京：科学出版社

李建武. 1994. 生物化学实验原理和方法. 北京：北京大学出版社

乔新惠，李斌元，李邦良. 2010. 生命科学实验. 北京：科学出版社

舒剑波，张瑞，董茵，等. 2008. 大鼠 bFGF 基因荧光定量 PCR 检测方法的建立. 中国骨质疏松杂志，14（1）：01-04

吴乃虎. 1999. 基因工程. 北京：科学出版社

薛庆中. 2012. DNA 和蛋白质序列数据分析工具. 第 3 版. 北京：科学出版社

查锡良，药立波. 2013. 生物化学与分子生物学. 第 8 版. 北京：人民卫生出版社

章静波. 2014. 组织和细胞培养技术. 第 3 版. 北京：人民卫生出版社

Alves A C，Etxebarria A，Medeiros A M，et al. 2015. Characterization of the First PCSK9 Gain of Function Homozygote. Journal of the American College of Cardiology，66：2152-2154

Bstein E，Caudy A A，Hammond S，et al. 2001. Role for abidentate r-ibonuclease in the initiation step ofRNA interference. Nature，409（12）：363-366

Clark Dacid P，Pazderni Nanette J. 2009. 遗传缺陷与基因治疗，癌症分子生物学，非传染性疾病，衰老与细胞凋亡. 北京：科学出版社

Demers A，Samami S，Lauzier B，et al. 2015. PCSK9 Induces CD36 Degradation and Affects Long-Chain Fatty Acid Uptake and Triglyceride Metabolism in Adipocytes and in Mouse Liver，Arteriosclerosis Thromb Vasc Biol，35（12）：2517-2525

Herman J G，Graff J R，Myohanen S，et al. 1996. Methylation-specific PCR：a novel PCR assay for methylation status of CpG islands. Proc Natl Acad Sci USA，93（18）：9821-9826

J.萨姆布雷克，E.F.弗里奇，T.曼尼阿萨斯. 2008. 分子克隆实验指南. 第 3 版. 北京：科学出版社

Laure Perbal，Bernard. 2008. Enzymes used in molecular biology：a useful guide. J. Cell Commun. Signal，2：25-45.

Lee Y，Ahn C，Han J，et al. 2003. The nuclear RNase III Drosha initiates microRNA processing. Nature，425（4）：415-419

Lund E，Guttinger S，Calado A，et al. 2004. Nuclear exportofmicroR-NA precursors. Science，303（2）：95-98

Rajewsky N. 2006. MicroRNA target predictions in animals. Nature Genetics，38：S8-S13

Si-Tayeb K，Cariou B. 2015. PCSK9 Inhibition：Does Lipoprotein Size Matter?Journal of the American Heart Association，2015：4

Zamore P D，Haley B. 2005. Ribo-gnome：the big world of small RNAs. Science，309 （5740）：1519-1524

附　录

附录1　分子生物学实验室常用设备介绍

"工欲善其事，必先利其器"。仪器设备是分子生物学实验的基本保障。由于分子生物学实验众多，涉及的仪器设备种类也非常繁多。在实验室里正确地使用仪器设备既是保护仪器设备，延长其使用寿命所必需，也是保证实验数据准确所必需。基于此，本文详细地介绍了分子生物学实验室常用仪器设备，并就其使用规范和使用中的注意事项进行了归纳总结，必将有助于仪器设备操作人员尤其是新进实验室的人员正确规范操作和使用。

一、离　心　机

离心分离技术是利用离心机内部的转子高速旋转产生的强大离心力，加速悬浮液中固体颗粒沉降或漂浮的速度，把样品中不同沉降系数和浮力密度的物质分开，从而分离实验所需的物质。在分子生物学实验中，离心技术运用也非常广泛，包括分离和收集细胞、细菌、细胞器、蛋白质、核酸等。离心机种类繁多，常有台式及落地式之分，一般来说，台式离心机（图 F-1）体积较小，可置于工作台上，相对而言离心的量也较小，价格也较低。落地式离心机体积较大，离心的量也较大，对温度的控制也更为精确，运行更稳定。但制作成本较高价格也较贵。实验室常用台式离心机按转速可分为以下三种。

图 F-1　离心机

1. 低速离心机　转速小于 8000g，主要用于血液或细胞制备、蛋白质和酶沉淀物的分离，由于不能产生足够大的离心力场，不能分离超小粒子（如病毒，DNA 分子）和大分子，或进行密度梯度离心。

2. 高速离心机　最高转速为 20 000～25 000r/min，用于大规模制备细胞、细菌、大分子细胞器及免疫沉淀物等。

3. 超速离心机　离心力为 500 000g（1g=9.8m/s^2）以上或转速在 70 000r/min 以上的离心机。用于分离提纯线粒体、微粒体、染色体、溶酶体、肿瘤病毒等物质。

注意事项如下：

（1）离心机应水平放置。

（2）开机前应检查转头安装是否牢固，机腔中有无异物掉入。

（3）样品必须在重量配平后对称放入转子内，使用离心筒离心时，离心筒与样品应同时平衡。

（4）请勿离心含有易燃、易爆（如氯仿、乙醇、丙酮等）或易腐蚀（如强酸、强碱等）的物质，有毒物质需要密封后才能离心，也不允许在离心机附近存放这些危险物品。

（5）按照实验需要设定工作温度、运转速度和运转时间，转速设定不得超过最高转速，以确保机器安全运转，不要随意更改离心机的其他工作参数，以免影响机器性能。

（6）不得在机器运转过程中或转子未停稳的情况下打开盖门，以免发生事故。

（7）每次操作完毕应做好使用情况记录，并定期对机器各项性能进行检修。

二、电泳装置

电泳装置是分子生物学实验中应用最频繁的装置之一。通常用于分离、检测或鉴定不同大小及不同性质的核酸片段。它主要由电泳仪、电泳槽和制胶模具组成（图 F-2）。电泳仪可分为普通电泳仪和高压电泳仪。普通电泳仪电压范围通常为 0～500V，用于电压不高的普通电泳。高压电泳仪的电压则最高达到 2000V 以上，在 DNA 序列分析、AFLP 等需要高电压电泳的实验中经常用到。电泳槽可以分为水平式电泳槽和垂直式电泳槽。水平式电泳槽一般用于琼脂糖凝胶电泳、纸上电泳、醋酸纤维膜电泳等。用水平电泳槽进行琼脂糖凝胶电泳配合紫外观察仪检测核酸分子，是分子生物学中最常用的实验手段，故建议每个实验室至少配备一大一小的两种水平电泳槽，以方便实验操作。垂直电泳槽（图 F-2）则更多地用于聚丙烯酰胺凝胶电泳中，如在 PCR-SSCP、蛋白质电泳、DNA 序列测定和聚丙烯酰胺凝胶回收等实验中常常用到。

图 F-2　电泳装置

注意事项如下：

（1）电泳仪必须有良好接地端，以防漏电，仪器工作时，禁止人体接触电极、电泳物及其他可能带电部分，也不能到电泳槽内取放东西，如需要应先断电，以免触电；仪器通电后，不要临时增加或拔除输出导线插头，以防发生短路而损坏仪器。

（2）将电泳仪与电泳槽连接时，要确保极性连接正确，不同介质支持物的电泳不要同时在同一电泳仪上进行。

（3）多槽关联使用时，要注意总电流不超过仪器额定电流，以免影响仪器寿命。

（4）如需检查仪器电泳输入情况，在稳压状态下可以空载开机，但在稳流状态下务必要先接好负载再开机，以防仪器损坏。

（5）使用过程如果出现了较大噪音、放电或异常气味等异常情况，须立即切断电源，进行检修。

三、化学发光成像系统

化学发光成像系统（图 F-3）可使用 ECL、ECLPLUS、SuperSignal、CDPStar、CSPD 等多化学发光底物，常用于 Northern blot、Western blot、Southern blot、Dot/Slot blot 等杂交膜成像，各种染料染色的 DNA/RNA。如果配备紫外、红、绿、蓝等激发光源，还可以

图 F-3　化学发光成像系统

进行多色荧光，实现同时检测两种以上的目标蛋白。此外还可进行其他应用，如培养皿菌落计数、酶标板、放射自显影胶片分析等。

化学发光成像的基本原理：化学发光（chemiluminescense）是 A、B 两种物质发生化学反应生成 C 物质，反应释放的能量被 C 物质的分子吸收并跃迁至激发态 C^*，处于激发的 C^* 在回到基态的过程中产生光辐射。因化学反应过程中伴随光辐射现象，故称为化学发光。与传统胶片法比较，化学发光法具有：无需烦琐的暗室曝光，方便快速高效地获得优质的化学发光实验结果；灵敏度高，数据结果可用于定量分析；可通过电脑进行化学发光与活体发光的实时观测；自动完成曝光，关键条带不会因为曝光不足或者曝光过度而丢失；图片结果为电子文档，方便数据分析、存档和长期保存。化学发光成像系统主要由 CCD 相机、暗室和软件组成。CCD 是 charge coupled device（电荷耦合器件）的英文名称缩写，是一种光电转换器件，也是成像系统的核心部件。化学发光产生的光信号非常微弱，所以对化学发光成像系统的 CCD 性能要求比较高。

注意事项如下：

（1）实验中若发现图像模糊或有杂点，请勿擅自拆下镜头和滤光片进行擦拭，请通知设备管理员。

（2）使用完毕后请关闭电源和清洁载物台。

（3）为防止水蒸气腐蚀 CCD 成像头，用完后敞开载物台，保持内部空间干燥。

四、PCR　仪

PCR（polymerase chain reaction）仪又称基因扩增仪、DNA 热循环仪等（图 F-4）。PCR 仪通过在体外模拟 DNA 的复制过程，设定变性、退火、延伸三种不同温度并反复循环，在酶促反应下实现在体外成百万倍地迅速扩增 DNA 片段的目的。PCR 仪的发展大致经历了两个阶段：最开始的 PCR 仪的条件下也可以做 PCR 实验，前提是拥有三个可以调节温度的加热块。将它们分别调节到所需要的温度后，所需做的就是频繁地按时将反应管在三种温度的加热块中来回移动。公司设计出的 PCR 仪是使用

图 F-4　PCR 仪

机械手来操作的，但这种产品现在已基本淘汰。目前的产品通常都是带有微电脑控制的全自动仪器，使用时只需配好反应体系和设置好反应条件就可以了。现在的 PCR 仪通常由温度控制模块和芯片控制模块两大部分组成。芯片控制模块的核心就是一个微电脑控制系统，是直接与用户打交道的，用于编辑、设定反应的条件，显示反应情况，调节系统参数等。而温度控制模块通常根据加热和制冷的原理不同，可以分为以下几类：电阻加热/液体冷却；电阻加热/压缩机制冷；电阻加热/半导体制冷。现在的 PCR 仪器都附带了一些功能，有一些并不实用，但推荐大家购买带有"热盖"功能的产品。它的原理是在加热块的样品槽上方再设计一个名为"热盖"的加热装置，并且"热盖"的温度始终高于加热块的温度，

这样反应管中的反应体系就不会因为下方温度高而挥发，从而使反应体系上免去了加矿物油的麻烦。常用 PCR 仪可分为以下四种：

1. 普通 PCR 仪　一次 PCR 扩增只能运行一个特定退火温度的 PCR 仪，称为普通 PCR 仪，又名基础 PCR 仪。普通 PCR 仪主要由主机、加热模块、PCR 管、热盖、控制软件组成。

2. 梯度 PCR 仪　一次性 PCR 扩增可以设置一系列不同的退火温度条件，通常 12 种温度梯度，这样的仪器叫梯度 PCR 仪。主要用于研究未知 DNA 退火温度的扩增，可以节约成本和时间。梯度 PCR 仪在不设置梯度的情况下也可以做普通 PCR 扩增。

3. 实时荧光定量 PCR 仪　采用的是实时荧光定量 PCR 技术。即在 PCR 反应体系中加入荧光基因，利用荧光信号累积实时监测整个 PCR 进程，最后通过标准曲线对未知模板进行定量分析，也称 real-timeQ-PCR。荧光定量 PCR 仪是在普通 PCR 仪的基础上增加一个荧光信号采集系统和计算机分析处理系统，与普通 PCR 仪和梯度 PCR 仪相比，具有快速、灵敏，无需做电泳分析，实验一步检测完成。

4. 原位 PCR 仪　是在组织细胞里进行 PCR 反应的一种基因扩增仪。它结合了具有细胞定位能力的原位杂交和高度特异敏感的 PCR 技术的优点，可以对细胞或组织内的 DNA 片段进行原位扩增分析，即定位分析。原位 PCR 仪由主机、加热模块、玻片、热盖、控制软件组成。

注意事项如下：

（1）PCR 仪使用的环境要恒定，工作环境的温度应该控制为 10～30℃，湿度 20%～80%，最好在用空调的房间使用。

（2）PCR 仪使用的电源要稳定，议将 PCR 仪电源接于稳压电源上，防止工作的电压波动过大造成电子器件损坏。

（3）PCR 仪在使用前要详细阅读使用说明书，遇到不能解决的问题不要随意拆卸机器，应该让生产厂商负责售后服务的专业工程师进行处理。

五、紫外可见分光光度计

分光光度计已经成为现代分子生物实验室常规仪器（图 F-5）。其原理为物质中的分子和原子吸收了入射光中的某些特定波长的光能量，相应地发生了分子振动能级跃迁和电子能级跃迁。不同的物质空其间结构和组成不同，吸收光能量的情况也就不会相同，因此，不同的物质就有其特有的、固定的吸收光谱曲线，根据吸收光谱上的某些特征波长处的吸光度的高低判别或测定该物质的含量，这就是分光光度定性

图 F-5　紫外可见分光光度计

和定量分析的基础。各种型号的紫外可见分光光度计，就其基本结构来说，都是由五个基本部分组成，即光源、单色器、吸收池、检测器及信号指示系统。分子生物学中，紫外可见分光光度计通常利用核酸分子的紫外吸收特性，用 A_{260} 和 A_{280} 来测量核酸样品的浓度及纯度，以及测量细菌培养基的 A_{600} 吸光度来检测细菌的生长状况。

注意事项如下：

（1）使用比色皿时应手持毛面，不要沾污或将比色皿的透光面磨损，在盛装样品前，用所盛装样品润洗两次，测量结束后比色皿应用蒸馏水清洗干净后倒置晾干，若比色皿内有颜色挂壁，可用无水乙醇浸泡清洗。

（2）向比色皿中加样时，装盛样品以皿高的 2/3～4/5 为宜，使用挥发性溶液时应加盖，比色皿外壁沾有样品时，用擦镜纸擦干，不可用滤纸擦拭，以免磨损透光面。

（3）待测液制备好后应尽快测量，避免有色物质分解，影响测量结果。

（4）测得的吸光度 A 最好控制为 0.2～0.8，超过 1.0 时要做适当稀释。

（5）紫外波长区一定要用石英比色皿。

（6）开关试样室盖时动作要轻缓，不要在仪器上方倾倒测试样品，以免样品污染仪器表面，损坏仪器。

六、全自动型酶标仪

图 F-6　全自动型酶标仪

酶标仪是对酶联免疫检测实验结果进行读取和分析的专业仪器。酶联免疫反应通过偶联在抗原或抗体上的酶催化显色底物进行的，反应结果以颜色显示，通过显色的深浅即吸光度值的大小就可以判断标本中待测抗体或抗原的浓度。酶标仪可分为手动型和全自动型（图 F-6）。全自动型酶标仪结构较复杂，检测速度快、检测精度高、重复性好，但价格也较高。酶标仪其基本工作原理与主要结构和光电比色计基本相同。光源灯发出的光波经过滤光片或单色器变成一束单色光，该单色光进入塑料微孔极中的待测标本后，一部分被标本吸收，另一部分则透过标本照射到光电检测器上，光电检测器将采集到得光信号转换成相应的电信号。电信号经前置放大、对数放大、模数转换等信号处理后送入微处理器进行数据处理和计算，最后由显示器和打印机显示结果。酶标仪检测单位用 OD 值表示，OD 是 Optical Density（光密度）的缩写，表示被检测物吸收掉的光密度。

注意事项如下：

（1）仪器应放置环境要适宜，如环境噪声应低于 40dB，应避免阳光直射，室温应控制为 15～40℃，湿度为 15%～85%，操作环境空气清洁，同时也要保证操作电压稳定。

（2）洗板要洗干净，如果条件允许，使用洗板机洗板，避免交叉污染。

（3）在测量过程中，请勿碰酶标板，以防酶标板传送时挤伤操作人员的手。

（4）请勿将样品或试剂洒到仪器表面或内部，如果仪器接触过污染性、毒性和生物学危害，应进行清洗和消毒，并注意个人防护。

（5）测量过程中不要关闭电源，使用后盖好防尘罩。

（6）出现技术故障时应及时与技术人员联系，切勿擅自拆卸酶标仪。

七、水 浴 箱

分子生物学实验中有许多实验需要恒定的温度环境，如酶切反应、连接反应、标记反应等。水浴箱就用来提供此反应条件。一般水浴箱有普通水浴箱和恒温水浴箱（图 F-7）

两种。普通水浴箱价格较低，但温控精度也不高，温差为±1.5℃，适用于对温度精度要求不高的反应。恒温水浴箱温控相对精确，适用于对反应温度要求较高的实验，但价格也较贵。

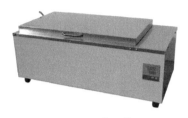

图 F-7　水浴箱

注意事项如下：

（1）箱外壳必须有效接地，在未加水之前，切勿打开电源，以防电热管热丝烧毁，使用完毕应关闭电源。

（2）箱内外应经常保持整洁，长期不使用时，应将箱内的水排放干净，并清理擦干。

（3）水浴箱出现故障，如发现指示灯不亮、恒温控制失灵等，应断开电源，并请相关人员维修。

八、可调式微量移液器

可调式微量移液器是一种用于定量转移液体的器具，是进行分子生物学实验的必备工具。按其工作原理可分为气垫式（内置）活塞移液器（图 F-8-A）和外置活塞式移液器（图 F-8-B）。气垫式活塞移液器是最常见的移液器，基本原理是依靠装置内活塞的上下移动，气活塞的移动距离是由调节轮控制螺杆结构实现的。推动按钮带动推动杆使活塞向下移动，排除活塞腔内的气体，松手后，活塞在复位弹簧的作用下恢复原位，从而完成一次吸液过程。外置活塞式的活塞位于移液器套筒外，活塞与液体之间没有空气段，活塞为一次性的，对于黏稠度较大的液体，也能实现精确移液，由于无空气间隔，避免了样品与空气接触可能发生的气雾交叉污染，因此也非常适合昂贵的试剂和生物样品的移取。可调式微量移液器按排出的通道来分可分为：单通道和多通道（8道、12道、96道工作站），常用的规格有 0.1μl、2.5μl、20μl、100μl、200μl、1000μl、5000μl 等。

A　　　　　　　　　　　B

图 F-8　可调式微量移液器

注意事项如下：

（1）取液体时一定要缓慢平稳地松开拇指，绝不允许突然松开，以防将溶液吸入过快而冲入移液器内腐蚀柱塞而造成漏气。

（2）为获得较高的精度，吸头需预先吸取一次样品溶液，然后再正式移液。因为吸取血清蛋白质溶液或有机溶剂时，吸头内壁会残留一层"液膜"，造成排液量偏小而产生误差。

（3）浓度和黏度大的液体，会产生误差，为消除其误差的补偿量，可由试验确定，补偿量可用调节旋钮改变读数窗的读数来进行设定。

（4）可用分析天平称量所取纯水的重量并进行计算的方法来校正移液器，1ml 蒸馏水

20℃时重 0.9982g。

（5）当移液器吸嘴有液体时切勿将移液器水平或倒置放置，以防液体流入活塞室腐蚀移液器活塞。

（6）一定要在允许量程范围内设定容量，千万不要将读数的调节超出其适用的刻度范围，否则会造成损坏，也不要用大量程的移液器移取小体积样品。

（7）平时检查是否漏液的方法：吸液后在液体中停 1～3s 观察吸头内液面是否下降；如果液面下降首先检查吸头是否有问题，如有问题更换吸头，更换吸头后液面仍下降说明活塞组件有问题，应找专业维修人员修理。

（8）需要高温消毒的移液器应首先查阅所使用的移液器是否适合高温消毒后再行处理。

九、超净工作台

图 F-9　超净工作台

超净工作台作为一种局部净化设备，是进行细胞培养和细菌培养时必备的无菌操作装置（图 F-9）。超净工作台根据气流的方向分为垂直流超净工作台（vertical flow clean bench）和水平流超净工作台（horizontal flow clean bench）；根据操作结构分为单边操作及双边操作两种形式；按其用途又可分为普通超净工作台和生物（医药）超净工作台。其工作原理是利用鼓风机驱动空气通过高效滤净器，去除空气中的尘埃及细菌后，再将无菌的空气送至工作台面，形成无菌的工作环境。其构造主要有电器部分、送风机、三级过滤器（初、中、高）及紫外灯等。超净工作台使用前先打开紫外灯，处理净化工作区空气及表面积累的微生物。30min 后关闭紫外灯，并启动送风机，清除尘粒，10～20min 后即可于工作区进行操作，操作过程中使用酒精灯会起到更好的效果。用完后关闭送风机，清洁台面，并放下防尘帘。

注意事项如下所示。

（1）超净工作台一般宜安装在避免日光直射、清洁无尘的房间内，若能放在无菌操作区内则更佳，不仅效果好，而且滤器（料）的使用寿命长。

（2）久未使用的工作台在使用前应进行彻底清洗、消毒灭菌，用 1∶1000 的来苏儿或75%的乙醇溶液擦洗台面，过滤器的灰尘可用真空吸尘器清除。

（3）工作台停止使用时最好用作防尘布或塑料布套好，避免灰尘积聚。

（4）净化工作台内不应放置其他与细胞培养无关的用品，更不能用作储存室。

（5）为保持过滤器的效果，一般 3～6 个月拆下清洗一次，2～3 年更换一次。

十、生物安全柜

生物安全柜是设计用以保护操作者本人、实验室环境及实验材料避免接触在操作原始培养物、菌毒株及诊断标本等具有传染性的实验材料时可能产生的传染性气溶胶和溅出物。根据结构设计、排风比例及保护对象和程度的不同，生物安全柜分为Ⅰ级、Ⅱ级和Ⅲ

级。Ⅰ级生物安全柜仅保护人员和环境，不保护样品；Ⅱ级生物安全柜不仅能提供人员保护，而且能保护工作台面的物品及环境不受其污染；Ⅲ级生物安全柜（图F-10）是一种完全封闭的、彻底不泄漏的通风安全柜，通过连着的橡胶手套来进行安全柜内的操作。

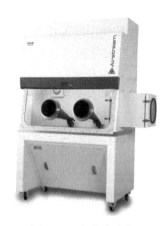

图 F-10　生物安全柜

注意事项如下：

（1）缓慢移动原则：为了避免影响正常的风路状态，柜内操作时手应该尽量平缓移动。

（2）物品平行摆放原则：在柜内摆放的物品应尽量呈横向一字摆开，避免回风过程中造成交叉污染，同时避免堵塞背部回风隔栅影响正常风路。

（3）避免震动原则：柜内尽量避免震动仪器（如离心机、旋涡振荡器等）的使用，因为震动会使得积留在滤膜上的颗粒物质抖落，导致操作室内部洁净度降低，同时如果在前操作面平衡失败还会引起安全柜对操作者的污染。

（4）不同样品柜内移动原则：柜内两种及以上物品需要移动时，一定遵循低污染性物品向高污染性物品移动原则，避免污染性高的物品在移动过程中产生对柜体内部的大面积污染。

（5）明火使用原则：柜内尽量不要使用明火。因为在明火使用过程中产生的细小颗粒杂质将被带入滤膜区域，这些高温杂质会损伤滤膜。无法避免一定需要使用的时候，宜使用低火苗的本生灯。

十一、CO₂ 培养箱

图 F-11　CO₂ 培养箱

CO₂ 培养箱通过在培养箱箱体内模拟形成一个类似细胞组织在生物体内的生长环境，如恒定的酸碱度（pH：7.2～7.4），稳定的温度（37℃），较高的相对湿度（95%），稳定的二氧化碳水平（5%），对组织、细胞、细菌进行体外培养的一种装置（图F-11）。二氧化碳培养箱按温度控制的方式可分为两种类型：水套式和气套式（直热式）。水套式二氧化碳培养箱的温度是通过电热丝给水套内的水加热，再通过箱内温度传感器来检测温度变化，使箱内的温度恒定在设置温度。水套式加热慢，恢复慢，但稳定性和均一性好。气套式二氧化碳培养箱的加热是通过遍布箱体气套层内的加热器直接对内箱体进行加热的。气套式加热速度快，温度恢复迅速，但稳定性和均一性相对差一些，适合短期培养及需要箱门频繁开关的培养。二氧化碳培养箱通过其内部的二氧化碳浓度传感器来对二氧化碳的浓度进行控制，而对于相对湿度则是通过加湿盘的蒸发作用。

注意事项如下：

（1）二氧化碳培养箱运行时应放在平整的地面，环境整洁，摆放位置远离门、窗、加热设备及通风口，环境温度要求在18～32℃，来保证培养箱控温精度，安装时应有良好的接地装置。

（2）水套式二氧化碳培养箱未注水前不可以打开电源开关，否则会导致加热元件的损害，培养箱使用前各控制开关均应处于非工作状态，调速旋钮应置于最小位置。

（3）二氧化碳培养箱使用时应保证钢瓶气体的纯净度达 99.5% 以上，进气压力：0.06～0.1Mpa。钢瓶开启前，一定要拧松减压阀，防止输气胶管爆破，培养箱使用中应经常监视减压阀输出压力及两个流量计的流量，切勿随意调动，钢瓶压力不足 1Mpa 时应及时更换。

（4）二氧化碳培养箱的 CO_2 传感器是在饱和湿度下校正的，因此加湿盘必须时刻装有灭菌水，使用时还应注意箱内蒸馏水槽中蒸馏水的量。

（5）二氧化碳培养箱使用中温度超过设定温度时，会发出报警声并且报警指示灯亮，这时你可以试着关闭电源 30min。

（6）培养箱灭菌常规方法有：干热 140～180℃灭菌；湿热 90～120℃长时间灭菌；甲醛熏蒸等空气灭菌；消毒剂擦拭表面，但是不锈钢表面不能采用含氯或碘的消毒剂，如 84 消毒液等。

（7）二氧化碳培养箱长时间不用的情况下，必须清除工作室水分，打开玻璃门通风 24h 再关闭。二氧化碳在清洁培养箱工作室时，禁止碰撞传感器和搅拌电机风轮等部件。

（8）水套式二氧化碳培养箱搬运前必须清除培养箱体内的水。搬运时应拿出工作室内的隔板和加湿盘，不能倒置搬运，同时不要抬着箱门搬运。

（9）二氧化碳培养箱不适用于含有易挥发性化学溶剂、低浓度化学气体和低着火点气体的物品及有害物品的培养。

十二、倒置生物显微镜

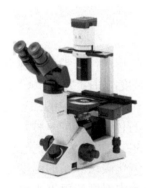

倒置生物显微镜是生物显微镜的分支，其组成和普通显微镜一样，主要包括三部分：机械部分、照明部分、光学部分，区别在于其照明系统位于镜体的上方，而物镜和目镜则位于下部（图 F-12）。可用于直接观察细胞培养瓶、细胞培养板中细胞的形态、数量、生长状况等。高档的倒置显微镜还带有摄像功能，可外接照相机，及时记录下细胞的生长状态。

注意事项如下所示。

（1）在进行高倍镜头切换的时候，一定要从低倍到高倍顺序，否则容易打坏镜头，还会污染低倍物镜。

（2）显微镜的任何光学部件都不可以干擦，必须用好的擦镜纸或者棉签蘸清洗液擦洗。特别注意擦之前一定要用皮吹球

图 F-12　倒置生物显微镜

先吹掉大的灰尘颗粒。

（3）每次使用完显微镜，请先将电压调节到最小，然后再关掉电源，防止下次开机，电压过高，烧毁灯泡，最后要罩上防尘罩。

十三、荧光显微镜

荧光显微镜是光学显微镜的一种，它是荧光显微检测的专用工具（图 F-13）。荧光显微镜多是在复式显微镜的架构上安装荧光装置集合而成，荧光装置包括荧光光源、激发光光路、激发/发射滤光片组件等器件。荧光光源有超高压汞灯、超高压氙灯和大功率的卤素

灯，其中超高压汞灯最常用。荧光光源经过滤色系统发出一定波长的光作为激发光，激发标本内的荧光物质发射出各种颜色的荧光后，再通过物镜和目镜系统放大以观察标本的荧光图像。荧光显微镜可用于观察细胞的结构、形态，研究细胞内物质的吸收、运输、化学物质的分布及定位等。

注意事项如下：

（1）如用高压汞灯作光源，使用时一经开启不宜中断，断电后需待汞灯冷却后（约 15min）方能再启动。

（2）使用时间每次以 1～2h 为宜，超过 90min，超高压汞灯发光强度逐渐下降，荧光减弱。

图 F-13　荧光显微镜

（3）观察标本的时间不宜太长，因标本在高压汞灯下照射超过 3min，即有荧光减弱现象。

（4）严格按照说明书要求操作，不要随意更改程序的参数。

（5）电源最好装稳压器，否则电压不稳不仅会降低汞灯的寿命，也会影响镜检的效果。

十四、普通冰箱

普通电冰箱是实验室最常用的仪器之一。在分子生物学实验室中，是用于短时保存实验样品的一种制冷设备（图 F-14）。冷藏室温度一般可维持在 4℃左右，适合储存某些溶液、试剂、药品等。冷冻室内温度可达–20℃，适用于某些需要冻存的试剂、酶、血清、配好的抗生素和 DNA、蛋白质样品等。

注意事项如下：

（1）电冰箱应放通风处，不受日光照射，远离热源，冰箱背面远离墙 10cm 以上，并且冰箱的顶部远离天花板 30cm 以上，以免影响散热。

（2）应尽量减少开门次数，减少冰箱的冷气外溢，箱内物品间应留有空隙，方便冷气的流动，需冰冻保存者应置于冰盒内。

图 F-14　普通冰箱

（3）热物品应冷至室温，再放入箱内。

（4）及时对冰箱冷冻室进行除霜，定期对冰箱的冷藏室进行清洗。

十五、超低温冰箱

普通冰箱冷冻室一般最低仅可达到–20℃左右，仅可用于要求不高的样品的短时保存。但是分子生物学实验中很多样品所需的保存条件较高，如细胞、菌株、纯化的样品、特殊的低温处理消化液及各种标本的长时间保存，普通冰箱不能满足要求，常需要有制冷温度更低的保存设备，所以分子生物学实验室常需配备超低温冰箱（图 F-15）。超低温冰箱一般能达到–80℃甚至更低温度。

注意事项如下：

（1）冰箱参数已经设定好，不要随意调动任何参数。

图 F-15　超低温冰箱

（2）保持冰箱的放置场所空气洁净，环境温度为 20～25℃，确保周围无物品堆积。

（3）及时清除冰箱门内侧和密封胶条处凝结的冰。

（4）冰箱内为–80℃超低温环境，取放样品时，应戴上手套防止冻伤。

（5）每隔三个月，清洗冰箱的空气过滤膜，每隔一年，清理冰箱内放置的标本样品。

（6）冰箱内不准存放腐蚀性物品，样品必须用耐低温的容器装好，才可放入冰箱，打开时间不能过久。

（7）关闭冰箱时，须确保冰箱门关紧，关箱后，达到–80℃方可离开。

（8）搬动冰箱时，倾斜度不得超过 45°。

十六、制　冰　机

图 F-16　制冰机

在开展分子生物学实验时，实验过程中的很多实验材料及实验步骤需要提供冰浴环境来防止样品（如核酸、蛋白）因为温度的变化导致降解或变质，从而保障实验结果的准确性和有效性。所以制冰机是现代分子生物学实验室的必备仪器（图 F-16）。制冰机是一种将水通过蒸发器由制冷系统制冷剂冷却后生成冰的制冷机械设备。其制冰方式有多种，大概可分为喷淋式冰模制冰、浸水式制冰、流水式制冰，目前最为先进的是流水式制冰。制冰机从进水、制冰、碎冰、挤压、出雪花冰及冰满自动停机整个运行过程由微电脑自控完成，使用方便。

注意事项如下：

（1）制冰机应放置在安全清洁、通风良好，且不要受到阳光的直射的环境中，同时避免热源。

（2）制冰机使用水源符合当地饮用水标准，必要时接上过滤器，以去除水中杂质，避免堵塞水管、污染水槽和冰模并影响制冰性能。

（3）定期用毛刷打扫冷凝器和压缩机表面的灰尘，以保持高效换热。

（4）长期不使用时，应彻底清洗箱内，用干抹布擦干，使箱内干燥。

（5）不要在储冰室内存放除冰块外的任何物品，更不准在储冰室内冷冻或冰镇任何物品。

十七、液　氮　罐

液氮罐常用于细胞、细胞株、菌株、组织的保存（图 F-17）。将生长状态良好的细胞与含一定比例的甘油或二甲基亚砜冻存液混合，置于液氮中保存。在液氮的–196℃的超低温下，样本内的各种生化反应可以认为停止，水的结晶对细胞和微观组织的伤害可以忽略，许多样品可以保存数年甚至更久。

注意事项如下：

（1）液氮温度极低，在使用过程中应注意个人防护，要防止冻伤。

（2）在液氮中操作及存取冷冻物品时速度要快，注意轻拿轻放，以免物品解冻，造成不必要的损失。

（3）液氮罐应放置在通风良好环境中，以避免空间缺氧，造成人员窒息。

（4）冻存管放入液氮罐前应进行密封，以免骤然降温引起冻存管帽和管身收缩不一致，导致液氮渗入冻存管，使样品间交叉污染。

图 F-17　液氮罐

（5）氮罐在运输过程中一定要固定好，以防震动和倒翻。

（6）液氮罐长期储存物品时，要经常检查罐内的液氮量，以便及时补充。

十八、干　燥　箱

图 F-18　干燥箱

干燥箱又叫做烘箱、烤箱（图 F-18），主要由箱体、电热器和温度控制器三部分组成，可用于物品的烘焙干燥、热处理、加热及灭菌等。此外还可以用于去除 RNA 酶污染，方法为：180℃干烤 8h 或更长时间。

注意事项如下：

（1）干燥箱无防爆设备，切勿将易燃物品及挥发性物品放箱内加热，箱体附近也不可放置易燃物品。

（2）若用干燥箱灭菌，温度不要超过 180℃，否则棉花及纸等易燃品将被烧焦甚至出现安全事故，玻璃器材灭菌前必须先充分干燥，灭菌后应待干燥箱内温度下降至与外界温度相差不多时，方可打开箱门。

（3）干燥内外要保持洁净，箱内放置物品不宜过多过紧，及时回收箱内物品。

十九、全自动高压蒸汽灭菌锅

该设备是利用压力饱和蒸汽对物品（如医疗器械、敷料、玻璃器皿、液体培养基）进行迅速而可靠的消毒灭菌设备（图 F-19）。高压蒸汽灭菌锅为一个双层的金属圆筒，两层之间盛水，外层为坚厚的金属板，其上有金属厚盖，盖旁有螺旋，借以扣紧厚盖，厚盖与锅体之间为密封圈，使蒸汽不能外溢。灭菌器内装有网状的金属搁板，用以放置待灭菌物品。加热后，随着锅内蒸汽压力的升高，器内温度可达 121.3℃，维持 15～30min，可杀灭包括芽孢在内的所有微生物。

注意事项如下：

（1）灭菌前需检查灭菌锅内的水位是否合适、顶盖是否已经盖紧、安全阀是否已关闭、排气管是否浸在水面以下。

（2）灭菌完成后压力表显示压力不为零，绝对不能打开灭菌锅顶盖。

图 F-19　全自动高压蒸汽灭菌锅

（3）待灭菌的物品放置不宜过于紧密。

（4）装有液体的容器灭菌时，至少要留出约占容器 1/4 体积的空间，可防止沸腾的液体溢出。

（5）有密封盖的容器灭菌时，要把容器的盖子松开，防止容器内压力过大，致使容器破裂，取出灭好菌的容器前要拧紧容器的盖子，防止污染。

（6）长期使用或者受到污染的灭菌锅应当用蒸馏水或去离子水进行清洗，再加入蒸馏水或去离子水到适当的位置备用。

二十、脱 色 摇 床

图 F-20　脱色摇床

脱色摇床（图 F-20）作为一种台式振荡器广泛应用于电泳凝胶分离谱带的固定，考马斯亮蓝染色和脱色时的振荡晃动，硝酸银染色的固定、染色、显影，放射自显影实验中 X 线底片的显影、定影，电泳转移后纤维素膜的进一步处理，抗原体的反应和染色，分子杂交等。装上摇瓶架后，可用于细胞、微生物的培养及各种需振荡、混匀、培养的实验和研究。凡样品需要在溶液中晃动的实验均可选用脱色摇床。

注意事项如下：

（1）仪器应存放于干燥、通风、无腐蚀气体的地方。

（2）工作台面上面不要堆放重物，实验溶液溢出后应立即擦干。

二十一、纯 水 装 置

纯水在分子生物学实验用途极为广泛，实验室常用纯水可分为四类，即：蒸馏水、去离子水、反渗水、超纯水。①蒸馏水：将水蒸馏、冷凝的水，是实验室最常用的一种纯水。蒸馏水能去除自来水内大部分的污染物。②去离子水：应用离子交换树脂去除水中的阴离子和阳离子，但水中仍然存在可溶性的有机物，可以污染离子交换柱从而降低其功效，去离子水存放后也容易引起细菌的繁殖。③反渗水：克服了蒸馏水和去离子水的许多缺点，利用反渗透技术可以有效地去除水中的溶解盐、胶体，细菌、病毒、细菌内毒素和大部分有机物等杂质。④超纯水：既将水中的导电介质几乎完全去除，又将水中不离解的胶体物质、气体及有机物均去除至很低程度的水。超纯水在 TOC、细菌、内毒素等指标方面并不相同，要根据实验的要求来确定，如细胞培养则对细菌和内毒素有要求，而 HPLC 则要求 TOC 低。实验室常用纯水装置有不锈钢电热蒸馏水器和超纯水机。

不锈钢电热蒸馏水器（图 F-21）用电加热自来水，以蒸馏方法制取纯水，蒸馏水器的价格便宜，但蒸馏水器耗电量大，耗冷却水多，容易烧干损坏，需要有专人看管。

超纯水机是一种采用多级滤芯进行水质净化处理的净水设备（图 F-22）。工作原理：自来水经过精密滤芯和活性炭滤芯进行预处理，过滤泥沙等颗粒物和吸附异味等，然后再通过反渗透装置进行水质纯化脱盐，纯化水进入储水箱储存起来（三级水），同时排掉反渗透装置产水的废水。反渗透纯水通过纯化柱进行深度脱盐处理就得到一级水或者超纯水，最后如果用户有特殊要求，则在超纯水后面加上紫外杀菌或者微滤、超滤等装置，除去水中残余的细菌、微粒、热源等。

图 F-21　不锈钢电热蒸馏水器

图 F-22　超纯水机

注意事项如下：

1. 蒸馏水器

（1）需保证稳定的水压，水压不稳定，会影响仪器的蒸馏效果。仪器工作时，最好全部旋开蒸汽调节阀。

（2）加热管表面需经常清理水垢，水垢过厚会造成加热管爆损。

（3）蒸馏水器底部装有电气部分，在使用时切勿把仪器放置在水中或湿度过大的地方。

（4）在使用蒸馏水器期间，要注意观察液位，如果液位不断下降，首先应关闭电源，检查水龙头是否开启或检查一下回水是否畅通。若断水或水位低于加热管使用，这样会造成加热管爆损、漏电，从而造成严重的危险。如果水位不断上涨突沸，首先关闭电源，关闭水源，初步判断是加热管烧毁，通知电工人员维修。

2. 超纯水机

（1）接入超纯水机的自来水水质必须符合《生活用水规范》要求。

（2）超纯水机一般都有两个出水口，分别是三级水和一级水，经反渗透出来的水是三级水，存放在水箱里，而通过了纯化柱的水是一级水，是即用即取，不存放。一级水通过了纯化柱，成本高于三级水，所以在日常应用的时候，应根据水质需求分质取水，能用三级水时尽量不用一级水，避免使用成本的上升。

（3）精密滤芯、活性炭滤芯、反渗透膜、纯化柱失效后应及时更换。

二十二、电子分析天平

电子分析天平采用了现代电子控制技术，利用电磁力平衡原理实现称重，一般能精确称量到 0.0001g（图 F-23）。电子分析天平的秤盘与通电线圈相连接，置于磁场中，当被称物置于称盘后，因重力向下，线圈上就会产生一个电磁力，与重力大小相等方向相反。这时传感器输出电信号，经整流放大，改变线圈上的电流，直至线圈回位，其电流强度与被称物体的重力成正比。而这个重力正是物质的质量所产生的，由此产生的电信号通过模拟系统后，将被称物品的质量显示出来。

图 F-23 电子分析天平

电子分析天平具有操作简单，性能稳定，称量速度快，灵敏度高等特点。此外还具有计件、百分比、单位转换（米制克拉、金盎司）、稳定度、全量程去皮等多种功能，操作简便可靠。配有对外接口的可连接打印机、计算机、记录仪等，实现称量、记录、计算自动化。

注意事项如下：

（1）称量物不能直接放在称量盘内，根据称量物的不同性质，可放在纸片、表面皿或称量瓶内。称量不可超过天平的最大量程。

（2）每次称量后，请清洁天平，避免对天平造成污染而影响称量精度，以及影响他人的工作。

二十三、pH 计

pH 计，又称为酸度计（图 F-24），是用来精密测量溶液酸碱度的一种传感器，配上相应的离子选择电极也可以测量离子电极电位 MV 值。pH 计的测量根据测量电极与参比电极组成的工作电池在溶液中测得的电位差，并利用待测溶液的 pH 与工作电池的电势大小之间的线性关系，再通过电流计转换成 pH 单位数值来实现测定。

注意事项如下：

（1）在进行 pH 测量之前，一定先要进行标定。

（2）pH 电极使用前后都要洗干净，存放时应将复合电极的玻璃探头部分套在盛有 3mol/L 氯化钾溶液的塑料套内。

图 F-24 pH 计

（3）玻璃电极的玻璃球泡玻璃膜极薄，容易破碎，切忌与硬物相接触。

二十四、磁力搅拌器

图 F-25 磁力搅拌器

磁力搅拌器（magnetic Stirrers），是一种利用磁力对液体进行搅拌使其均匀的仪器（图 F-25）。其对于液体的混匀通过以下两方面：一个是搅拌作用，通过底座两端极性的变更来带动搅拌子做圆周运动，从而使得液体进行旋转并逐步达到均匀；另一个是加热作用，底座中还含有温度控制板，用于对液体进行加热，更有利于液体的混合。磁力搅拌器使用简便、效率高，现已得到广泛应用。

注意事项如下：

（1）磁力搅拌器应使用三孔插座，接地以保证安全。

（2）在其不运转时应及时切断电源，且保持其干燥，以免有液体流入机器中对其造成损坏。

（3）切勿过长时间的连续使用，中速时勿超过 8h，高速时勿超过 4h。

二十五、流式细胞仪

流式细胞术（flow cytometry）是一种对液流中排成单列的细胞或其他生物微粒（如微球，细菌，小型模式生物等）逐个进行快速定量分析和分选的技术。流式细胞仪（flow cytometer，图 F-26）是以流式细胞术为核心技术，集光学、电子学、流体力学、细胞化学、生物学、免疫学及激光和计算机等多门学科和技术于一体的先进科学技术设备。仪器主要由四部分组成：流动室和液流系统、光源与光学系统、信号收集与信号转换系统、计算机与分析系统。具有分选功能

图 F-26　流式细胞仪

的流式细胞仪还包括分选系统。流式细胞仪在众多研究领域应用越来越广泛和重要，尤其在分子生物学中对细胞周期的动力学分析、细胞因子、细胞凋亡、信号传导、RNA/DNA的分析、细胞表面受体及特异性抗原的分析等领域发挥着独特作用，具有操作简单、分析精确、重复性好、费用低廉、分析速度快等优点。

注意事项如下：

（1）样本制备要严格遵守操作规范，确保样本的质量。

（2）使用标准样品调整仪器的变异系数在最小范围，分辨率在最好状态，避免在测量过程中仪器条件的变化引起的检测误差。

（3）光电倍增管要求稳定的工作条件，暴露在较强的光线下以后，需要较长时间的"暗适应"以消除或降低部分暗电流本底才能工作，另外还要注意磁屏蔽。

（4）光源不得在短时间内（一般要 1h 左右）关上又打开，使用光源必须预热并注意冷却系统工作是否正常。

（5）液流系统必须随时保持液流畅通，避免气泡栓塞，所使用的鞘流液使用前要经过过滤、消毒。

（6）注意根据测量对象的变换选用合适的滤片系统、放大器的类型等。

（7）特别强度每次测量都需要对照组。

二十六、超声波破碎仪

超声波细胞破碎仪是一种利用强超声在液体中产生空化效应，对物质进行超声处理的多功能、多用途的仪器（图 F-27）。其原理是将电能通过换能器转换为声能，这种能量通过液体介质而变成一个个密集的小气泡，这些小气泡迅速炸裂，产生的像小炸弹一样的能量，从而起到破碎细胞等物质的作用（又称空化作用）。另外由于超声波在液体中传播时产生剧烈地扰动作用，使颗粒产生很大的加速度，从而互相碰撞或与器壁互相碰撞而击碎。超声波细胞破碎仪具有破碎组织、细菌、病毒、孢子及其他细胞结构，匀质、乳化、混合、脱气、崩解和分散、浸出和提取、加速反应等功能。

注意事项如下：

（1）切勿空载（一定要将超声变幅杆插入样品后才能开机）。

图 F-27　超声波破碎仪

（2）变幅杆（超声探头）入水深度：1.5cm 左右，液面高度最好有 30mm 以上，探头要居中，不要贴壁。超声波是垂直纵波，插入太深不容易形成对流、影响破碎效率。

（3）超声时间设定应以超声时间短，超声次数多原则，可延长超声机子及探头的寿命，时间每次最好不要超过 5s，间隙时间应大于或等于超声时间。

（4）超声功率不宜太大，以免样品飞溅或起泡沫。

（5）依据样本的多少选择容器大小，这样有利样品在超声中对流，提高破碎效率。若样品放在 1.5ml 的 EP 管里请一定要将 EP 管固定好，以防冰浴融化后液面下降导致空载。

（6）日常保养：用完后用乙醇擦洗探头或用清水进行超声。

（高　亚　刘录山）

附录2　分子生物学及基因工程常用试剂

一、常用培养基

1. LB 培养基　（W/V）0.5%酵母提取物，1%胰蛋白胨，1%NaCl（高压灭菌，4℃保存）。

2. LB/Amp 培养基　（W/V）0.5%酵母提取物，1%胰蛋白胨，1%NaCl，0.1mg/ml 氨苄西林（高压灭菌，4℃保存）。

3. TB 培养基　1.2%（W/V）胰蛋白胨，2.4%酵母提取物，0.4%（V/V）甘油，17mmol/L KH_2PO_4，72 mmol/L K_2HPO_4（高压灭菌，4℃保存）。

4. TB/Amp 培养基　1.2%（W/V）胰蛋白胨，2.4%酵母提取物，0.4%（V/V）甘油，17 mmol/L KH_2PO_4，72mmol/L K_2HPO_4，0.1mg/ml 氨苄西林（高压灭菌，4℃保存）。

5. SOB 培养基　2%（W/V）胰蛋白胨，0.5%酵母提取物，0.05% NaCl，2.5mmol/L KCl，10mmol/L $MgCl_2$（高压灭菌，4℃保存）。

6. SOC 培养基　2%（W/V）胰蛋白胨，0.5%酵母提取物，0.05% NaCl，2.5mmol/L KCl，10mmol/L $MgCl_2$，20mmol/L 葡萄糖（高压灭菌，4℃保存）。

7. 2×YT 培养基　1.6%（W/V）胰蛋白胨，1%酵母提取物，0.5%NaCl（高压灭菌，4℃保存）。

8. NZCYM 培养基　0.5%（W/V）酵母提取物，0.5%NaCl，0.1%酪蛋白氨基酸，1%NZ 胺，0.2%$MgSO_4 \cdot 7H_2O$（高压灭菌，4℃保存）。

9. NZYM 培养基　0.5%（W/V）酵母提取物，0.5% NaCl，1% NZ 胺，0.2%$MgSO_4 \cdot 7H_2O$。

10. NZM 培养基　0.5%（W/V）NaCl，1%NZ 胺，0.2%$MgSO_4 \cdot 7H_2O$。

11. Φb×broth　2%（W/V）胰蛋白胨，0.5%酵母提取物，0.5% $MgSO_4 \cdot 7H_2O$（高压灭菌，4℃保存）。

12. YPD 或 YPED 培养基　1%（W/V）酵母提取物，2%蛋白胨，2%葡萄糖。

13. 一般固体培养基　准备液体培养基，高温高压灭菌前，加入下列试剂中的一种：

Agar（琼脂；铺制平板用）	15g/L
Agar（琼脂；配制顶层琼脂用）	7g/L
Agarose（琼脂糖；铺制平板用）	15g/L
Agarose（琼脂糖；配制顶层琼脂用）	7g/L

14. LB/Amp/X-Gal/IPTG 平板培养基　1%（W/V）胰蛋白胨，0.5%酵母提取物，1% NaCl，0.1mg/ml 氨苄西林，0.024mg/ml IPTG，0.04 mg/ml X-Gal，1.5%（W/V）琼脂（4℃避光保存）。

15. TB/Amp/X-Gal/IPTG 平板培养基　1.2%（W/V）胰蛋白胨，2.4%酵母提取物，0.4%（V/V）甘油，17mmol/L kH$_2$PO$_4$，72mmol/L k$_2$HPO$_4$，0.1mg/ml 氨苄西林，0.024mg/ml IPTG，0.04mg/ml X-Gal，1.5%（W/V）琼脂（4℃避光保存）。

16. X-Gal（5-溴-4-氯-3-吲哚-β-半乳糖苷）（20mg/ml）　称量 1g X-Gal 置于 50ml 离心管中，加入 40ml DMF（二甲基甲酰胺），充分混合溶解后，定容至 50ml，0.22μm 滤器过滤除菌，小份分装（1 ml/份）后，-20℃避光保存。

17. IPTG（异丙基-β-D-硫代半乳糖苷）（24mg/ml）　1.2g IPTG，灭菌水定容至 50ml，0.22μm 滤器过滤除菌，-20℃保存。

18. GYT 培养基　10%（V/V）甘油，0.125%（W/V）酵母提取物，0.25%（W/V）胰蛋白胨，0.22μm 滤器过滤除菌，4℃保存。

二、常用试剂和缓冲液

1. 1mol/L Tris-HCl（pH 7.4，pH 7.6，pH 8.0）

Tris	121.1g
ddH$_2$O	定容至 1000ml

使溶液冷却至室温后，按表 F-1 量加入浓盐酸，调节所需要的 pH，高压灭菌。

表 F-1　不同 pH 的 Tris-HCl 所需浓盐酸量

pH	浓盐酸
7.4	约 70ml
7.6	约 60ml
8.0	约 42ml

2. 1.5mol/L Tris-HCl（pH 8.8）　Tris 181.7g，ddH$_2$O 定容至 1000ml，高压灭菌。

3. 10×TE 缓冲液（pH 7.4，pH 7.6，pH 8.0）　100mmol/L Tris-HCl，10mmol/L EDTA-2Na，高压灭菌。

4. 3mol/L 乙酸钠（pH 5.2）　40.8g NaOAc·3H$_2$O，ddH$_2$O 定容至 100ml，高压灭菌。

5. PBS 缓冲液　137mmol/L NaCl，2.7mmol/L KCl，10mmol/L Na$_2$HPO$_4$，2mmol/L KH$_2$PO$_4$，如需二价阳离子，可补充 1mmol/L CaCl$_2$ 和 0.5mmol/L MgCl$_2$。

6. 10mol/L 乙酸铵　乙酸铵 77.1g，ddH$_2$O 定容至 100ml，0.22μm 滤器过滤除菌，易受热分解，不能高压灭菌。

7. Tris-HCl 平衡苯酚　于棕色玻璃瓶中4℃棕色避光保存。

8. 苯酚/氯仿/异戊醇　将 Tris-HCl 平衡苯酚与等体积的氯仿/异戊醇（24∶1）混合均匀后，移入棕色玻璃瓶中4℃保存。

9. 10%（W/V）SDS　称量10g 高纯度的 SDS，加入约80ml 的去离子水，68℃加热溶解，滴加浓盐酸调节 pH 至7.2，将溶液定容至100ml 后，室温保存。

10. 2mol/L NaOH　NaOH 8g，ddH$_2$O 定容至100ml，塑料容器中，室温保存。

11. 2.5mol/L HCl　浓盐酸（11.6mol/L）21.6ml，ddH$_2$O 定容至100ml，室温保存。

12. 5mol/L NaCl　NaCl 292.2g，ddH$_2$O 定容至1000ml，高压灭菌后，4℃保存。

13. 20%（W/V）葡萄糖　葡萄糖20g，ddH$_2$O 定容至100ml，高压灭菌后，4℃保存。

14. 溶液Ⅰ（质粒提取用）　25mmol/L Tris-HCl（pH 8.0），10mmol/L EDTA-2Na（pH 8.0），50mmol/L 葡萄糖。高温高压灭菌后，4℃保存。使用前每50ml 的溶液Ⅰ中加入2ml 的 RNaseA（20mg/ml）。

15. 溶液Ⅱ（质粒提取用）　200mmol/L NaOH，1%（W/V）SDS。

16. 溶液Ⅲ（质粒提取用）　5mol/L 乙酸钾60ml，乙酸11.5ml，ddH$_2$O 28.5ml，pH 4.8，高压灭菌后，4℃保存。

17. 0.5mol/L EDTA（乙二胺四乙酸）　EDTA-2Na·2H$_2$O 186.1g，ddH$_2$O 定容至1000ml，高压灭菌（pH 8.0）。

18. 1mol/L DTT（二硫代苏糖醇）

DTT	3.09g
0.01mol/L NaOAc（pH 5.2）	20ml

−20℃保存。

19. 10mmol/L ATP

ATP-2Na·3H$_2$O	121mg
25mmol/L Tris-HCl（pH 8.0）	20ml

−20℃保存。

20. TEMED　四甲基乙二胺。

21. Tween-20　吐温20。

22. RCLB（红细胞裂解液）　10mmol/L NaCl，5mmol/L MgCl$_2$，10mmol/L Tris-HCl（pH 7.6）。

23. LCLB（白细胞裂解液）　5mmol/L NaCl，10mmol/L EDTA-2Na，10mmol/L Tris-HCl（pH 7.6），用前加1/5体积10% SDS 和1/200体积的蛋白酶 K（200mg/ml）。

24. TS 溶液

1mol/L Tris-HCl（pH 7.6）	10ml
5mol/L NaCl	3ml
ddH$_2$O	定容至100ml

25. TSM（碱性磷酸酶缓冲液）

1mol/L Tris-HCl（pH 9.5）	10ml
5mol/L NaCl	2ml
1mol/L MgCl$_2$	5ml

ddH$_2$O		定容至 100ml。

26. 显色液　NBT（硝基四氮唑兰）135μl，BCIP（5-溴-4-氯-3-吲哚磷酸）105μl，TSM 30ml。

27. DEPC　按 1:1000 体积比，将 DEPC（焦碳酸乙二脂）加入到 ddH$_2$O 水中，室温放置过夜，高压灭菌 15min。

28. Tris　三羟甲基氨基甲烷。

29. RNase　核糖核酸酶。

30. Triton X-100　曲拉通 X-100。

31. PMSF　苯甲基磺酰氟。

32. 缓冲液 A

1mol/L Tris-Cl（pH 8.0）	5ml
0.5mol/L EDTA-2Na	2ml
蔗糖	25g
ddH$_2$O 定容至	100ml

高压灭菌，4℃保存。

33. 缓冲液 B

1mol/L Tris-Cl（pH 7.4）	1ml
0.5mol/L EDTA-2Na	2ml
50mmol/L PMSF	2ml
1mol/L DTT	100μl
ddH$_2$O 定容至	100ml

34. 缓冲液 C

HEPES	0.75g
1mol/L KCl	10ml
0.5mol/L EDTA-2Na	40μl
甘油	20ml
50mmol/L PMSF	2ml
1mol/L DTT	100μl
ddH$_2$O 定容至	100ml

35. 电极缓冲液　甘氨酸 28.8g，Tris 6.0g，ddH$_2$O 定容至 1000ml（pH 8.3）。

36. 电转阳性缓冲液 I　0.3mol/L Tris-HCl，20%甲醇。

37. 电转阳性缓冲液 II　25mmol/L Tris-HCl，20%甲醇。

38. 电转阴极缓冲液　0.04mol/L 甘氨酸，0.5mmol/L Tris-HCl，20%甲醇。

39. TBS　150mmol/L NaCl，50mmol/L Tris-HCl（pH 7.5）。

40. 电泳缓冲液　0.5mol/L Tris，0.5mol/L 硼酸，10mmol/L EDTA-2Na（pH 8.3）。

41. 上样缓冲液　50%甘油，1×TBE，1%溴酚蓝。

42. 中和液　1.5mol/L NaCl，1mol/L Tris-HCl（pH 7.4）。

43. 5×TBE（电泳缓冲液）　54g Tris，27.5g 硼酸，20ml 0.5mol/L EDTA-2Na（pH 8.0）。

44. 6×上样缓冲液　0.25%溴酚蓝，0.25%二甲苯青 FF，40%（W/V）蔗糖水溶液。

45. 2×上样缓冲液　20%甘油，1/4 体积浓缩胶缓冲液，2%溴酚蓝。

46. 2×蛋白质上样缓冲液 4%SDS，20%甘油，100mmol/L Tris-HCl（pH 6.8），2%溴酚蓝。

47. 分离胶缓冲液（1.5mol/L Tris-HCl 缓冲液，pH 8.9） 称取 Tris 36.3g 加入 1mol/L HCl 48ml，再加入蒸馏水至 100ml。

48. 浓缩胶缓冲液 0.5mol/L Tris-HCl 缓冲液（pH 6.7）。

三、蛋白质电泳相关试剂及缓冲液

1. 30%（W/V）**Acrylamide**（丙烯酰胺）

Acrylamide	290g
BIS	10g
ddH₂O 定容至	1000ml

0.45μm 滤器滤去杂质，于棕色瓶中 4℃保存。

2. 40%（W/V）**Acrylamide**（丙烯酰胺）

Acrylamide	380g
BIS	20g
ddH₂O 定容至	1000ml

0.45μm 滤器滤去杂质，于棕色瓶中 4℃保存。

3. 10%（W/V）**过硫酸铵** 过硫酸铵 1g，ddH₂O 定容至 10ml，4℃保存 2 周。

4. 5×Tris-Glycine Buffer（SDS-PAGE 电泳缓冲液） 0.125mol/L Tris，1.25mol/L 甘氨酸，0.5%（W/V）SDS。

5. 5×SDS-PAGE（上样缓冲液）

250 mmol/L	Tris-HCl（pH 6.8）
10%（W/V）	SDS
0.5%（W/V）	溴酚蓝
50%（V/V）	甘油
5%（V/V）	β-巯基乙醇（2-ME）

6. 考马斯亮蓝 R-250 染色液 0.1%（W/V）考马斯亮蓝 R-250，25%（V/V）异丙醇，10%（V/V）冰醋酸。

7. 考马斯亮蓝染色脱色液 10%（V/V）乙酸，5%（V/V）乙醇。

8. 凝胶固定液（SDS-PAGE 银氨染色用） 50%（V/V）甲醇，10%（V/V）乙酸。

9. 凝胶处理液（SDS-PAGE 银氨染色用） 50%（V/V）甲醇，10%（V/V）戊二醛。

10. 凝胶染色液（SDS-PAGE 银氨染色用） 0.4%（W/V）AgNO₃，1%（V/V）浓 NH₃·H₂O，0.04%（W/V）NaOH。

11. 显影液（SDS-PAGE 银氨染色用） 0.005%（W/V）柠檬酸，0.02%（V/V）甲醛。

四、核酸电泳相关试剂及缓冲液

1. 50×TAE 缓冲液（pH 8.5） 2mol/L Tris-乙酸，100mmol/L EDTA-2Na。

2. 10×TBE 缓冲液（pH 8.3） 890mmol/L Tris-硼酸，20mmol/L EDTA-2Na。

3. 10×MOPS[3-（N-玛琳代）丙磺酸]缓冲液

MOPS	20.96g
DEPC 处理水	400ml
NaOH 调 pH 至	7.0
mol/L NaAc	8.3ml
0.5mmol/L EDTA（pH 8.0）	10ml
DEPC 处理水定容至	500ml

过滤除菌，室温避光保存。

4. 溴化乙锭（10mg/ml）

溴化乙锭	1g
ddH$_2$O 定容至	100ml

工作浓度为 0.5μg/ml，室温避光保存。

5. Agarose 凝胶　琼脂糖浓度　最佳线形 DNA 分辨范围（bp）

0.5%	1 000～30 000
0.7%	800～12 000
1.0%	500～10 000
1.2%	400～7 000
1.5%	200～3 000
2.0%	50～2 000

6. 6×上样缓冲液（DNA 电泳用）　30mmol/L EDTA-2Na，36%（V/V）甘油，0.05%（W/V）二甲苯青 FF，0.05%（W/V）溴酚蓝。

7. 10×上样缓冲（RNA 电泳用）　10mmol/L EDTA-2Na，50%（V/V）甘油，0.25%（W/V）二甲苯青 FF，0.25%（W/V）溴酚蓝。

五、核酸、蛋白质杂交相关试剂、缓冲液

1. 20×SSC（pH 7.0）　3.0mol/L NaCl，0.3mol/L 柠檬酸钠，滴加 14mol/L HCl，调节 pH 至 7.0，高压灭菌。

2. 20×SSPE 缓冲液（pH 7.4）　3.0mol/L NaCl，0.2mol/L NaH$_2$PO$_4$，0.02mol/L EDTA-2Na，加 10mol/LNaOH 调节 pH 至 7.4，高压灭菌。

3. 50×Denhardt's 溶液　1%（W/V）Ficoll 400，1%（W/V）Polyvinylpyrrolidone，1%（W/V）BSA，0.45μm 滤器过滤后，−20℃保存。

4. 0.5mol/L 磷酸盐缓冲液（pH 7.2）　Na$_2$HPO$_4$·7H$_2$O 134g，85%的 H$_2$PO$_4$（浓磷酸）调节溶液 pH 至 7.2，ddH$_2$O 定容至 1000ml，高压灭菌。

5. 10mg/ml Salmon DNA（鲑鱼精 DNA）　−20℃保存，使用前在沸水浴中加热 5min 后迅速冰浴冷却。

6. DNA 变性缓冲液　1.5mol/L NaCl，0.5mol/L NaOH。

7. 预杂交/杂交液（DNA 杂交用）　6×SSC（或 SSPE），5×Denhardt's，0.5%（W/V）SDS，100μg/ml Salmon DNA。

8. 预杂交/杂交液（RNA 杂交用）　6×SSC（或 SSPE），5×Denhardt's，0.5%（W/V）SDS，100μg/ml Salmon DNA，50%Formamide。

9. 膜转移缓冲液（Western 杂交用）　39mmol/L 甘氨酸，48mmol/LTris，0.037%（W/V）SDS，20%（V/V）甲醇。

10. TBST 缓冲液（Western 杂交膜清洗液）　20mmol/L Tris-HCl，150mmol/L NaCl，0.05%（V/V）Tween 20。

11. 封闭缓冲液（Western 杂交用）　5%（W/V）脱脂奶粉，TBST 缓冲液，现配现用。

12. TELT　2.5mol/L LiCl，50mmol/L Tris-Cl（pH8.0），62.5mmol/L EDTA-2Na，4%TritonX-100。

13. 1×blocking（1%封闭液）　封闭剂 2g，TS 溶液 200ml，临用前 50～70℃预热 1h 助溶。

六、常用抗生素

1. 氨苄西林（ampicillin）（100mg/ml）　溶于水，添加培养基终浓度为 25～50μg/ml，–20℃分装储存。

2. 氨苄西林（carbenicillin）（50mg/ml）　溶于水，添加培养基终浓度为 25～50μg/ml，–20℃分装储存。

3. 甲氧西林（methicillin）（100mg/ml）　溶于水，终浓度为 37.5μg/ml，与 100μg/ml 氨苄西林一起添加于生长培养基，–20℃分装储存。

4. 卡那霉素（kanamycin）（10mg/ml）　溶于水，添加培养基终浓度为 10～50μg/ml，–20℃分装储存。

5. 氯霉素（chloramphenicol）（25mg/ml）　溶于乙醇，添加培养基终浓度为 12.5～25μg/ml，–20℃分装储存。

6. 链霉素（streptomycin）（50mg/ml）　溶于乙醇，添加培养基终浓度为 10～50μg/ml，–20℃分装储存。

7.萘啶酮酸（nalidixic acid）（5mg/ml）　溶于水，添加培养基终浓度为 15μg/ml，–20℃分装储存。

8. 四环素（tetracycline）（10mg/ml）　四环素盐酸盐溶于水，无碱的四环素溶于无水乙醇，添加培养基终浓度为 10～50μg/ml，–20℃分装避光储存。

（何妮娅　刘录山）